污染与恢复生态学

王宏镔　王海娟　曾和平　主编

本书出版得到昆明理工大学
《污染与恢复生态学》百门研究生
核心课程建设经费资助

科 学 出 版 社
北 京

内 容 简 介

本书共十章，前五章以污染条件下生物个体、种群、群落、生态系统和景观与污染环境的相互关系为主线，介绍环境污染对这几个主要生命组织层次的影响以及它们如何应对；第六至九章重点介绍污染淡水、海洋、土壤和景观的生态恢复问题；第十章介绍污染与恢复生态学的一般研究方法。

本书可供高等学校环境科学、生态学、农学、林学研究生学习污染与恢复生态学参考，也可作为高年级本科生的教学用书以及相关专业技术人员参考书。

图书在版编目(CIP)数据

污染与恢复生态学/王宏镔，王海娟，曾和平主编．—北京：科学出版社，2015.11

ISBN 978-7-03-046136-0

Ⅰ.①污… Ⅱ.①王… ②王… ③曾… Ⅲ.①污染生态学-生态恢复-研究生-教材 Ⅳ.①X171

中国版本图书馆CIP数据核字(2015)第255888号

责任编辑：赵晓霞 / 责任校对：张小霞
责任印制：张 伟 / 封面设计：陈 敬

科学出版社 出版
北京东黄城根北街16号
邮政编码：100717
http://www.sciencep.com
北京凌奇印刷有限责任公司 印刷
科学出版社发行 各地新华书店经销
*
2015年11月第 一 版 开本：787×1092 1/16
2022年 7 月第六次印刷 印张：15 1/2
字数：371 000

定价：69.00元

(如有印装质量问题，我社负责调换)

《污染与恢复生态学》编写委员会

顾　问　王焕校（云南大学）

主　编　王宏镔　王海娟　曾和平

编　委（按姓名拼音排序）

代碧玉　和淑娟　蒋诗怡

李勤椿　李燕燕　罗　艳

王海娟　王宏镔　王胜龙（西南林业大学）

殷　飞　曾和平

注：除特别注明外，编者单位均为昆明理工大学。

序

环境污染时刻影响着包括人在内的所有生物的生存和繁衍，生物也在采用各种机制与污染物交锋，设法对污染产生适应和进化，适应和进化是生态学研究的永恒主题。2011 年 2 月，教育部新颁布的《学位授予和人才培养学科目录》中，将生态学从生物学中分离出来，成为与生物学平级的一级学科，大大提升了生态学的学科地位，同时也提升了研究生物与污染环境相互关系的污染生态学的学科地位。这样的调整对我们污染生态学工作者来说是一件喜事。污染生态学在生态学学科体系中的地位举足轻重，近几年来，每年都召开全国污染生态学学术研讨会，2013 年的研讨会由云南大学主办，我向与会者作了关于污染生态学学科发展的主题报告，看到了来自全国各地的污染生态学同行，看到污染生态学的教学和科研队伍日益壮大，我感到非常欣慰。

2013 年年初，昆明理工大学环境科学与工程学院王宏镔、王海娟和曾和平三位中青年教师找到我，说要编写一本《污染与恢复生态学》研究生教材，想听听我的意见。他们三人都是我的学生，我对此事非常支持，当时我主编的《污染生态学》刚出第三版，我也希望有更多不同风格的教材问世。同时我也告诉他们，编写教材是一件艰苦的工作，一定要有自己的特色和主线，一定要出精品。现在看来，他们是按我的要求去认真做了。

编写大纲经反复修改，最后确定了与现有同类教材编写体例不同的以生命组织层次为主线，这是经典生态学的主线，那么考察污染物对这些生命组织层次的影响以及它们如何应对和调整，是一件很有意义的事情，这样的编排也是学生本科阶段学习普通生态学课程的进一步深化。同时，这样的编写体例是一个新的尝试，大家可以多提意见，帮助他们继续改进，也希望作者能通过不断教学实践吸取多方面的意见和要求，把这本教材修改好，精益求精，成为一本精品教材。

该书结构清晰，内容丰富，通俗易懂，兼顾了污染与恢复生态学的基础理论和应用实践，同时也介绍一些污染与恢复生态学的基本研究方法，如科研选题、实验设计、数据处理、论文写作与出版等研究生必须掌握的科研基本环节。

我对该书的出版表示热烈祝贺并欣然为之作序。借此机会，我希望有更多的污染生态学佳作出版，以推进我国污染生态学的教学和科研水平，培养大批致力于污染生态学研究的专业技术人才，为防治污染、加快生态环境保护、建设“生态中国”作出更大的贡献。

王焕校

2015 年 7 月于昆明

前　言

当前研究生专业课教学中，存在两种错误倾向：一是教学内容与本科阶段大同小异甚至重复，学生没有兴趣；二是学生普遍认为不需要教科书，只要任课教师讲几个专题，或结合自己的科研作些介绍即可。第一个问题比较好解决，研究生教学是本科教学的延展和深化，教师在教学内容上应注意"更上一层楼"，在本科教学的基础上增加深度和广度；但第二个问题争论很多，我们和学生交流发现，多数学生还是想有本教材，因为他们觉得教师随意发点讲义、介绍几个专题只能获得一些零散琐碎的、缺乏系统性的知识，有"见树不见林"之感。

我们认为，研究生专业课教学还是应该有一本教材的，这样可以为学生提供一个相对完整的知识框架。昆明理工大学历来重视研究生课程教学，近几年来，从众多研究生课程中遴选出100门作为"百门研究生核心课程"进行重点建设。2012年年底，"污染与恢复生态学"获准立项，入选"百门研究生核心课程"，该项目的任务之一是编写一本有特色和影响力的教材。

2013年年初，我们将编写《污染与恢复生态学》研究生教材的想法向我们的恩师、八十高龄的云南大学生命科学学院王焕校教授汇报。王教授是我国污染生态学研究的开拓者之一，他的《污染生态学基础》(1990)、《污染生态学》(2000，2002，2012，共三版)影响了我国一代又一代的污染生态学工作者。王教授对教材编写工作极为支持，欣然担任编写顾问，并多次和我们讨论编写大纲，处理编写过程中遇到的一些问题。王教授的大力支持使我们深受鼓舞，也坚定了我们编好本书的信心和决心。我们一直铭记王教授的教诲："要出书就要出精品，否则就不要出"。

一本好的教材应该有一条好的主线，王焕校教授的《污染生态学》是以污染物在生物体内的生物过程为主线，即吸收—迁移—富集—毒害—解毒—抗性—适应—进化，环环相扣，由浅入深，由表及里，层层剖析，而我们新编的教材又不能与之重复。我们认真比较分析了国内出版的几本《污染生态学》和《环境生物学》教材的编写特点，确定以生物圈中生命的组织层次为主线，介绍每一层次(个体—种群—群落—生态系统—景观)上生物与污染环境之间的关系，这样可以与经典的普通生态学教材相衔接。同时，我们也定下了教材编写须遵循的三个主要原则：一是科学性原则，不要有任何学术上的错误；二是简明性原则，教材不同于专著，内容不要包罗万象，一切以教师易教、学生易学为检验编写成败的标准；三是可读性原则，尽可能图文并茂，不要晦涩难懂。

除绪论外，本书共十章。第一至五章以污染条件下生物个体、种群、群落、生态系统和景观与污染环境的相互关系为主线，介绍环境污染对这几个主要生命组织层次的影响以及它们如何应对；第六至九章重点介绍污染淡水、海洋、土壤和景观的生态恢复问题；第十章与研究生今后的科研联系较为紧密，简要介绍了如何选题、如何设计实验、如何开展污染与恢复生态学研究、如何对数据进行统计分析、如何撰写科技论文、如何投稿以及与编辑和审稿人沟通等内容。

本书由王宏镔、王海娟、曾和平主编，部分研究生参与了编写工作。具体编写分工是：绪论(王宏镔)，第一章(王海娟)，第二章(李燕燕、王胜龙)，第三章(罗艳)，第四章(代碧玉、蒋诗怡)，第五章(曾和平)，第六章(和淑娟)，第七章(李勤椿)，第八章(殷飞)，第九章(曾和平)，第十章(王宏镔)。在书稿校对过程中，研究生李勤椿倾注了大量心血，同时得到研究生张雪梅、何文豪、王战台、曹旻霞、赵书晗的大力帮助。大家分工合作，优势互补，历时两年半，几易其稿，终于付梓。因此，本书是昆明理工大学环境生态学实验室教师和研究生集体智慧的结晶。在编写过程中，西南林业大学国家高原湿地研究中心王胜龙博士编写了第二章第六节"污染环境下种群的变异和进化"，为本书增色不少；中山大学生命科学学院李金天博士馈赠了他们发表论文的高清插图，在此深表谢意。全书最后由王宏镔统稿。

衷心感谢德高望重的王焕校教授自始至终对本书的亲切关怀并欣然为之作序，昆明理工大学环境科学与工程学院宁平教授、潘波教授和潘学军教授经常过问编写进展情况，昆明理工大学研究生院为本书出版提供了出版经费，在此一并致以谢忱。我们还要特别感谢科学出版社对全书的精心编辑。

本书的编写体例是一个新的尝试，虽然我们尽了全力，但限于编者学识水平，疏漏和不妥之处在所难免，恳请各位同行和使用本书的师生批评指正。如有任何意见和建议，请发至本书主编之一王宏镔的邮箱(whb1974@126.com)，我们将不胜感激，同时将认真考虑您的意见和建议，以便再版时修正。

王宏镔　王海娟　曾和平

2015年7月13日于昆明

目　　录

绪　　论

一、污染与恢复生态学产生的学科背景

自20世纪30年代以来，国际上相继暴发了八大公害事件，如比利时马斯河谷烟雾事件（烟尘及SO_2，1930.12）、美国洛杉矶光化学烟雾事件（光化学烟雾，1943.5～10）、美国多诺拉烟雾事件（烟尘及SO_2，1948.10）、英国伦敦烟雾事件（烟尘及SO_2，1952.10）、日本九州南部熊本县水俣事件（甲基汞，1953～1961）、日本四日市哮喘事件（SO_2、煤尘、重金属粉尘，1955）、日本九州爱知县米糠油事件（多氯联苯，1968）和日本富山县神通川流域骨痛病事件（镉，1931～1975）。这些污染事件的发生造成了人群中毒甚至死亡，引起了公众的警觉和对环境污染问题的关注。

环境污染是环境问题的一种类型，它是指由于人为或自然的因素，有害物质或者因子进入环境，破坏了环境系统正常的结构和功能，降低了环境质量，对人类或者环境系统本身产生不利影响的现象（左玉辉，2002）。进入21世纪后，我国环境污染问题也时有发生。2005年11月13日，吉林石化公司双苯厂一车间发生爆炸，约100t苯类物质（苯、硝基苯等）流入松花江，造成了江水严重污染；2007年5～6月，江苏太湖暴发了严重的蓝藻污染事件，造成无锡全城自来水污染，市民的日常饮用水和基本生活成为难题；2008年3月云南澄江锦业工贸有限责任公司长期违法排放含砷的生产废水，导致严重污染，沿湖居民2.6万余人的饮用水源取水中断；2012年2月广西两企业将含镉废水偷排入龙江河，镉泄漏量约20t，波及河段约300km，沿江居民生活受到严重影响。据环境保护部统计，2009年环境保护部接报的12起重金属、类金属污染事件，致使4035人血铅超标，182人镉超标，引发32起群体事件。另据《2014中国环境状况公报》显示，2014年，全国共发生突发环境事件471起，其中重大事件3起，较大事件16起，一般事件452起。

环境污染所造成的经济和健康损失极大地削弱了业已取得的经济成果，同时对生物的生长、发育、繁殖构成了强大的选择压力，面对从未接触过的污染物，生物必须在代谢方式和能量分配上作出调整，对污染环境进行适应，如果无法适应污染环境，生物只能走向衰落或者灭绝。目前全球性的环境污染问题主要有温室效应、臭氧层空洞、酸雨、淡水污染、海洋污染、危险废物越境转移等。环境污染除了本身对人类及环境造成危害外，还降低了水、生物和土地等资源中可利用部分的比例，使得资源短缺的局面更加严峻；环境污染加重了生态破坏，加快了植被破坏和物种灭绝。

在环境污染广泛存在的大背景下，生物与环境的关系不再是经典的生物与正常环境（光照、温度、水分、土壤等）之间的关系，而是生物与污染环境之间的关系，在明晰这些关系的基础上，需要寻求受污染环境恢复和重建的途径，因此，污染与恢复生态学便应运而生。

二、污染与恢复生态学的定义

污染与恢复生态学是运用生态学、环境科学等学科的理论和方法，探索生物与污染环境之间的相互作用规律和机理，并寻求受污染环境恢复和重建对策的科学。该学科是生态学和环境科学交叉、渗透形成的边缘学科，属于应用生态学的范畴。

需要说明的是，污染与恢复生态学不是污染生态学和恢复生态学的简单叠加。传统的污染生态学虽然也研究污染环境的控制和修复，但这种控制和修复主要针对生物防治（植物修复和微生物修复）。我们认为对污染环境的恢复和重建不应仅限于生物手段，在肯定生物手段的优点并加以利用时，也应合理吸收物理和化学手段的长处。此外，传统的恢复生态学研究范围很广，包括森林、草原、荒漠、近海和海岸、河流与湖泊、小流域治理、湿地、废弃地、道路交通工程等（冯雨峰和孔繁德，2008），它既包括了受污染的退化生态系统的恢复，也包括很多非污染引起的退化生态系统的恢复。污染与恢复生态学以环境污染为主线，这里的“恢复生态学”侧重污染环境的恢复与重建问题，它包括物理、化学和生物等手段。

三、污染与恢复生态学的主要研究内容

污染与恢复生态学主要有以下三大研究内容。

（一）污染物对生物个体、种群、群落、生态系统和景观的影响

经典的生态学研究个体、种群、群落、生态系统和景观等，偏重于正常环境。在本书中，我们紧密围绕适应和进化这一生态学的精髓，仍然沿用经典生态学的生命组织层次这一主线，重点揭示生物个体、种群、群落、生态系统和景观对环境污染的响应、适应和进化问题。

污染物进入环境后，首先对生物个体的生长、发育和繁殖产生干扰和破坏，但随后污染物对生物个体所产生的影响可以直接反映在生物种群、群落、生态系统乃至更大的景观水平上。污染物进入生态环境后，与其中的生物及其环境发生相互作用，生物的种群结构、种群增长和种群进化都发生相应变化，进入生物体内的污染物随食物链流动，产生各种各样的生态效应，包括对生态系统组成成分、结构（物种结构、营养结构和空间结构）以及物质循环、能量流动、信息传递和系统动态进化过程的不利影响，主要表现为生物多样性减少、食物链变短、食物网简化、生态系统复杂性和稳定性降低等（左玉辉，2002）。

（二）生物个体、种群、群落、生态系统和景观对污染的响应和适应

在污染物对生物个体、种群、群落、生态系统和景观产生影响的同时，生物会在各个生命组织层次上作出响应和调整，进而对污染环境产生适应和进化。在污染与恢复生态学研究中，达尔文的进化论思想也同样适用，即能适应污染的生物在环境中存活下来，反之，不能适应污染的生物便遭淘汰。

（三）受污染生态系统的恢复与重建

在明晰五个生命组织层次与污染环境之间关系的基础上，需要采用物理、化学和生物等各种手段，对受污染的生态系统进行恢复与重建。由于现代生态学重点以生态系统为研究对象，并且生态恢复侧重于生态系统结构和功能的恢复，本书重点阐述污染淡水、污染海洋、污染土壤和污染景观的生态恢复与重建问题。

四、污染与恢复生态学的研究任务

污染与恢复生态学的研究任务主要包括两个方面：

(1) 揭示环境污染对各生命组织层次的影响及各层次对污染的响应和适应。

环境污染的生物效应是污染与恢复生态学的一项重要研究内容，主要研究污染物在环境

中的迁移、转化和积累的生物学规律以及对生物的影响和危害，这种效应包括从分子、细胞、组织、器官、个体、种群水平到生态系统等各级生物层次，揭示污染效应的机理（乔玉辉，2008）。同时，也要揭示各生命组织层次对污染的响应和适应规律。

（2）寻求受污染生态系统恢复和重建的方法与途径。

对受污染生态系统进行恢复和重建的方法有很多，如物理、化学和生物法，各种方法各有利弊，在实际治污过程中，应充分发挥各种方法的长处，扬长避短。例如，在污水处理中，一级处理去除污水中的漂浮物、悬浮物和其他固体废物，二级处理大幅度去除污水中的悬浮物、有机污染物和部分金属污染物后，由于三级处理常用的超滤、活性炭吸附、离子交换、电渗析等手段的基建和运行费用较为昂贵，可以采用土地处理系统、氧化塘等辅助设施完成水质的深层净化。

五、污染与恢复生态学的发展趋势

随着学科之间的不断交叉渗透，污染与恢复生态学的发展呈现出了一些新特点：

（1）宏观和微观两极分化。

随着分子生态学和全球生态学的兴起，当前污染与恢复生态学的研究明显呈现出向微观和宏观两极发展的趋势。从基因—细胞—组织—器官—系统—个体—种群—群落—生态系统—景观—区域—生物圈等生命组织层次上，都有它们与污染物相互关系的研究。例如，在宏观层次，有污染物随大气环流、海洋洋流全球迁移和大尺度下生态系统退化机理的研究，有景观结构、功能与动态变化特别是在污染条件下景观的破碎化和全球污染物的生物地球化学循环研究等；在中观层次，主要是污染造成的种群遗传组成上微小差异而产生的微观进化研究；在微观层次，有在细胞水平上研究污染条件下染色体的变异与在分子水平上研究基因和基因组的变化以及相应的蛋白质和蛋白质组的变化等。此外，还要通过微观和宏观相结合，研究污染物从个体（主要是微观方面）—种群—群落—生态系统的迁移、转化、净化规律，力求组成合理高效的水生和陆生生态系统，以保证被污染区域的环境质量得到改善。

（2）复合污染生态学成为学科研究的热点和难点。

环境中的污染物以单个存在的情况是很少的，大多数情况下是无机污染物之间、有机污染物之间以及无机和有机污染物联合作用构成的复合污染。由于复合污染下污染物对生物有机体的效应与单一污染物作用存在差异，因此，复合污染研究更能客观体现出环境中污染物与生物有机体之间的相互作用规律和机理。复合污染研究对于客观揭示环境中污染物的行为具有重要意义。但是，由于环境因素的复杂性、污染物种类的多样性以及生物体对污染物耐受的差异广泛性，复合污染的规律更为复杂。因此，对于复合污染的研究在理论和方法上还需要进行更多的探索和创新。

（3）新材料、新化合物的污染生态效应得到密切关注。

目前全世界每天大约要产生近千种新的化合物，很多化合物进入环境后，人们对其毒性和生物的适应性还一无所知。纳米材料、绿色离子液体、抗生素等的广泛使用，虽然改善了人们的生产生活并防治了疾病，但其对环境和生物的生态风险必须引起足够的重视。近几年来，持久性有机污染物、环境内分泌干扰物、纳米材料等新型污染物的环境归趋、生物毒性和生物降解等一直是污染与恢复生态学研究的热点。

（4）与食品安全、生物安全和生态安全的联系更加紧密。

污染问题引起人们的广泛关注最先是从其对人体健康的影响开始的，因此长期以来对污染物的行为与人体健康就存在着千丝万缕的联系。特别是我国加入世界贸易组织(WTO)后，农产品中重金属超标问题已成为国际贸易中的一道绿色壁垒，阻碍了我国农产品进入国际市场。我们与国外农产品的竞争在某种程度上是“绿色食品”、“有机食品”、“食品安全”意义上的竞争。随着近年来“奶粉三聚氰胺”、“非食用食品添加剂”等食品安全事件频发，食品安全问题引起了国内外的广泛关注。国家自然科学基金委员会生命科学部在制定“十一五”学科发展战略和优先发展领域中，将“食品安全的重要基础研究”列为 26 个生命科学优先发展领域之一。目前普遍认为，广义的健康包括人的身体健康、心理健康和生态系统健康，环境污染时刻影响着这三个方面，因此，污染环境与健康的研究将是很长时期内污染与恢复生态学的一个研究重点。

(5) 污染环境的经济有效和环境友好恢复治理技术的研发。

由于雾霾笼罩、饮用水源地污染、垃圾围城等环境问题时刻困扰人们的生产生活，治理环境污染和加强生态环境保护，实现“天蓝、地绿、水清”的“绿色中国梦”已得到全社会的共识，很多污染治理和恢复技术，如物理、化学和生物法应运而生，种类多样，每种技术和方法均有各自的优缺点。因此，在使用各种技术时要尽可能防止二次污染，兼顾技术、经济和环境可行性，开发经济有效和环境友好的污染治理、恢复技术任重道远。

2015 年 8 月，全国污染生态学学术研讨会在兰州大学召开。大会主席、南开大学环境科学与工程学院周启星教授在题为“污染生态学——今后发展与环境对策”的主题报告中，提出了以下 8 大科学与技术前沿：

(1) 污染生态行为与生态过程。

(2) 复合污染生态效应及其分子毒理。

(3) 污染环境生态诊断与预警。

(4) 污染生态系统生物标记物。

(5) 污染进化及其机制。

(6) 污染环境的生态修复技术。

(7) 组合技术应用。

(8) 复合污染控制、治理与修复的生态工程及其实践。

小　　结

污染与恢复生态学是运用生态学、环境科学等学科的理论和方法，探索生物与污染环境之间的相互作用规律和机理，并寻求受污染环境恢复和重建对策的科学。它是在一系列环境公害出现以后，生态学和环境科学相互交叉渗透形成的边缘学科。

污染与恢复生态学主要有三大研究内容：①污染物对生物个体、种群、群落、生态系统和景观的影响；②生物个体、种群、群落、生态系统和景观对污染的响应和适应；③受污染生态系统的恢复与重建。

随着学科之间的不断交叉渗透，污染与恢复生态学的发展呈现出一些新特点：①宏观和微观两极分化；②复合污染生态学成为学科研究的热点和难点；③新材料、新化合物的污染生态效应得到密切关注；④与食品安全、生物安全和生态安全的联系更加紧密；⑤污染环境的经济有效和环境友好恢复治理技术的研发。

复习思考题

1. 污染与恢复生态学是在何种背景下产生的？
2. 简述污染与恢复生态学的定义、研究内容和研究任务。
3. 通过查阅相关文献，谈谈目前污染与恢复生态学的发展趋势。
4. 你认为应该如何学习污染与恢复生态学？

建议读物

王焕校．2012．污染生态学．3版．北京：高等教育出版社．
黄铭洪．2003．环境污染与生态恢复．北京：科学出版社．
Freedman B. 1989. Environmental Ecology: the Impacts of Pollution and Other Stresses on Ecosystem Structure and Function. San Diego: Academic Press, Inc.

推荐网络资讯

中华人民共和国环境保护部：http://www.zhb.gov.cn
中国生态环保网：http://www.zgsthbw.org
环境生态网：http://www.eedu.org.cn
中国科学院生态环境研究中心：http://www.rcees.ac.cn
中国环境修复网：http://www.hjxf.net

第一章 个体污染生态学

随着环境中污染物数量不断增加，生物处于污染环境条件下，相应的生物体内的毒物含量也逐渐积累。污染物必然会在生物体内发生不同的变化，最直接的表现是对生物新陈代谢产生影响，当富集到一定程度后，生物就开始出现受害症状，如生理生化过程受阻，生长发育停滞，最后可能导致死亡。在污染条件下，生物的生长、发育、繁殖、行为和分布都会受到不同程度的影响，且不同生物受害程度不同。此外，污染物具有远期效应，这主要体现在某些污染物的致癌、致畸、致突变作用上(简称“三致”效应)，环境污染已经成为影响人群健康的大敌(段昌群，2010)。

环境污染作为一种选择因子，生物也会对其逐渐适应，包括对自身形态、生理、行为的调整，以及遗传多样性的调节。本章将重点介绍污染物对于生物个体生长、发育、繁殖等方面的影响及生物自身的调整与适应。

第一节 污染环境下生物的生长

一、污染对生物生长的影响

生态系统对人类释放的污染物有一定的阈值，也称环境容纳量，超过系统中生物和环境净化能力时，污染物就不断地在环境和生物体内积累，进而使生物开始出现受害症状。受害症状从形态结构、生理代谢、生化过程和行为特征等多个方面表现出来，甚至部分敏感生物会死亡，而抗性生物则可能表现不明显，这些都取决于污染物的种类、污染程度、生物种类差异和生物自身的个体差异。

(一) 对形态结构的影响

1. 植物

污染物对植物形态结构的影响包括植株大小、叶片斑点、根长、株高、生物量等方面。

例如，与对照相比，镉胁迫使4个水稻品种的产量和每株穗数、每穗总粒数、结实率、粒重等经济性状显著下降，但下降幅度因品种而异(表1-1)。苗期耐镉较强的两个品种下降幅度较小，耐性相近而籽粒镉含量不同的品种间相比，籽粒镉含量较高的秀水63和ZH9826下降幅度分别要大于籽粒镉含量较低的秀水217和嘉绍2号(程旺大等，2005)。另有研究表明，Pb、Cd能明显抑制植物根生长和使根形态畸变，当外界Cd、Pb浓度过高时，甚至会直接导致植物死亡。高浓度Pb能导致豌豆根部细胞细胞壁和皮层薄壁组织木质化和不规则径向增厚(谌金吾，2013)。

表1-1 镉处理对不同水稻品种产量及产量性状的影响(程旺大等，2005)

品种	处理	单株穗数		单穗总粒数		结实率		粒重		单株稻谷产量	
		值	相对变化率[a]/%	值	相对变化率/%	值/%	相对变化率/%	值/mg	相对变化率/%	值/g	相对变化率/%
秀水63	CK(对照)	5.8	−3.4	117.8	−5.6	83.8	−5.0	24.3	−4.2	14.2	−17.4
	Cd	5.6		111.2		79.6		23.3		11.73	

续表

品种	处理	单株穗数		单穗总粒数		结实率		粒重		单株稻谷产量	
		值	相对变化率[a]/%	值	相对变化率/%	值/%	相对变化率/%	值/mg	相对变化率/%	值/g	相对变化率/%
秀水 217	CK	5.5	−3.6	121.1	−3.2	83.3	−4.6	25.2	−3.2	14.25	−17.0
	Cd	5.3		117.3		79.4		24.4		11.83	
ZH9826	CK	5.7	−7.0	124.6	−6.7	83.9	−6.3	22.3	−7.0	13.6	−22.3
	Cd	5.3		116.3		78.6		20.8		10.57	
嘉绍 2 号	CK	5.4	−5.6	119.4	−5.8	82.8	−5.2	23.0	−4.9	12.83	−21.8
	Cd	5.1		112.5		78.5		21.8		10.03	
差异显著性分析	$LSD_{0.05}$(C)[b]	0.3		4.8		2.4		0.5		0.81	
ANOVA[c]	C×Cd	ns		ns		ns		*		ns	

注：a. 相对变化率＝100%×(Cd 处理－对照)/对照；b. $LSD_{0.05}$(C)：品种间比较；c. ns 表示无显著差异，* 表示差异显著($p<0.05$)。

邱昌恩等(2007)以 BG11 为培养基，研究了从 0.1mg/L 到 200mg/L 的 7 个浓度 Cd^{2+} 培养条件下绿球藻的生长变化，其中低浓度下(1mg/L 以下)绿球藻生长基本不受影响，在中等浓度以下(5～10mg/L)绿球藻有一定的耐性，最大比生长率[生长速率 $\mu=(\lg N-\lg N_0)/t$，N_0、N 表示培养生物生长计时开始和结束时的藻类生物量即光密度，t 为结束与起始时间差]比对照延迟2 天；在高浓度下(50mg/L 以上)绿球藻出现负增长，如图 1-1 所示。

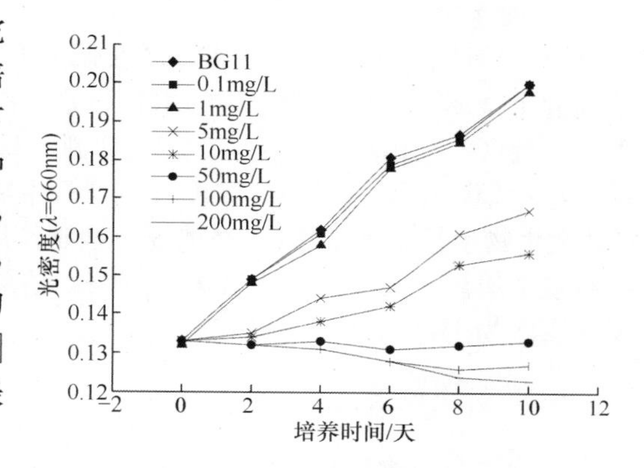

图 1-1　Cd^{2+} 对绿球藻生长的影响(邱昌恩等，2007)

2. 动物

污染物可通过皮肤接触、饮食和呼吸等方式进入动物体内，随着污染物在动物体内的积累，逐渐对动物体本身产生毒害。很多污染物能够直接或间接地导致儿童身高发育迟缓，如铅能抑制生长激素(GH)的合成与释放，从而延缓儿童的体格发育，使儿童发育迟缓，身材矮小；较高浓度的合成雌激素能够促进骨骺板的愈合和线性生长的终止。同时，铅影响钙在动物体内的吸收和代谢，从而干扰骨形成，造成身高发育迟缓(考验等，2009)。

Berry 等(2002)考察了发育中大鼠慢性铅暴露对 GH 以及 IGF-1(一号增长因子，也称生长促进因子)的效应。对 20 只雄性大鼠饮水中加入乙酸铅 6 周后，与对照组相比，血浆平均 GH 水平、GH 峰值、最低值浓度和 GH 峰面积分别减少了 44.6%、37.5%、60%和 35%。铅中毒能够减弱 GH 的释放，但是并不改变下丘脑 GH 分泌脉冲，表明铅通过对脑垂体产 GH 细胞有直接作用。除铅外，长期吸入烟草烟雾同样能导致 GH 释放减少。Kapoor 和 Jones(2005)研究表明，吸烟会导致 GH 释放减少，表现为 IGF-1 水平下降。

甲状腺功能减退是导致动物矮小的病因之一。有研究发现，多氯联苯(PCB)和农药均能引起甲状腺功能减退，从而导致儿童身材矮小(考验等，2009)。

曾丽璇(2004)研究表明,水中镉浓度与河蚬的个体死亡率之间存在着明显的剂量-效应关系。随着镉浓度升高,河蚬死亡率明显上升。同时,同一实验浓度的镉对河蚬的影响表现出随着时间的延长,河蚬死亡率上升的正相关关系(表 1-2)。

表 1-2　河蚬镉污染急性毒性实验(N=20)(曾丽璇,2004)

实验浓度/(μg/L)	浓度对数	实验河蚬存活率/%			
		24h	48h	72h	96h
100	2.0	100	100	100	100
200	2.3	100	100	100	90
400	2.6	100	95	85	80
800	2.9	85	75	60	50
1600	3.2	65	40	15	5
3200	3.5	45	30	10	0
6400	3.8	20	5	0	0

3. 微生物

研究表明,环境中的某些重金属在低浓度时不会对微生物产生不利影响,反而有利;但高浓度的重金属可以抑制微生物的生长和繁殖(池振明,2005)。李淑英等(2012)以 4 种典型的大肠杆菌(G^-)、枯草芽孢杆菌(G^+)、啤酒酵母菌(真菌)和链霉菌(放线菌)为对象,研究了不同 Hg^{2+}、Cd^{2+}、Cr^{6+} 和 Pb^{2+} 浓度下 4 种微生物的生长状况。结果表明,低浓度重金属离子对 4 种微生物生长有促进作用,高浓度有抑制作用,G^+ 较 G^- 对 Hg^{2+} 和 Cd^{2+} 更为敏感;4 种微生物对重金属离子的敏感性表现为链霉菌>枯草芽孢杆菌>大肠杆菌>啤酒酵母菌,对微生物毒性顺序为 $Hg^{2+}>Cd^{2+}>Cr^{6+}>Pb^{2+}$。

(二) 对生理生化过程的影响

污染物对生物生长发育的影响,主要通过新陈代谢过程实现。因此,研究污染物对生物生理生化活动的影响,具有重要意义。

1. 植物

土壤、大气和水体中污染物的广泛存在,使植物生存环境发生变化,直接或间接地影响植物的各项生理生化过程。基于重金属的化学和物理性质,其对生物产生毒性效应的分子机制主要有 3 类:第一,诱导自氧化和 Fenton 反应;第二,阻断必需功能活性基团和生物活性分子合成;第三,置换生物活性分子中的必需金属离子。Cd、Pb 作为植物非必需元素进入植物体内,会导致植物一系列生理生化响应,包括水势降低、细胞膜流动性改变、激素合成降低、植物呼吸、固氮和光合作用受阻等(谌金吾,2013)。

1) 水分代谢

植物水分代谢是指植物的水分吸收、运输、利用和散失等过程。对于陆生植物的水分运输途径主要包括:其吸收土壤水分,通过根毛进入皮层,再进入内皮层,通过木质部薄壁细胞进入茎的导管,通过叶脉导管进入叶肉细胞,再通过气孔伴随蒸腾作用进入大气中。污染物影响植物的水分代谢主要表现在以下几个方面(段昌群,2010):

(1) 降低土壤水分的有效性,减少植物对水分的吸收。在污染环境中,土壤溶液中溶质离子浓度远远大于植物体内离子浓度,导致根部水分外渗,最终使细胞大量失水,发生质壁分离,甚至能使细胞膜破裂。另外，pH 升高或降低也能影响根部对水分的吸收。

(2) 降低植物的呼吸作用，使植物水分吸收能力下降，引起生理性干旱。实验表明，植物对水分的吸收是需要能量的，很多污染物能显著抑制植物的呼吸作用，使能量的产生能力和产生水平降低，从而使植物根系不能有效地吸收土壤中的水分。例如，氰化物、大多数重金属离子都能通过抑制呼吸作用而引起植物对水分吸收能力的下降。

(3) 损害叶片，降低蒸腾作用。植物主要靠根压和蒸腾拉力吸水，但当空气中 SO_2 等气体过多时，将灼伤叶片，或使保卫细胞失水而关闭，减少甚至停止蒸腾作用。Pb 还能促进脱落酸(ABA)在植物体内的积累，而导致气孔关闭。Pb 降低植物水势是因为其能使植物叶片中保卫细胞体积变小，降低与保持细胞膨胀状态和维持细胞壁塑性的一些混合物的水平(谌金吾，2013)。

2) 矿质营养

环境污染影响植物对营养的吸收，其中一个重要的方面就是影响根对无机养分的吸收。污染对植物吸收营养的影响主要表现在以下几个方面：

(1) 污染物通过改变土壤环境的 pH，改变了营养元素的有效性。

绝大多数污染物均能影响环境的 pH，特别是 SO_2、NO_x、HF 等酸性物质，将显著地降低环境的 pH，而很多有机污染物则显著地增加 pH。各种营养元素尤其是微量金属元素随着土壤 pH 变化有效态差异较大(段昌群，2010)。

在土壤环境中 pH 低于 4 或高于 9 的酸碱条件下，植物的正常代谢过程受到破坏，影响根系对矿质的吸收。一方面，pH 的改变影响根表面所带电荷而使离子吸收受到影响。pH 较低时，土壤溶液中 H^+ 浓度增加，影响根表面羧基的解离，而使正电荷加强，阴离子吸收量增多；土壤溶液 pH 较高时，则根表面的负电荷加强，阳离子吸收量增多，阴离子吸收量减少。另一方面，pH 的改变对植物吸收养分存在间接的影响。首先，土壤 pH 的改变影响溶液中养分的溶解和沉淀。N、P、K、S、Ca 及 Mg 在土壤 pH 为中性时有较大的有效性，而 Mn、B、Cu 及 Zn 几种微量元素在微酸性反应时有效性较大，Fe 在酸性反应时有较大的有效性。

(2) 污染物改变土壤微生物的活性，且影响酶的活性，从而影响无机营养的可利用性。

污染物能影响植物根系对土壤中营养元素的吸收，原因之一是污染物能改变土壤微生物的活性，也能影响土壤酶的活性。实验表明，土壤酶活性与添加铅浓度呈显著的负相关，如蛋白酶、蔗糖酶、β-葡萄糖苷酶、淀粉酶等。由于土壤微生物和酶活性的变化，从而影响土壤中某些元素的释放态和可给态量(段昌群，2010)。

(3) 重金属通过元素之间的拮抗作用影响植物对某些元素的吸收。

重金属影响植物对某些元素的吸收，还与元素之间的拮抗作用有关。大量研究表明，Zn、Ni、Co 等元素能严重妨碍植物对 P 的吸收；Al 能使土壤中 P 形成不溶性的铝-磷酸盐，降低植物对 P 的吸收(段昌群，2010)。Ca 和很多元素都有拮抗作用，因此在抑制重金属污染土壤毒害时很多改良剂都选择了含钙制剂，通过钙与重金属的拮抗作用减少重金属对植物的毒害。

(4) 污染物能够影响植物体不同部位矿质营养的吸收与分布差异。

镉胁迫显著影响籽粒中一些矿质元素的含量，但影响效应因元素种类而呈现抑制或促进两种。镉胁迫下一些营养元素在植株营养体中的吸收、积累会发生变化，按镉对籽粒元素含量的效应可将所涉及的 8 种元素划分为 2 类(表 1-3)：一类表现为抑制效应，即镉胁迫显著降低籽粒中元素含量，包括 K、P、Mg、Mn 和 Zn 等 5 种；另一类表现为促进效应，包括 Fe、Cu 和 Ca 等 3 种，具体见表 1-3。

表 1-3　镉处理对不同品种籽粒中 K、P、Mg、Ca、Cu、Fe、Mn 和 Zn 含量的影响(程旺大等,2005)

元素含量		秀水 63		秀水 217		ZH9826		嘉绍 2 号		差异显著性分析	
		CK	+Cd	CK	+Cd	CK	+Cd	CK	+Cd	$LSD_{0.05}$(C)	CXCd
K	mg/kg	1962	1914	2303	2082	2116	2013	2003	1808	35.1	**
	RC/%		−2.5		−9.6		−4.9		−9.8		**
P	mg/kg	3404	3307	3674	3508	3792	3759	3618	3423	23.7	**
	RC/%		−2.9		−4.5		−0.9		−5.4		**
Mg	mg/kg	682	632	659	601	639	622	642	621	6.48	**
	RC/%		−7.3		−8.7		−2.7		−3.2		**
Ca	mg/kg	198.8	211.3	178.2	186.1	173.6	181.4	192.5	202	3.31	**
	RC/%		6.3		4.4		4.5		4.9		**
Cu	mg/kg	4.56	6.05	4.02	5.19	4.3	5.74	4.11	5.36	0.24	**
	RC/%		32.6		29.1		33.6		30.4		**
Fe	mg/kg	118.1	19.54	17.75	18.15	16.25	18.49	18.65	19.25	0.37	**
	RC/%		8.0		2.3		13.8		3.2		**
Mn	mg/kg	22.24	20.8	18.79	17.48	17.79	17.06	19.99	19.08	0.49	**
	RC/%		−6.5		−7.0		−4.1		−4.6		**
Zn	mg/kg	28.28	24.05	26.15	21.7	22.64	20.11	28.1	25.37	0.16	**
	RC/%		−15.0		−17.0		−11.2		−9.7		**

注:RC(相对变化率)=100%×(Cd 处理−对照)/对照;$LSD_{0.05}$(C):品种间比较;** 表示差异极显著。

(5) 污染物通过影响植物激素分泌和细胞膜通透性,改变营养吸收状态。

生长素和细胞分裂素除了对生长过程产生重要影响外,还能影响对离子的吸收。例如,生长素能直接参与阳离子的吸收,可能是由于生长素将质膜 H^+-ATPase 作为最终目标,从而对金属的吸收产生影响。尽管细胞质偏碱性,H^+-ATPase 造成质外体酸化软化了细胞壁,跨膜的电化学梯度导致阳离子通道打开或膜上的离子转运蛋白活化,阳离子进入细胞(Vamerali et al.,2011)。

细胞膜具有选择通透性,构成了生命体系物质交换、转运、物质和能量产生与消耗的具体场所。污染物通常通过改变细胞膜通透性而影响营养元素吸收。Bapu 等(1994)发现,汞还能使机体内的 Mg、Na、K、Mn、Cu、Cr、Ni 等含量下降,说明 Hg^{2+} 不仅对水的渗透吸收有抑制作用,还会影响对其他元素的渗透吸收。

(6) 污染物通过抑制植物根系呼吸作用导致营养成分主动吸收能力下降。

有些营养元素的吸收是靠主动运输获得的,这是一个需能的过程,而能量靠根部细胞呼吸作用获得。污染物通过影响根系的吸收能力,间接影响养分的吸收。研究证明,镉能明显影响玉米对 N、P、K、Ca、Mg、Fe、Mn、Zn、Cu 的吸收。镉能使玉米幼苗体内 N、P、Zn 的含量降低;Ca 的含量增加,均达到显著相关的水平;Mn、Cu 含量略有降低(段昌群,2010)。镉影响植物对氮的吸收可能是由于镉能抑制植物根系亚硝酸还原酶的活性,直接影响对氮的吸收(王焕校,2012)。

3) 光合作用

污染物对光合作用的影响主要表现在以下几个方面:

(1) 破坏叶绿体超微结构。

研究发现，在 Cd 毒害初期黑藻叶细胞的高尔基体消失，内质网膨胀后解体，叶绿体的类囊体和线粒体中的脊突膨胀或成囊泡状，核中染色体凝集，核仁消失，染色体变成凝胶态。在 Pb 处理下，金鱼藻叶片细胞中叶绿体基粒数量显著减少、层片结构遭到破坏和淀粉粒部分减少等，叶绿体结构发生显著性变化(谌金吾，2013)。

周红卫等(2003) 研究表明，镉污染对水花生超微结构的影响表现为随 Cd^{2+} 浓度的增加，叶绿体的结构逐渐受到破坏，内囊体片层排列紊乱，双层膜解体，最后膨胀解体，因此认为叶绿素受破坏还与叶绿素分子所结合的叶绿体膜结构的破坏有关。

(2) 抑制叶绿素合成酶活性，阻碍叶绿素的合成。

研究表明，随 Cd^{2+} 毒害浓度的增加，水花生叶绿素含量和叶绿素 a/b 值持续下降。这可能与 Cd^{2+} 被植物吸收后，细胞内的重金属离子作用于叶绿素合成的几种酶(原叶绿素脂还原酶、δ-氨基乙酰丙酸合成酶和胆色素原脱氨酶)的肽链富含 SH 的部分，抑制了酶活性从而阻碍了叶绿素的合成(Somashekaraiah et al.，1992；施国新等，2000；周红卫等，2003)。

(3) 增加叶绿素降解酶活性，加速叶绿素分解。

Pb 毒害促进叶绿体酶活性增加，致使叶绿素降解速度升高，叶片叶绿素含量显著降低，光合作用受到抑制，而这种抑制是全方位的，如气孔细胞大小、气孔数量、气孔电导率、叶面积等。对 Pb 胁迫下黄瓜和白杨两种植物类囊体研究发现，在低浓度 Pb 处理时，PSⅡ和 PSⅡ聚光色素复合体(LHC Ⅱ)中的叶绿素含量都增加；但当 Pb 处理浓度提高到 50mmol/L 时，叶绿素含量则显著降低(谌金吾，2013)。

4) 呼吸作用

细胞内完成生命活动所需的能量都来自呼吸作用。真核细胞中，线粒体是与呼吸作用最有关联的细胞器，呼吸作用的几个关键性步骤都在其中进行。污染对植物呼吸作用的影响主要表现在以下两方面。

(1) 污染物对植物呼吸作用的应激作用。

在重金属作用下，植物呼吸作用受到不同程度的影响。一般低浓度表现为促进(刺激)作用，高浓度则表现为毒害抑制作用。

Cd^{2+} 处理荇菜 10 天后，不同浓度组呼吸速率的变化趋势如图 1-2 所示，1～2mg/L 处理组的呼吸速率显著高于对照。5mg/L 组培养不同时间，其呼吸速率 4～8 天间高于对照，但随培养时间的延长，呼吸速率下降，如图 1-3 所示。

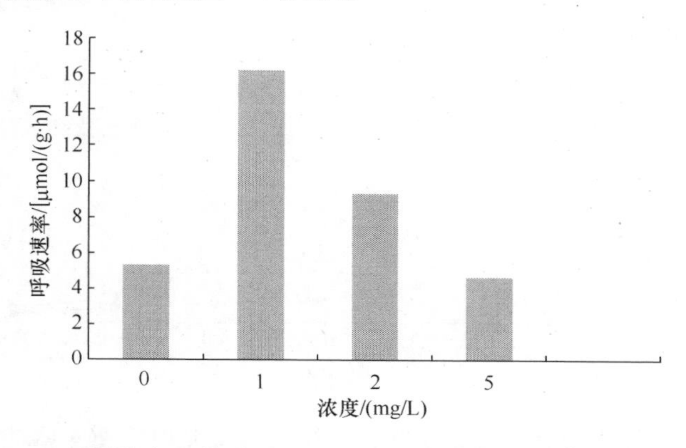

图 1-2 不同浓度 Cd^{2+} 处理 10 天呼吸速率的影响(陶明煊等，2002)

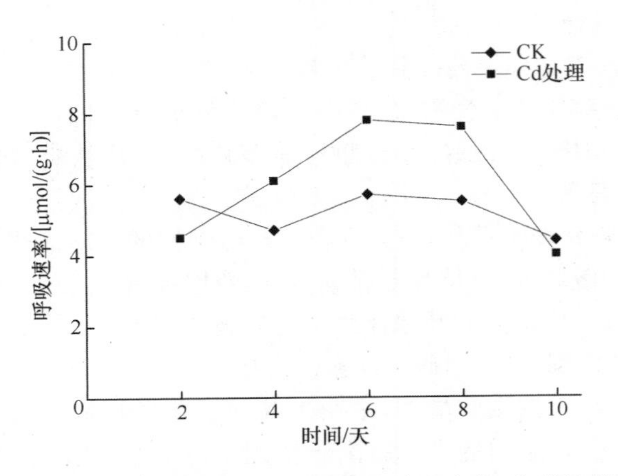

图 1-3　5mg/L Cd^{2+} 处理不同时间呼吸速率的变化(陶明煊等,2002)

(2) 通过改变三羧酸循环酶系活性,影响呼吸作用。

苹果酸脱氢酶(MDH)在三羧酸循环中起关键作用。朱红霞(2004)研究表明,Cu、Cd、Hg明显抑制小麦叶片和根系 MDH 的活性,但低浓度处理则对小麦幼穗 MDH 活性有显著诱导作用。

5) 激素生理

生长素(IAA)和赤霉素(GA)能促进植物生长和延缓衰老。研究表明,不同浓度 Cd^{2+} 处理对大豆幼苗根系和茎叶 IAA 和 GA_3 合成的影响有所不同。Cd^{2+} 对于根部这两类激素的合成均有抑制效应,且浓度越高,抑制效应越强。当 Cd^{2+} 浓度为 10.0mg/L、20.0mg/L 时,IAA 和 GA_3 的含量分别为对照的 28.7%、20.0%和 41.7%、31.8%。但是,Cd^{2+} 处理对地上部 IAA 和 GA_3 含量的影响则表现为低浓度下的刺激效应和高浓度下的抑制效应,当 Cd^{2+} 浓度达到 10.0mg/L 时,两类激素的含量均低于对照,分别为对照的 29.8%和 57.6%(图 1-4 和图 1-5)。这与大豆幼苗地下部和地上部伸长生长的影响表现一致(表 1-4)。究其原因,可能是由于幼苗吸收的镉主要分布在根部,向地上部转移较少,因此当 Cd^{2+} 浓度较低时,根系对镉的积累会对这两类激素产生抑制作用;而地上部微量镉的存在则产生刺激效应,随着 Cd^{2+} 处理浓度的增加,地上部镉含量增加,对 IAA 和 GA 合成的抑制作用加强,幼苗的生长发育受到严重影响(黄运湘等,2006)。

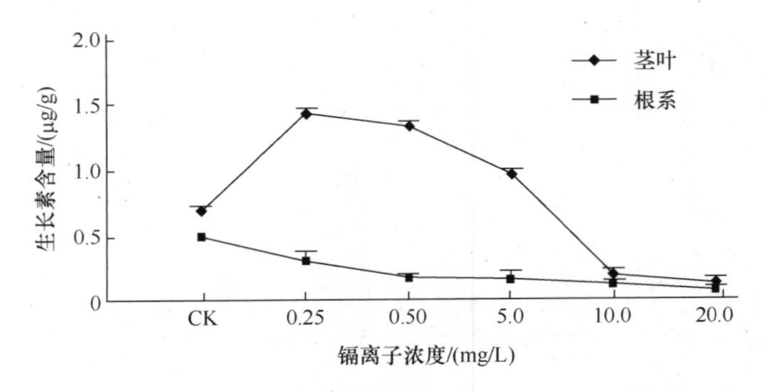

图 1-4　不同浓度 Cd^{2+} 对大豆幼苗生长素(IAA)含量的影响(黄运湘等,2006)

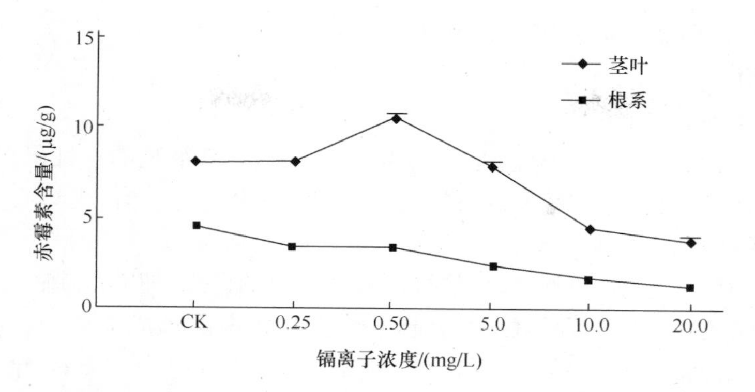

图 1-5　不同浓度 Cd^{2+} 对大豆幼苗赤霉素(GA_3)含量的影响(黄运湘等,2006)

表 1-4　不同浓度 Cd^{2+} 处理对大豆幼苗增长量和生物量干重的影响(黄运湘等,2006)

Cd^{2+} 浓度/(mg/L)	地上部		地下部	
	增长量/cm	生物量干重/(g/6 棵)	增长量/cm	生物量干重/(g/6 棵)
0.00(CK)	5.19(100)	1.2186(100)	0.53(100)	0.2287(100)
0.25	5.28(101.7)	1.1746(96.4)	0.52(98.1)	0.2848(124.5)
0.50	5.54(106.7)	0.9482(77.8)	0.50(94.3)	0.2340(100.7)
5.00	5.14(99.0)	0.7726(63.4)	0.50(94.3)	0.2175(95.1)
10.0	3.68(70.8)	0.6378(52.3)	0.45(84.9)	0.2153(94.1)
20.0	2.86(55.1)	0.7801(64.0)	0.35(66.0)	0.2147(93.9)

注:括号内数字为对照 CK 的百分数。

脱落酸(ABA)有加速植物衰老和促进气孔关闭的生理效应。当植物受逆境胁迫时,体内 ABA 含量会急剧上升,因此,认为 ABA 是一种通用的植物适应反应的调控剂。从图 1-6 可知,不同浓度 Cd^{2+} 处理对大豆幼苗地上部和地下部 ABA 的含量均有影响,当 Cd^{2+} 浓度较低时,首先刺激地下部 ABA 的合成;随着 Cd^{2+} 浓度增加,地上部 ABA 的含量逐渐增加,但在任何一个浓度点,地下部 ABA 的含量均大于地上部,说明地下部对环境污染更敏感(黄运湘等,2006)。

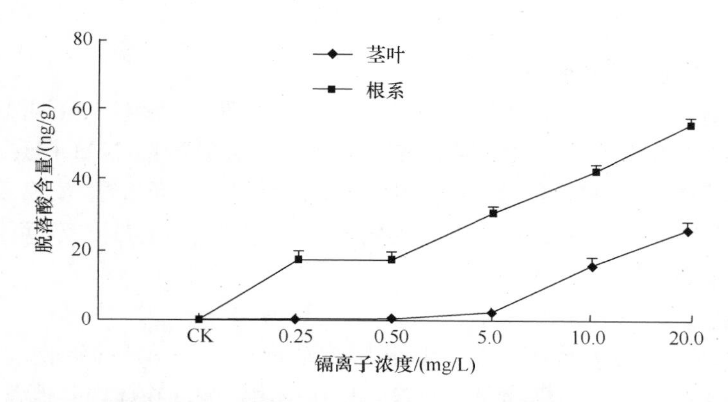

图 1-6　不同浓度 Cd^{2+} 对大豆幼苗脱落酸(ABA)含量的影响(黄运湘等,2006)

2. 动物

污染物进入动物体内后,会使动物的生理生化受阻,影响其健康甚至致死。这里从呼吸作用、营养代谢、神经系统、人群健康等方面进行阐述。

1）呼吸作用

（1）对氧气运输的影响。

在一般高等动物中，向组织细胞运输 O_2 的是红细胞。红细胞的血红蛋白是能与 O_2 结合的含铁蛋白。污染物能与一些高等动物的红细胞结合，改变其结构，或与 O_2 竞争，降低血液的输氧能力，导致细胞和组织缺氧。

当鱼类受到 Pb、Hg、Zn 的毒害时，能抑制血红蛋白的合成，使 O_2 和血红蛋白曲线发生改变，影响鱼类的输氧能力。吸入 NO，可引起变性血红蛋白的形成并对中枢神经系统产生影响。硝酸盐进入人体后，能转变为 NO_2^-，NO_2^- 能和血红蛋白中的 Fe^{2+} 结合，使 Fe^{2+} 变成 Fe^{3+}，血红蛋白失去携带 O_2 的能力，使机体缺氧（段昌群，2010）。

（2）干扰糖酵解过程。

糖酵解是指将葡萄糖或糖原分解为丙酮酸、ATP 和 $NADH+H^+$ 的过程，此过程中伴有少量 ATP 的生成。这一过程是在细胞质中进行，不需要 O_2，每一反应步骤基本都由特异的酶催化。在缺氧条件下，丙酮酸则可在乳酸脱氢酶的催化下，接受磷酸丙糖脱下的氢，被还原为乳酸。而在有氧条件下糖的氧化分解，称为糖的有氧氧化，丙酮酸可进一步氧化分解生成乙酰辅酶 A（CoA）进入三羧酸循环，生成 CO_2 和 H_2O。

污染物能抑制糖酵解过程中的一些酶的活性，从而抑制糖酵解过程。例如，Cd^{6+} 能使小鼠肝脏内葡萄糖-6-磷酸酶的活性受到抑制，阻断后续反应，进而能间接影响后面的无氧呼吸以及有氧呼吸的三羧酸循环等过程。

（3）对三羧酸（TCA）循环中底物和酶的干扰。

TCA 循环是有氧呼吸中的主要部分，发生在线粒体，是糖类、脂肪和蛋白质等多种重要生命物质代谢的中心环节，是糖类彻底释放能量的复杂酶促反应过程。TCA 循环是三大营养素（糖类、脂类、氨基酸）的最终代谢通路和联系枢纽。污染物能对 TCA 循环中的底物和酶产生干扰。例如，砷能明显抑制丙酮酸氧化酶的活性，影响能量代谢中氧化碳水化合物过程；同时反映 TCA 循环强度的琥珀酸脱氢酶的活性也受到抑制。砷也能使柠檬酸循环中的酶系统失去活性，从而使脂肪的氧化和代谢发生障碍。此外，砷能影响 TCA 循环中的琥珀酸脱氢酶的活性，使还原型黄素腺嘌呤二核苷酸（$FADH_2$）的产出量大大减少，从而影响最终的 ATP 生成（段昌群，2010）。

（4）对电子呼吸链的阻断效应。

有的污染物（如叠氮化合物、氰化物等）能阻断电子呼吸链，影响二氢烟酰胺腺嘌呤二核苷酸（$NADH_2$）、还原型辅酶Ⅱ（还原型烟酰胺腺嘌呤二核苷酸磷酸-$NADPH_2$）$FADH_2$ 等产生 ATP 的过程，使机体中各种代谢反应缺少能量支持而受影响。鱼藤酮、安密妥、杀粉蝶菌素可以阻断电子从 NADH 到辅酶 Q 的传递。氰化物、叠氮化物、CO、H_2S 等，可以阻断由细胞色素 aa3 到氧的传递（江建军，2011）。

2）营养代谢

动物生命活动需要很多元素参与，污染物影响动物对营养元素的吸收、转运和分配，从而影响动物的生理生化机能。污染物通过元素间相互作用影响动物体内其他营养元素的累积。

王洁（2006）采用肌肉注射方式每隔一天按鹌鹑个体体重给以 10mg/kg 的氯化镉溶液，研究鹌鹑蛋的变化。实验结果显示，镉暴露组的鹌鹑蛋和对照组相比，在短径长方面表现出显著缩短（$p<0.05$），在蛋壳重方面表现出极显著减轻（$p<0.01$），在蛋壳指数方面表现出极显著

减小($p<0.01$)。镉暴露组蛋壳中的钙含量发生显著下降($p<0.05$),这表明镉暴露会影响蛋壳中钙沉积的过程。也有研究表明有机氯(如DDE)能抑制输卵管内的碳酸酐酶与ATP酶的活性,阻碍$CaCO_3$的形成和在卵壳上的积累。Cd^{2+}等二价重金属离子能破坏钙泵,影响Ca的沉积,或取代Ca,部分沉积在动物体骨骼等部位,导致骨痛病(段昌群,2010;王焕校,2012)。

3) 神经系统

神经系统是动物区别于植物、能够灵敏感应外界环境的功能体系,构成这个功能体系最重要的物质基础就是神经递质(段昌群,2010)。例如,长期在甲醛超标的车内停留,会导致神经细胞减少,神经递质减少,神经纤维传导速度降低,运动神经细胞死亡,人体出现意识模糊、注意力不集中、失眠、健忘、头晕耳鸣、心烦意乱、脾气暴躁等症状。

长期污染将引起神经系统严重受损,主要表现在以下几方面:

(1) 神经细胞电化学变化。

有机汞被人体吸收后,能随血液循环进入脑部并积累。进入脑部的甲基汞衰减缓慢,能引起神经系统损伤及运动失调等,严重时能疯狂痉挛致死,如因甲基汞中毒引发的日本水俣病事件。甲基汞能抑制神经细胞膜表面的Na^{+}-K^{+}-ATP酶活性,这种酶受到抑制后将导致膜去极化,从而影响神经细胞之间的神经传递。另外,甲基汞也能使有髓神经纤维出现鞘层脱节和分离,影响神经电信息传递的进程和速度(段昌群,2010)。

(2) 污染物通过对酶类的影响,使乙酰胆碱蓄积,引起神经传导紊乱。

乙酰胆碱是神经突触传递信息的一种神经递质,在动物体内维持着一定的水平。由于环境中污染物进入动物体,抑制胆碱酯酶的作用,从而影响神经系统的功能。有机磷农药进入人体后,即与体内的胆碱酯酶结合,形成比较稳定的磷酰化胆碱酯酶,使胆碱酯酶失去活性,丧失对乙酰胆碱的分解能力,造成体内乙酰胆碱的蓄积,引起神经传导生理功能的紊乱,出现一系列有机磷农药中毒的临床症状。许多有机氯农药可以诱导肝细胞微粒体氧化酶类,从而改变体内某些生化过程。此外,有机氯农药对其他一些酶类也有一定的影响,艾氏剂或狄氏剂可使大鼠的谷-丙转氨酶和醛缩酶的活性升高(段昌群,2010)。

(3) 对中枢神经系统产生影响。

DDT等有机氯污染物可以作用于神经轴索膜,使膜对Na^{+}和K^{+}的通透性发生改变,因此DDT的毒性作用与神经膜的离子通透性改变有关(段昌群,2010;王焕校,2012)。

对除草剂氯化氧撑萘类化合物(TCDD)暴露下斑马鱼胚胎早期发育阶段的细胞死亡效应研究表明,TCDD暴露显著诱导了固缩性细胞死亡(即凋亡)的发生,尤其在脊髓的中脑区域。这些固缩细胞的超微结构显示出程序化细胞死亡的特征,如染色质凝结和断裂。对于不同剂量的TCDD暴露斑马鱼胚胎的中脑细胞程序化死亡与该区域的血液循环量呈负相关(丛伟和王新红,2005)。

苯已被世界卫生组织确认为强致癌物,急性中毒主要以中枢神经系统抑制作用为主要表现,可引起丘脑下部及垂体前叶的功能变化;慢性中毒则以苯对造血系统损害为主要表现(张红,2009)。

4) 人群健康

据权威调查报告显示,现代人体内的平均含铅量已大大超过1000年前人体的500倍,而人类却缺乏主动、有效的防护措施(纪佳渊,2012)。据调查,现在很多儿童体内平均含铅量普遍高于年轻人;交通警察又较其他行业的人受铅毒害更深。进入人体后,除部分通过粪便、汗液排泄外,其余在数小时后溶入血液中,阻碍血液的合成,导致人体贫血,出现头痛、眩晕、乏力、困倦、便秘和肢体酸痛等；有的口中有金属味，动脉硬化、消化道溃疡和眼底出血等症状也与铅污染有关（周为群和杨文，2014）。

随着蓝藻水华（cyanobacterial bloom）的频繁发生，目前已经成为国内外普遍关注的水环境污染问题，而近期在我国无锡太湖、安徽巢湖和云南滇池所发生的蓝藻水华在国内也引起了很大反响。在世界各国所发生的蓝藻水华中，微囊藻水华（microcystis bloom）不仅发生频繁、危害很大，而且多数能产生微囊藻毒素（microcystis，MC）。因此藻毒素对人体健康的影响也逐渐受到人们的重视。微囊藻毒素是一类肝毒素，它不仅对动物产生毒害作用，对人类健康也有危害。毒理学研究发现，MC 生物毒性作用的靶器官是肝脏，动物中毒、死亡主要是由于 MC 对肝脏的损伤引起（李效宇和李磊，2008）。

3. 微生物

微生物与动植物相比对重金属污染更具敏感性，主要表现在土壤生物性质的变化上，这种变化多体现在土壤酶活性、硝化和反硝化作用以及土壤呼吸作用等方面。

1）微生物生物量

土壤中的重金属能降低土壤微生物生物量。龙健等（2004）研究了重金属污染矿区复垦土壤微生物生物量的变化，发现与对照土壤相比，矿区复垦土壤微生物生物量 C、N 和 P 均有所降低（表 1-5）。

表 1-5 不同污染土壤微生物生物量的变化（龙健等，2004）

土壤污染程度	微生物生物量 C/(mg/kg)	微生物生物量 N/(mg/kg)	微生物生物量 P/(mg/kg)
重度污染	82.6	15.3	6.5
中度污染	158.4	20.7	13.7
非矿区土壤(对照)	215.3	26.9	28.4

曹幼琴和叶定一（1991）研究结果表明，有机污染物邻苯二甲酸二丁酯在 10mg/L、50mg/L 两种浓度均使纤维单胞菌无一存活，其他五种污染物（苯乙烯、间二氯苯、邻二氯苯、氯苯、十六烷）在两个受试浓度对土壤微生物效应各不相同。有的无显著影响，有的刺激土壤中真菌，有的使酵母菌数量增加，有的则有一定的抑制作用。

2）微生物类群变化

不同污染环境中，微生物的种类有很大差异。有的污染导致环境偏酸，这时环境中以嗜酸微生物为主。反之，如果污染导致环境呈现碱性，则碱性微生物类群增加。有的污染物虽然不改变环境的 pH，但是对微生物有毒害作用，所以同样影响微生物的数量和种类。李勇等（2009）研究了重金属 Pb、Cd 单一和复合污染对玉米生长及土壤微生物的影响，发现 Pb、Cd 单一处理抑制细菌、真菌的生长，中低浓度 Pb（≤300mg/kg）、Cd（≤10mg/kg）单一处理促进放线菌数量的增加，高浓度（Pb≥800mg/kg、Cd≥50mg/kg）则呈现抑制效应；Pb、Cd 复合在高中低浓度下都抑制土壤微生物生长，减少微生物数量（表 1-6）。

表 1-6 不同处理下土壤中 3 大类群微生物变化情况（李勇等，2009）

处理方式/(mg/kg)	细菌/($\times10^4$CFU/g)	放线菌/($\times10^5$CFU/g)	真菌/($\times10^2$CFU/g)	多样性指数 H
对照(CK)	27.52±7.00	51.07±51.75	5.34±0.63	0.43±0.26
Cd1	18.39±0.67	197.99±82.58	2.30±1.08	0.06±0.03

续表

处理方式/(mg/kg)	细菌/(×10⁴CFU/g)	放线菌/(×10⁵CFU/g)	真菌/(×10²CFU/g)	多样性指数 H
Cd10	15.98±3.24	133.73±62.26	3.12±1.22	0.07±0.01
Cd50	13.61±5.45	40.85±63.06	3.30±2.78	0.41±0.31
Pb100	24.04±7.87	205.89±1.32	1.57±0.76	0.05±0.01
Pb300	19.63±6.08	104.92±25.58	2.20±0.96	0.11±0.03
Pb800	19.34±7.14	18.04±51.75	2.56±2.25	0.39±0.18
Cd1+Pb100	26.77±7.26	51.07±4.93	3.60±1.92	0.49±0.13
Cd10+Pb300	22.57±12.93	25.04±12.81	2.13±0.19	0.35±0.09
Cd50+Pb800	16.43±15.75	7.43±0.64	2.03±0.73	0.30±0.01

3）土壤酶活性

土壤酶是存在于土壤中、具有生物酶催化功能的蛋白质体系，是土壤的重要组成部分。大多数污染物能使土壤酶活性水平下降，但有些污染物能刺激某些土壤酶的活性水平（龙健等，2004）。

土壤酶对重金属的抑制或激活作用比较敏感，进而影响植物根系对土壤中营养元素的吸收和植物的生长发育。龙健等(2004)研究了重金属污染矿区复垦土壤土壤酶的活性，发现非矿区土壤（对照）脲酶、酸性磷酸酶和蛋白酶活性均高于矿区土壤，并达显著水平，矿区土壤蔗糖酶、过氧化氢酶、多酚氧化酶和脱氢酶活性也均呈下降趋势（表 1-7）。因此，重金属污染对土壤酶活性的影响多表现为抑制作用，其抑制机理可能与酶分子中活性部位——巯基和含咪唑的配体等结合，形成较稳定的络合物，产生了与底物的竞争性抑制作用有关，抑或由于重金属抑制土壤微生物生长和繁殖，减少其体内酶的合成和分泌而导致土壤酶活性下降（杨志新和刘树庆，2001）。

表 1-7　不同污染土壤酶活性的变化（龙健等，2004）

土壤污染程度	脲酶/(mg/g)	蔗糖酶/(mg/g)	蛋白酶/(mg/kg)	酸性磷酸酶/(mg/kg)	过氧化氢酶/(mg/g)	多酚氧化酶/(mg/g)	脱氢酶/(mg/g)
重度污染	3.24	1.77	195.30	25.01	0.11	0.90	0.02
中度污染	5.96	1.83	312.73	37.92	0.15	1.02	0.14
非矿区土壤(对照)	6.84	1.87	482.11	50.33	0.16	5.70	0.37
$LSD_{0.05}$	0.78	0.12	152.72	10.91	0.07	3.86	0.11

油类污染物对土壤脲酶有明显的抑制作用，但是对蔗糖酶、磷酸酶、过氧化氢酶等蛋白酶抑制作用较小，因此，污染物对土壤酶的影响因土壤酶种类而异。同时，这种影响还受到土壤类型等因素的制约（段昌群，2010）。周礼恺等(1990)研究表明土壤中石油烃类存在的量与土壤蔗糖酶的活性密切相关，石油烃类残留量增加，则土壤蔗糖酶的活性增加；残留量降低，则土壤蔗糖酶的活性降低。

4）硝化作用

土壤硝化作用是土壤中有机残体分解后释放出的 NH_4^+ 被氧化为 NO_2^-、NO_3^- 的过程，另外，土壤中无机离子 NO_2^- 和 NO_3^- 也能通过反硝化作用和氨化作用而转化成 NH_4^+，这都是土壤中氮循环的重要环节。

土壤微生物的硝化和反硝化作用受环境 pH 的影响，而有些污染物的影响也与环境 pH 有关。一方面，一些污染物能直接改变土壤的环境 pH，从而直接影响其活动；另一方面，环境 pH 能影响一些污染物对微生物活动。例如，杀虫剂对硝化作用的抑制一般发生在偏酸性（$pH<7$）的土壤中，原因是杀虫剂对生长于酸性环境中的起硝化作用的微生物有选择性抑制（段昌群，2010）。

大多数杀虫剂和除草剂在正常施用情况下对微生物的硝化作用影响较小，但是有些杀真菌剂和熏蒸剂能强烈地抑制这个过程。大多数农药在推荐田间施用量范围内对氮的矿化和硝化作用没有影响，高于推荐施用剂量时却能产生低于 25%的抑制；而溴甲烷和三氯硝基甲烷等土壤熏蒸剂对硝化作用有显著影响。部分有机污染物（如五氯酚）对土壤硝化作用的抑制非常明显，在浓度高于 40mg/kg 时就能产生显著的抑制（段昌群，2010）。

5）反硝化作用

反硝化作用是在反硝化细菌的作用下，土壤中的硝酸盐被还原成氮气的过程。在中性或碱性土壤处于嫌气状态时，其中的反硝化过程较为强烈。它使土壤中植物有效态氮素转化成无效态的分子态氮，从而引起氮肥的损失，最终导致作物减产。

污染物对土壤反硝化作用的影响与对其硝化作用的影响相类似。重金属等无机污染物对土壤硝化和反硝化过程有显著的影响。在 Cd、Cu、Zn 和 Pb 中，Cd 对反硝化作用的抑制最为明显，而 Pb 几乎没有影响。Cd 对黏土和沙质土反硝化作用的影响发现，NO_3^- 和 NO 的减少与 N_2O 的生成均不受影响，但是当 Cd 浓度达 54.1～61.7mg/kg 时土壤中 NO_2^- 明显积累，因此从 NO_2^- 转化为 NO 的过程比 NO_3^- 的减少更为敏感（段昌群，2010）。

大多数杀虫剂对反硝化过程无持久的抑制作用，只有在高剂量时才产生抑制，但是西维因在低浓度下就能产生显著的抑制（Moorman，1989）。

6）土壤呼吸作用

土壤呼吸作用是指土壤产生并向大气释放二氧化碳的过程，主要由土壤微生物（异养呼吸）和根系（自养呼吸）产生。Wardle 和 Parkinson（1991）研究发现杀虫剂对呼吸作用几乎没有抑制作用，在一定条件下甚至起促进作用，土壤微生物的氧气消耗速率随有机磷浓度的增加而增加。国外对部分除草剂（如 MCPA、2-甲-4-氯苯氧基乙酸）的研究表明在连续使用 7 年后土壤呼吸作用无影响。广谱杀真菌剂能在短时间内强烈抑制呼吸作用，但是经过一定时期后，随土壤中污染物浓度的降低，土壤呼吸作用可以较快恢复。

朱红梅等（2011）利用不同浓度 Pb 污染土壤培养，发现对各土壤样品的呼吸作用在培养期间表现为先升高后下降的趋势，第 4 周达到最大。1～14 天内，高浓度（500mg/kg）铅污染对土壤基础呼吸作用产生了刺激作用，尤其是 1～7 天内，平均比对照高出 50%；而中、低浓度（100mg/kg、20mg/kg）铅污染土壤的呼吸作用只比对照稍高；14 天时没有明显差异；14 天以后中、低浓度处理土样的呼吸作用有明显增大，28 天时上升至与高浓度处理一样的水平；此后各处理土样呼吸强度趋于一致（图 1-7）。

二、污染环境下生物生长的调整

面对污染，众多生物（尤其是抗污染生物）都有其适应污染的方法，体现在对于水分、养分、呼吸作用、蒸腾作用、光合作用和激素分泌等的维持与调控上。

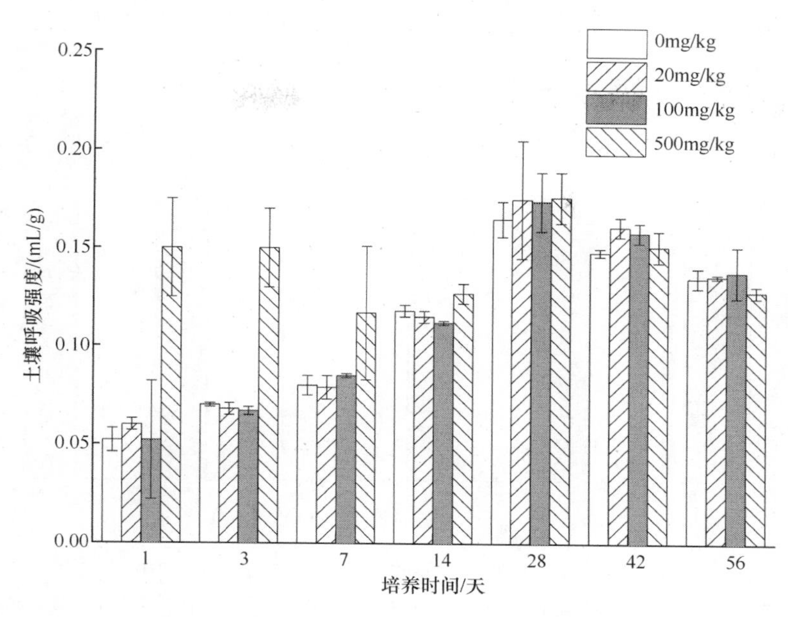

图 1-7　铅对土壤呼吸强度的影响（朱红梅等，2011）

（一）水分的维持

针对重金属污染等导致土壤中出现水分缺乏的生理性干旱，植物可以通过促进根系生长及提高根系活力来增加对水分的维持作用。水通道蛋白作为一种通道蛋白，能够控制水分的跨膜运输和维持细胞内外水分的平衡。近年来，重金属污染对农作物的产量和质量产生严重影响，影响国民生计和人类健康，所以植物应答重金属的抗性机理和分子机制成为研究热点。李静(2013)通过构建水稻 cDNA 酵母表达文库筛选镉胁迫相关基因，研究发现，水通道蛋白基因克隆 OsPIP1;1 能够提高酵母对镉的耐受性。同时，通过水通道蛋白逆境胁迫下的表达分析，表明在重金属 Cd^{2+}、Zn^{2+} 胁迫下，该基因表达明显受到诱导。因此，初步确定水通道蛋白参与到植物响应胁迫的途径中，影响了基因的表达。

可溶性糖是植物体内一种重要的渗透调节物质，逆境胁迫可以使渗透调节物质增加，提高细胞或组织持水能力，稳定细胞结构，防止细胞脱水。面对 Zn^{2+} 污染，可溶性糖含量总体呈现先增加后减少的趋势，这是因为在 Zn^{2+} 轻度胁迫下，大分子碳水化合物和蛋白质的分解加强，而合成受到抑制，在光合产物形成过程中直接转向低分子质量可溶的蔗糖、葡萄糖、果糖等物质。随着胁迫的加重，光合系统遭到破坏，光合产物合成受阻，可溶性糖含量下降（袁红艳，2010）。

渗透调节物质脯氨酸是水溶性最大的氨基酸，它具有易于水合的趋势或具有较强的水合力。植物受到水分胁迫时它的增加有助于细胞或组织的持水，防止脱水，对维护细胞水分平衡起着重要作用。此外，脯氨酸还有清除活性氧的作用。由图 1-8 可知，随着 Zn^{2+} 浓度的增加，脯氨酸的含量也逐渐增加。经方差分析和多重比较，在 Zn^{2+} 浓度为 2000μmol/L 时，脯氨酸的含量和 Zn^{2+} 浓度<500μmol/L 处理组的含量达到极显著性差异($p<0.01$)（袁红艳，2010）。脯氨酸的含量变化对于植物水分维持和活性氧清除起到积极作用。

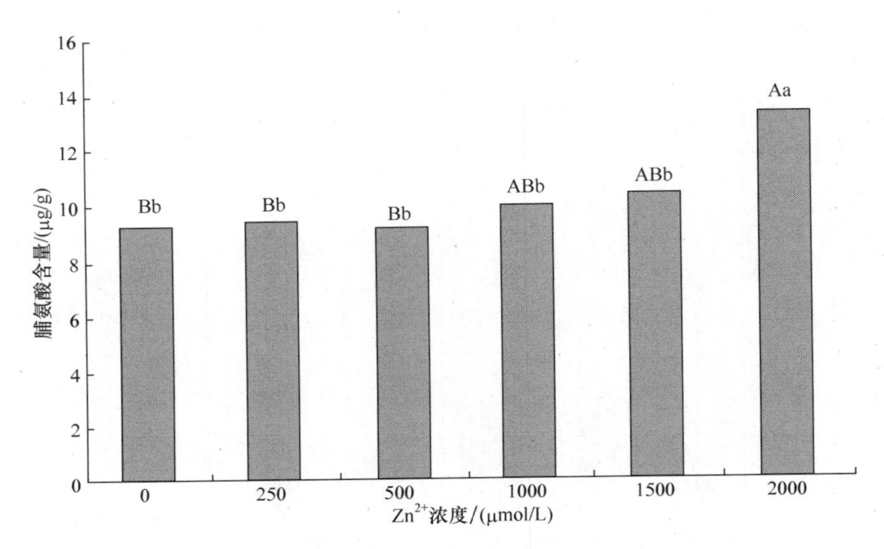

图 1-8　Zn^{2+}对费菜脯氨酸含量的影响(袁红艳,2010)

LSD 法进行显著性检验,大写字母表示具有极显著性差异($p<0.01$),小写字母表示具有显著性差异($p<0.05$)。各平均数间,相同字母表示差异不显著,字母不同表示差异显著

(二) 养分的维持

植物是以主动吸收的方式来吸收 As(Ⅴ)的,并且在植物体内 As(Ⅴ)可能与 P(Ⅴ)共用同一个吸收系统,即高亲和性 P(Ⅴ)吸收系统(Meharg and Macnair,1990)。有研究发现水稻根系存在两个 P(Ⅴ)吸收系统:①当生长介质中的 P(Ⅴ)浓度很低时,高亲和性的吸收系统占主导地位,植物通过其吸收磷;②当生长介质中的 P(Ⅴ)浓度高时,低亲和性的吸收系统占主导地位,植物通过其吸收磷(Abedin et al.,2002)。由于 P(Ⅴ)和 As(Ⅴ)共用相同的吸收系统,而砷的耐性植物绒毛草(*Holcus lanatus*)能够抑制高亲和性吸收系统从而减少了 P(Ⅴ)和 As(Ⅴ)的吸收。由于 As(Ⅴ)与其类似物 P(Ⅴ)在根部质膜上的吸收转运子结合位点展开竞争,因此,在植物吸收运输时,As(Ⅴ)和 P(Ⅴ)会产生拮抗效应,砷的敏感型植物能够通过增加其体内的磷含量(抑制高亲和性吸收系统)来减少砷的吸收(Meharg and Macnair,1991)。但是,也有研究表明,绝大多数砷耐性植物的高亲和性 P(Ⅴ)总是被抑制的,并且这些植物对其体内磷的状态不是很敏感,这就导致增加磷的吸收时对砷的吸收抑制作用有限。有人认为,这可能是因为植物细胞质内的磷含量高,这些磷能够与 As(Ⅴ)展开竞争,从而避免 ATP 的替代物 ADP-As 的形成,减少 As(Ⅴ)的毒害作用(冯人伟,2009)。

对砷超富集植物蜈蚣草的研究发现,低浓度的 As(Ⅴ)却能够刺激 P(Ⅴ)的吸收,并且刺激植物生长。既然砷不是植物所必需的微量元素,那么低浓度的 As(Ⅴ)刺激磷的吸收可能是一种植物防御砷吸收富集的机理(吸收更多的磷以减少砷在植物体内的富集,同时能够防止砷过度替代磷形成 ATP 的替代物 ADP-As,从而使植物正常生理代谢过程得以继续)。Tu 和 Ma(2003)指出,As 促进植物生长可能不是一种直接的促进作用,其机理可能是与促进植物磷的吸收有关。然而陈同斌等(2002)通过盆栽实验发现,添加低浓度的磷(400mg/kg 以下)对砷超富集植物蜈蚣草地上部和地下部的含砷量、砷的生物富集系数、地上部总含砷量均没有明显影响,但添加大量磷(400mg/kg 以上)则会使蜈蚣草地上部和地下部的含砷量及砷的生物富集系数、地上部总含砷量明显升高,表现出磷对砷吸收富集的协同效应。因此,在植物体内,砷、磷之间的相互关系的研究在一定程度上存在着争论,导致不一致的原因可能与植物种类、栽种条件以及培养基质中砷、磷浓度有关。

钙对过量矿质元素有拮抗作用。提高营养液中 Ca^{2+} 浓度能降低玉米幼苗、玉米地上部及白菜根和叶片的 Cd 含量。Cd 胁迫下分别在菜豆的幼苗期和成熟期供应不同浓度 Ca^{2+},供 Ca^{2+} 充足可降低 Cd 毒效应,缺 Ca^{2+} 则会加剧 Cd 毒效应,说明 Ca^{2+} 能竞争性抑制 Cd 的吸收。也有研究表明营养液中 Ca 的存在降低了玉米幼苗根部对 Pb 的吸收,说明 Ca 也可通过抑制 Pb 的吸收与运输来减少毒害。莴苣受 Ni 毒害时,在一定范围内增加钙浓度,可促进莴苣根系的生长,提高产量,推测是 Ca、Ni 拮抗作用抑制了莴苣对 Ni 的吸收。苹果树受铜毒害时,土壤施钙,由于钙对铜的拮抗作用,在一定程度上能降低苹果叶片中的铜含量,缓解铜的毒害,促进苹果新梢生长(贺迪,2007)。

(三)光合作用的维持

光合作用是“地球上最重要的化学反应”。众所周知,重金属超富集植物将重金属大量富集至地上部分,叶片中往往含有高含量的重金属。但是,叶片同时也是植物光合作用的场所。超富集植物叶片在富集大量重金属的同时如何保持光合效率,是一个值得深入研究的问题。Wang 等(2012)将 2 种砷超富集植物(大叶井口边草和蜈蚣草)和 2 种非超富集植物(半边旗和剑叶凤尾蕨)同时种植在不同含砷量(0~200mg/kg)的土壤上,60 天后收获。结果表明,随着砷浓度的升高,叶片甘油醛-3-磷酸脱氢酶(GAPDH)活性在砷超富集植物中能够维持,而在非砷超富集植物中却显著下降(图 1-9)。GAPDH 是卡尔文(Calvin)循环中一种重要酶,它催化 1,3-二磷酸甘油酸转化为 3-磷酸甘油醛的反应。

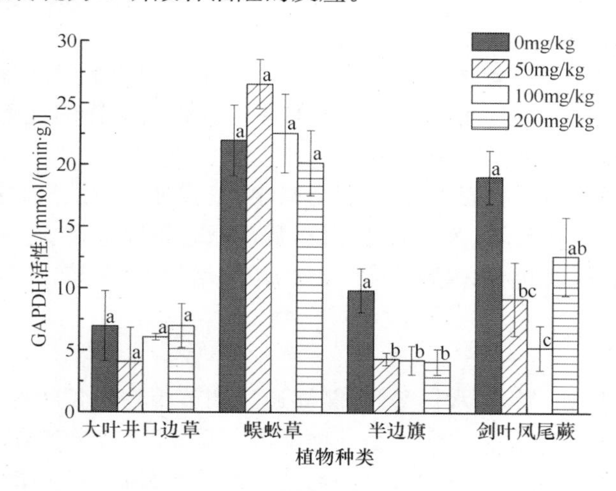

图 1-9 暴露于不同砷浓度的植物 GAPDH 活性的变化(Wang et al.,2012)

小写字母表示同一植物不同砷处理浓度之间的差异,字母不同表示差异显著($p<0.05$),字母相同则表示差异不显著($p>0.05$)

Ca^{2+} 是植物光合作用必需的元素,因此高等植物叶绿体光合系统Ⅱ(PSⅡ)放氧复合体(oxygen-evolving complex,OEC)中富含 Ca^{2+},同时与光合作用密切相关的气孔运动也受到 Ca^{2+} 的调节和控制。过量矿质元素毒害时,钙对保证光合作用正常运行起着十分重要的作用。用叶绿体荧光法研究了过量 Cu^{2+} 胁迫下 Ca^{2+} 对红花菜豆光合作用的调控作用,发现

Ca^{2+}在PSⅡ及ATP合酶复合体(CF_0-CF_1)和卡尔文循环中起着十分重要的作用。过量Cu^{2+}替代植物叶绿体OEC和CF_0上的Ca^{2+}，从而使光合速率下降。此外，缺Ca^{2+}会导致膜脂过氧化，破坏与光合系统有关的磷脂-蛋白-色素复合物，光合磷酸化效率降低，使能量以热能形式损失。Maksymiec和Baszynski(1999)研究发现，外源Ca^{2+}的增加可抑制Cu^{2+}对菜豆生长初期的毒害作用，提高PSⅡ复合物的稳定性(增加F_v/F_0比率)，提高电子流及加快PSⅡ的原初电子受体苯醌(Q_A)的氧化还原过程(提高PSⅡ电子传递量子产量Φ_e和光化学猝灭系数q_P阈值)，并能补充光能的损失。另有研究表明，Cd^{2+}胁迫下加Ca^{2+}有利于维持叶片维管束鞘和叶肉细胞叶绿体结构正常，显著增加玉米叶片的RuBP羧化酶和PEP羧化酶活性，有助于光合作用的正常运转。所有这些都表明在重金属元素毒害时，钙对保证光合作用正常运行起着十分重要的作用(周卫等，1999)。

(四) 呼吸作用的调整

如前所述，重金属对植物呼吸作用的影响显著。但是，重金属毒害下钙处理能改善植物的呼吸作用已在玉米和小麦等植物上得到了证实。Ca^{2+}是植物必需的营养元素，它能够抵制外界过量重金属元素对植物的毒害，维持细胞结构和功能的稳定性，同时降低植物细胞中膜的过氧化程度抵制脂质过氧化，以及改善植物的光合作用和呼吸作用(贺迪，2007)。其作用可能是改善了细胞中酶活性的“生态环境”，从而使酶活性得以充分发挥。铝胁迫下提高营养液钙水平，增加根系液泡膜H^+-ATP酶、Ca^{2+}-ATPase的活性，明显缓解铝毒效应(何龙飞等，2003)。向含汞污水中加入$CaCl_2$，能部分缓解汞对小麦胚乳的淀粉酶、脂肪酶及蛋白酶活性的抑制作用，使呼吸速率部分恢复(杨世勇等，2004)。

(五) 蒸腾作用的改变

植物叶片细胞中的Cd主要来源于从维管束到叶片组织的水分迁移，说明蒸腾作用对叶片中重金属累积起到重要作用。因此Cd在植物体内长距离运输的速率受蒸腾作用影响，蒸腾越强，向茎叶中运输也就越多越快。

在低浓度毒物刺激下，细胞膨胀，气孔阻力减小，蒸腾加速。但当污染物浓度超过一定阈值后，气孔阻力增加使气孔关闭，蒸腾强度降低，从而减轻毒物危害。王焕校(2012)认为蒸腾下降可能与重金属诱导的植物体内脱落酸(ABA)浓度增加有关。

(六) 激素平衡的维持

植物生长调节物质如ABA、水杨酸等，能够通过调节植物生长状况来改善重金属胁迫下的植物生长状况，增强其抗逆性。ABA是一种植物内源激素，它能够诱导植物对低温、盐害和重金属等非生物胁迫的抗性。赵鹂等(2008)研究发现施加外源ABA能够有效恢复Hg胁迫下种子萌发力，增强植物抗逆性。水杨酸作为一种植物生长调节物质，也能够影响植物对重金属的耐受性。陈珍和朱诚(2009)研究表明植物在重金属胁迫下，利用水杨酸处理或预处理都能够促进植物生长，使其能够正常发挥吸收功能，并推测水杨酸可能通过参与调节光合作用速率和效率来增强植物对重金属胁迫的抗性。

正常生理条件下，植物体内乙烯产量较少，当遭受不良环境胁迫或伤害时，乙烯含量则明显增加。Cd^{2+}是植物体内乙烯产生的有效促进剂。试验表明，Cd^{2+}胁迫使小麦幼苗根系乙烯较快增加，约在12h达到峰值，然后下降，ACC(1-氨基环丙烷-1-羧酸)含量也呈先升后降趋势，地上部乙烯含量也增加，至 36h 增至最大，此后急剧下降，而 ACC 和 MACC(1-丙二酰氨基环丙烷-1-羧酸)含量持续上升。地上部乙烯增加，主要是根部合成 ACC 向地上部运输的结果。电镜观察也表明，地上部乙烯产生和 ACC 含量变化的时间进程，可以与 Cd 进入叶细胞内的部位及其对细胞膜和细胞器的影响相联系(张金彪和黄维南，2000)。

最近胡拥军等(2015)研究了砷胁迫下砷超富集植物大叶井口边草和非砷超富集植物剑叶凤尾蕨叶片内源 3-吲哚乙酸(IAA)含量的变化规律，发现随着砷处理浓度的增加，除 50mg/kg 砷处理下 2 种植物叶片中 IAA 含量与对照相比均无显著差异外，100mg/kg 和 200mg/kg 砷浓度处理均使 IAA 含量显著增加，但大叶井口边草比剑叶凤尾蕨增加显著，两者达到极显著差异水平[图 1-10(a)]。此外，在 100mg/kg 砷处理下培养 49 天的 IAA 时间动态表明，大叶井口边草在培养 13 天时叶片中 IAA 含量达到最高，之后有所下降；剑叶凤尾蕨在培养过程中叶片 IAA 含量总体也呈上升趋势，但较大叶井口边草低[图 1-10(b)]。砷胁迫下植物体内 IAA 含量的维持甚至增加，能使植物的生长尽可能免受伤害。

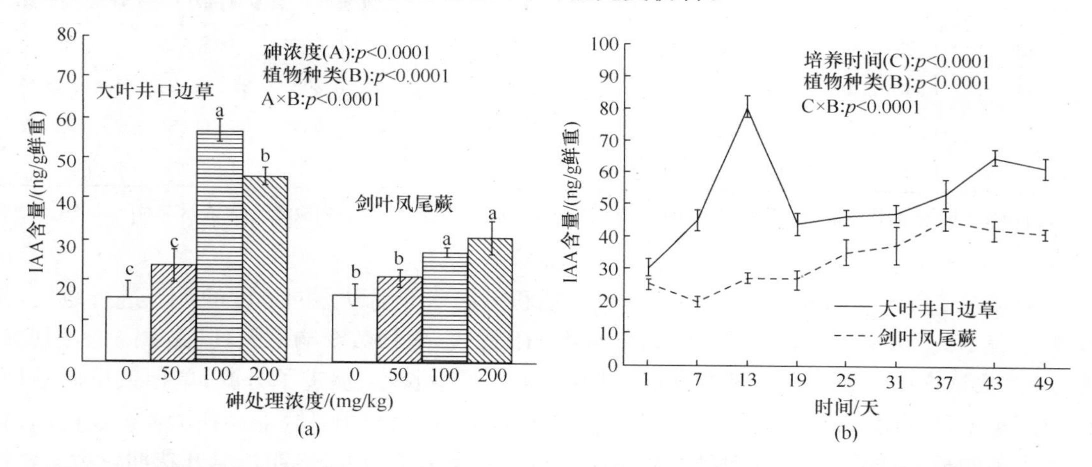

图 1-10　砷胁迫下植物叶片中 IAA 含量(a)和 100mg/kg 处理下的时间动态(b)(胡拥军等，2015)

第二节　污染环境下生物的发育

一、污染对生物发育的影响

(一) 污染对生物不同发育期的影响

生态因子的作用有阶段性，如植物的春化作用以及动物妊娠期的敏感性等。就目前所知，生命越早期暴露于外来化合物或毒物，以后伴随的不良反应越明显，或者说毒效应发生的风险越高。出生前暴露于不良因素和出生后的健康效应密切相关。不同污染物对于同种生物的影响不同，而相同污染物在生物的不同发育时期接触生物，也会产生不同的影响效果。

万延建(2010)研究结果表明，出生前暴露于持久性有机污染物全氟辛烷磺酸(PFOS)的大鼠，会降低其出生后的生存率和减慢其生长发育速度；大鼠出生后 21 天肝脏总甲基化水平的降低和 CpG 岛(CpG island)甲基化水平降低都与出生前 PFOS 暴露水平相关。CpG 双核苷酸在人类基因组中的分布很不均一，而在基因组的某些区段，CpG 保持或高于正常概率，这些区段称为 CpG 岛，在哺乳动物基因组中的 1～2kb 的 DNA 片段，它富含非甲基化的 CpG 双倍体。心脏是生长发育过程中的一个关键器官，线粒体是功能细胞器，在心肌细胞中起着重要作用。大鼠出生前暴露于PFOS对大鼠出生后心脏线粒体造成损伤，虽然在心脏切片形态学观察无显著性改变，但是线粒体电镜照片观察到空泡化，内膜溶解等现象显著；线粒体功能相关基因的分子水平检测发生了显著性改变，表达谱芯片结果筛选选出了部分与线粒体功能相关的表达上调或下调超过1.5倍的基因，通过定量PCR和蛋白水平的验证得到一致结果，且有剂量-效应关系(万延建，2010)。

PFOS能透过胎盘屏障，引发一系列的发育毒性，在哺乳动物实验中分别得到证实。虽然母鼠的生存率未受到PFOS暴露的影响，但子代大鼠出生率与死亡率受到了PFOS暴露的影响，具体结果为高剂量组出生率下降，出生后死亡率升高(表1-8)。

表1-8 子鼠出生时平均只数、出生后的死亡率、肝脏质量、相对肝脏质量及血清和肝脏中PFOS含量(万延建，2010)

处理/[mg/(kg·d)]	平均出生只数	死亡率/%	体重/g	肝脏质量/g	相对肝脏质量	血清中PFOS含量/(μg/mL)	肝脏中PFOS含量/(μg/g)
对照	13.5±1.3	1.7±0.1	52.8±3.4	2.13±0.19	0.040±0.002	ND	ND
0.1	13.6±2.3	3.3±0.1	53.5±3.7	2.18±0.18	0.040±0.002	0.37±0.12	1.43±0.59
0.6	12.7±2.1	1.7±0.1	50.4±3.4	2.10±0.18	0.041±0.003	1.86±0.35	7.68±1.62
2.0	11.0±2.5	15.0±0.1*	45.3±3.8	2.12±0.18	0.046±0.001*	4.26±1.73	20.52±4.59

注：均数±标准差，体重以10窝动物计算；其他值以6只动物计算；ND表示未达到检测限；*表示与对照组存在显著性差异($p<0.05$)。

Maclean和Schneider(1981)在小麦拔节期和扬花期分别以不同浓度的HF进行熏气，其结果见表1-9。结果说明在拔节期时以低浓度HF熏气，对穗数影响不大，但穗重降低，因此产量下降，高浓度HF熏气虽然穗重降低，但由于杀死了生长点，促进了分蘖，单穗数反而增加，因而产量下降不明显；扬花期熏气，在低浓度下穗重减少，穗数稍显降低。在上述浓度范围内，均未出现明显外观受害症状，但已明显影响产量。根据以上研究，表明植物开花期对污染物特别是大气污染物最为敏感，属于大气污染的临界期。因此在开花期应尽量避免大气污染物的毒害作用(汪嘉熙，1984；王焕校，2012)。

表1-9 氟对小麦各生育期的影响(汪嘉熙，1984)

熏气	HF/(μg/m³)	茎中积累的氟化物/(mg/kg)	穗中积累的氟化物/(mg/kg)	单穗干物质重/g	单株穗数	单株产量/g
拔节期	0	1.7	2.0	0.364	3.46	1.29
	0.9	5.5	1.8	0.306	3.45	1.03
	2.9	17.8	2.0	0.254	4.65	1.21
扬花期	0	1.9	1.8	0.488	3.55	1.57
	0.9	10.6	2.6	0.333	3.26	1.07
	2.9	35.6	2.3	0.326	2.99	0.93

(二) 诱发疾病

根据人群在污染条件下的健康受损程度和情况的不同，可分为特异性受损和非特异性受损。这里，特异性受损主要是指人体的急性或慢性中毒、“三致”和致命等；非特异性受损主要是指人体免疫力、活动能力、抵抗能力降低，多发病的发病率升高等。环境污染对人群健康的影响已经成为不争的事实，很多研究表明，现代人出现的疾病90%以上与环境污染有关，有30%的疾病是污染直接导致的，60%的疾病是污染引发或诱发的；在解决基本生活问题后，人们的生活质量85%以上与环境质量密切相关(段昌群，2010)。

细胞癌变指有的细胞由于受到致癌因子的作用，不能正常地完成细胞分化，而变成了不受有机物控制的、连续进行分裂的恶性增殖细胞。各种致癌因子(包括物理、化学和病毒致癌因子)的作用是癌细胞形成的外因，在致癌因子作用下细胞中的原癌基因和抑癌基因发生突变，这是癌细胞形成的内因，因此，癌细胞的形成机理是外因和内因共同作用的结果。因此，诸多污染物有可能使细胞分裂与分化发生变异，形成癌变。

人体的细胞在生长分裂时，受到辐射、化学物质、环境污染等因素影响，难免会有突变细胞产生。人体中的免疫细胞具有监视和稳定功能，机体一旦被干扰，免疫细胞会加以识别，继而吞噬，维护了机体的稳定性。当此项功能受某些因素影响造成功能低下时，不能及时发现清除，形成了肿瘤，使得免疫系统无能为力。因此肿瘤发生者多为此功能低下者，一旦发生，此类人群的愈后也差。

例如，肿瘤是放射性污染常见的滞后效应。1945年原子弹在日本广岛和长崎爆炸，对其幸存者的研究发现，白血病和甲状腺癌的发病率升高。在爆炸6年后(即1951年)，白血病发病率达到峰值，为对照区的11倍。此外，死亡率比对照人群明显升高，寿命显著缩短(段昌群，2010)。

当前，很多城市雾霾现象日益严重。由于雾气中溶解和吸附了尘埃、病原微生物等有害物质，使这些有害物质滞留积聚，污染加剧。人们吸入雾气中的有害物质，会诱发或加重呼吸道感染、咽喉炎、眼结膜炎等病症。

氟是环境中主要污染物之一，在氟污染地区常引起氟中毒。氟引起的疾病有斑釉齿、骨质硬化症、骨质软化症及甲状腺肿瘤。人体每日摄取8～10mg氟就会出现氟骨症，具体症状有：骨硬化(棘突、骨盆、胸廓)；不规则骨膜骨的形成，异位钙化(韧带、囊、骨间膜、肌肉附着部位、肌腱)；伴随骨髓腔缩小的骨密质增厚、密度增大；不规则骨赘；不规则外生骨庞；肌肉附着部位显著和粗糙；牙根的牙骨质过度增生。可通过检验尿氟和血浆中氟含量以了解是否氟中毒。健康成人血清或血浆的氟含量为0.01～0.37mg/L，尿为0.2～1.9mg/L(沈霖等，2010)。

近几十年来，由于人类大量使用含氯氟烃的化合物，臭氧层受到严重破坏并形成空洞，导致到达地球的紫外线(UV)大幅增加。光红斑是UV照射皮肤引起的炎症反应。在光红斑消退后，皮肤可出现光色素沉着。国内外众多的动物实验和流行病学调查都证实UV具有致皮肤癌的作用，其中UV-B作用于眼睛，可引起急性角膜结膜炎；UV-A会诱发白内障。而在低剂量长时间的UV作用，可提高机体对传染病的抵抗力和降低死亡率(段昌群，2010)。

金属一般主要通过与机体内的巯基及其他配基形成稳定复合物而发挥生物学作用，很多金属具有靶器官性，即在有选择性器官或组织中蓄积和发挥生物学效应，并因此引起慢性中毒。急性金属中毒多由食入含金属化合物、吸入高浓度金属烟雾或金属气化物所致，但目前这种情况已十分罕见。低剂量长时间接触重金属的烟、雾、尘等，引起的慢性毒性作用，是当前重金属中毒的重点(段昌群，2010)。

自从镉污染引起骨痛病后，已引起人们普遍关注并开展研究。短时间吸入高浓度镉的临界器官是肺，主要症状是肺水肿；长期吸入低浓度镉时，临界器官是肾和肺，主要症状是肾功能损害，特别是低分子蛋白尿和肺气肿。长期吃被镉污染的食物时，临界器官也是肾，主要症状也是低分子蛋白尿。对骨骼的影响是镉中毒的另一症状。

农药急性中毒主要取决于其急性毒性，慢性毒性还包括蓄积毒性和远期效应，如致癌、生殖发育毒性、免疫功能损害等。有机磷农药能在体内产生抑制酶的代谢产物。这种代谢产物常可引起急性神经障碍症状。目前使用的对硫磷、马拉硫磷、乐果、杀螟松等都属该类农药(王焕校，2012)。

（三）加速衰老

污染物通过影响生物的生理代谢加速生物的衰老。例如，燃煤引起的烟雾和各种灰尘等污染气体，会随空气进入人的肺部并渗入血液里，吸烟者将烟气吸入肺部，尼古丁、焦油和一氧化碳等有害物质就会为胆固醇沉积提供条件，日积月累会造成动脉硬化，使人早衰。

日常用品中的铝制品，如盆、铲、勺等含有大量的铝元素。人体摄取过多的铝，会直接破坏体内神经细胞内遗传物质脱氧核糖核酸的功能，不仅使老年人易患痴呆症，还会使人过早地衰老。为此，应尽量少用铝制品，环境中 Al 的增加可能伴随食物链进入人体，从而加速人体的衰老。

铅会使脑内去钾肾上腺素、多巴胺和 5-羟色胺的含量明显降低，造成神经质传导阻滞，引起记忆力衰退、智力发育障碍等。人体摄铅过多，还会直接破坏神经细胞内遗传物质 DNA 的功能，不仅易使人患痴呆症，还会使人脸色灰暗过早衰老。

在腌制鱼、肉、菜等食物时，加入的食盐转化成亚硝酸盐，它在体内酶的催化作用下，易与体内的各类物质作用生成亚胺类的致癌物质，过量摄入易患癌症，并促使人体早衰。

二、污染环境下生物发育的调整

逆境胁迫下，生物体会采取一些措施来调节生长发育过程。脯氨酸就是一类重要的渗透调节物质，植物体内脯氨酸含量的增加是植物对逆境胁迫的一种适应性反应(秦天才等，1998)。研究表明，小白菜根内游离脯氨酸的含量随培养液中 Cd^{2+} 浓度的升高而增加。Cd^{2+}、Cr^{6+}、Pb^{2+} 对青菜也有类似的效应(任安芝和高玉葆，2000；杨世勇等，2004)。Cu^{2+}、Zn^{2+} 能诱导小麦体内产生并积累脯氨酸，但铜表现出更强的诱导脯氨酸产生的能力，二者还都表现出剂量依赖效应，0～100mg/L 浓度范围，随 Cu^{2+}、Zn^{2+} 浓度的增大，小麦茎积累脯氨酸的量也随之增多(Alia et al.，1995)。Mehta 和 Gaur(2002)的研究表明，铜、锌胁迫下植物体内产生并积累脯氨酸与植物体内活性氧自由基的清除以及膜脂过氧化作用的减轻有密切关系。

从分子水平上，MicroRNAs(miRNAs)是目前研究最为广泛的一类内源性非编码单链小 RNA。近年来研究发现，miRNAs 在基因表达过程中作为一类负调控子，广泛存在于动物、植物以及微生物等生物体基因组中，对生物体生长发育和疾病发生中相关基因的表达具有调控作用(安凤霞等，2013)。miRNAs 是一类新型的调控基因表达的小分子 RNA，主要在转录后水平负调控靶基因的表达，植物 miRNAs 通过调控靶基因的表达，广泛参与植物的生长发育、细胞代谢、器官形成的建成、激素分泌、信号转导、胁迫应答等过程(丁艳菲等，2011)。研究表明，重金属(Hg、Cd 和 Al)对截形苜蓿(*Trigonella ruthenica* L.)miRNAs 产生影响，发现 miR171 在重金属胁迫下表达量发生改变，并与重金属种类和浓度有关。在重金属胁迫下，miR319、miR393 和 miR529 表达量上升，其中，miR319 可以被 Cd 和 Al 诱导，但不受 Hg 的影响；miR393 可以被 Hg 和 Cd 诱导，但不受 Al 的影响；miR529 可以被上述 3 种重金属胁迫诱导表达，Al 胁迫的诱导效应最强。在 3 种重金属胁迫下，miR171 表达只略微增加，而 miR166 和 miR398 则表达下降(安凤霞等，2013)。

近几年来，一些气体信号分子(如 NO、CO 和 H_2S 等)及其生物学作用成为当前生命科学领域中激素和信号转导研究的热点(陈帧雨等,2014)。Yang 等(2013)研究了外源 NO 对 Al^{3+} 胁迫下水稻幼苗蛋白表达的影响,发现 NO 处理改变了细胞壁的合成、细胞分裂和细胞结构、钙信号和防御反应相关蛋白的表达水平,尤其是一些活性氧(ROS)和活性氮(RNS)代谢中涉及的蛋白质。此外,Wang 等(2010)研究表明,NO 通过诱导金属硫蛋白(MT)的表达,以提高抗氧化酶的活性,缓解 Cu^{2+} 对番茄根系发育、叶绿素合成和叶片生物量的抑制。金属硫蛋白(metallothionein,MT)是 1957 年由美国科学家 Margoshoes 从马肾脏内质中分离出的一种低相对分子质量、高巯基含量并能大量结合重金属离子的蛋白质,现发现人体、动物、植物以及微生物体内均含有 MT,该类蛋白质在生物抵抗逆境胁迫中具有重要作用。

重金属胁迫相关蛋白能提高植物的抗重金属能力。重金属胁迫能诱导编码硫氧还蛋白、泛肽(ubiquitin)、热休克蛋白(heat shock protein, HSP)、Dnaj-like 蛋白、几丁质酶、β-1,3-葡聚糖酶、富含脯氨酸细胞壁蛋白(proline-riched protein,PRP)、富含甘氨酸细胞壁蛋白(glycine-riched protein,GRP)和病原相关蛋白(pathogenesis-related protein,PR)等基因的表达。这些蛋白质中,泛肽能介导细胞内变性或短命的蛋白质降解;HSP、Dnaj-like 蛋白属于分子伴侣,参与体内新生蛋白质的折叠、组装、释放和定向运输,并能在逆境胁迫下防止蛋白质变性;几丁质酶、β-1,3-葡聚糖酶和病原相关蛋白共同作用能阻止病菌侵染,诱导植物的系统防卫反应;PRP 和 GRP 参与受损细胞壁的修复和加固(张玉秀和柴团耀,2006)。

第三节　污染环境下生物的繁殖

在众多的环境污染物中,有的对生物的影响主要限于对当代个体的生长形态和生理过程的影响,这种作用大多不会对后代生物产生不良损伤,但有的污染物不仅影响当代生物,还影响下一代。这类污染物往往具有很强的致癌、致畸、致突变作用;另外,还有一类污染物起着激素类似物的作用,对生物的生育产生严重的影响,如环境激素。

一、污染对生物繁殖的影响

(一) 繁殖能力下降

植物的有性生殖一般是指由亲代产生生殖细胞,通过两性生殖细胞的结合,成为受精卵,进而发育成新个体的生殖方式。被子植物所特有的有性生殖方式是双受精现象。植物的有性生殖分为四个生理过程:开花、传粉、受精和发育。污染物对于植物繁殖力的影响体现在对于雄蕊、雌蕊、花柱以及花粉母细胞等的影响上。Xiong 和 Peng(2001)研究 Cd 对四籽野豌豆(*Vicia tetrasperma*)的影响,低浓度 Cd 就会抑制花粉萌发和花粉管的生长,从而影响豌豆的生殖生长。此外,Pb、Cd、Hg 和 Cu 对烟草花粉萌发和花粉管的生长也有抑制作用;Cd、Cu 和 Cr 抑制了凤仙花(*Impatiens balsamina*)的花粉萌发和花粉管的生长。Munzurglu 和 Gur(2000)等研究了 Hg、Pb 和 Cd 对原产欧洲的一种苹果属植物 *Malus sylvestris* Miller cv. Golden 花粉发芽和花粉管生长的影响,结果表明,重金属引起花粉发芽率降低和花粉管生长减慢,且抑制效应与重金属的浓度呈正相关,在高浓度时,Pb 比 Cd 的抑制作用更强。但是,该方面研究也有相反的报道。例如,Sawidis 等(1997)将麝香百合花梗插入含有 Pb 和 Cu 的溶液中,结果显示,Pb 和 Cu 提高了百合花粉的萌芽率,Cu 增加了花粉管生长的平均长度。但需要注意的是,在重金属胁迫下,花粉管表现出畸形生长。

污染物对于动物繁殖能力下降主要包括致使精子、卵子畸形,降低受精概率、受精卵畸形以及后续受精卵存活率低等方面。环境污染可引起遗传物质发生改变，而生殖系统对污染物的刺激又具有高度敏感性。周艳等(2003)通过精子畸形试验，研究了乙酸铅对小鼠雄性生殖细胞的影响。结果表明，随乙酸铅浓度的增加，精子畸形率显著增加。从畸变精子的分形看，无定形和香蕉形精子的比率高于对照组，而无钩、胖头和小头精子的比率低于对照组，说明铅对哺乳动物的雄性生殖细胞具有潜在的诱变能力(表 1-10)。

表 1-10　乙酸铅对小鼠精子畸形的影响(周艳等，2003)

乙酸铅浓度(mg/L)	精子总数/个	畸变数/个	畸形率/%	畸变精子分形及构成比/%				
				无定形	香蕉形	无钩	胖头	小头
0	6 000	563	9.4±0.3	19.9	9.0	44.1	17.0	9.9
200	6 000	660	11.3±0.2**	34.4	19.4	30.6	10.5	5.2
1 000	6 000	876	14.5±0.6**	25.8	16.3	35.9	12.9	9.0
5 000	6 000	1 125	19.0±0.8**	21.6	20.7	33.1	15.6	9.1

** 表示 $p<0.01$。

最近，Adams 等(2014)对 1492 例患者的综合分析表明，手机辐射能降低男性精子运动性和生存能力，分别降低 8.1%和 9.1%，但对精子浓度无影响。水体污染不仅导致幼鱼畸形，还可能导致性别严重失调。近年来出现中华鲟性别比例失调和精子质量下降的情况，与水体污染密切相关。物种延续的理想情况应该是雌雄比例 1∶1，但从 2003 年开始，中华鲟的雌雄比例一路走高，2003 年达到 5.86∶1，2005 年达到了 7.40∶1，现在已是 10∶1。这意味着即便雌鱼产下大量卵子，也因为无法受精，种群无法繁殖。

较差的精子和卵子质量会造成受精卵存活率低甚至畸形，这在植物和动物中均有报道。王生耀等(2009)在大田条件下通过采用人工 UV-B 灯管模拟来增加太阳光辐射量 5%和 10%，研究紫外辐射增加对巴燕 4 号燕麦品种的有关性状的影响。结果表明，UV-B 辐射增加能显著降低燕麦种子产量，产量下降的主要原因是每穗粒数和单位面积穗数下降。粒重的变化未达到显著水平。比较燕麦同一花位的粒重，UV-B 辐射增加导致燕麦粒重显著下降，同时导致粒重较低的高花位籽粒数减少。动物方面，孙娜(2011)通过建立孕鼠对大气颗粒污染物的暴露模型，探讨大气颗粒污染物标准品(SRM)对胚胎发育的不良影响，研究结果表明以柴油车尾气为主要来源的大气颗粒污染物在小鼠动物试验中可以引起不良妊娠结局，造成暴露组非存活胎鼠(吸收胎+死胎)的发生率显著高于对照组，同时还可以导致部分胎鼠出现卷尾畸形、突眼畸形(表 1-11)。

表 1-11　不同剂量染毒组胎鼠情况分析(孙娜，2011)

组别	着床总数	活胎数	死胎数	吸收胎数	畸胎数	吸收胎+死胎/%	畸胎率/%
高剂量组(170mg/kg)	102	39	3	59	1	60.78*	2.56
中剂量组(17mg/kg)	99	57	1	39	2	40.40*	3.51
低剂量组(1.7mg/kg)	112	98	3	9	2	10.71*	2.04
对照组	92	91	0	0	0	1.09	0

* 与对照相比，差异具有统计学意义($p<0.0083$)。

(二) 污染物的“三致”效应

1. 致畸作用

致畸作用是指外源性环境因素能作用于妊娠母体，影响其胚胎的发育和器官的分化，以致出现新生儿(子代)体形或器官方面先天性畸变的作用。畸形(malformation)不仅指解剖结构上可见的形态发育缺陷,通常包括结构畸形和功能异常。胎儿在出生之前需经历一系列形态结构的形成、变化及发育过程。在此过程中,孕卵转为胎儿(妊娠第 2～8 周)的胚胎阶段,对外来致畸物最为敏感,如果这个时期受到致畸性毒物的影响,就可能造成胎儿各种类型的畸形,如小头、无脑、耳聋、先天性心脏病、肢体残缺等。

研究结果证实,甲基汞是一种具有明确致畸作用的环境污染物。动物试验发现具有致畸作用的化学毒物还有硫酸镉、四氯二苯、五氯酚钠、二噁英、艾氏剂、有机农药等(段昌群,2010)。另外,一些药物(如安眠药类)也会通过怀孕的母体传至胎儿而产生致畸作用。1961 年,在日本曾发生一则"怪胎"事件,新生儿罹患了具有四脚拓小形的海狗症。在全世界 10000 多名患海狗症的人中,日本婴儿就有 1000 多名。这类畸形儿除了海狗肢畸形外,还有无外耳、外耳畸形、双眼融合性缺陷、上唇毛细血管瘤、胃肠道无正常开口等病例。

2. 致突变作用

致突变作用(mutagenesis)是指污染物或其他环境因素引起生物体细胞遗传信息发生突然改变的作用。如果致突变作用发生在一般体细胞中,使细胞发生不正常的分裂和增生,则不具有遗传性能,其结果表现为癌细胞的形成。如果致突变作用影响生殖细胞而产生突变时,可能会产生遗传特性的改变而影响下一代,即将这种变化传递给子代细胞,使之具有新的遗传特性。因此,一般所说的致突变性(或作用)是指上述的后一种情况,而前一种为致癌性(或作用)。

突变本来是生物界的一种自然现象,是生物进化的基础,但对大多数生物个体往往有害。哺乳动物的生殖细胞如发生突变,可以影响妊娠过程,导致不孕和胚胎早期死亡等;体细胞的突变,可能是形成癌肿的基础。因此,环境污染物如具有致突变作用,即为一种毒性的表现。具有这种致突变作用的物质,称为致突变物(或诱变剂)。具有致突变性的遗传毒物与其他环境污染物一样,广泛地分布在人们的生活环境之中,严重地影响着人们的身体健康。具体来说致突变物主要有:放射性类、染料类、涂料类、农药类、药物类、表面活性剂、洗涤剂类、塑料制品类和焚烧垃圾产生的二噁英(郎铁柱和钟定胜,2005)。环境中常见的具有致突变作用的环境污染物有:亚硝胺类、苯并[a]芘、甲醛、苯、砷、铅、滴滴涕(DDT)、烷基汞化合物、甲基对硫磷、敌敌畏、谷硫磷、2,4-滴、2,4,5-涕、百草枯、黄曲霉毒素 B1 等。

确定一种受试物是否具有致突变作用,可通过致突变试验,常用的致突变试验有以下几种:染色体畸变分析、骨髓细胞微核检验、姐妹染色体单体互换分析、基因突变试验如艾姆斯(Ames)试验等。

3. 致癌作用

致癌作用(carcinogenesis)是指环境毒物作用在一般细胞上,诱发人(或动物)体内滋生肿瘤的一种远期性作用。肿瘤有良性和恶性之分,恶性肿瘤又称癌。在致癌作用概念中的"癌",包括良性肿瘤和恶性肿瘤。在引起肿瘤的复杂原因中,多数与不良环境因素有关,即环境中的污染物有不少是致癌物质。

在天然污染的食品中以黄曲霉毒素 B1 最为多见,其毒性和致癌性也最强。0.4mg/kg 的剂量就可以使大鼠 100%诱发癌症。多环芳烃(PAHs)都具有致癌、致突变作用。即使那些不直接显示致癌、致突变作用的 PAHs,经卤化或硝化后,也显示出致癌或致突变的作用。癌症是当前三大死因之一,是严重危害人类健康的疾病,每年有数百万人死于癌症。目前,全世界两千万以上的人患有各种癌症(陈瑾,2012)。

致癌物质中大部分是化学性毒物，其作用机理十分复杂。简单地说，化学性毒物经机体吸收并活化后，与细胞内大分子作用，如与DNA(脱氧核糖核酸)作用引起基因突变，或与蛋白质作用改变细胞的基因控制，此后可使细胞恶变而产生最初的癌细胞。反常癌细胞摆脱体细胞的免疫能力，从而加速其增殖、分裂、浸润、转移而产生肿瘤。

人们对环境中致癌物质的认识已有200多年的历史。1775年，英国医生Pott发现扫烟囱工人易患阴囊皮肤癌，其原因是烟灰中含有强烈致癌性的多环芳烃类化合物苯并[a]芘，从此人们对此类化学致癌物引起了警觉和重视。苯胺类染料生产过程中致膀胱癌，根源是合成染料的原料中含有多种芳香胺类，其具有强烈的致癌作用。研究陆续发现了许多其他类型的(化学或非化学性)致癌性物质，如幽门螺旋杆菌是引发人体胃癌和大肠癌的致癌性物质。

(三) 致死效应

污染物对于生物的影响从生理代谢到外表形态的受害症状特征，最终随着污染浓度的增加会导致部分生物出现死亡，称为污染物的致死效应(lethal effect)。

亚致死效应(sublethal effect)是指那些在引起直接的身体死亡的浓度或剂量以下产生的效应。通常认为它们是在某些重要的生理过程、生长、行为、发育或类似的性质上发生的某些变化。它们几乎总是降低个体适应性的有害或者被认定是有害的效应。

1993年，黄曲霉毒素被世界卫生组织的癌症研究机构划定为1类致癌物，是一种毒性极强的剧毒物质。黄曲霉毒素的危害性在于对人和动物肝脏组织有破坏作用，严重时可导致肝癌甚至死亡。

合成致死(synthetic lethality)作用即生物体内多个基因共突变时，会造成无法被机体本身调控机制修复的DNA损伤，引发细胞凋亡。以DNA损伤反应与修复网络为背景，通过细胞信号通路中关键位点基因的共突变，来解决肿瘤细胞治疗过程中的凋亡逃避，为特定基因遗传背景的肿瘤治疗提供了特异性、个体化的治疗方案。值得注意的是，这些基因中的一个或非全部的几个突变将不会引发细胞凋亡，而是启动DNA损伤修复，从而使细胞免于凋亡(薛蔚雯等，2013)。

采用不同浓度的混药饲料饲喂嗜虫书虱的2龄若虫，49天后，20mg/kg、10mg/kg、5mg/kg灭幼宝处理的死亡率分别为96.67%、93.33%和76.67%；而20mg/kg、10mg/kg、5mg/kg烯虫酯处理的死亡率分别为76.67%、63.33%和40%(表1-12)。这说明灭幼宝对嗜虫书虱若虫的致死作用非常明显，而且效果比烯虫酯好(丁伟等，2002)。

表1-12　灭幼宝和烯虫酯对嗜虫书虱若虫的致死作用(丁伟等，2002)

处理	浓度/(mg/kg)	虫口基数	7天		14天		21天		28天		49天	
			NS/个	CM/%	NS/个	CM/%	NS/个	CM/%	NS/个	CM/%	NS/个	CM/%
烯虫酯	20	50	30	30.23	22	42.11	18	51.35	11	64.52	7	76.67
	10	50	39	9.30	25	34.21	17	54.05	15	51.61	11	63.33
	5	50	38	11.63	26	31.58	21	43.24	18	41.94	18	40
灭幼宝	20	50	29	32.56	11	71.05	7	81.08	4	87.09	1	96.67
	10	50	21	51.62	8	78.95	7	81.08	6	80.64	2	93.33
	5	50	32	25.58	21	44.74	12	67.56	11	64.51	7	76.67
对照	0	50	43	—	38	—	37	—	31	—	30	—

注：NS指存活数；CM指校正死亡率。

二、污染环境下生物的繁殖对策

（一）繁殖能量的重新分配

污染物进入机体后，首先将导致机体一系列的生物化学变化，这些变化广义上说可以分为两种：一种是用来保护生物体抵抗污染物的伤害，称之为防护性生化反应；另一种不起保护作用，称之为非防护性生化反应。防护性生化反应的机理是通过降低细胞中游离污染物的浓度，从而防止或限制细胞组成成分发生可能的有害反应，消除对机体的影响；非防护性生化反应有多种，其作用机理也多样化，其作用结果之一就是产生对生物体有害的影响（汤保华，2010）。

面对污染物的毒害，生物会从个体水平发生自身生理代谢的调整，出现应激反应等会消耗大量的能量，难免会降低生物投入繁殖的能量。例如，星豹蛛也可能越在污染严重的地方越能利用自身体内的各种酶，包括谷胱甘肽 S-转移酶，最可能的解释是雌蛛必须合理地分配能量去增加酶的活性以有益于它的后代，因为它们要更好地保护卵袋，以免被损害。蜘蛛合适的生存策略对于重金属污染是高度特异的，并且雌性和雄性星豹蛛体内谷胱甘肽 S-转移酶的活性不同。雌性个体有比较高的生长率和繁殖力，还有更高的食物消耗力和新陈代谢的能力，因此，雌性个体需要更多的谷胱甘肽 S-转移酶（刘然，2009）。

（二）污染环境下 DNA 损伤的修复

在人的细胞中，一般的代谢活动和环境因素（如紫外线和放射线）都能造成 DNA 损伤，这些损伤给 DNA 分子造成结构上的破坏，由此可大大地改变细胞阅读信息和基因编码的方式，其余的损害引发在细胞基因体中的潜在有害突变，进而影响子细胞在进行有丝分裂后的存活。因此，DNA 修复必须经常运作，以快速改正 DNA 结构上的任何错误之处。当正常修复程序失效与细胞凋亡没有发生，则不可回复的 DNA 损伤可能会发生。

DNA 损伤可分为内源性和外源性损伤两大类型，前者如被正常代谢的副产物活性氧分子（自由基）攻击导致的损伤（自发突变）；后者则由外部因素引起，如紫外线（UV 200～300nm）、其他频率的辐射（包括 X 射线和 γ 射线）、水解和热解、某些植物毒素、人造的突变物质（如吸烟产生的某些烃和肿瘤的化学疗法和放射线疗法）。

DNA 修复的速度与许多因素有关，如细胞类型、细胞老化以及外在环境等。然而当细胞累积大量的 DNA 损伤老化时，DNA 修复的速度下降，直至赶不上正在进行的 DNA 损伤的速度。这时，细胞可能遭受以下 3 种命运之一：不可逆的冬眠，即所谓的衰老；细胞自杀，即细胞凋亡或程序性细胞死亡；失控的细胞分裂可能导致形成肿瘤或癌。人体中的大多数细胞先是衰老，经历不可挽回的 DNA 损伤之后，走向凋亡。在这种情况下，凋亡作为“最后一招”起着防止细胞致癌而危害机体的作用。衰老时，生物合成和物质周转的变更使细胞的生命活动效率降低，这不可避免地导致疾病发生。一个细胞 DNA 修复的能力对其基因组的完整性和该细胞甚至机体的正常功能来说是极其重要的。

绝大多数污染物均能明显地干扰 DNA 的修复能力。DNA 修复是一系列的酶促反应过程，在污染物作用时，酶促反应受到干扰，使修复作用失调，增大了 DNA 的损伤，从而影响生物的寿命。

生物体对 DNA 损伤的修复系统主要有以下 5 种（李兴玉等，2009；王林嵩，2012）：

（1）直接修复（direct repair）：DNA 损伤修复最直接的方式是修复酶简单地将损伤逆转，即直接作用于受损核苷酸，将其恢复为原来结构。

（2）切除修复（excision repair）：DNA 清除受损碱基最普遍的方法是通过修复系统先将受

损核苷酸除去，再合成 DNA 填补缺口。

(3) 重组修复(recombination repair)：当一条 DNA 单链受到损伤时，可以用另一条单链作为模板进行修复。但在有些情况下不能为修复提供正确的模板，如双链断裂或交联等，如果复制叉遇到未修复的 DNA 损伤时，正常复制受阻，此时往往导致重组修复。

(4) 错配修复(mismatch repair)：错配修复是一种特殊的核苷酸切除修复，用来切除复制中新合成 DNA 链上的错配碱基。

(5) 移损 DNA 合成(translesion DNA synthesis)：由一类特异的 DNA 聚合酶催化，该酶越过 DNA 损伤部位直接合成 DNA，该类型又称易错修复(error-free repair)、SOS 修复(SOS repair)或差错倾向性修复(error-prone repair)。

彗星试验(comet assay)是一种常用的在单细胞水平上检测 DNA 损伤与修复的方法，常以拖尾细胞百分率和 DNA 迁移长度作为评价指标，在电压、电流和电泳时间一定时，DNA 迁移长度与 DNA 损伤的多少及断片的大小有关。因此，在试验染毒期间，如果受试物具有很大的细胞毒性，就会引起细胞死亡，造成细胞 DNA 发生损伤，细胞 DNA 受损越重，产生断裂片段就越多，在电场作用下 DNA 从核中迁出，迁移的 DNA 量越多，距离就越长，表现为尾长增加和尾部荧光强度增加，尾距是综合反映尾长和尾部 DNA 含量的一个指标。郑伟等(2004)以紫外线(UVC，200～275nm)为诱变剂，新生霉素(NOV，抑制 DNA 链切开阶段)和阿非迪霉素(APC，抑制 DNA 链连接阶段)为修复抑制剂，通过彗星试验检测了紫外线暴露后人淋巴细胞 DNA 修复能力，结果发现，UVC 照射后 90min，UVC+NOV 组平均尾长(MTL) 明显低于 UVC 组，说明 DNA 链切开受到抑制；UVC 照射后 240min，UVC+APC 组 MTL 明显高于 UVC 组，说明 DNA 链连接受到抑制。此外，照射后 240min，这两组的 DNA 修复率(DRR)明显低于 UVC 组(表 1-13)。

表 1-13　UVC 组、NOV 组和 APC 组 UVC 照射前后的平均尾长和 DNA 修复率(郑伟等，2004)

组别		平均尾长/μm	DNA 修复率/%
照射前	UVC 组	1.93±0.45	
	UVC+NOV 组	1.93±0.45	
	UVC+APC 组	1.93±0.45	
照射后 90min	UVC 组	4.77±1.05	
	UVC+NOV 组	3.16±0.65**	
	UVC+APC 组	4.47±1.26	
照射后 240min	UVC 组	2.43±0.56	81.84±11.06
	UVC+NOV 组	2.46±0.54	52.98±18.86**
	UVC+APC 组	3.43±0.92**	39.57±15.40**

注：** 与 UVC 相比，$p<0.01$。

第四节　生物个体与污染环境关系的一般原理

一、环境污染物对细胞膜结构和功能的影响

(一) 环境污染物对细胞膜结构的影响

细胞是组成生物体结构和功能的基本单位，而膜是细胞生理生化反应和功能发挥作用的结构基础。细胞膜是细胞的界膜，把具有生命力的活细胞与非生命的环境分隔开；细胞膜和细

胞内的所有细胞器(如叶绿体、线粒体、内质网等)组成的膜系统,具有选择通透性,构成了生命体系物质交换、转运、物质和能量产生与消耗的具体场所。生物的膜系统是由磷脂双分子层构成的致密结构,各类蛋白质镶嵌其中,组成有序功能体。细胞膜具有特定的成分和结构。由于污染物的作用和影响,细胞膜的这种特定的成分和结构发生改变。环境污染对细胞膜的结构和功能的影响,是污染对生物新陈代谢毒害作用最重要的环节之一(段昌群,2010)。

铅对中华稻蝗产生氧化损伤,诱导体内产生氧自由基,造成脂质过氧化,抗氧化防御系统(抗氧化酶 SOD、GPX、Vc)活性与含量随铅浓度的增加而增加,但随铅浓度的增加,产生的氧自由基增多,细胞受到损伤,抗氧化防御系统受到抑制,SOD、GPX 活性回落,Vc 含量降低,MDA 含量增加(刘雪梅,2006)。

1. 细胞膜脂过氧化

污染往往导致膜脂过氧化。很多污染物携带有大量的自由基,或与膜结合后产生自由基,这些自由基具有很强的氧化作用,破坏膜结构。绝大多数的有机农药都能很快与细胞膜结合,穿透细胞膜。由于植物受重金属毒害,细胞内会产生大量的活性自由基,使膜中不饱和脂肪酸产生过氧化反应,从而破坏了膜的结构和功能(Luna et al. ,1994)。油菜以汞处理后,细胞中因膜脂的过氧化作用而产生的丙二醛(MDA)含量不断升高(马成仓,1998)。

自由基是任意一种能够独立存在且含有一个或多个未成对电子的物质。如含有不成对电子的氧则称为氧自由基(oxygen free radical,OFR),占机体内自由基的 95%以上,它是生物体内氧化过程中释放的一种活泼的有害物质。它在体内肆意掠夺其他分子的电子,破坏细胞、DNA、RNA 和蛋白质的结构,使体内细胞组织、器脏的功能降低且不能被再修复,使体内的免疫系统功能下降,从而导致各种疾病的发生甚至死亡(汤保华,2010)。甲基汞能降低红细胞膜和肝细胞膜中膜脂的流动性。当不饱和膜脂被氧化或其中的膜蛋白—SH 基被氧化,则膜失去选择通透性,细胞内含物外渗(段昌群,2010)。

被正常代谢的副产物活性氧分子(自由基)攻击导致的损伤(自发突变)为自发突变损伤。因此能够控制自由基的体内抗氧化酶系统也是降低损伤和修复的方式之一。在正常情况下,生物体内的自由基主要有过氧基、氢氧基、超氧基、氮氧基等几种。自由基对生物体是处于不断产生与清除的动态平衡之中。一方面自由基是机体防御系统的组成部分,如果不能维持一定水平的自由基则会对机体的生命活动带来不利影响;另一方面,如果自由基产生过多或清除过慢,它通过攻击生命大分子物质及各种细胞,会造成机体在分子、细胞及组织器官水平的各种损伤,加速机体的衰老进程并诱发各种疾病。生物细胞可以通过多种途径产生活性氧自由基,同时也存在着清除这些自由基的途径,两者呈对立统一和平衡状态。在正常生理条件下,处于平衡状态下的自由基浓度是很低的,它们不但不会损伤机体,还可以起到独特的生理作用。然而,在恶劣环境条件胁迫下,环境中的物理因素或外源性化学物质直接或间接诱导机体产生的自由基得不到及时清除;又或者内源性自由基的产生和清除失去平衡,都会导致自由基积累,引起机体细胞膜上的脂质过氧化,破坏膜的结构和功能,造成细胞膜系统的损伤(汤保华,2010)。

污染物进入生物后,在体内进行生物转化,会产生氧化还原循环生成大量活性氧,这些活性氧又可使 DNA 断裂、脂质过氧化、酶蛋白失活等,从而引起机体氧化应激反应,进而产生毒性效应(汤保华,2010)。已有资料表明,自由基是导致植物老化、衰老和种子变劣的重要原因。

生物体内自由基的清除体系,称为抗氧化系统(antioxidant system)。抗氧化系统为细胞提供了一种保护作用,使之免遭自由基的进攻,主要是通过有关的酶和一些能与自由基反应产生稳定产物的有机分子来完成。生物体内的抗氧化系统由酶性和非酶性成分组成，前者包括酶促防御系统的重要保护酶，如超氧化物歧化酶(superoxide dismutase，SOD)、过氧化氢酶(catalase，CAT)、过氧化物酶(peroxidase，POD)、谷胱苷肽还原酶(glutathione reductase，GR)以及抗坏血酸过氧化酶(ascorbate peroxidase，APX)等。其抗氧化机制是在酶的作用下，将自由基转化为毒性较小的产物，或能够被体内的其他机制进一步清除的产物。后者包括维生素 E、维生素 C、维生素 D、胡萝卜素、还原型谷胱苷肽(GSH)及辅酶 Q10 等，这类物质可直接与自由基结合而清除自由基(汤保华，2010)。

在一定浓度的铅染毒环境中，膜脂过氧化产物丙二醛(MDA)含量的增加，引起膜损伤。同时，SOD、维生素 C(Vc)、GPX 作为内源活性氧清除剂，能够在铅的胁迫下，清除体内过量的活性氧，力图维持活性氧代谢平衡，保护膜结构，从而使动物体在一定程度上减缓或抵抗逆境胁迫，但这种维持作用是有一定限度的，随着污染浓度的增加，抗氧化酶活性可能由于中毒而受到抑制，因此造成活性氧的积累和对细胞膜的损伤，降低生物的适应性反应能力(刘雪梅，2006)。

2. 对磷脂双分子层和膜蛋白的影响

植物细胞膜系统是植物细胞和外界环境进行物质交换和信息交流的界面和屏障，是细胞进行正常生理功能的基础。汞可能是通过影响细胞膜上的磷脂而改变细胞膜的通透性。Zhang 和 Stephen(1999)以 Hg^{2+} 处理小麦，其根细胞有相当稳定的膜去极化作用，还伴随一段很短时间的超极化现象，随着汞浓度的增加，膜的去极化程度也升高。南瓜根离体膜泡在 Hg^{2+} 处理时，微囊体和质膜小泡对水的渗透都降低，对硼的渗透吸收也减少。Hazama 等(2002)利用膜片钳记录技术和定点诱变方法证实，膜通道蛋白中的 Cys-155 和 Cys-190 残基是与细胞水渗透性和离子传导有关的 Hg^{2+} 活化位点。由于 Hg^{2+} 与亲水孔蛋白中的 Cys 残基结合，导致通道极性或通道蛋白构象改变，从而抑制细胞对水分和微量元素的吸收等(母波等，2007)。

植物细胞中可溶性蛋白含量的高低直接反映了细胞内蛋白质合成、变性及降解等状况，用 Hg^{2+} 处理莼菜冬芽后发现，它的细胞可溶性蛋白含量随处理浓度的增加而逐渐下降。Hg^{2+} 能增加细胞内核糖体、核糖体亚基及多聚糖体的数量，促进蛋白质合成。这一现象的产生可能是由于低浓度的 Hg^{2+} 作用 DNA 后，刺激了 DNA 的活性，促进了有关基因的表达。通过差别筛选 Hg^{2+} 胁迫下的菜豆叶片 cDNA 库中 cDNA 序列和同源性分析发现，Hg^{2+} 能强烈刺激 *Pvsrl* 基因的表达，胁迫 6h 内其 mNRA 含量迅速增加。*Pvsrl* 基因所编码的是一种富含脯氨酸的细胞壁蛋白(proline-rich protein，PRP)，它参与细胞壁蛋白之间的交联和细胞壁的木质化过程。因此推测，该蛋白质可能参与了加固和修复损伤的细胞壁，增强了植物抵抗重金属的防卫反应(母波等，2007)。

3. 对配体和受体的影响

配体和受体是一类存在于细胞膜或细胞内的特殊蛋白，能特异性识别、结合胞外信号分子，进而激活细胞内一系列生理生化反应，使细胞对外界刺激产生相应的反应。受体多分布于靶器官的质膜上或核内/胞液中，与之结合的相应的信息分子称为配体，不同的配体只能与其相应的受体结合，启动细胞内的信息传递体系，导致细胞功能改变。

环境激素对动物内分泌系统的影响包括对受体介导的激素作用，激素合成或清除程度的影响，导致内分泌紊乱，其分子结构与人体内雌激素或某些配体的分子结构非常相似，在极低浓度下，对易受感染的动物也可引起巨大的生物效应。人类乳腺癌 MCF-7 细胞富含雌激素受体。其细胞增殖试验是国内外最常用的检测环境雌激素的方法之一。

细胞能够通过一些化学或者物理因素引起内在或者外在信号的传导，表现出另一侧质膜的特性。这些信号传导到细胞内需要通过激活的受体，离子通道和/或细胞因子的辅助。动物细胞信号转导通路中，钙离子的释放是一个重要的介导过程。钙离子从细胞内的释放，涉及许多生理功能，包括细胞收缩、增殖、分泌、迁移及免疫应答等。

上皮生长因子受体(epidermal growth factor receptor，EGFR)是一类跨膜受体，主要位于上皮细胞质膜上，具有酪氨酸酶活性，由细胞外配体连接区、跨膜区及细胞内酪氨酸酶活性区三部分组成，其受体家族有 4 种，由原癌基因 *c-erbB1* 编码。目前许多研究表明上皮生长因子受体可介导肺成纤维细胞增殖，与肺纤维化过程中成纤维细胞和肌成纤维母细胞过度活化及增殖有关。镉处理后肺泡Ⅱ型上皮细胞使细胞通道蛋白 EGFR 表达和磷酸化形式表达均增加，且随镉处理时间增加，活化也增加 ，表明 EGFR 活化与镉导致肺纤维化有关(常云峰，2013)。

细胞通过化学信息进行通信的能力取决于信号分子的合成与分泌，以及受体与配体的相互识别和结合，配体与受体的结合又与配体与受体的结构和化学性质相关联。受体与配体的结合是高度特异性的反应。由于一个细胞或一定组织内受体的数目是有限的，因此受体与配体的结合是可以饱和的。配体与受体的结合是通过非共价键，所以是快速可逆的。当引发出生物效应后，受体-配体复合物解离，受体可以恢复到原来的状态，并再次使用。受体与配体结合的可逆性有利于信号的快速解除，避免受体一直处于激活状态。信号分子与受体的结合会引起适当的生理反应，反应的强弱与结合配体的受体数量呈正相关。

(二) 环境污染物对细胞膜功能的影响

1. 膜的结合酶活性降低

构成细胞膜的许多不饱和脂肪酸在污染物的作用下转化成自由基而使膜脂过氧化。形成的自由基之间存在着一定的结合力，这种结合力破坏了相连在膜脂上的膜蛋白所处的正常疏水环境，改变了膜结合酶的结构和性质，使其酶活性降低或失活。这就使得依赖于这些酶的细胞生物功能受到影响，依赖于这些酶的细胞生物功能发生改变，生物细胞内质网上核糖核酸酶失活，核糖体脱落而干扰蛋白质的合成，并对线粒体的氧化磷酸化过程产生抑制，导致生物的发育受阻。

细胞膜结构中镶嵌的多种蛋白酶，在细胞内外的物质迁移、转化以及能量转化过程中起关键作用。污染物可以直接作用和影响这些酶，从而引起酶活性的改变，以致影响整个细胞的活动。例如，污染物对膜上蛋白质的作用会改变蛋白质的构象，使其活性发生变化而改变整个细胞的机能。关于甲基汞毒性的动物试验表明，甲基汞易与—SH 结合，降低了小鼠红细胞膜、脑微粒体膜和肝微粒体膜的—SH 含量，使膜蛋白构象发生变化，膜上酶的活性降低，影响了细胞膜的功能。同理，有机磷农药能与红细胞膜上的乙酰胆碱酯酶(AchE)的活性位点色氨酸分子结合而抑制了 AchE 的活性(段昌群，2010)

2. 膜的通透性改变

细胞膜具有流动性和选择通透性，而且维持着一个内负外正的膜电位。在污染物的作用下，当膜的成分和结构(或构象)发生改变时，细胞的功能也将发生改变。膜的功能很多，如选择通透性、物质的跨膜运输、电子传递、信号传导、能量交换和转换等，在污染条件下其功能的变化在一个侧面也反映了膜的受损情况。例如，DDT 作用于神经轴索膜而改变了膜对 K^+、

Na^+的通透性(一般是增大),引起细胞功能异常。又如,在氯气污染条件下,叶片浸提液的电导度显著上升,这说明污染破坏了细胞膜的结构引起了细胞内的物质大量渗漏(段昌群,2010)。

污染物能影响细胞膜的通透性,从而影响植物对营养物质的吸收。例如,O_3也能改变细胞膜的通透性。O_3的氧化能力很强,能将质膜上的蛋白质(如半胱氨酸、蛋氨酸、色氨酸、酪氨酸等)的活性基团和脂肪酸的双键氧化,使膜通透性增加。因此,细胞膜通透性是评定植物对污染物反应的方法之一(王焕校,2012)。

油菜以汞处理后,随着Hg^{2+}浓度的升高和处理时间的延长,叶细胞的相对电导率逐渐增加,细胞膜通透性也日趋增大(马成仓,1998)。某些二价重金属离子如镉等能与膜组分中的酸性磷脂的亲水的极性头部结合,中和或屏蔽膜表面的负电荷,降低膜表面的电荷密度和膜脂的流动性,使膜的选择性降低,通透性增加,影响其功能(段昌群,2010)。

3. 膜电位改变

细胞膜作为活细胞与外界的"屏障",其对污染因子的毒性影响非常敏感,膜电位和膜电阻作为细胞膜结构完整性和渗透性的主要参数,对研究重金属等污染物毒性影响具有重要意义。膜电位在细胞能量转换中起重要作用,然而有的污染物可以使膜电位发生改变,如粉尘颗粒导致的溶血性即与膜电位密切相关,有人发现溶血作用越强的颗粒降低膜电位的幅度也越大。

膜电位除了膜脂的半透性起作用外,更主要的是由细胞膜上的Na^+-K^+-ATP酶通过调节膜内外的浓度而实现的。不同剂量甲基汞的小鼠试验结果表明,其红细胞膜及脑、肝、肾微粒体膜的总ATP酶、Mg^{2+}-ATP酶和Na^+-K^+-ATP酶活性都随甲基汞剂量增加而下降,从而影响膜电位的维持,使细胞处于去极化,通透性增加(段昌群,2010)。

研究表明,低浓度的Pb^{2+}能够引起藻细胞超极化,膜电阻增大,原因可能是Pb^{2+}与膜蛋白相互作用,影响质膜通透性,导致K^+外流,并改变细胞膜结构,致使膜两侧正负电荷重新分布,细胞超极化,膜电阻增大(王丙莲等,2009)。

二、生物对污染环境的适应

污染环境下,生物对污染的适应方式主要有两大类,一类是避性(stress avoidance),不让污染物进入体内;一类是耐性(stress tolerance),将污染物主动吸入体内并解毒。

(一) 避性

有些生物对于污染物的适应的方式是躲避,对于动物可以移动,躲避污染物或者向污染物浓度低的地方转移,从而减少受害。但是对于大多数陆生植物或者少数底栖动物而言,不能移动,或者移动范围小,不能通过自身位置的转移来避免吸收污染物,则会通过分泌一些物质降低污染物的有效性从而减少吸收累积。例如,很多植物根系会分泌磷酸根,从而使得Pb沉淀固定而减少吸收(徐卫红等,2006)。

(二) 耐性

污染物进入环境中,总会有一些生物因敏感而死亡或消失,但是也有一部分物种因为较强的耐性而在污染环境中继续生存下去。对于污染物的耐性生物有两方面的适应机制,一方面,生物有很好的排出污染物机制,从而减轻污染物对于自身的毒害效应。例如,有人认为藻类对于Pb的高耐性是由于Pb^{2+}容易从细胞壁排出或高浓度的Pb^{2+}容易从溶液中沉淀所致。另一方面，部分特殊耐性的生物能够大量吸收、累积污染物，使得体内污染物浓度远远高于外界环境中的含量，形成了生物富集，即超富集生物。高耐型生物往往有很好的解毒机制，如对于一些昆虫，金属颗粒、溶酶体和金属硫蛋白常在重金属解毒过程中共同发挥作用(Sterenborg and Roelofs，2003)。

重金属超富集植物对重金属的超富集机理目前研究较多，主要表现在：①细胞壁的沉淀作用，阻止了过多的重金属离子进入细胞原生质。②细胞区室化作用。在组织水平上，重金属大多积累在表皮、亚表皮细胞和表皮毛中；在细胞内则区隔化在液泡中。③重金属螯合作用。一些有机酸(如草酸、苹果酸、柠檬酸等)、氨基酸(如组氨酸)、谷胱甘肽(GSH)等能与重金属离子螯合。④酶系统保护作用。一些能清除活性氧的酶系，如SOD、POD和CAT等，在超富集植物体内的活性能维持或增加。⑤植物根系和根际微生物的共同作用改变根际环境，改变了重金属的生物可利用性(孙琴等，2005；闫研等，2008)。

植物对重金属的避性和耐性在生产实践中有很多应用。目前，许多耕地被重金属污染，由于我国耕地面积有限，不能因污染而弃之不用，对于低污染的农田，无需进行土壤重金属的去除，而是直接种植对重金属低吸收或拒吸收的农作物，或者称重金属排斥型植物(metal-exclusive plants)，这也是利用植物对重金属的避性。在矿业废弃地的生态恢复中，也可种植不吸收或少吸收重金属的植物，增加地表植被覆盖以稳定地表，减少水土流失和重金属的迁移扩散。在耐性方面，可以利用重金属超富集植物去除低、中度污染土壤中的重金属，或者通过植物体对有机污染物的降解能力去除土壤中的有机污染物。

小　结

污染条件下，植物、动物、微生物会产生不同的受害症状，主要表现在污染物对生物生长、发育、繁殖等方面的影响，最直接的表现是从微观的生理生化、遗传组成等方面，从宏观和直观方面来看体现在形态特征上的受害症状。不仅如此，环境污染物对包括人类在内的生物的影响具有远期效应，这集中体现在污染的致癌、致畸、致突变作用上(简称“三致”效应)。污染的遗传毒害作用还将对生物种质基因库构成严重威胁。一般地，环境污染会对生物细胞的细胞膜结构和功能产生影响，导致细胞膜脂过氧化、磷脂双分子层和膜蛋白变性、配体-受体的识别和结合反应降低，进而造成膜的结合酶活性降低、膜的通透性和膜电位改变。

面对污染生物不仅仅是被动适应，往往会从生长、发育和繁殖等方面进行调整来适应污染物的毒害或者减轻受害症状。污染环境下，生物对污染的适应方式主要有避性(不让污染物进入体内)和耐性(将污染物主动吸入体内并解毒)两大类，在实际生产实践中要合理运用这两种方式，提高防治环境污染的效果。

复习思考题

1. 环境污染是如何影响植物光合作用和水分代谢的？
2. 举例说明环境污染对植物生长的影响以及植物如何应对。
3. 试分析污染物对生物发育影响的阶段性。
4. 污染物对植物和动物生长的影响有哪些异同？
5. 植物激素是如何调控逆境下植物生长和发育的？
6. 简述生物体对DNA损伤的修复系统有哪些主要类型。

7. 什么是污染物的“三致”效应？各有何危害？
8. 环境污染物对细胞膜结构和功能有哪些影响？
9. 面对环境污染，生物有哪些主要的适应类型？
10. 研究生物对污染物的避性和耐性有何理论和实际意义？

建议读物

陈学敏. 2001. 环境卫生学. 4 版. 北京：人民卫生出版社.
段昌群. 2010. 环境生物学. 2 版. 北京：科学出版社.
孔繁翔. 2001. 环境生物学. 北京：高等教育出版社.
孔志明. 2012. 环境毒理学. 5 版. 南京：南京大学出版社.
孟紫强. 2010. 环境毒理学基础. 2 版. 北京：高等教育出版社.
王焕校. 2012. 污染生态学. 3 版. 北京：高等教育出版社.
祖元刚，孙梅，康乐. 2000. 生态适应与生态进化的分子机理. 北京：高等教育出版社.

推荐网络资讯

美国国立环境卫生研究院（National Institute of Environmental Health Sciences, the United States, NIEHS）：http://www.niehs.nih.gov/
世界卫生组织：http://www.who.int/
联合国环境规划署：http://www.unep.org/
生态毒理学报编辑部：http://www.stdlxb.cn/ch/index.aspx

第二章　种群污染生态学

种群是指在一定的时间和空间范围内同种生物个体的集合。种群是由同种个体组成，并且个体间通过种内关系组成的一个与其他地区的种群有形态、生态特征差异的系统。种群是物种存在的基本形式，同时也是生态系统中组成群落的基本单位，任何一个种群在自然界中都不是孤立存在的，而是与其他种群一起形成群落，共同执行生态系统的能量转化、物质循环和保持稳态机制等作用。

种群污染生态学是研究在污染环境下种群的分布、数量、遗传特征以及种群与栖息的污染环境中的生物、非生物因素间相互关系的科学。种群污染生态学研究的核心内容是污染环境下的种群动态，也就是在污染环境中种群在时间和空间上的变化规律，即种群分布、种群数量、种群的遗传变异和种群调节等内容。

第一节　种群对污染压力的响应

一、水分生理的响应

种群的分布、数量等特征与种群对环境的适应性息息相关，而种群对环境的适应是由其新陈代谢特性决定的。水分代谢是生物新陈代谢的重要组成部分，环境污染物能够影响生物的水分代谢，进而对生物个体和种群能否正常生长、繁殖均有重要意义。

大量研究表明，污染物能够影响植物种群的蒸腾作用和水分利用率。例如，在 3 个不同浓度的 Cu(5μmol/L、20μmol/L、100μmol/L)处理下，3 个海州香薷(*Elsholtzia splendens*)种群(H 为非矿区种群，T、C 来自两个不同的 Cu 矿区)的蒸腾速率和水分利用率有明显差异。与对照相比，来自非矿区种群的蒸腾速率随着 Cu 浓度的增加而不断降低，而矿区种群只有在高浓度 Cu(100μmol/L)处理下才有显著下降。从水分利用率(光合作用/蒸腾作用，图 2-1)可知，在中低浓度处理下，非矿区种群的水分利用率高于矿区种群，而在高浓度处理下，非矿区种群的水分利用率显著低于矿区种群(柯文山等，2007)。来自于不同生境下的植物种群蒸腾速

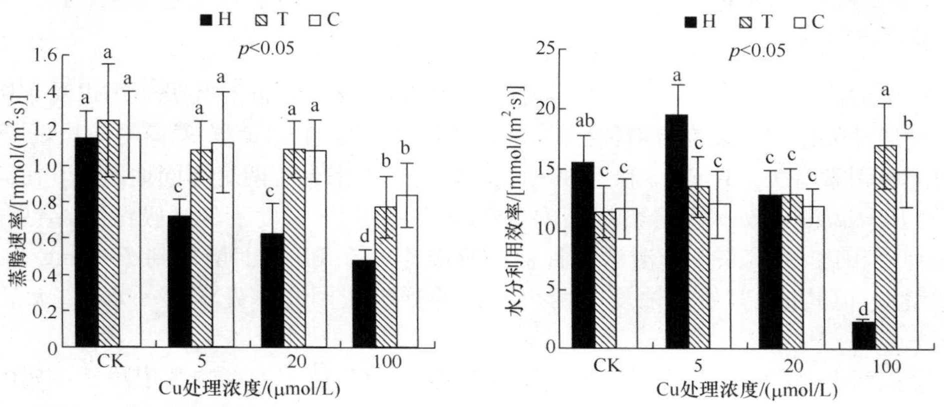

图 2-1　Cu 处理下的海州香薷 3 个种群的叶片蒸腾速率和水分利用率(柯文山等，2007)

率和水分利用率的差异，主要与其生存环境有关。本例中矿区的海州香薷种群与非矿区种群相比，其生存的土壤环境容易缺水，且受到铜的胁迫，为适应干旱环境，矿区的种群通过提高水分利用率来更好地适应环境，为后代繁殖和生存提供良好的生理生态基础。

二、光合生理的响应

光合作用是生物界赖以生存的基础，也是地球碳氧循环的重要媒介。环境中污染物质的存在会改变植物、藻类和某些细菌的光合作用，同时不同种群对污染的光合生理响应也不同。赵小洁(2008)以中国沙棘(*Hippophae rhamnoides*)的 3 个种群(来自包头、布尔津和平凉)为材料，通过三个梯度 UV-B(对照，1 倍和 2 倍处理)辐射，研究其对 3 个种群光合作用特征参数的影响。增强 UV-B 辐射 60 天后的测定结果表明：经过 60 天的增强 UV-B 处理后，总体而言，3 个种群的净光合速率(P_n)、气孔导度(G_s)、胞间 CO_2 浓度(C_i)均有所降低，而气孔限制值则逐渐升高。但是，3 个种群的变化不尽相同，在 1 倍 UV-B 处理下，布尔津和平凉种群的净光合速率能够维持，与对照相比并无显著差异，但包头种群净光合速率降低就很明显(表 2-1)。

表 2-1　UB-B 辐射下中国沙棘 3 个种群光合作用特征参数的比较(赵小洁，2008)

UB-B 剂量	种群来源	净光合速率(P_n)	气孔导度(G_s)	胞间 CO_2 浓度(C_i)	蒸腾速率(E)	气孔限制值(L_s)	水分利用效率(WUE)
对照	包头	12.37±2.34^a	0.25±0.020^a	256.7±34.5^a	3.66±1.10^a	0.29±0.01^a	3.38±0.168^a
	布尔津	12.47±2.10^a	0.21±0.0050^a	247.3±14.4^a	3.32±0.40^a	0.31±0.05^a	3.75±0.912^a
	平凉	14.77±1.40^a	0.25±0.008^a	240.9±34.7^a	4.02±0.87^a	0.33±0.02^a	3.68±0.482^a
1 倍	包头	8.13±1.04^b	0.09±0.008^b	192.6±22.1^b	1.69±0.08^b	0.46±0.01^b	4.82±1.480^b
	布尔津	10.59±1.30^{ab}	0.12±0.010^{ab}	201.5±28.6^{ab}	2.3±0.90^a	0.44±0.01^a	4.6±1.073^a
	平凉	11.57±1.02^a	0.16±0.050^a	219.5±25.1^b	2.94±0.60^b	0.38±0.01^a	3.94±0.945^a
2 倍	包头	8.66±1.05^b	0.09±0.007^b	181.6±9.45^b	2.14±0.21^{ab}	0.48±0.01^b	4.03±1.127^{ab}
	布尔津	8.78±1.24^b	0.07±0.002^b	117.6±15.2^b	1.4±0.04^b	0.65±0.02^a	6.27±1.423^b
	平凉	5.78±1.20^b	0.05±0.008^b	188.8±18.6^c	1.01±0.40^c	0.45±0.02^a	5.72±1.231^b

注：表中字母相同表示处理间差异不显著($p>0.05$)，字母不同则表示差异显著($p<0.05$)。

三、呼吸作用的响应

环境中的污染物会抑制生物个体的呼吸作用，导致整个种群的呼吸作用也受到影响。而污染对种群呼吸作用的影响与物种种类、种群数量、种群的生理参数、暴露时间长短、污染物种类和浓度等因素有关。Knigge 和 Kohler(2000)研究了来自于两个不同地区(Pb 污染区和清洁区)的 *Porcellio scaber*(等足类动物)种群暴露于不同 Pb 浓度下的呼吸情况，结果表明：与污染区种群相比，虽然来自于清洁区种群的呼吸作用在 Pb 浓度增加到 7945mg/kg 时出现了显著增加，但其他 Pb 处理浓度下两个种群的呼吸作用几乎处于同一水平，无显著差异(图 2-2)。

重金属污染会影响生物呼吸作用的气体交换，对呼吸速率的影响则依赖于金属的种类和浓度。研究表明，在相同浓度的铜处理下，来自于矿区的海州香薷种群暗呼吸速率显著高于非矿区；矿区种群高的暗呼吸速率表明其在进行着较强的分解代谢，既为光合作用和其他代谢活

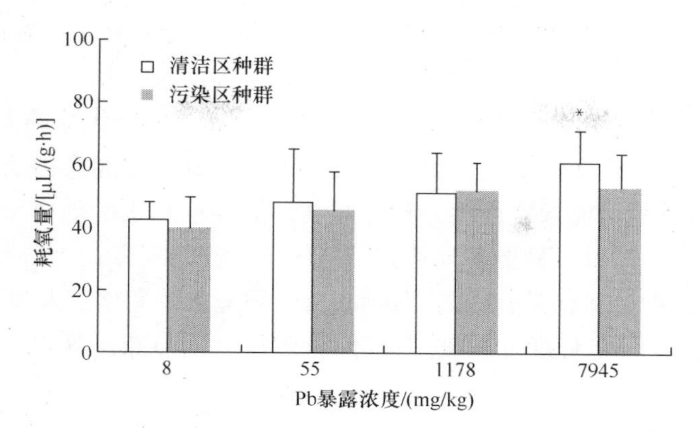

图 2-2　两个 *Porcellio scaber* 种群暴露于不同 Pb 浓度 80 天后的平均耗氧量(Knigge and Kohler,2000)
* 表示种群间有显著性差异

动提供充足的能量和原料,也预示其有较强的光合作用和其他代谢活动,这为植物在胁迫环境下的正常生长提供了能量保证(柯文山等,2007)。

四、遗传结构的响应

人为污染源对自然种群的遗传多样性既有积极影响也有不利影响,有利的一面是污染环境提高了种群的基因突变率;而污染使得种群的死亡率增加,进而影响了种群繁殖和迁移,这对种群来说是不利的(Durrant et al. ,2011)。

环境污染能够改变种群的基因组成,但对种群遗传多样性的影响存在差异。例如,苏格兰的凤梨种群在受到冶炼厂排放的废气污染后,同一位点上的等位基因比非污染区的种群高出8%,而杂合体则比非污染区减少 12%;被污染的樟子松(*Pinus sylvestris*)和云杉(*Picea abies*)种群有更高的遗传多样性(Chen et al. , 2003)。种群为了在短期内适应污染环境,其耐性基因的选择性表达将会增加,种群的整体遗传多样性将降低,这就可能导致遗传侵蚀的发生;遗传可塑性的降低在理论上将会影响整个种群将来对环境污染的抵御能力(Larno et al. , 2001;Straalen and Timmermans,2002)。然而,在种群为了避免灭绝而重新定植和为了保持其遗传多样性而迁移后,环境污染还会不定期发生,长期处于污染环境下的种群会出现破碎并且基因流动受到限制,这对种群非常不利。

第二节　污染环境下种群的空间分布特征

种群分布是指种群在空间中的分布状况。组成种群的每个有机体都需要一定的空间进行繁殖和生长。不同种类的有机体所需空间的性质和大小是不同的,这就使得种群间存在外分布界限,种群个体在空间上的分布存在内分布格局。

一、种群分布界限

根据种群间空间隔离的程度和基因交流的可能性,同一物种的种群分为 3 种类型:①同地种群,即种群占据相同的空间,个体存在每代随机交配的可能;②异地种群,即彼此相隔很远,不存在每代随机交配的可能性;③邻接种群,生活在毗邻的地区,在空间上是邻近的或没有空间隔离,但在接触区彼此间交配是可能的。

由于污染环境的地理分布存在差异，种群在空间范围的分布界限存在两种极端分布类型：连续型和间隔型。

连续型种群分布是在生境一致的广大空间的种群分布。一望无际的大草原和成片森林的优势种类似于这种分布，而实际上这种表面看似一致的生境也可能会由于小范围内的环境污染等原因存在差异，这就可能导致连续分布种群也无法实现真正的随机交配。间隔型种群分布，称为岛屿分布，岛中的每一种群各具特色，界限分明，彼此隔离。

通常大多数的种群分布都是连续的。然而，由于环境条件变化或人为干预等原因，种群为了适应环境的变化，在一定程度上打破连续分布，形成间隔分布。这也是种群对环境的生态反应。

二、种群分布格局

种群内个体在生存空间的分布方式称为种群的空间分布格局或内分布型，它是由种群的生物学特性，种内、种间关系和环境因素的综合影响决定的。种群分布格局是种群对环境长期适应和选择的结果，通常反映着一定环境因子对个体行为、生存和生长等的影响。种群个体的空间分布大致可以分为 3 种类型：均匀型、随机型和集群型。

在同一群落内的某一种群，可以形成两种分布格局。例如，某一种群侵入某一生境，种子自然撒播可能形成随机分布，随后由于无性繁殖形成集群分布，最后又因竞争或其他原因呈随机或均匀分布。有时同一种群与不同种生长在一起时，可以形成不同的分布格局；有时同一种群在不同的分布区内保持相同的分布格局。

通常，种群在污染环境中的分布与环境中污染物的种类和浓度有关。例如，跳虫和螨虫的种群空间分布变化与土壤中有毒金属的空间梯度显著相关(Fountain and Hopkin, 2004)。在自然界中，金属污染物的种类和浓度梯度只是影响土壤微生物种群分布的因素之一，气候在空间和时间上的变化、食物来源和种族间的竞争等都会影响种群的空间分布。Zhao 等(2012)在山西平朔方圆 $1hm^3$ 的一个通过人工再造林方式恢复了 17 年的露天矿业废弃地上，刺槐(ROPS)、榆树(ULPU)和臭椿(AIAL)3 种植物的种群均表现出明显的集群分布格局(图 2-3)，这种集群分布格局与天然再生林和退耕还林的种群分布格局是一致的，且种群集群分布可能是由种子传播受限和生境异质性引起。

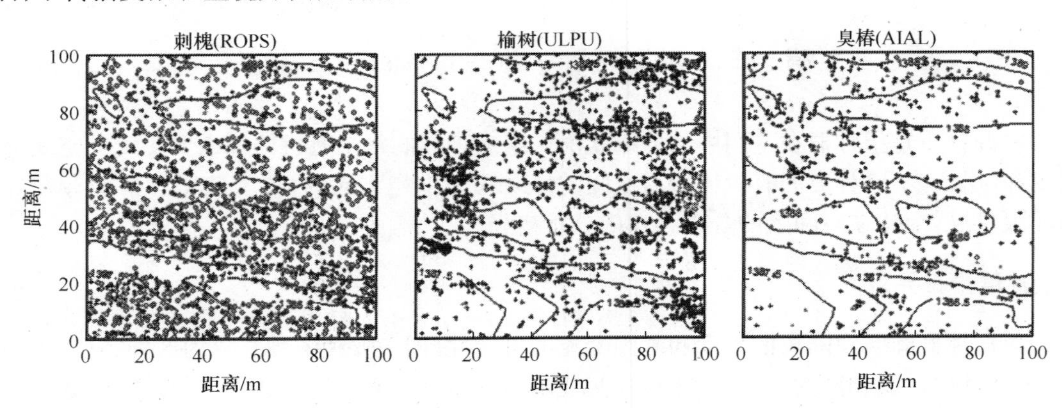

图 2-3　山西平朔露天煤矿上 3 种植物的空间分布 (Zhao et al. ,2012)

第三节　污染环境下种群的数量特征

数量特征是种群的最基本特征，是指种群数量随时间的变化规律。种群的数量主要受三大参数的影响：①种群密度；②初级种群参数，包括出生率和死亡率等；③次级种群参数，包括性别比例、年龄结构等。

一、种群参数变化

（一）种群密度

单位面积或单位空间内的种群数量称为种群密度，通常以生物量或个体数量表示。种群密度会随季节、气候条件、食物储存量和环境因素的影响而发生变化。随着环境污染的日益严重，污染物对种群密度的影响也越来越明显。例如，城市空气污染程度（SO_2 和 Pb）与康氏粉蚧（*Pseudococcus comstocki*）在银杏树（*Ginkgo biloba*）和白蜡树（*Frazinus chinensis*）上的种群密度呈显著正相关，空气污染越严重，树体的污染量越高，康氏粉蚧虫口密度也越大（表 2-2 和表 2-3）（周霞等，2001）。薛皎亮等（2001）在山西太原选择 5 个污染不同的街区，对街道两旁国槐（*Sophora japonica*）的瘤坚大球蚧虫（*Eulecanium gigantea Shinji*）种群密度的研究结果表明，太原火车站街区的人、车流量最大，虫口密度也最大；从火车站往解放路口的污染程度依次降低，虫口密度呈梯度递减，并且污染程度与维生素 B_2 含量呈正相关（表 2-4）。在氟污染地区，蜜蜂、欧松梢小卷蛾（*Rhyacionia buoliana*）及一些小蠹虫的种群密度比未受氟污染的地区低；而在挪威南部的松芽麦蛾（*Exoteleia dodecella*）则相反，受氟污染地区的种群密度要高一些（张云等，2002）。

表 2-2　太原市不同区域康氏粉蚧虫口密度（周霞等，2001）

区域	虫口密度/（头/枝）	污染程度
郊区林区	0	轻
市郊边缘区	5	轻
公园区	12	中
市区	13	中
闹市区	101.0	重
工厂区	138.4	重

表 2-3　空气污染树体含污量和康氏粉蚧虫口密度的关系（周霞等，2001）

污染程度	树种	含 Pb 量/（μg/g）			含 S 量/（μg/g）			虫口密度/（头/枝）
		韧皮部	叶片	虫体	韧皮部	叶片	虫体	
重	银杏 *G. biloba*	4.86	4.11	6.46	98.98	659.80	110.63	76.8
	白蜡 *F. chinensis*	2.89	2.45	5.84	36.02	524.49	258.19	43.1
中	银杏 *G. biloba*	4.41	4.01	*	67.81	598.1	*	16.4
	白蜡 *F. chinensis*	2.76	2.291	*	33.9	502.31	*	13.7

续表

污染程度	树种	含 Pb 量/(μg/g)			含 S 量/(μg/g)			虫口密度/(头/枝)
		韧皮部	叶片	虫体	韧皮部	叶片	虫体	
轻	银杏 *G. biloba*	4.22	3.82	*	47.95	574.23	*	2.8
	白蜡 *F. chinensis*	2.64	2.13	*	32.2	487.54	*	2.5
CK	银杏 *G. biloba*	3.71	2.98	—	30.19	440.91	—	0
	白蜡 *F. chinensis*	2.11	1.56	—	21.9	416.42	—	0

注：* 试虫太少无法测定。

表 2-4　不同污染区国槐枝条维生素 B_2(VB_2)含量与虫口密度对比(薛皎亮等，2001)

采样地点	VB_2 含量/(mg/g)	虫口密度/(头/枝)
火车站街	0.1932	104.1
汽车站街	0.1632	97.0
五一广场	0.1467	80.9
新建路口	0.1466	50.1
解放路口	0.1381	27.0
山西农大校园	0.1316	3.99

(二) 初级种群参数：出生率和死亡率

出生率指单位时间内种群的出生个体数与种群个体总数的比值。当种群处于理想状态时(即无任何生态因子的限制，生殖只受生理因素所限制)的种群出生率称为最大出生率；在特定环境条件下种群的出生率称为实际出生率。死亡率指一定时间内死亡的个体数除以该时段内种群的个体总数。种群在最适环境条件下的死亡率称为最低死亡率；在实际条件下死亡的个体数占总个体数的百分比称为生态死亡率。

污染物影响种群的出生率和死亡率。例如，硼是生物特别是植物必需的营养元素，数量过多又会使植物中毒，而自来水中硼的含量对人口的出生率和死亡率均有一定影响。法国北部人口的出生率随着自来水中硼浓度(小于 1mg/L)升高而增加，死亡率则相反(图 2-4)(Yazbeck et al.，2005)。另有研究表明，Cu^{2+} 是甲壳动物中血蓝蛋白的重要组成成分，少量的 Cu^{2+} 对凡纳滨对虾有益，但过量的 Cu^{2+} 则导致对虾死亡率增加，且不同来源的 Cu^{2+} 对对虾的毒性不一，如图 2-5 和图 2-6 所示。以 $CuSO_4 \cdot 5H_2O$ 为 Cu^{2+} 源时，对虾的死亡率呈现与剂量正相关(20mg/L 除外)；而以 $CuCl_2 \cdot 2H_2O$ 为 Cu^{2+} 源时，对虾的死亡率与剂量表现出“饱和效应”(程波等，2008)。不仅动物的死亡率与污染有很大关系，人类的生存也受到环境污染的极大影响。首先，饮用水的污染能导致人群癌症高发，死亡率增加。邓熙等(2004)收集了 1991～1998 年广州市饮用水源中硝酸盐、亚硝酸盐和癌症死亡率的历史数据，分析结果显示，饮用水源中硝酸盐氮和亚硝酸盐氮的总浓度与癌症死亡率呈正相关($R^2=0.76$，$p<0.05$)(图 2-7)。其次，大气污染导致人群死亡率增加的报道也不少见，且污染物的浓度升

高会使各类疾病死亡率增加。经多因素分析，与疾病死亡率的相关关系有统计学显著差异的只有 SO_2 和 TSP 两种污染物，见表 2-5。当 SO_2 浓度每提高 100μg/m³，呼吸系统、心脑血管疾病、冠心病和慢性阻塞性肺病疾病死亡率分别增加 4.21%、3.97%、10.68%和 19.22%；总悬浮颗粒物每增加 100μg/m³，呼吸系统疾病死亡率增加 3.19%，心脑血管疾病死亡率增加 0.62%（常桂秋等，2003），见表 2-6。

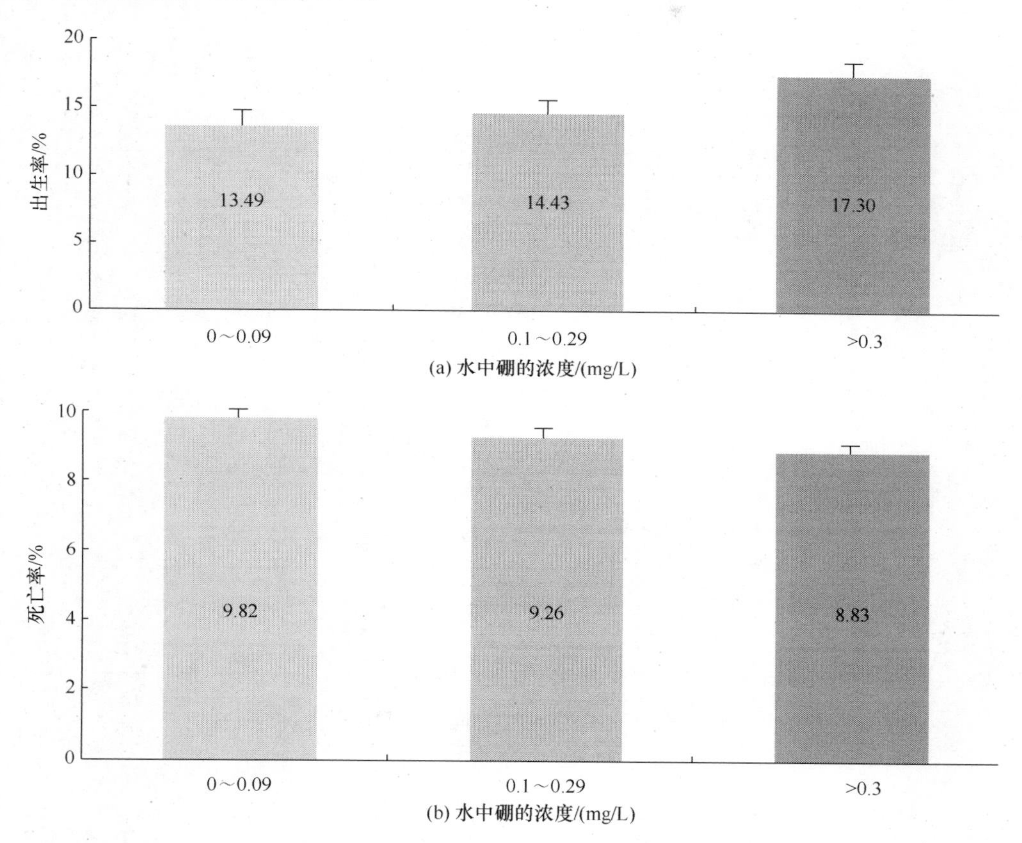

图 2-4　1990～1999 年法国北部加莱海峡地区人口的出生率(a)和死亡率(b)(Yazbeck et al.，2005)

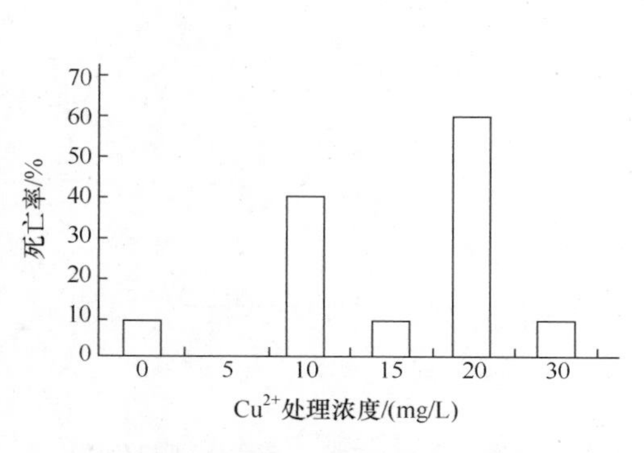

图 2-5　来源于 $CuCl_2 \cdot 2H_2O$ 的不同 Cu^{2+} 浓度处理下的死亡率(程波等，2008)

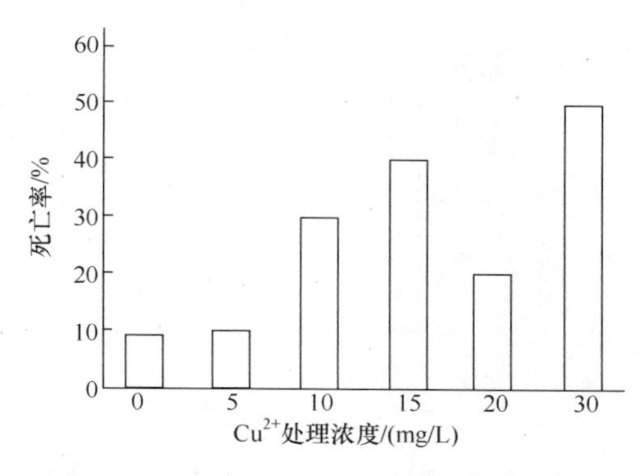

图 2-6　来源于 $CuSO_4 \cdot 5H_2O$ 的不同 Cu^{2+} 浓度处理下的死亡率(程波等，2008)

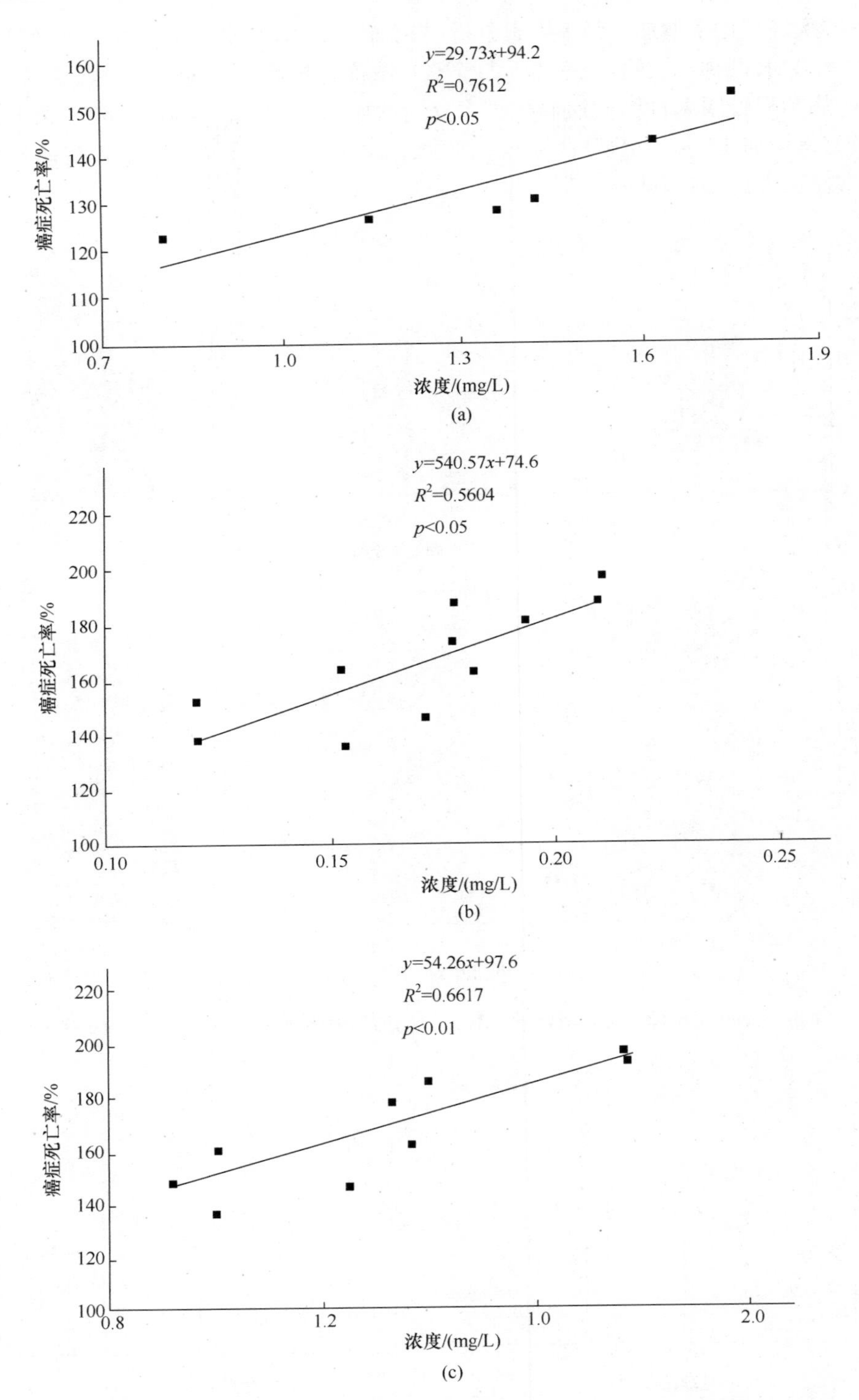

图 2-7　硝酸盐氮＋亚硝酸盐氮(a)、亚硝酸亚氮(b)、硝酸盐氮(c)与癌症死亡率回归分析(邓熙等，2004)

表 2-5　大气污染物每升高 100μg/m³，各种疾病死亡率增加的百分比及 95%可信区间(多因素分析)(常桂秋等,2003)

污染物	呼吸系统	心脑血管疾病	冠心病	慢性阻塞肺病	消化系统肿瘤
SO_2	4.21 (1.85, 6.83)	3.97 (2.44, 5.53)	10.68 (8.11,13.32)	19.22 (14.52,24.1)	—
TSP	3.19 (1.45, 4.96)	0.62 (0.01,1.17)	—	—	1.55 (0.51, 2.6)

表 2-6　1998～2000 年北京市居民年死亡情况(常桂秋等,2003)

年份	人口数	呼吸系统		慢性阻塞肺病		心脑血管病		冠心病		消化系统肿瘤	
		死亡数	死亡率 /×10⁻⁵	死亡数	死亡率 /×10⁻⁵	死亡数	死亡率 /×10⁻⁵	死亡数	死亡率 /×10⁻⁵	死亡数	死亡率 /×10⁻⁵
1998	6 490 171	4 798	73.9	3 140	48.4	15 297	48.4	6 801	104.8	3 213	49.5
1999	6 553 638	3 899	59.5	2 441	37.2	13 845	37.2	6 151	93.9	3 248	49.6
2000	6 631 893	3 555	53.6	2 152	32.4	14 082	32.4	5 552	83.7	2 871	43.3

(三) 次级种群参数:性别比例和年龄结构

1. 性别比例

性别比例指一段时间范围内种群中雌雄个体数目的比例。污染对种群的性别比例有很大影响。以台湾石油化工区为例,1987～1991 年和 1992～1996 年该区的新生儿的性别比例(100×男孩出生数/女孩出生数)分别为 109.2(52 399/47 804)和 109.0(56 490/51 808),这两个时间段平均的性别比例显著高于台湾人民的新生儿性别比例,这种性别比例的差异主要是由于该石油化工区大气中含有的氯乙烯、PAHs、VOCs、PCHs、Fe、Mn、Ni、Cd 和 Cu 等污染物引起的(Yang et al., 2000)。Anderson 等(2001)研究得出重金属能够影响线虫的繁殖、性别比例、生存和幼年线虫的发育。Pen-Mouratov 等(2008)对来自不同土层厚度(0～10cm 和 10～20cm)距离重金属污染源不同距离的线虫种群的研究结果与 Anderson 等(2001)的相似,在污染源样点(样点一)与其他三个较远样点相比,不同土层厚度的雌雄个体和幼年线虫种群的总数显著下降;在两个不同土层厚度中雄性和幼年线虫的总数保持不变,而雌性线虫在深土层的总数则有显著下降;而随着线虫种群与污染源距离的增加(样点二到四逐渐远离污染源),种群的雄性、雌性和幼年比例出现变化,三个样点(二、三和四)的比例分别为 9∶23∶1, 1∶2∶3,1∶3∶1.5(雄性∶雌性∶幼虫)。陈艳等(2002)对咸淡水褶皱臂尾轮虫(*Brachionus plicatilis*)添加微囊藻毒素(MC-LR)的研究结果表明,实验组轮虫后代中的雄体发生率是对照组的 2 倍以上,但是在 1～20μg/mL 毒素添加量范围内,各组雄体发生率无明显变化,这主要是由于环境条件恶化,轮虫由孤雌生殖雌体产生两性生殖雌体,进而产生雄体转向两性生殖;研究结果还显示,毒素浓度为 1μg/mL 时雄体发生率即出现增大,说明微囊藻毒素是轮虫生殖方式转变的有效诱导因子,但雄体发生率并不随着毒素浓度的上升而增大。

2. 年龄结构

年龄结构指种群中各个年龄级的个体数目与种群个体总数的比例。种群的年龄结构与出生率、死亡率密切相关。种群的年龄结构常用年龄金字塔或者年龄锥体表示。按照种群的生殖年龄可把种群中的个体区分为三个生态时期：繁殖前期、繁殖期和繁殖后期，以此可以把种群的年龄结构分为增长型、稳定型和衰退型 3 种基本类型。

环境污染对不同年龄或年龄组种群的出生率和死亡率的影响不同，因此，处于不同污染环境下种群的年龄结构也会有所不同，年龄结构的差异有助于预测种群动态和变化的方向，这对生产、合理开发利用生物资源和生态环境的恢复均有积极作用。随着含有氮、磷的工业废水和生活污水的大量排放，水体富营养化日趋严重，水体中过高的氨氮浓度、藻类疯长释放出的大量毒素和溶解氧降低等都会对水生生物种群尤其是鱼类种群的组成和数量有不利影响。长春南湖水体的富营养化使得鱼类的年龄结构发生变化，从 1996 年、1997 年采集的鱼样数据表明，Ⅱ龄个体所占的比例最大，其次是Ⅲ龄鱼，Ⅰ龄和高龄的个体极少，除鲫鱼外，基本没有高龄鱼(图 2-8)，这种中龄鱼比例较大的年龄结构特点，可能因为水体条件的恶化影响了鱼类的繁殖，降低了鱼体的生存能力(房岩等，2003)。侯丽萍(2011)对珠江三角洲地区四会邓村造纸废水中生活的食蚊鱼(*Gambusia affinis*)进行调查，研究造纸废水对食蚊鱼的种群构成(性别比例和年龄组成)等生长发育状况的影响，结果表明，与对照点相比，造纸废水中各采样点的食蚊鱼性别比例和年龄结构出现失衡，雄性食蚊鱼的比例较大，同时雄鱼精子数量增多，雌鱼性腺中繁殖体数目和平均卵质量下降。温室效应和气候变化则使得深圳野生墨兰(*Cymbidium sinense*)种群的年龄锥体呈壶形(衰退型)，整个墨兰种群幼年个体比例较少，老年个体占比例最少，尽管中年个体占很高比例，但种群的死亡率大于出生率，属于下降型种群，如图 2-9 所示(刘仲健等，2009)。

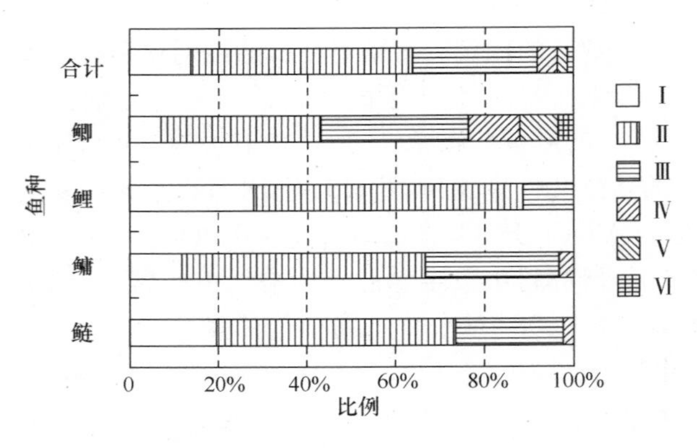

图 2-8 南湖鱼类的年龄结构(1996～1997)(房岩等，2003)
(Ⅰ～Ⅵ为龄级)

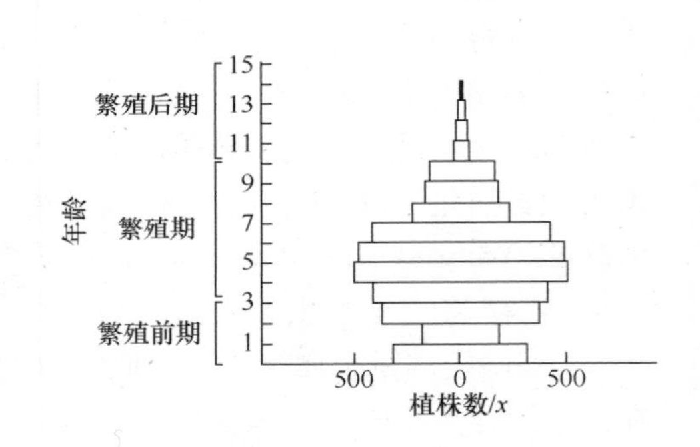

图 2-9 墨兰种群年龄锥体
(刘仲健等，2009)

二、种群增长情况

(一) 指数增长

当种群的增长不受密度影响，即环境中空间、食物等资源是无限的，种群不受任何条件限制，这时种群的潜在增长能力得到最大限度发挥，种群数量会呈指数增长，也称“J”型增长。而环境的恶化对于种群的增长有毁灭性的影响。以深圳野生墨兰种群为例，由于现代工业发展产生大量 CO_2，导致温室效应产生，使气候逐渐暖化，气温的升高，改变了墨兰对温度的长期适应(墨兰是典型的喜阴物种)，导致墨兰幼苗大量死亡，种群数量呈现负“J”型增长(图 2-10)，墨兰逐渐走向灭亡(刘仲健等，2009)。

（二）逻辑斯谛增长

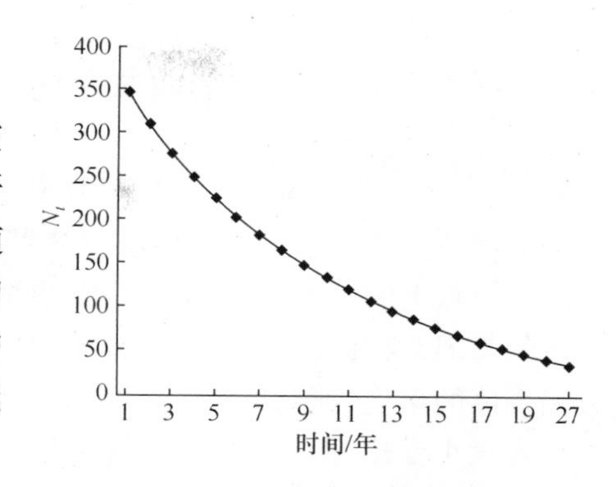

图 2-10　墨兰种群负增长模型曲线
（刘仲健等，2009）

在实际环境下，由于种群数量总会受到食物、空间和其他资源的限制，所以种群的增长是有限的。开始时种群由于数量少，增长缓慢，随后逐步加快，但随着种群的增长，环境的限制作用逐渐增强，种群的增长速度逐渐降低，直到停止增长，其与密度有关的种群增长模型称为逻辑斯谛增长。这种种群增长曲线（逻辑斯谛曲线）不再是"J"型而是"S"型。

研究表明，污染物对不同时期的种群影响不同。例如，H_2O_2 对不同生长期的微藻细胞毒性不同，对稳定期细胞的毒性比加速期细胞毒性大，这主要是因为不同生长期的微藻细胞所处的生理状态不同，稳定期细胞相对处于逆境，对 H_2O_2 的抗性弱，受损程度大，而处于加速期的细胞生长旺盛，抗性强（董正臻等，2004）。

三、种群数量的变动情况

在自然条件下，种群在环境因素和种群适应性相互作用下，其数量会随着时间变动。种群数量具有波动性，在一段时间之间种群数量都有所不同；种群数量同时具有稳定性，大部分的种群不会无限制地增长或下降，而是在某种程度上维持在特定的水平上。当种群长期处于恶劣环境下，其数量就会下降甚至灭亡。图 2-9 中野生墨兰种群就是最好的例子，墨兰种群数量不断下降的事实也证实了气候暖化和降雨失衡可能加速了物种的消亡。

环境污染导致种群数量出现变动。杨济龙等（2003）对蔬菜土壤微生物种群数量和土壤重金属含量的研究结果表明，土壤微生物种群数量总体水平较高，土壤重金属对土壤微生物数量有一定的影响，其中土壤中 Pb 和 Cu 的含量与土壤微生物种群数量显著相关，真菌和土壤放线菌数量受其影响较为严重，且不同重金属对不同土壤微生物的影响不同。吕琴等（2005）的研究结果表明，在每千克干土中加入 200mg Pb^{2+} 时，对稻田土壤的硫酸盐还原菌（SRB）种群数量有促进作用；当加入的 Cd^{2+}、As^{5+}、Cu^{2+}、Pb^{2+} 和 Cr^{3+} 每千克干土分别超过 1.0mg、30mg、500mg、400mg 和 200mg 时，对稻田土壤 SRB 种群数量有明显抑制作用；随着加入量的增加，重金属对稻田土壤的 SRB 种群数量的抑制作用逐渐增强，稻田土壤通过自身来恢复 SRB 种群数量所需的时间也越长。同一种重金属元素对不同土壤的 SRB 种群数量抑制的污染临界值存在差异。

污染环境下生态入侵对种群也有影响。生态入侵，即某种外来生物进入新分布区成功定居并得到迅速扩展蔓延。普遍意义上，生态入侵会破坏生物多样性和生态平衡，但对于某些种群数量逐渐减少、种群生存受到严重威胁的浮游动物来说却是福音，外来种群的入侵可以使得这些浮游动物有机会从重污染区向轻污染区转移，也使轻污染区生长旺盛种群的浮游动物有机会转向重污染区，使重污染区种群得到补充（施华宏等，2004）。

第四节　污染环境下种群的遗传特征

一、基因库的变化

生物体的遗传信息主要由脱氧核糖核酸(DNA)组成的染色体所携带。位于某对染色体的同一位点上的基因称为等位基因,也即同一基因的不同形式互称为等位基因。种群中每个个体的基因组称为基因型或遗传型。种群中全部个体的所有基因的总和称为基因库。污染会影响个体的出生、死亡、迁入、迁出,或使基因发生突变,导致种群数量发生变动,基因库的组成也会有微小变化,但这种变化是相对稳定中的变化。

二、基因型频率和基因频率的变化

基因型频率指种群内每个基因型所占的比例;基因频率指在种群中不同基因所占的比例。

1908年,英国数学家哈代(G. H. Hardy)和德国医生温伯格(W. Weinberg)分别提出关于种群基因频率或基因型频率稳定性的见解——哈代-温伯格定律或哈代-温伯格平衡(Hardy-Weinberg's equilibrium,简称H-W平衡),即种群的基因频率或基因型频率是稳定不变的。但在自然界中,由于生物体自身遗传物质的改变,加上环境的选择作用,构成了生物进化,因而基因频率或基因型频率总要发生变化。

在没有人为干扰的自然条件下,一个种群的等位基因频率会随着环境因子的随机变化和自然选择压力而变化,同时保持足够高的遗传变异性。但是,环境污染,可以大大降低种群基因多样性,从而削弱种群抵御环境进一步变化的能力,物种的稳定性也随之降低。

有研究表明,污染地区各物种的种群具有基因水平上的适应性。种群对环境污染的这种反应可表现为不同等位基因型的敏感性差异。也有证据显示,等位基因频率的改变与环境污染物如重金属、酸性、有机化合物、无机化合物、混合排污、热污染等有相关关系(肖艳琴,2006)。陈小勇等(2000)研究了大气硫氧化物污染对一年生植物早熟禾种群遗传结构的影响,结果表明,污染地点和清洁地点种群间等位基因频率存在较大差异,但污染种群之间和清洁种群之间等位基因频率比较一致。

三、遗传漂变

遗传漂变是基因频率的随机变化,也称随机遗传漂变,是指对于所有有限大小的种群来说,由于小样本抽样的基因数量有限而导致种群的等位基因频率在世代间发生变化的现象。这种波动时某些等位基因消失,另一些等位基因固定,种群的遗传结构也因此而改变。在大群体中,根据H-W定律,不同基因型个体所生后代数的波动,对基因频率不会有影响。而对于个体数稀少的小群体,与其他种群相隔离,假如A基因固定(A=1),而a基因个体很少,a基因的个体如无后代,a基因就会很快在群体中消失,造成此小群体中基因频率的随机波动。遗传漂变与群体的大小有关,群体越小,漂变速度越快。

污染会导致遗传漂变的概率增加。有研究表明,与处于清洁区的种群相比,长期处于污染区的种群的某些等位基因的频率很低,如在大气硫氧化物污染区的早熟禾种群的等位基因Est-1-a、Est-2-b和Sod-1-b的频率很低,而在清洁种群中的频率均较高(陈小勇等,2000)。

这也说明,种群长期处于污染胁迫下,这些等位基因频率会逐渐降低,最终可能从种群中清除出去,也就导致了遗传漂变的发生。

四、遗传瓶颈和建立者效应

当一个种群在某一时期由于环境灾难或过捕等原因使其数量急剧下降,这会伴随基因频率的变化和总遗传变异的下降,此时种群称为经历了遗传瓶颈(bottleneck)。经历过瓶颈后,如果种群一直很小,则由于遗传漂变最后可能导致种群灭绝。另外,种群数量在经过瓶颈后也可能逐步恢复。环境污染会使种群结构处于衰退型,种群数量下降,种群濒临灭绝,这时种群中残存的少数个体就容易受到瓶颈效应的影响。

当一个种群逐渐壮大时,就会有若干个体分出来,迁移到另一个地区,并与原来的种群相隔离。这时,新建立的种群的基因频率取决于刚开始的若干个体的基因型,而不管它们在选择上是否有利,这就是建立者效应(founder effect),也称奠基者效应,它是遗传漂变的另一种形式,即在建立一个种群中,最初群体的大小与遗传组成对新建立种群的遗传结构的影响。建立者效应导致种群的遗传多样性水平降低,并且对于不同迁地种群,影响也不相同。这些差异主要是由建群者数量、引种方式和建群种群的结构等引起。

环境污染会导致污染区种群与非污染区种群分离,并形成一个个相对孤立的小岛镶嵌于非污染中。对于这样的小种群,遗传瓶颈和建立者效应都能对种群的遗传结构产生影响,并且影响程度与有效种群大小有关。例如,采矿和冶炼活动导致植物原有的生境发生剧变,再加上重金属本身的毒性,使原有种群中的大量个体死亡,甚至整个种群退出,若有幸运个体能残存下来并适应环境的条件,在环境稳定后重新恢复原有的种群规模,甚至转而成为优势种(Shu et al.,2005),但原有的遗传结构和多样性却无法恢复。在矿业废弃地经常可以看到成片的单优群落,遗传瓶颈导致一些等位基因尤其是稀有的等位基因消失和总体遗传多样性下降,而如果这耐性种群是由少数几个耐性个体组成,并与相邻的非耐性种群有区别,则实质性的建立者效应发生;此外,瓶颈效应也能增加种群的遗传差异,这是由于小种群在经历了遗传瓶颈后,罕见基因变得更为普遍,同时原先不表达的基因可能发生表达(邓金川,2006)。

第五节　污染环境下种群的行为

一、回避行为

生物对污染物有回避行为,即生物能避开污染物并迁移到污染较少甚至没有污染的环境中,以此得以存活,逃脱灭亡的命运。回避行为是生态毒理学研究的一个重要指标。目前,对土壤生物在污染土壤的回避行为研究较多,尤其是蚯蚓对各类污染物(如农药、重金属、石油烃和抗生素等)的回避行为。生物对污染物的回避反应,使环境中的生物种类组成、区系分布随之改变,对生物群落结构和生态系统均有影响。为了回避污染,种群内的个体会迁入或迁出,进而影响种群的数量变化。

回避行为是生物在外界环境作用下完整的、累积的功能性反应,因而得到的阈值往往比一般生理反应低,且不同生物对不同种类污染物反应差异很大。例如,PFOS(全氟辛烷磺酰基化合物)对蚯蚓的急性毒性作用与染毒时间、染毒浓度相关,滤纸法 48h、人工土壤法 14 天和自然土壤法 14 天的半致死浓度(LC_{50})值分别为 13.64μg/cm²、955.28mg/kg 和 542.08mg/kg,而蚯蚓在 PFOS 浓度为 160mg/kg 时就表现出显著的回避行为(徐冬梅等,2011)。此外,石油烃污染土壤对蚯蚓的 7 天和 14 天的 LC_{50} 值分别为 32.5g/kg 和 29.4g/kg,而当土壤中石油烃的浓度为 8.0g/kg 时,蚯蚓即有明显回避反应,回避率达 80%(黄盼盼和周启星,2012)。

就目前来看，大量回避行为的研究主要集中在各种生物对不同土壤污染上。当然，也有学者研究了动物种群对公路噪声的回避行为。公路交通会产生噪声和排放污染物，对生存于周边的动物种群有很大影响。动物种群对交通噪声的回避与交通量有关，它们会避免穿过并且远离能够听到交通噪声的道路以回避噪声污染(Jaeger et al.,2005)。这种回避行为虽然能减少动物种群发生交通事故的概率，但却使动物种群栖息地数量和质量降低，阻碍动物对公路另一侧食物资源的摄取，使动物种群分化更小，更容易发生破碎化。

二、捕食行为

一种生物攻击、损伤或杀死另一种生物，并以其为食的行为称为捕食。污染物能够通过多种途径改变捕食者和被食者的行为，从而最终改变捕食的结局，导致捕食者成功或者被捕食者逃脱。对于捕食者而言，若要成功捕食，必须完成以下行为：搜寻猎物、与猎物相遇、对猎物进行辨认及选择、追捕及捕获猎物、处理被捕获猎物，以及最后决定是食入还是丢弃。化学污染物可以影响其中的一个或多个环节，从而减少捕食者在每单位时间内的食物摄入量并改变对猎物的捕食压力。

捕食者能否成功发现猎物取决于它能否对特定猎物采取正确的搜寻策略，这种策略是以捕食者以往的摄食经验、环境条件及其复杂程度、猎物特征(如个体大小、颜色、躲避能力)以及与发现猎物相关的种种感觉机能(如视觉、嗅觉、味觉等)为基础的。环境污染物可能影响捕食者的搜寻策略和感觉系统，并使猎物的出现率和丰富度发生改变。污染物对这些因素中的一个或几个所产生的影响通常会降低捕食者与猎物的相遇率，从而降低捕食者捕获猎物的机会。

除了影响猎物搜寻行为外，污染物的作用也能改变捕食者对猎物的选择行为。因此，某些猎物种群所承受的捕食压力可能加重，而另一些则相应地减轻。

在捕食过程的各个环节中，最重要的是能成功地捕获并处理和食入猎物。对于捕食者来说，不管其与猎物相遇的概率怎样，抓住机会饱食一餐对它们保持最大增长率是必要的。环境污染物对猎物捕获的影响可以表现在两方面，即影响捕获效率(可表达为捕获猎物次数与攻击猎物次数之比)和捕获后对猎物的处理时间长短。污染物在改变捕食效率中所发挥的作用可能受到猎物个体大小和逃避能力的影响，捕获后对猎物的处理时间长短也受到污染物的影响。

例如，将10cm和20cm长的褐鳟(*Salmo trutta* L.)置于氨污染(1mg/L)环境中24h和96h，以观察其逃避和捕食行为。结果发现，褐鳟最初的逃避行为是将身体变为C字状；在96h之后，大褐鳟(20cm)捕食时的游动距离、最大游动速度和游转半径较小褐鳟(10cm)均显著降低；氨的暴露加剧了捕食罢工行为，鱼群需要花费更多时间来恢复精力使得其竞争行为明显降低；氨的暴露同时也改变了褐鳟的捕食行为，使其捕食量减少(Tudorach et al.,2008)。因此，氨的暴露不仅改变了褐鳟的逃避和捕食行为，同时也改变了捕食者与猎物之间的关系。

三、警惕(警觉)行为

警惕(警觉)行为即生物有机体对可能发生的危险或情况的变化等保持警觉的一种行为模式。生物种群每天都面临着来自环境的各种胁迫，如生存条件的改变、被捕食和污染等，这些胁迫因子会使种群原先保持的稳态发生变化。为了避免种群稳态遭到破坏，种群内的个体会对环境胁迫因子保持警觉。Nordell(1998)通过向雌性孔雀鱼(*Poecilia reticulata*)生活的水环境中分别不添加物质、添加蒸馏水和添加同种孔雀鱼提取物，以测定其警觉反应，结果表明，添加同种孔雀鱼提取物环境中的雌性孔雀鱼表现出来明显的警惕反应，它们会游聚成一个更大的团队以避免受到攻击。这些警觉反应也说明孔雀鱼能够辨认出同种物种的提取物,这可能是由于个体受到攻击后会释放出某种化学物质,以提醒种群内的其他个体危险在靠近,其他个体感受到这些信号后就会作出警觉反应(如雌性孔雀鱼的群聚反应)。不同生物的警觉反应是不同的,如东方田鼠会因警觉而引起觅食中断,导致采食率和摄入率降低。在澳门越冬的黑脸琵鹭在受到大型牵引车和直升机的噪声影响后,表现出警觉受惊行为。

第六节 污染环境下种群的变异和进化

遗传变异既是生物生存和适应的基础,也是物种发生、选择和进化的基础。遗传变异可分为两大类:基因突变和染色体变异。

一、基因突变

所谓基因突变(gene mutation),是指发生在单个基因结构内部、从一种等位形式改变为另一种等位形式的变化,从而导致生物体或细胞的基因型发生稳定的、可遗传的变化的过程(刘祖洞等, 2013)。基因突变的本质就是基因的核苷酸序列(包括编码序列及其调控序列)发生了改变,有碱基替换、移码突变和DNA链的裂解等形式。

(一) 基因突变的诱因及机理

要了解基因突变,首先要了解基因的定义及其功能。基因(遗传因子)是遗传的基本单元,是DNA或RNA分子上具有遗传信息的特定核苷酸序列(王亚馥和戴灼华,1999)。基因通过复制把遗传信息传递给下一代,使后代出现与亲代相似的性状。基因序列决定蛋白质的合成并表达自己所携带的遗传信息,从而控制生物个体的性状表现。也通过突变改变自身的缔合特性,储存着生命孕育、生长、凋亡过程的全部信息,通过复制、转录、表达,完成蛋白质合成、细胞分裂和生命繁衍等重要生理过程。

从基因的定义及其功能描述可知:基因是生物遗传的基本单元,是遗传和决定生物性状的物质基础。在生物的生命活动中,生物体时刻接受周围环境条件的影响,并实时地对周围环境条件产生响应。因此,现存的多种多样的生命体都是在长期与周围环境相互作用下,形成的性状各异的具有不同基因序列的个体。同时,基因又是由数量极其庞大的脱氧核糖核酸以不同顺序连接组成,生物在个体生长及遗传后代的过程中,都要进行基因的复制。在数量庞大的基因复制过程中,即使没有外界环境条件的影响,也会发生频率极低的复制错误,导致基因突变。此外,生物个体在生长繁殖过程中,时刻与外界环境发生着相互作用,当外界环境条件的改变超出自身的耐受限度时,也会迫使生物个体的基因发生突变或变异,其结果或者导致生物个体致死而被淘汰,或者使生物个体产生新的适应新环境条件的性状而大量繁殖,这种突变出适应新环境条件基因的过程也是生物进化的过程。环境条件的变化可以细分为物理和化学条件的变化,由物理条件变化导致的则称为物理诱变,由化学条件导致的则称为化学诱变(石春海,2007)。

综上所述,基因突变的诱因可分为自发突变和诱发突变。自发突变(spontaneous mutation)是指不存在外界环境条件干扰的自然发生的突变,其突变频率很低(赵寿元和乔守怡,2001)。自发突变又有多种产生机制,如DNA复制错误,表现形式有互变异构移位、DNA碱基非常规配对和新合成链或模板链错误地环出等;自发突变的另一种机制是自发损伤,即自然产生的对 DNA 的损伤也能引起突变。其中特殊碱基脱嘌呤(depurination)和脱氨(基)(deamination)作用是两种最为常见的引起 DNA 自发损伤的变化。

诱发突变(induced mutation)是指由环境条件变化所诱发产生的突变,其中由化学物质引起的突变称为化学诱变(赵寿元和乔守怡,2001)。常见的化学诱变剂有:①碱基类似物,如 5-溴尿嘧啶(BU)是胸腺嘧啶(T)的结构类似物,其在酮式状态(5-BUk)和腺嘌呤(A)配对,导致正常的 A-T 碱基对突变为 A-5-BUk;②碱基的化学修饰,如 DNA 诱变剂,常见的有亚硝酸和羟氨等,这些物质能与 DNA 发生化学反应并能改变碱基氢键特性,如羟胺往往和胞嘧啶起作用,使胞嘧啶 C6 位置上的氨基羟化,变成类似 T 的结合特性,DNA 复制时和 A 配对,形成 GC→AT 的转换;③DNA 插入剂,如芳香族结构的吖啶类染料,与 DNA 结合会引起双螺旋的解旋、伸长和僵硬,导致染色质结构和功能的改变。

另外,环境污染物也是诱发基因突变的一个重要因素,并且与人类的生产生活密切相关。环境污染物有很多种,其中包括因采矿、废气污染、污水灌溉及使用重金属制品导致的重金属污染。对生物个体来说,体细胞相比遗传细胞来说占有巨大优势,在污染环境下,突变主要发生在体细胞中,表现为肿瘤。据统计,约 70%的癌症与重金属污染物相关,其中砷、镉、铅、汞等由于其使用的普遍性和接触的广泛性受到较多的关注,已明确砷可导致多种恶性肿瘤,包括皮肤癌、肺癌等,而镉也已明确与肺癌及胰腺癌发生密切相关(黄铭洪等,2003)。重金属污染物主要通过氧化应激,激活 NF-κB、AP-1\HIF-1 等的信号分子及氧化损伤造成基因突变,导致细胞恶性转化,促发肿瘤,基因突变也可能通过信号途径异常活化及遗传不稳定性导致细胞恶性转化促发肿瘤(Veuger and Durkacz,2011)。有研究者在人为控制下,用 As_2O_3 长期低剂量诱导 SHP-2 突变的小鼠胚胎成纤维细胞,发现细胞增殖、迁移,同时经裸鼠成瘤试验也验证了诱导后的小鼠胚胎成纤维细胞具有了体外成瘤能力(Fujioka et al., 1996;O'Reilly et al., 2000;Bentires-Alj et al., 2004)。

物理诱变剂主要有紫外线、X 射线、γ 射线、快中子、激光、微波、离子束等(赵寿元和乔守怡,2001)。辐射的诱变作用有两个方面:直接作用是使 DNA 发生断裂、缺失等;间接作用是辐射使细胞中染色体以外的物质发生变化,而这些物质作用于染色体而引起突变。众所周知,DNA 和 RNA 的嘌呤和嘧啶有很强的紫外光吸收能力,最大的吸收峰在 260nm,因此波长 260nm 的紫外辐射是最有效的诱变剂。紫外辐射的作用是使 DNA 分子形成嘧啶二聚体,二聚体出现会减弱双键间氢键的作用,并引起双链结构扭曲变形,阻碍碱基间的正常配对,从而有可能引起突变或死亡。另外二聚体的形成,会妨碍双链的解开,因而影响 DNA 的复制和转录。总之,紫外辐射可以引起碱基转换、颠换、移码突变或缺失等。γ 射线属于电离辐射,具有很高的能量,能产生电离作用,因而能直接或间接地改变 DNA 结构。其直接效应是使脱氧核糖的碱基发生氧化,或脱氧核糖的化学键和糖-磷酸相连接的化学键断裂,使得 DNA 的单链或双链键断裂;其间接效应是电离辐射使水或有机分子产生自由基,这些自由基与细胞中的溶质分子起作用,发生化学变化,作用于 DNA 分子而引起缺失和损伤。

(二) 基因突变的类型和特性

1. 基因突变的类型

(1) 形态突变(morphological mutation):主要影响生物体的外观形态结构,如形态、大小、色泽等肉眼可见(图 2-11),所以也称可见突变(visible mutation)(王亚馥和戴灼华,1999)。

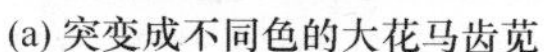

(a) 突变成不同色的大花马齿苋

(b) 具有毛色的温度敏感型突变暹罗猫

图 2-11 形态突变实物图

(a) 作者 Jerry Friedman ,来自维基共享资源 https://commons.wikimedia.org/wiki/File: Portulaca_grandiflora_mutant1.jpg#/media/File:Portulaca_grandiflora_mutant1.jpg,根据 CC BY-SA 3.0 授权;(b) 作者 Cindy McCravey,来自维基共享资源 https://commons.wikimedia.org/wiki/File:Neighbours_Siamese.jpg#/media/File: Neighbours_Siamese.jpg,根据知识共享署名 2.0

(2) 生化突变(biochemical mutation):由于诱变因素导致生物代谢功能的变异(王亚馥和戴灼华,1999)。例如,一般野生型细菌可在基本培养基中生长,而其营养缺陷型突变体则需在基本培养基中添加缺陷突变对应的营养成分(如某种氨基酸等)才能生长。

(3)致死突变(lethal mutation):是指导致生物体生活力下降乃至死亡的突变(王亚馥和戴灼华,1999)。致死突变又分为显性致死和隐性致死,显性致死是指无论杂合状态还是显性纯合均有致死作用,如人神经胶症,可引起皮肤畸形生长、严重智力缺陷、多发性肿瘤,具有这个杂合基因的人在年轻时死亡;隐性致死比较常见,即突变基因只有在纯合时致死,如植物的白化苗。

2. 基因突变的特性

(1) 重演性:是指相同的基因突变可以在同种生物的不同个体、不同时间、不同地点重复地发生和出现。突变重演个体虽然表现一样的突变表型,但其突变位点不尽相同。

(2) 可逆性:是指突变可以从正常的野生型突变成突变型,也可从突变型再突变回复为原来的野生型。例如,A→a,正(向)突变(forward mutation);a→A,反向突变或回复突变(reverse mutation or back mutation)。如部分发生突变的鼠伤寒沙门氏组氨酸营养缺陷型菌株不能合成组氨酸,故在缺乏组氨酸的培养基上不能生长。假如有致突变物存在,则营养缺陷型的细菌可能会回复突变成原养型,从而可以在缺乏组氨酸的培养基上生长形成菌落。

(3) 多向性:是指一个基因可突变成其不同的复等位基因(multiple alleles),如基因 A 可以突变为 a_1、a_2、a_3 等。

(4) 利弊性:大多数基因突变对生物的生长发育是有害的。一般表现为某种性状的缺陷,生活力降低,生育反常,极端的会造成当代致死等。少数突变能促进和加强生命力,有利于生物存在,可被自然和人工选择保留下来。例如,农作物选育品种的抗病、抗倒伏品种。基因突变的有利性和有害性，有时是相对的，一方面与生物所处的环境有关，如矮秆的有害性表现为在高秆群体中受光不足、发育不良；矮秆的有利性表现为在多风或高肥地区有较强抗倒伏性。另一方面与人类和生物本身需求的不一致性有关，如作物的落粒性对生物有利、对人类无益；植物雄性不育对生物不利、对人类有益。突变除了会表现有利性和有害性外，还存在一些中性突变。中性突变(neutral mutation)指发生在控制一些次要性状基因上的突变，这些基因即使发生突变，也不会影响生物的正常生理活动，因而仍能保持其正常的生活力和繁殖力，为自然选择保留下来，如水稻芒的有无等。

(5) 平行性：是指亲缘关系相近的物种因遗传基础比较近似而往往发生相似的基因突变的现象(王亚馥和戴灼华，1999)。

(三) 生物发生基因突变的意义

对于生物个体来说，变异大多数情况下是不利的甚至是致命的，如镰刀形细胞贫血症或者苯丙酮尿症(赵寿元和乔守怡，2001)。但对于一个物种或者群体而言，变异带来的是物种的多样性。另外，突变为生物的进化提供原材料。所以说，基因突变对生物进化有重要意义。

按照达尔文的进化论理论，生物是由低等到高等、由简单到复杂、由水生到陆生的基本进化路线而来。如前所述，导致基因突变的诱因一方面是自发产生，另一方面是外界环境条件改变，对生物的生长繁殖构成压力而产生的突变。生物个体在从水生到陆生的过渡过程中，要不断适应复杂多变的环境条件，从环境角度考虑，环境条件不断对生物进行选择和淘汰。这一过程也就是生物与环境相互影响、适应和淘汰的过程。生物不断对环境条件产生影响、适应和自身基因的突变、进化，最终产生不同的生态系统和丰富多样的生物类群(Beebee and Rowe, 2009)。

因为只有突变，才能经过自然选择出现此基因的多态性基因——即等位基因，然后才可能在自然选择下，此等位基因的频率发生改变，即有利于环境的等位基因会很快占据优势，从而改变基因库，发生进化。基因突变是造成基因多态性的原因，由于基因多态性的出现，于是出现了基因所表现的不同性状从而影响生物体自身的变化，然后由自然选择的作用，适合生存的生物体的基因根据孟德尔的遗传规律，通过多代的遗传得到不断筛选，带有适合生存的基因的生物体存活率不断提高，最终达到适者生存。所以说突变为自然选择提供了原材料，产生了适应各种生境的生物物种或亚种。

在对污染环境治理时，较为生态和经济的方法是生物治理手段，即利用具有耐污染、可以利用环境污染物作为自身养分的微生物、植物或动物，将其移植于污染环境下，在其生长繁殖的同时吸收利用污染环境中的污染物，以达到降低或彻底去除污染物的目的。要达到该目的，首先是要获取具有耐受和利用污染物的生物材料。这些生物材料往往是在污染物浓度较高的环境下生长，在污染物长期胁迫和生物体的适应下，生物群落中逐渐产生出适应生长的突变个体。例如，在重金属污染治理中，采用超富集植物和超耐受植物，该类植物是在自然裸露的金属矿山或是在古代开采后的金属尾矿环境下生长，经过几百年甚至上万年的长期适应和进化，产生一些能够超耐受或同时能超富集重金属的新物种或亚种。在治理重金属污染土壤时，就可以选择现有的或在古老矿山寻找超富集植物和超耐受植物，并在污染土壤上种植，逐渐把土壤中的重金属吸收入植物体内，再通过对超富集植物的收割并集中处理，将土壤重金属含量降低至污染土壤可再利用的要求；对于重金属尾矿来说，一般重金属含量高且复杂多样，加之环境条件恶劣，难以在短期通过种植超富集植物来去除重金属污染，这时可以选择种植重金属超耐受植物，通过植物根系对土壤重金属的固定，阻止重金属向周边和地下水迁移，以减少二次污染（黄铭洪等，2003）。

二、染色体变异

染色体是遗传物质的载体。遗传现象和规律均依靠染色体形态、结构、数目的稳定；细胞分裂时染色体能够进行有规律的传递。染色体的稳定是相对的，变异则是绝对的。

（一）染色体变异的诱因

与基因突变类似，引起染色体结构变异的因素可以分为自然和人为因素。自然因素主要有营养、温度、生理等异常变化；人为因素主要是因人为需要，在人为干预下，有目的地以物理因素或化学药剂处理生物体而产生染色体结构变异，从而获得某些需要的性状。能够诱发基因突变的物理与化学诱变剂也能诱发染色体结构变异。早在 1927 年，穆勒就发现 X 射线可以诱导果蝇产生染色体易位及其他结构变异。用于诱导染色体结构变异的物理因素主要是电离辐射。在电离辐射的作用下，染色体结构变异常和基因突变交织在一起。能够诱发染色体结构变异的化学物质有很多，而且某些药物诱发的结构变异还具有一定的染色体部位特异性。例如，用 8-乙氧基咖啡碱、顺丁烯联胺和 2，3-环氧丙醚分别处理蚕豆根尖时，不同药物使根尖细胞染色体发生折断的部位不同（Beebee and Rowe，2009）。

（二）染色体变异类型和遗传学效应

在自然或人为条件下，均可能使染色体断裂。染色体断裂后生物会利用自身的修复功能对断裂染色体进行接合。若重新接合后恢复原状则恢复正常；若再接合时发生差错，导致染色体结构变异。这种通过“折断-重接”出现的染色体结构变异主要产生四类变异结果：缺失、重复、倒位和易位（赵寿元和乔守怡，2001）（图 2-12）。

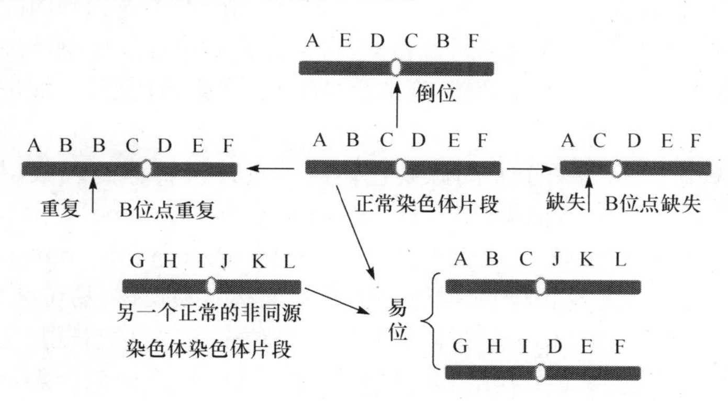

图 2-12　4 种染色体变异类型简示图

1. 缺失

缺失（deficiency）即染色体的某一区段丢失。发生缺失的染色体称为缺失染色体（deficiency chromosome）（赵寿元和乔守怡，2001）。缺失染色体可以分为缺失杂合体（deficiency heterozygote）和缺失纯合体。缺失杂合体指同源染色体中，有一个正常而另一个是缺失染色体的生物个体；缺失纯合体指同源染色体中，每个染色体都丢失了相同区段的生物个体。

染色体缺失的遗传学效应复杂多样。缺失打破了基因的连锁平衡，破坏了基因间的互作关系，基因所控制的生物功能或性状丧失或异常。缺失的危害程度取决于缺失区段的大小、缺失区段所含基因的多少、缺失基因的重要程度、染色体倍性水平等。缺失纯合体往往致死或半致死，而发生缺失杂合体时，缺失区段较长时，生活力差、配子（尤其是花粉）败育或育性降低；缺失区段较短时，可能会造成假显性现象或其他异常现象，如猫叫综合征。

2. 重复

重复(duplication)是指正常染色体增加了与自己相同的某一区段的结构变异(赵寿元和乔守怡，2001)。含有重复片段的染色体称为重复染色体(duplication chromosome)。依据重复情况的不同，重复染色体又可以分为重复杂合体(duplication heterozygote)和重复纯合体(duplication homozygote)。重复杂合体是指同源染色体中，有一个正常而另一个是重复染色体的生物个体；重复纯合体指同源染色体中，每个染色体都含有相同的重复片段且重复类别相同的生物个体。

依据发生重复的染色体重要程度和重复位置的不同，重复的遗传学效应也有很大差异。重复主要会扰乱基因的固有平衡，影响个体的生活力。重复与缺失相比，有害性相对较小，但若重复区段过长，往往使个体致死。重复杂合体和重复纯合体对育性的影响主要是导致败育或育性降低。同时，重复可提供发展新功能的额外遗传物质。

3. 倒位

倒位(inversion)是指染色体中发生了某一区段倒转(赵寿元和乔守怡，2001)。含有倒位片段的染色体称为倒位染色体(inversion chromosome)。依据组成染色体各自倒位情况的不同，倒位染色体又可以分为倒位杂合体(inversion heterozygote)和倒位纯合体(inversion homozygote)。倒位杂合体是指同源染色体中，有一个正常而另一个是倒位染色体的生物个体；倒位纯合体是指同源染色体中，每个染色体都含有相同的倒位片段且倒位类别相同的生物个体。

依据发生倒位的染色体重要程度和倒位位置的不同，倒位的遗传学效应有很大差异。倒位主要是改变基因间的连锁关系，使基因不能正常配对而降低了连锁基因间的重组率。同时，倒位可能产生新的变异。倒位杂合体通过自交(自群繁育)，可能产生倒位纯合体后代，这些倒位纯合体后代与其原来的物种不能受精，形成生殖隔离，产生新的变种，促进了生物进化。

4. 易位

易位(translocation)是指两个非同源染色体间发生片段转移的现象(赵寿元等，2001)。含有易位片段的染色体称为易位染色体(translocation chromosome)。易位染色体又分为易位杂合体(translocation heterozygote)和易位纯合体(translocation homozygote)。易位杂合体指同源染色体中有一个是易位染色体的生物个体，又称杂易位体；易位纯合体指同源染色体都含有相同易位片段的生物个体，又称纯易位体，由易位杂合体自交获得。

依据发生易位的染色体重要程度和易位位置的不同，易位染色体会产生不同的遗传效应。易位染色体发生交替式分离产生可育配子，发生相邻式分离产生不育配子。染色体发生易位会降低连锁基因间的重组率，抑制正常连锁群的重组。易位会改变基因间的连锁关系，使本应独立遗传的基因出现假连锁。若易位区段过长往往致死。同时，染色体易位是物种进化的因素之一。易位纯合体后代与其原来的物种形成生殖隔离，产生新的变种，促进生物进化。

(三) 生物发生染色体变异的意义

染色体变异是育种工作中重要的遗传变异来源之一。例如，通过诱导大麦的 α-淀粉酶基因所在染色体区段重复，可大大提高 α-淀粉酶表达量，从而显著改良大麦品质。这种方式即利用生物染色体重复区段基因的剂量效应，提高性状表现水平。此外，利用染色体易位进行物种间基因转移。栽培植物的野生近缘物种具有许多有益基因，如抗逆性、品质好等，通过物种杂交得到种间杂种，再诱导杂种及其后代发生栽培植物染色体与野生物种染色体间易位，可将野生物种的基因转移到栽培植物中，从而使栽培植物在保持自身特性的同时获得野生物种的抗逆性、品质好等优良特性。在科研或医学应用中，可利用缺失进行基因定位，检测致癌、致畸、致突变的物质，可研究位置效应、特定基因功能，或进行疾病治疗等。

三、种群的微进化

地球上除了正在发生极端变化的地方外（如火山喷发时），到处都有生物存在，或是微生物，或是微生物、动物和植物同时存在。即使火山喷发的地方，在其温度逐渐降低的过程中都会有大气、降雨等携带的微生物迁入并出现适应的种群快速繁衍定殖，随着环境条件的改善，火山喷发地会逐渐出现动植物类群。随着工农业的发展，世界各地污染事件频发。然而，即使在污染很严重的地区，都发现有一定的生物仍然存活下来，有的依然能够完成生长发育过程。这些都说明生物对环境污染或环境条件改变具有适应性（环境污染可看作是环境条件改变的一种方式）。凡是在污染条件下或环境条件改变下能够存活的生物，必须快速地改变自身的生理状况以适应环境条件的改变。有的生物只能对轻度污染有一定的适应性，有的则能够在较高的污染负荷中长期生存。生物这些适应性，往往在形态结构、生理生化功能、遗传特性上都有直接或间接的表现。

生物的生存环境时刻在进行着或大或小的改变，同时，地理隔离也会对生物的生存繁衍产生影响，造成生物生理生化功能和形态结构上的变化。若这种影响持续的时间足够长久，则会造成生物的遗传物质改变，产生物种和种以上分类群的进化，一般把这种进化称为宏进化(macroevolution)；而相对短时间跨度的环境改变和地理隔离导致的种群和个体基因型或表现型发生改变的事件，则称为微进化(microevolution)(Carroll，1997)。

（一）种群微进化产生的机制

种群的微进化必然涉及种群遗传物质的改变即突变，因为突变是所有遗传变异的最根本原因。引起种群微进化的因素多种多样，如基因突变、基因流动、小群体的遗传漂变、非随机交配性选择和自然选择等(Beebee and Rowe，2009)。在自然界中，生物群体和外界理化环境共同组成生态系统，生物和环境之间是相互影响、逐渐适应的关系。环境条件时刻都在发生着或大或小的变化，环境条件变化较小时，生物个体通过调整自身的生理状态来适应；当环境条件变化较大时就会对生物个体的正常生活产生压力，或造成部分耐受性低的个体死亡。假如超出生物群体自然生理调控能力的环境条件改变持续存在，生物群体的基因突变、染色体变异等发生的频率就会极大提高，那么生物群体中就会因突变时间频发出现不同遗传特性的后代，相对当时的环境条件来说其中会出现更适应的群体、与亲代适应能力相似的群体和适应能力更差的群体。由于环境压力持续存在，更适应的群体就会大量繁殖而提高自身的优势度，不适应的群体则会被逐渐淘汰，最终导致种群基因频率发生变化，产生微进化(Carroll，1997)。

而在污染环境下，很多因素都会对种群的微进化产生影响，但其主导作用是污染物引起的生物种群内环境和外环境的变化对生物种群产生的压力选择，以及污染物自身直接对生物种群产生的压力选择，并且遗传漂变、基因流、突变所引起的种群微进化不一定适应所在环境条件，只有自然选择产生适应。因此在污染环境下，种群的分化动力主要来自污染物对种群产生的选择压力。

种群进化最经典的实例就是桦尺蠖工业黑化现象(Beebee and Rowe，2009)。桦尺蛾在英文中被称为“斑点蛾”，主要是因为在19世纪中叶之前采集到的这种蛾的种类都是浅灰色的翅膀上散布着一些斑点。1850年，生物学家来这里考察，发现大多数桦尺蠖成虫的体色是浅色的，只有少数是深色的。深色的桦尺蠖是浅色桦尺蠖在自然条件下的变异类型。100年后，这里变成了工业城市，工厂林立烟雾弥漫，煤烟杀死了地衣，使树皮裸露，并被熏成黑褐色。这时又有一些生物学家来考察，令他们惊讶的是，这里的深色桦尺蠖变成了常见类型，而浅色桦尺蠖却成了少数。桦尺蛾停在树干上时，翅膀是张开的，我们不难设想，翅膀应该起到某种伪装作用，才能避免被天敌(鸟类)捕食。在非工业化地区的森林中，树干长满浅色的苔藓，长着灰色斑点的翅膀的灰斑蛾在这种树干上不易被发现，而黑色翅膀的黑蛾则容易被发现。在工业化地区，树干上的苔藓被黑色的煤烟取代了，情形恰好相反，灰斑蛾容易被天敌发现，而黑蛾不容易被发现，经过长期选择后成为优势群体。

(二) 种群微进化的生态学意义

生物对污染在遗传上的适应性突出表现在抗性的遗传性上。抗性(resistance)是生物对污染物长期作用下产生的一种稳定而定向的适应性性状。在用生态学手段治理环境污染或在轻度污染环境下保障作物的高产高质中，最首要的条件是寻找具有对所在环境下污染物具有抗性的生物资源。在用生态手段治理水体或土壤污染时，基本思路就是利用植物在水体或土壤中自然生长，在植物完成自身生长的同时，吸收、利用或分解代谢其中的污染物，在植物生长到一定时期后，对其收割并集中处理。要完成这一目标，首先要寻找能够在污染环境下生长的植物种群，即污染抗性种群，更理想的是能够筛选到既有污染抗性又具有较强吸收、利用或分解代谢污染物的植物材料。据上述对种群微进化的阐述，这些植物材料一般来自污染压力选择下进化产生。因此，在污染生态应用中，污染环境下微进化生物种群为我们提供了丰富的生物材料。目前在水污染治理中应用极为广泛的微生物材料也是基于微进化获得，其过程是依据拟治理水体的污染特性，在人为控制下投放大量微生物类群，以对各类群微生物进行筛选，把最终能够快速生长繁殖的微生物制成微生物制剂来处理相应的污染水体。

研究污染条件下的长期生态学效应和种群微进化的前途，是在全球污染条件下保护生物多样性、管理生物圈的理论基础，也是污染条件下保持高产、优质、高效、安全的农业生产的科学依据，更是污染地区生态恢复和环境重建的技术创新基石，是直接关系到人类社会未来可持续发展的重大科学议题。

第七节　污染环境下种群的调节

许多自然因素如物理(温度、含盐量等)和生物因素(食物、捕食及竞争等)均会影响种群增长率，这些因素可以视为对污染胁迫种群的调节因素，它们与污染物共同影响种群增长率。

一、种群密度调节

生物和非生物因素对种群的影响是通过改变种群密度而起作用的。种群密度能够影响种群的死亡率、出生率和个体生长率，这些因素共同决定了种群增长率。当种群同时受到密度制约因素和污染影响时，种群的增长率会同时受到二者的共同影响。

污染胁迫将从两方面影响种群。一方面，在污染物作用下，死亡率将上升，如常桂秋(2003)和邓熙(2004)等的研究。另一方面，大量研究也表明，污染胁迫会使躯体生长率下降，如果污染胁迫使躯体生长率持续下降而使种群长期处于负增长状态，则种群将趋于灭绝。

然而，在实际情形中，除了某些受到特别严重污染的种群可能走向灭绝外，许多种群并不一定灭绝，而可能回复到相对稳定的状态。导致这种现象的原因可能是多方面的，种群密度调节可能是原因之一。由于污染胁迫使死亡率上升，种群密度开始下降，结果使幸存者能够获取更多的食物而增加躯体生长率，这时种群密度调节可以通过两种途径起作用：一是导致种群增长率等于死亡率，种群不再下降，而是保持在这种新的状态下，避免了种群的灭绝；二是使种群增长率恢复到接近原来的稳定状态，从而避免灭绝。

种群密度对污染胁迫种群的这种调节模式具有一般性，适用于长期和短期污染胁迫下的种群。不过，不同的污染方式和污染物种类可能对种群产生不同的影响，因而对种群增长率影响的具体途径可能不同。但是，污染胁迫无论以何种途径影响种群增长率，都有可能对种群产生不利影响，同样也有可能受到种群密度调节机制的作用。

二、食物调节

在自然环境下，动物的种群大小通常会受到食物丰富度的影响，这也就意味着食物因素是自然种群调节的一个重要机制。

已有大量研究表明，水体污染物抑制了轮虫种群的增长，而较高的食物密度能够降低污染物对轮虫种群增长的抑制作用。例如，姚胜等(2008)研究表明，藻类食物密度、三氯杀螨醇浓度以及二者的交互作用对轮虫种群增长率有显著影响($p<0.05$)，藻类食物密度和三氯杀螨醇对轮虫最大种群密度也有显著影响($p<0.05$)。与 3.0×10^6 cell/mL 的藻类密度相比，500×10^6 cell/mL的藻类密度显著提高了轮虫的最大种群密度。Sarma 等(2001)推测高密度的藻类食物降低毒物对轮虫种群增长的抑制作用的原因可能在于：首先，藻类密度的上升加大了其对毒物毒性的降解，进而降低了毒物对轮虫的影响；其次，藻类密度的上升提高了轮虫的摄食率，从而增加了轮虫对毒物的抵抗力，促进了轮虫的种群增长。

食物对受污染胁迫种群的这种调节作用，对解释不同自然环境条件下的种群对污染物的不同敏感性具有重要意义。在相同浓度的污染物胁迫下，具有较高食物供应水平的种群可能比食物短缺环境中的种群具有更强的抵抗力；而对于同一种群而言，在食物短缺的季节可能更因受到污染胁迫而灭绝。

三、捕食者调节

捕食者调节在本质上属于种群密度调节。在自然情况下，捕食者会对猎物种群的死亡率产生影响，降低猎物种群增长率，从而影响种群动态。当捕食的影响与污染胁迫交织在一起时，就会改变种群的增长率。唐森铭和侯舒民(1995)的海洋围隔试验表明，浮游植物种群在重污染袋内生长较好，有较高的增长率和较短的倍增时间，浮游动物对这些植物种群的捕食压力较低；相反，浮游植物的被捕食压力在轻污染袋内较高，较高的被捕食压力也成为抑制藻类种群生长的重要因子。这是由于，作为捕食者的浮游动物的数量变化与污染物的毒性效应有直接关系，污染越重，浮游动物的数量就越少，这就使得重污染袋内植物生长有较轻的被捕食压力，植物种群得以较快生长，与此相反，在被捕食压力较重的轻污染袋内，植物种群的生长反而受到抑制。污染压力通过动物的捕食而在植物种群上得以表现。

小　结

种群是指在一定的时间和空间范围内同种生物个体的集合。种群是生物系统中一个重要的组织层次，是生态学的重要研究对象之一。种群污染生态学是研究在污染环境下种群的分布、数量、遗传特征以及种群与栖息的污染环境中的生物、非生物因素间相互关系的科学。

本章首先从生态学角度对污染环境下种群的生物学效应进行了阐述，包括种群对污染的响应、种群空间分布、数量特征等。然后从遗传型角度阐述了污染环境下种群的遗传特征和微进化，以基因频率变化为主要动力，讨论了种群的基因突变、染色体变异、遗传漂变，同时对污染环境下种群遭遇的遗传瓶颈及建立者效应进行了阐述，在种群经历了一系列遗传多样性的变化后最终导致种群的分化和微进化。种群微进化是在相对短的时间跨度内，环境改变和地理隔离所导致的种群和个体基因型或表现型发生改变的事件。

基因突变的诱因可分为自发突变和诱发突变，基因突变的本质就是基因的核苷酸序列(包括编码序列及其调控序列)发生了改变，有碱基替换、移码突变和DNA链的裂解等形式。染色体结构变异主要产生缺失、重复、倒位和易位4类变异结果。基因突变和染色体变异具有两重性，一方面可导致对生物体不利，另一方面却为生物进化提供原材料，在生物进化上具有重要意义。研究污染条件下的长期生态学效应和种群微进化的前途，是在全球污染条件下保护生物多样性、管理生物圈的理论基础，也是污染条件下保持高产、优质、高效、安全的农业生产的科学依据。

污染环境下种群的行为主要有回避、捕食、警惕(警觉)行为，污染环境下种群的调节主要有密度、食物和捕食者调节等。

复习思考题

1. 污染种群生态学的主要研究内容有哪些?
2. 举例说明在环境污染压力下，生物种群如何作出响应。
3. 环境污染是否会改变种群的年龄结构和性别比例?
4. 与正常环境相比，污染环境下种群的增长会发生哪些变化?
5. 环境污染对种群遗传特征有哪些影响?
6. 污染环境下种群有哪些行为反应?
7. 环境污染下种群发生基因突变和染色体变异的利弊主要有哪些?
8. 基于基因突变和染色体变异的诱因，分析其在污染治理方面的意义。
9. 什么是种群的微进化? 种群产生微进化的机制和生态学意义是什么?
10. 简述污染环境下种群的调节机制。

建议读物

王焕校. 2012. 污染生态学. 3版. 北京：高等教育出版社.

盛连喜. 2009. 环境生态学导论. 2版. 北京：高等教育出版社.

熊治廷. 2010. 环境生物学. 北京:化学工业出版社.

胡荣桂. 2010. 环境生态学. 武汉:华中科技大学出版社.

Beebee T J C, Rowe G. 2009. 分子生态学. 张军丽, 廖斌, 王胜龙, 译. 广州:中山大学出版社.

石春海. 2007. 遗传学. 杭州:浙江大学出版社.

推荐网络资讯

环境保护部自然生态保护司:http://sts.mep.gov.cn/

第三章 群落污染生态学

1974年,比利时的Paul Duvigneaud在《生态学概论》中将群落定义为:“群落(或生物群落)是在一定时间内居住于一定生境中的不同种群所组成的生物系统;它虽然是由植物、动物、微生物等各种生物有机体组成,但仍然是一个具有一定成分和外貌的比较一致的组合体;在一个群落中的不同种群不是杂乱无章散布的,而是有序而协调地生活在一起的。”换言之,我们可将群落理解为它是生态系统中生物成分的总和。

在污染条件下,生物群落的组成、结构和功能等将发生各种变化,本章将从群落对污染压力的响应和适应、污染条件下群落的结构、功能、演替等进行阐述。

第一节 群落对污染压力的响应

一、群落物种多样性的丧失

(一)物种多样性的定义

对群落而言,物种多样性是一个非常重要的基本特征,它是生物多样性在物种水平上的表现形式,是遗传多样性和生态系统多样性的基础。物种多样性具有如下两种涵义(宗浩,2011):其一,种的数目或丰富度(species richness),是指一个群落或生境中物种数目的多少,群落中所含种类数越多,群落的物种多样性就越大;其二,种的均匀度(species evenness 或 equitability),指一个群落或生境中全部物种个体数目的分配状况,群落中各个种的相对密度越均匀,群落的异质性就越大。群落物种多样性可以反映生物群落或生境的复杂程度,也可以反映群落的稳定性。

(二)物种多样性的丧失

污染引起物种多样性降低的机制一般包括:污染会阻碍生物正常生长、发育和繁衍的能力;会使生境发生不适宜生物生存的改变;生物富集和积累作用甚至会使食物链后端的生物中毒而难以存活或繁育等(王焕校,2012)。这些原因会导致群落中物种种类或某个种群的数目发生变化,物种多样性降低,严重的污染甚至会造成某些物种的绝迹。例如,滇池是云南九大高原湖泊之一,随着大量的废水、废渣、城市生活用水和农药等的排入,改变了滇池水域的理化性质,水体严重富营养化。据调查,与20世纪60年代相比,滇池的各个群落都发生了根本的变化:建群种、特有种、敏感种的多样性大大降低,能够适应富营养化、重污染的物种向简单化、单一化的方向发展;滇池草海的物种多样性指数由20世纪60年代的2.36降到90年代的0.29,滇池的物种多样性指数由1.08降到0.67(表3-1);水生植物群落云南海菜花群落、滇池海菜花群落、苦草群落和马来眼子菜群落消失,鱼类云南密鲴、银白鱼和多鳞白鱼濒临绝迹(罗民波等,2006)。

表 3-1　20 世纪 60～90 年代滇池物种香农-威纳多样性指数(H')(罗民波等,2006)

年代	H'值(草海)	H'值(滇池)
60	2.36	1.08
70	1.98	0.88
80	1.02	0.74
90	0.29	0.67

一般情况下,包含大量广域分布物种和对多种胁迫环境都具有较高抗逆性物种的群落往往稳定性更高,生存的机会更大,而包含大量对生境要求比较严格物种的群落,抵抗环境污染的能力往往较低;草本植物生存的机会大于木本植物。

二、群落对污染环境的适应

(一) 群落重组

严重的污染环境下,某些非常脆弱的群落可能会因不能适应污染而整个退出污染地带,但大多数群落在一般的污染下能够进行自我调整和适应。例如,许多化工厂周边尽管存在大气污染,但仍有植物群落存活;受污染的河流中仍有水生植物和动物生存;受重金属污染的土壤中同样也有动物、植物和微生物活动。

生物群落在污染选择压力下,可以通过物种重组来增加它对污染物的全面耐受性。群落中不同的物种对于污染的耐性水平不同,在污染压力胁迫下,群落为了能够存活下来,不能适应污染环境的狭污性物种往往由于其生活力下降和生殖能力降低而慢慢地退出污染地带,而耐受性较强的耐污性物种则会快速分化,不断提高对污染的适应性并占据更多的生存空间,渐渐地,物种形成重组,表现出群落物种多样性的变化。

污染环境下群落的重组往往伴有优势种的改变。在一个群落中通常只有较少数的几个种或类群以它们的数量多、生产力高、影响大来发挥其主要控制影响作用。这类在群落中地位、作用比较突出,具有主要控制权或统治权的种类或类群称为生态优势种(dominant species)。污染压力胁迫下,耐污种通常会发展为群落优势种。除优势种发生改变外,各物种的优势度也发生相应地改变。对污染环境具有一定耐性但又竞争不过优势种的物种优势度会得到提高,狭污性物种的优势度会降低。华建峰等(2009)对湖南省石门县雄黄矿区不同 As 污染程度土壤线虫群落结构的调查结果显示(表 3-2),食真菌线虫滑刃属(*Aphelenchoides*)在 3 种土壤中均为优势属。食菌属和食真菌线虫分别为低 As 和中 As 污染土壤的优势营养类群,而植物寄生线虫为高 As 污染土壤的优势营养类群。

表 3-2　不同程度 As 污染土壤线虫属的相对多度(华建峰等,2009)

营养类群	属	不同 As 污染土壤中线虫相对多度%		
		低 As	中 As	高 As
植物寄生线虫	丝尾垫刃属(*Filenchus*)	8.3	11.5*	7.5
	螺旋属(*Helicotylenchus*)	3.1	0.3	34.2*
	拟毛刺属(*Paratrichodorus*)	2.4	0.6	0.0
	针属(*Paratylenchus*)	0.0	0.3	0.0
	短体属(*Pratylenchus*)	1.1	0.0	5.2

续表

营养类群	属	不同 As 污染土壤中线虫相对多度%		
		低 As	中 As	高 As
食细菌线虫	拟丽突属(*Acrobeloides*)	8.3	6.4	5.8
	无咽属(*Alaimus*)	0.6	1.0	0.6
	似饶线属(*Anaplectus*)	7.4	4.5	3.3
	广杆属(*Caenorhabditis*)	8.4	3.8	0.8
	头叶属(*Cephalobus*)	4.4	6.1	6.5
	异头叶属(*Heterocephalobus*)	1.6	0.6	3.4
	中杆属(*Mesorhabditis*)	4.5	0.7	0.0
	齿咽属(*Odontolaimus*)	4.6	0.0	0.0
	饶线属(*Plectus*)	2.4	1.7	0.6
	棱咽属(*Prismatolaimus*)	0.0	2.6	1.8
食真菌线虫	滑刃属(*Aphelenchoides*)	34.7*	36.2*	11.4*
	真滑刃属(*Aphelenchus*)	0.6	13.5*	2.4
	茎属(*Ditylenchus*)	0.0	0.9	0.3
	垫咽属(*Tylencholaimus*)	1.1	0.6	0.3
捕食/杂食线虫	小咽孔属(*Aporcelaimellus*)	0.4	0.0	1.3
	牙咽属(*Dorylaimullus*)	0.0	0.9	0.3
	上矛属(*Epidorylaimus*)	2.0	1.8	2.7
	小矛属(*Microdorylaimus*)	0.0	0.6	1.5
	单齿属(*Mononchus*)	2.0	4.3	1.9
	桑尼属(*Thornia*)	0.4	0.0	0.0
	(*Thonus*)	1.8	1.3	3.1
	三孔属(*Tripyla*)	0.0	0.4	1.5

* 优势属，个体数占土壤线虫群落个体总数的10%以上。

(二) 群落分布变化

每个稳定的群落都是由一定的物种所组成，在环境中占有一定的生态位。当污染使环境发生不适宜群落生存的改变时，群落的分布位置也会发生改变。例如，滇池富营养化后，水体浑浊，阳光透射性变差，原本能够分布在3.5m深水湖底上的菹草群落后来退缩到较浅的1～2m的水层生长。又如，温室效应下，人类生产生活向大气排放的大量CO_2、CH_4、O_3、N_2O和CFCs等温室气体加快了全球变暖的进程。气候对植被的分布和生长起着重要的决定性作用，每种植物都有其适宜的生态幅，气候的区域差异掌控着植被地域分布的差异。当气候发生变化时，植被为了与新的环境相适应也会随之发生变化。植被的这种响应性变化从一个地点的时间序列来看表现为植被类型的演替，从空间看则表现为植被分布界限在空间上的迁移与植被空间分布格局的变化(张兰生等，2000)。一般情况下，温度每升高1℃大约可导致树木平衡位置在空间上摆动100～150km。全球变暖会使海平面上升和气候带向南北两极迁移，占森林总面积1/4的北方寒温带针叶林将对全球气候变暖作出强烈反应，发生明显的北移，最终进入冻原地带。

有研究表明，低纬度地区生命地带变化较小，但中高纬度地区变化明显。随着全球气候变暖和降水量的变化，北方针叶林和冻原的面积将分别减少37%和32%。北方针叶林的北界将北移，其40%以上侵占原冻原地带，而北方针叶林的南部将大面积被温带森林所取代。

第二节　污染环境下群落的结构变化

群落的结构包括物理结构和生物结构两个方面。物理结构主要包括垂直结构和水平结构，生物结构包括物种组成成分和优势度、群落的演变和群落内物种间的相互关系等。污染引起的群落物种组成成分变化即为群落物种多样性的变化，而物种优势度的改变是群落对环境污染适应的一种表现。这些内容在本章第一节中已作过详细叙述，在此不再赘述；群落的演变将在本章后续部分作阐述。本节主要讨论污染对群落物理结构和群落内物种间相互关系的影响。

一、垂直结构的变化

(一) 群落的垂直结构

由于环境的逐渐变化，对环境有不同需求的动植物生活在一起，这些动植物各有其生活型，其生态幅和适应特点也各异，它们各自占据一定的空间，并排列在空间不同高度和一定土壤深度中，群落这种垂直分化就形成了群落的层次，称为群落垂直成层现象(vertical stratification)。

植物群落的成层主要取决于植物的生活型和生长型。不同的植物在空中和土壤中占据了不同的高度和深度，从而表现出层次性，如在发育良好森林群落中即可清晰地看到植被往往分为林冠层、下木层、灌木层、草本层和地被层，有时还有苔藓和地衣，乔木根系深入土壤的最深层，灌木根系分布较浅，草本植物根系则多集中在土壤的表层，藓类的假根则直接分布在地表。其他植物群落也和森林群落一样具有垂直结构，只是没有森林群落那么层次明显，如水生植物群落中的沉水植物、漂浮植物、浮叶植物和挺水植物各自占据着不同的空间位置；草原群落又可分为草本层、地表层和根系层。如图3-1即为简单的森林群落垂直成层性示意图。

动物群落的分层现象主要与食物和栖息地有关，如在我国珠穆朗玛峰的河谷森林里，白翅拟蜡嘴雀总是在森林的最上层成群的活动，主要以滇藏方枝柏的种子为食；而血雉和棕尾虹雉主要生活在森林的底层，以地面的苔藓和昆虫为食；煤山雀、黄腰柳莺和橙胸鹟则喜欢在森林中层营巢。再如，浮游动物群落往往依据各自对阳光、食物、温度和含氧量等条件的需求而在水面以下不同深度形成物种的分层排列。在垂直结构的每一个层次上，都有各自特有的生物栖息，尽管活动性很强的动物可以同时在几个层次上活动，但大多数动物都只限于在1～2个层次上活动。在每一个层次上，活动的动物种类在一天和一个季节之内是有变化的，这些变化是对各层次上生态条件变化的反应，但也有可能是各种生物出于对竞争的需要，如生活在热带

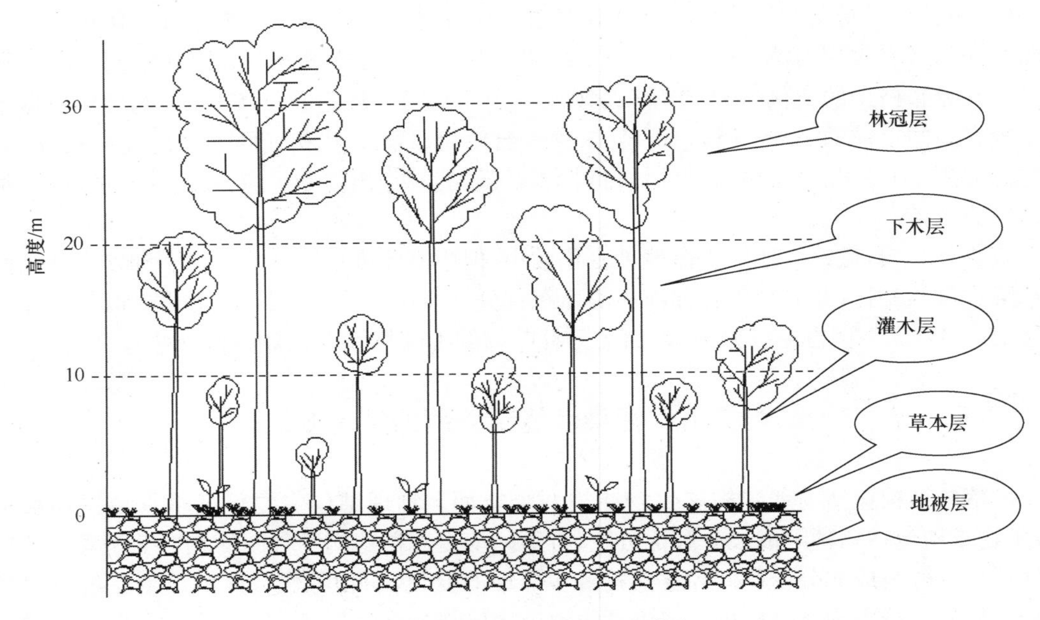

图 3-1　森林群落的垂直成层性(曹凑贵,2002)

干燥森林上层的鸟类,几乎每天中午都要迁移到比较低的层次上去活动,迁移的目的是获得食物(因为鸟类的食物昆虫主要生活在下层)、躲避日光的强烈辐射以及保持湿度。

通常群落的分层越多,层次越明显,生活在群落中的动物种类也就越多。在陆地群落中,动物种类的多少是随着植物层次的多少和发育程度而变化的,如果缺乏某一种层次,同时也会缺乏生活在那个层次中的动物。因此,草原的层次比较少,动物的种类也比较少;反之,森林的层次比较多,动物的种类也比较多。在水生群落中,生物的分布和活动性在很大程度上是由光、温度和含氧量的垂直分布决定的,这些生态因子在垂直分布上所显现的层次越多,水生群落所包含的生物种类也就越多。

(二) 污染对群落垂直结构的影响

污染会使群落垂直结构中某一层片或多个层片的物种组成和数量发生变化。生活在同一层的生物之间往往存在竞争关系,如植物对于阳光的竞争,动物对于食物的竞争等。因此,当某种污染物致使某一层片中的某种优势种大大减少后,通常会有能够适应该污染物的其他种将其替代。恶劣的污染环境甚至会造成某个层片遭受群落外来物种入侵。

空气污染对森林垂直结构的影响比较明显,通常首先表现为乔木层受损。乔木层位于森林的最上层,树冠直接暴露在污染环境下,因此该层植物的正常生长发育容易受到阻碍,长时间污染胁迫下植株变得矮小稀疏,但却为下层植物带来更多的光照,创造了发展壮大的空间。上层乔木对大气污染物进行的截获和过滤又能降低污染对灌木层和草本层的伤害。例如,湖南冷水江市禾青镇大嵊山的植被长期受到其附近某氮肥厂所排放的废气污染,据调查研究发现污染区样方中的杉木林乔木个体平均高度仅为 7.21m,没有 10m 以上的乔木个体,但对照清洁区样方中的杉木林乔木个体平均高度为 11.45m,比污染区高 4.24m,并且没有低于 8m 的乔木个体;污染区杉木林群落优势种杉木数量的减少,使得下木层的冬青得到了进一步的发展壮大,并占据了乔木层重要值的一半,与此同时伴有檫木和栓皮栎等乔木层植物种的入侵;

乔木层盖度减少后增加了林地透光，灌木层的密度和盖度都有所增加，草本层的种类组成和数量都发生了变化，如图 3-2 所示（包维楷，1999）。

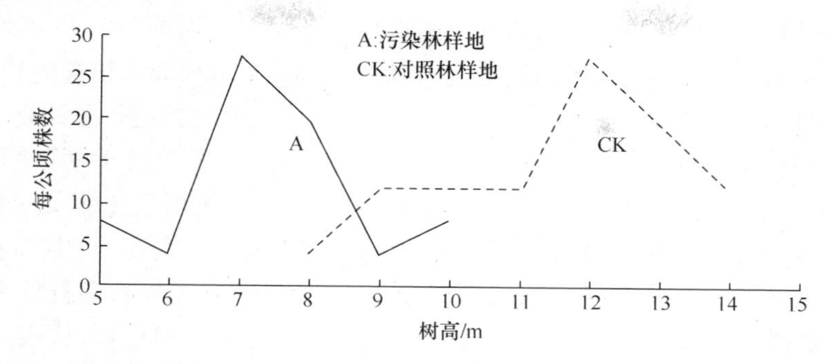

图 3-2　湖南冷水江市禾青镇大嵊山杉木群落的高度级分布（包维楷，1999）

污染对动物垂直结构的影响主要是通过影响其栖息地和食物，如土壤动物主要栖息在肥沃的土壤表层，在一般的自然土壤和非污染区土壤中动物种类和数量有着明显的垂直递减的规律，即由土壤表层向下逐渐减少至消失，有表聚现象（张广胜等，2005）。当某种污染物进入土壤后，在表层土壤滞留和富集，从而使一些表聚性强但对该种污染物不具有忍耐力的类群不能生存而向下迁移，出现逆分布现象。

二、水平结构的变化

（一）群落的水平结构

群落结构的另一个特征就是水平结构，它是指群落在水平方向上的配置状况和水平格局，生物种群在水平上的镶嵌性。观察群落水平结构时，经常可以发现在一个群落的某一点，植物分布是不均匀的，除人工群落外，均匀型分布的情况很少见，在多数情况下群落内各物种通常形成局部范围相当高密度集团的片状分布或斑块状镶嵌（mosaic）。导致水平结构具有复杂性的原因主要有以下几方面（曹凑贵，2002）：

（1）亲代的扩散分布习性。风布植物（wind dispersal）、动物传布植物（animal dispersal）和水布植物（water dispersal）可以分布得广泛，而种子较重或营无性繁殖的植物，往往在母株周围呈群聚状分布。同样是风布植物，在单株、疏林、密林三种情况下的扩散能力也不同。

（2）环境异质性。由于成土母质、土壤质地和结构、水分条件的异质性，动植物形成各自的水平分布格局（pattern）。

（3）种间相互作用的结果。植食动物的分布与它所取食植物的分布有密切关系，此外，还有竞争、互利共生、偏利共生等都会致使群落形成不同的水平结构。

镶嵌性是指在二维空间中的不均匀配置，使群落在外形上表现为斑块相间，具有这种特征的植物群落称为镶嵌群落。每一个斑块就是一个小群落，小群落是由于环境因子在水平方向上的差异，生物种类的空间分布不相同而形成的各种不同的小型生物组合，它们彼此组合，形成了群落镶嵌性。群落内部环境因子的不均匀性是导致群落镶嵌性的主要原因，这些不均匀性包括小地形和微地形的变化、土壤湿度和盐渍化程度的差异以及人与动物的影响等。

自然界中群落的镶嵌性是绝对的，而均匀性是相对的。这是由于生态系统中土壤、水分等环境的异质性，亲代的扩展性分布习性，种间相互关系的作用，以及人和动物的干扰等导致群落在水平方向上形成复杂的镶嵌性。

（二）污染对群落水平结构的影响

污染可以改变群落物种的密度和盖度。通常情况下，离污染源越近，群落物种数量越少，物种组成越简单；离污染源越远，污染强度逐渐减弱，乔木、灌木和草本植被的均匀度会有所增大。Dazy 等(2009)对法国 Homécourt 的一家废弃焦化厂周边的植被进行了调查，研究以焦化厂为中心向周边选取了两条同轴的水平植被渐变样带，并将这两条样带划分为 7 个区域，从内向外编号。研究区内土壤富含大量的 Zn、Cu、Cd、Hg 和多环芳烃，其土壤理化性质见表 3-3。研究发现，样带内物种丰富度和生物多样性与 Cd 和 Hg 含量呈负相关，在第一条样带中 0 号区 80％的土地是裸地，而剩余 3 区中每区的裸地不超过 30％，0 号区的优势种为苔景天、碱菀和柳叶菜；1 号区的优势种为旱雀麦和蓝蓟；2 号区出现了灌丛植物刺槐和毛莓，代表着群落的演变，开始出现灌木；在 3 号区中这种演变更加明显，群落优势种为葡萄叶铁线莲和刺槐，群落出现大量单柱菟丝子。在第二条样带中，4 号区基本上为裸土，只有少量的旱雀麦和地榆幼苗在生长；5 号和 6 号区的优势种为旱雀麦、蓝蓟和金丝桃；只有 6 号区出现刺槐。7 个区群落植被生活型植物组成比例如图 3-3 所示，中心污染区的植被主要是一年生和二年生植被，多年生植物和木本植物在远离中心污染区的边缘地带才变得丰富。

表 3-3　两条样带中 7 个区域的土壤理化性质(平均值)(Dazy et al. ,2009)

区号	样带 1				样带 2		
	0	1	2	3	4	5	6
C/N	69.6	76.6	66.9	83.3	23.1	68.1	5.1
黏土/％	0.9	0.3	0.1	0.1	0.3	0.2	0.6
粉沙/％	11.6	6.0	2.1	2.8	4.2	5.7	7.9
沙土/％	87.5	93.7	97.8	97.1	95.5	94.1	91.5
pH(H_2O)	8.9	8.7	8.5	7.5	8.1	8.2	8.6
CEC/(meq/100g 干土)	72.4	37.5	47.5	80.4	58.2	43.2	56.3
Cd/(mg/kg)	4.0	1.1	1.1	2.0	28	9.0	1.0
Cu/(mg/kg)	74	40	58	22	67	58	95
Hg/(mg/kg)	68	26	11	4.6	560	197	27
Zn/(mg/kg)	271	307	268	367	336	312	211
总 PAHs/(mg/kg)	4652	2584	484	651	483	157	99

三、污染对群落种间关系的影响

如第二章所述，种间相互作用包括捕食、竞争和寄生等，是连接生物个体、种群和群落的纽带。为了生存、生长和繁殖，生物体在复杂多变的环境中必须具备各种处理种间关系的能力。在受到日益严重污染的环境中，物种之间在先前自然环境中建立起来的种间关系也或多或少地受到影响。

捕食是影响生物群落结构的一种重要的生态过程，同时，污染物对生物群落结构的影响也表现在捕食行为上。污染物能够对捕食者和猎物产生各种各样的影响，改变捕食者对猎物的

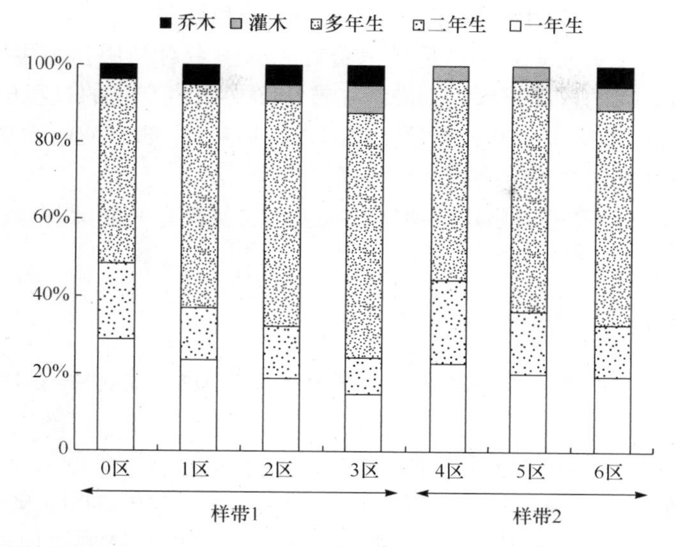

图 3-3 两条样带内 7 个区域植被生活型比例示意图(Dazy et al.,2009)

选择,降低捕食者对猎物的搜寻时间和捕食效率,使猎物的活动性发生改变,增大或减少猎物的被捕率。

不同物种对同一污染物的敏感性是不同的。因此,在某种特定的污染环境中,与相对不敏感的竞争者相比,对污染物敏感的竞争者可能在竞争资源中处于劣势。例如,白三叶草和黑麦草通常同时分布在同一植物群落中而形成竞争关系。研究表明,臭氧对白三叶草的影响较大,是竞争者中较敏感的物种。在增加臭氧暴露的条件下,白三叶草的生物量显著下降,竞争力下降(Singh et al., 2010)。

寄生也是群落种间关系的一种常见现象。寄主表面往往不仅只有一种寄生物,而是由多种寄生物组成的群体。群体中的成员之间的相互关系既有拮抗也有协同作用,关系相当复杂。污染物引起其中一种寄生物发生变化,必然会导致其他一种或若干种甚至是整个寄生物群体的变化,最终影响寄生物与寄主的关系。

第三节 污染环境下群落的功能变化

一、群落生产力

(一) 群落的生产力功能

生产力是群落最重要的功能之一,指的是单位时间内生态系统把从外界摄取的能量转化为自身的能量(或物质)的能力(或速率)。生产力又可分为初级生产力和次级生产力。

初级生产(primary production)是指植物将太阳能转化为化学能的过程,而初级生产积累能量的速率就称为初级生产力(primary productivity),通常以单位时间、单位面积内积累的能量或生产的干物质来表示,[g/(m^2 · a)]或[kg/(hm^2 · a)]。初级生产所制造的有机物的量则称为初级生产量或第一性生产量。

植物自身的呼吸作用要消耗初级生产的一部分能量,因此通常将初级生产量分为总初级生产量和净初级生产量。净初级生产量是指总初级生产量扣除植物自身呼吸作用消耗这部分而剩余的初级生产量，净初级生产量可用于植物的生长和繁殖。

次级生产(secondary production)是指消费者和分解者对利用初级生产物质进行同化作用建造自身和繁殖后代的过程。次级生产者在转化净初级生产量的过程中，不能把全部的能量均转化为次级生产量，很大一部分能量会被损耗，只有一小部分被用于自身的储存，这一小部分能量又会沿着食物链向下一个营养级传递。

一般地，次级生产量等于动物吃进的能量减去粪尿所含有的能量，再减去呼吸过程消耗的能量。

(二) 污染对群落生产力的影响

群落物种多样性与群落生产力之间有着密不可分的关系。江小雷等(2004)对人工构建的一年生植物群落生产力研究显示，群落物种数每变化1个单位，群落生产力变化幅度约为10%。当前，污染情况下群落物种多样性与群落生产力之间的关系备受关注。Li等(2010)设计了微宇宙试验，研究Cd胁迫下藻类群落生物多样性与生产力之间的关系。研究发现，在没有Cd污染时，随着物种丰富度的增加，藻类群落的生产力没有显著增加；但在中等(6mg/L)或严重(12mg/L)Cd污染时，海藻群落的生产力与生物多样性呈显著的正相关(图3-4)。这说明在污染条件下，生物多样性对群落生产力有着重要影响，然而在自然群落中，污染往往会使群落的物种多样性发生改变。

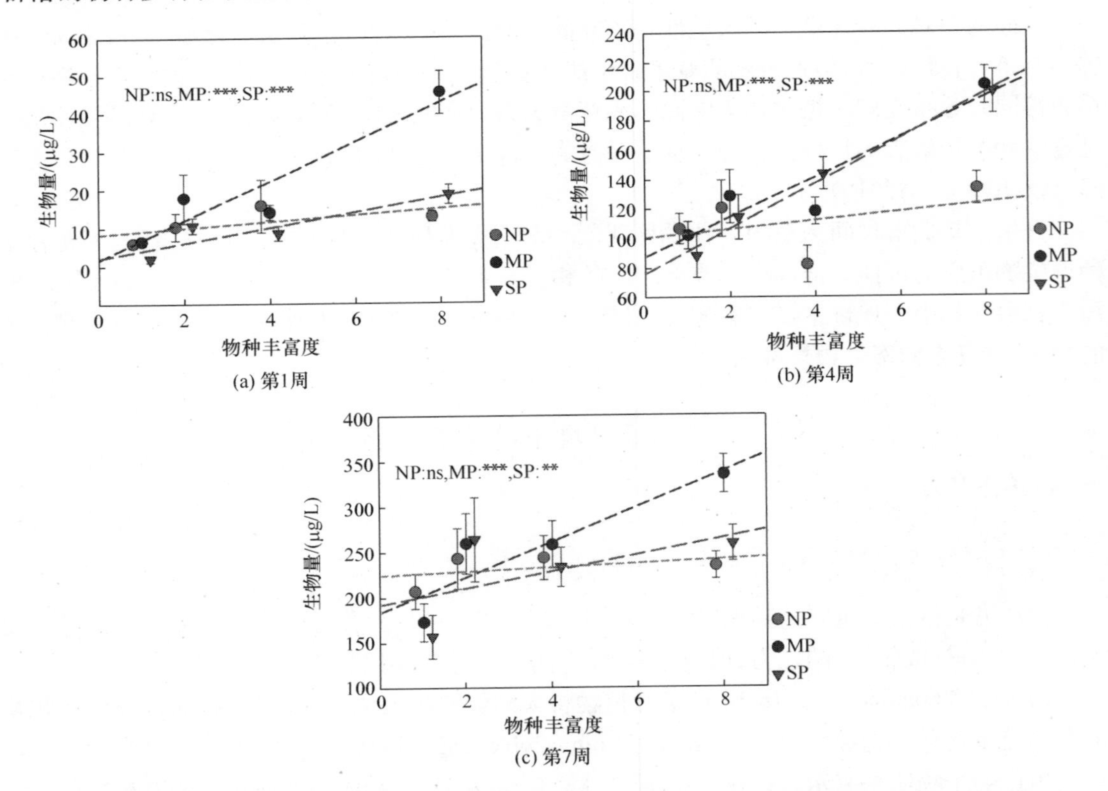

图3-4　不同浓度Cd污染对藻类物种丰富度和群落生产力之间关系的影响(Li et al.，2010)

图中每个数据点表示1个微宇宙的生物量；NP：不加Cd；MP：中等Cd污染(6mg/L)；SP：严重Cd污染(12mg/L)

*** $p<0.001$；** $p<0.01$；* $p<0.05$

污染物对群落初级生产者的伤害会使初级生产量下降，如在长期排放大量 SO_2 废气的冶炼厂附近的森林中，乔木和灌木会逐渐消失，严重的情况下，绝大多数草本植物也消失。光合作用是影响初级生产量的关键因素。大量研究结果表明，多种污染源如放射性同位素、热污染、重金属、农药、大气污染物（如 SO_2/O_3、氟化物、粉尘）等都表现出对光合作用的抑制。污染物甚至还可以通过增强呼吸作用、增加病虫害胁迫、减少重要营养元素的生物可利用性来使初级生产量下降。

二、养分循环

群落中的生产者可以从土壤或水分中吸收无机养分，如氮、磷、硫、钙和钾等元素，利用这些元素合成有机物。一些有机物（如枯枝落叶、渗滤液、脱落物及动植物残体等）能被分解者分解和矿化后，呈可利用的营养状态又重新释放回环境中，供生产者再利用，如在森林中，某种养分从土壤被吸收进入树根，通过树的输导组织向上运输到叶片，这时可能被食叶片的蠋所摄入，然后又被吃蠋的鸟所利用，直到鸟死亡后，被分解释放回土壤，再被植物根重新吸收。污染对养分循环的影响主要包括以下几个方面（熊治廷，2000）。

（一）降低有机质的分解和矿化速率

有机质的分解是养分循环的关键过程。该过程分若干阶段进行，并涉及复杂的生物类群。在这些分解者中，最重要的类群是细菌、放线菌和真菌。细菌在碳、氮、磷、铁和硫等主要营养元素的转化中起着主导作用，真菌和动物在有机质分解过程中也起着重要作用，原生动物作为细菌的噬菌者而参加分解过程。土壤动物能够将枯枝落叶粉碎为小块，并取食土壤微型植物。土壤动物还能改良土壤结构，使空气和水分流通，并为真菌和细菌提供适宜的生境。

污染物能够通过影响群落中的这些分解者而降低有机质的分解和矿化速率。例如，重金属能降低并延长微生物的对数生长期、降低微生物的呼吸率、抑制真菌孢子的形成、诱发异常的微生物形态、抑制细菌的转化及减少真菌孢子萌发等。

胞外酶（extracellular enzyme）在有机分解和营养循环中有重要作用。这些酶可以来自群落中的动物、植物和微生物，尤其是微生物。在土壤中，胞外酶不仅包括自由胞外酶和结合于土壤惰性成分的酶，也包括死细胞内的活性酶和其他与非生活细胞碎片有关的酶。从理论上说，对酶活性有抑制作用的污染因素都可能影响胞外酶在营养循环中的作用。重金属是多种酶的强烈抑制剂。在受到重金属污染的地区，多种土壤酶的活性被抑制，如脱氢酶、磷酸酶、β-葡萄糖苷酶、尿素酶、淀粉酶、纤维素酶、木聚糖酶、转化酶、芳香基硫酸脂酶及多酚氧化酶等，这些土壤酶的抑制直接影响土壤中与其相关的各种生物化学过程。

（二）增加营养物质的淋溶作用

进入大气的二氧化硫和氮氧化物的氧化会形成硫酸和硝酸，进而产生酸雨。酸雨能加速养分从植物叶片和土壤淋失的过程，还能改变土壤矿物的风化速度，从而改变养分循环过程。

植物群落的营养物质会被酸雨淋失。被淋失的无机化合物包含所有重要的大量元素和微量元素。其中被淋失最多的元素是钾、镁、锰和钙等。许多有机化合物，如氨基酸、有机酸、激素、维生素、果胶和酚类物质也可能从植物群落淋失。受酸雨伤害的森林将造成大量营养物质的淋失。

（三）抑制共生微生物

共生微生物在营养循环中具有非常重要的作用。大量的土壤真菌能感染高等植物的根系而形成菌根。菌根能为寄主植物提供很多好处，尤其能使植物更有效地吸收水分和矿质营养物质。某些污染物能抑制土壤真菌，从而减少菌根形成。

第四节　污染环境下群落的演替

群落不会静止不动，而是一个动态的系统，随着时间的进程而处于不断变化和发展中。在群落发展变化的过程中，一个群落代替另外一个群落的现象称为群落演替（community succession）。群落演替是以群落结构变化为表征的（彭少麟等，1998）。引起群落发生演替的原因主要有内因和外因两种。内因性演替又称内源演替，是指群落内部的植物体对于生境发生反应，改变了生态环境而引起的演替；外因性演替又称外源演替，是指由于群落以外的因素所引起的演替，气候、土壤、动物、火灾和人为干扰因素都会促成外因性演替。在所有的外因性演替中，人类活动对自然界的作用所引起的群落演替占有特别显著和重要的地位。

一、环境污染下植物群落的演替

植物群落的演替是指植物群落发展变化的过程中，由低级到高级，由简单到复杂，一个阶段接着一个阶段，一个群落代替另一个群落的自然演变现象。

一般地，污染能使植物群落物种生态优势度发生改变，不同物种相互替代，阻碍群落的演替。李传龙等（2007）对三峡库区某磷化工厂周围污染区植物群落进行了调查，一些在对照区出现的乔木和灌木均未在污染区出现；在离污染区较近的样方中，马尾松在群落中的重要值最大，伴生树种仅有君迁子和白檀；随着离污染源距离的增大，栓皮栎和短柄枹的重要值逐渐增加，开始出现更多的伴生树种；灌木层中一些具有革质叶的树种对污染具有较好的抗性，即便在距离污染源很近的样方中其重要值仍然很高；草本层的重要值变化最为显著，蝴蝶花由绝对优势种变为在样方中几乎不再出现。

长期污染胁迫会造成群落发生严重逆向演替（retrogressive succession），即由顶极群落向先锋群落演变的退化过程。例如，加拿大北部针叶林在二氧化硫污染作用下，最后大面积地退化为草甸草原；北欧大面积针阔混交林在二氧化硫污染下，退化为灌木草丛。

幼苗更新是植物群落动态的重要组成部分。幼苗期是对外界环境最为敏感的时期，极易受污染物的影响。种群内不同年龄幼苗个体数量的分布在很大程度上反映了它们在群落中的地位和作用，污染对幼苗的直接影响将对群落未来的演替方向起决定性作用。

大多数对臭氧伤害敏感的木本植物，通常属于群落演替早期的植物种类；大多数对臭氧胁迫敏感中等或有抗性的物种，属于典型的演替中期或后期类群。在大气污染严重的地区，演替后期的群落可能处在对大气污染物胁迫抗性最强的阶段。

二、环境污染下动物群落的演替

陆生动物可以大致分为土壤动物和非土壤动物。对于非土壤动物而言，植物的演替对其演替起着重要作用。例如，植物群落的发展是鸟类群落发展的关键因子，随着植被演替的进行,由于植被的空间分层发生变化,鸟类群落的空间结构也会发生变化,鸟类的种类也随之发生变化(崔鹏和邓文洪,2007)。因此,污染对非土壤动物演替的影响主要是通过影响其栖息地植物群落的演替。目前,污染情况下陆地动物群落的演替也多集中在土壤动物的演替上。土壤动物群落主要栖居在落叶下和土壤中,活动范围不是很大,因此较易受环境污染的影响。能够对土壤动物演替造成影响的污染物包括重金属、化学农药、工业废渣、废水等。牛世全等(2002)对甘肃省白银市重金属复合污染土壤中的原生动物群落进行研究,结果表明,污染导致原生动物物种减少,群落多样性下降,污染土壤中原生动物群落结构呈现简单化和不稳定化,群落演替呈次生演替趋势。

水生动物大致有浮游动物、大型底栖动物、原生动物和鱼类等。这些动物的演替极易受污染的干扰,群落优势种类逐渐由清水型向耐污型和寡污型种类转变。能够对水生动物演替造成影响的污染物包括工业废水、生活污水和农业污水等。富营养化是湖泊等天然水体面临的最为严重的环境问题,对水生生物演替的影响也最显而易见。黄萌(2006)对武汉东湖的研究表明,当水质为低营养状态时,原生动物群落优势种为球砂壳虫;水质为中营养状态时,优势种既有耐污性种类点钟虫,也有寡污性种类透明麻铃虫;而当水质为富营养状态时,优势种又变为耐污性的单环栓毛虫和喇叭虫。

三、环境污染下微生物群落的演替

无论在水、土壤还是空气中,只要有微生物生活所需的环境条件就会有微生物生长,并能形成一定的微生物群落。目前关于污染对微生物群落影响的研究主要集中在农用化学品、石油和重金属等方面。

大多数农用化学品都是有机化合物,多数情况下能够被微生物作为碳源和能源利用,其中杀虫剂、除草剂是农田常用的农药。研究发现当施加低浓度的杀虫剂滴滴涕(DDT)和六六六(HCH)时,微生物会以它们为碳源进行生长繁殖,微生物类群的丰富度、均匀性和多样性都得到增长,但当施用较高浓度的这两种杀虫剂时便会抑制某些微生物的生长而使一些耐受种类大量繁殖(张红等,2005)。大量的研究表明,大部分除草剂在低浓度下对土壤微生物群落影响不大,且这种影响会很快消失,但也有一些除草剂在田间使用剂量下能够对土壤微生物产生抑制作用,如在一定的浓度下,丁草胺和杀草丹等除草剂能够对脲芽孢八叠球菌和白色链霉菌产生显著的抑制作用(黄顶成等,2005)。杀虫剂和除草剂对微生物的这些影响有时会造成群落优势种的更替,耐污性较强的微生物渐渐占据优势地位。

石油污染是致使微生物群落发生次生演替的又一个主要影响因素。石油也可以作为某些微生物生长的碳源,但大量的石油会导致土壤物理性能和水分状况恶化,不利于微生物生长。Tian 等(2014)用石油污染废水灌溉芦苇 5 个月后发现,芦苇根际土壤微生物群落的细菌、放线菌和真菌的丰富度下降,但促进了石油降解菌的增长和繁殖。同为 20cm 深度的土壤,被石油污水灌溉后土壤中的细菌、放线菌和真菌的数量仅为未受污染土壤中的 1/4、1/10 和 1/2。土壤被石油污染后芦苇根际土壤微生物以变形杆菌门和拟杆菌门菌类为主,厚壁菌门菌类、放线菌和蓝藻细菌的生长和繁殖因石油污染而降低。

一般地,在对重金属毒性敏感程度方面,细菌＞放线菌＞真菌。因此,矿区土壤中的细菌、放线菌数量通常会出现明显下降,但真菌的数量变幅不大。曾炜等(2007)研究了铅污染对垃圾堆肥中微生物群落演替规律的影响,结果表明,Pb 对微生物总量和群落多样性均存在抑制,但群落多样性水平在堆肥末期得到基本恢复。Pb能促进微生物群落均匀性的增加，加速缩小群落中各类微生物之间的差距。

第五节　生物群落对环境污染的生态监测

生物群落监测法是生态监测方法中备受关注的一种方法。在自然环境中，生存在不同地域中的生物群落有着各自的物种种类、数量和组成特点，当生物生存的环境遭受污染时，群落的物种种类、数量和组成会发生相应的变化，通过研究这些特点的变化即可监测环境污染的变化。

一、利用生物群落监测大气污染

（一）动物群落监测大气污染

动物的活动性较大，具有主动避开污染物的能力，因此很少被用来监测大气污染。但是，人们很早就开始利用金丝雀、金翅雀、老鼠和鸡等动物来探测矿井里的瓦斯毒气；利用对氢氰酸特别敏感的鹦鹉来监测制药车间空气中的氢氰酸含量；利用鸟类的羽毛和骨骼来监测大气中的重金属污染物和污染程度。某个区域内群落中种群数量的变化，特别是对污染物比较敏感的动物种群数量的变化，可以用来监测该区域空气污染的状况。如环境污染后，群落中一些大型哺乳动物、鸟类、昆虫等会进行迁移，而不易接触污染物的潜叶性昆虫、虫瘿昆虫、体表有蜡质的蚧类等的数量将会增加。

（二）植物群落监测大气污染

与动物不同，植物的生存位置固定，对大气污染反应表现较为明显，因此常被用来监测大气污染。植物群落监测法是通过监测群落中各植物的受害症状和受害程度来分析大气污染程度。首先要通过调查和试验来确定群落中不同植物对污染物的抗性等级，再将其分为敏感、抗性中等和抗性强3类，那么当植物群落中敏感植物叶部出现受害症状，表明空气已受到轻度污染；如果抗性中等植物出现部分受害症状，表明空气已受到中度污染；当抗性中等植物出现明显受害症状，有些抗性强的植物也出现部分受害症状时，则表明空气已受到严重污染。同时，我们也可以根据植物呈现受害症状的特征、程度和受害面积比例等来判断主要污染物和污染程度。对排放SO_2的某化工厂附近植物群落受害情况的调查结果见表3-4。可见，如果对SO_2污染抗性强的一些植物如构树、马齿苋等也受到伤害，说明该工厂附近的空气已受到严重污染。

表3-4　对排放SO_2的某化工厂植物群落受害情况的调查结果（奚旦立和孙裕生，2010）

植物	受害情况
悬铃木、加拿大白杨	80%～100%叶片面积受害，甚至脱落
桧柏、丝瓜	叶片有明显大块伤斑，部分植株枯死
向日葵、葱、玉米、菊、牵牛花	50%左右叶片面积受害，叶脉间有点、块状伤斑
月季、蔷薇、枸杞、香椿、乌桕	30%左右叶片面积受害，叶脉间有轻度点、块状伤斑
葡萄、金银花、构树、马齿苋	10%左右叶片面积受害，叶片上有轻度点状伤斑
广玉兰、大叶黄杨、栀子花、蜡梅	无明显症状

植物群落中，一些对大气污染反应灵敏的植物常被用来指示大气污染状况，尤其是当指示植物为植物群落优势种并表现出受害症状时应该引起注意。例如，地衣具有非常强的耐受能力，能够生存在峭壁、树皮、沙漠和冰天雪地的南北两极等恶劣环境中，分布非常广泛，但它们对大气污染非常敏感，尤其是二氧化硫，因此地衣群落常被用来监测大气二氧化硫污染。比较常用的大气污染指示植物见表 3-5。

表 3-5　常用的大气污染指示植物(陈玲和赵建夫，2014)

污染物	指示植物
二氧化硫	地衣、苔藓、紫花苜蓿、荞麦、金荞麦、芝麻、向日葵和大马蓼等
氟化物	唐菖蒲、郁金香、金荞麦、杏、葡萄、小苍兰、金线草和玉簪等
臭氧	烟草、矮牵牛、牵牛花、马唐、燕麦、洋葱、萝卜和马铃薯等
过氧乙酰硝酸酯	早熟禾、矮牵牛、繁缕和菜豆等
乙烯	芝麻、番茄、香石竹和棉花等
氯气	芝麻、荞麦、向日葵、大马蓼、藜、翠菊、万寿菊和鸡冠花等
二氧化氮	悬铃木、向日葵、番茄、秋海棠和烟草等

资料框　植物对不同大气污染物的受害症状

二氧化硫：植物受二氧化硫污染时，首先是叶脉间的叶肉出现淡棕红色斑点，经过一系列的颜色变化后出现漂白斑点，危害严重时，叶脉间产生不整齐的变色斑块(俗称烟斑)，继而烟斑部分逐渐枯萎变薄，最后枯死。

硫酸雾：危害症状则为叶片边缘光滑。受害较轻时，叶面上呈现分散的浅黄色透光斑点；受害严重时则成孔洞，这是由于硫酸雾以细雾状水滴附着于叶片上所致。圆点或孔洞大小不一，直径多在 1mm 左右。

氟化氢：伤斑多半分布在叶尖和叶缘，与正常组织之间有一明显的暗红色界限，少数为脉间伤斑，幼叶易受伤害。

氯气：大多为脉间点块状伤斑，与正常组织之间界限模糊，或有过渡带，严重时全叶失绿漂白甚至脱落。

氨气：大多为脉间点、块状伤斑，伤斑褐色或褐黑色，与正常组织之间界限明显，症状一般出现较早，稳定得快。

二氧化氮：大多为叶脉间不规则伤斑，呈白色、黄褐色或棕红色，有时出现全叶点状斑。

臭氧：植物的成熟叶片对臭氧的危害最敏感，故通常总是在老龄叶片上发现危害症状。首先是植物的栅栏组织细胞受害，然后是叶肉受害。若出现细小的点状烟斑，则是急性伤害的标志，是由于栅栏细胞坏死所致。这种烟斑呈银灰色或褐色，并随叶龄增长逐渐脱色，还可以连成一片，变成大片的块斑，使叶子褪绿脱落。低浓度的臭氧与植物长时间接触，常导致许多叶片上出现浅褐色或古铜色斑，继而叶片褪绿和脱落。

过氧乙酰硝酸酯：过氧乙酰硝酸酯是大气中的二次污染物，对植物的伤害经常发生在幼龄叶片的尖部及敏感老龄叶片的基部，并随所处环境温度的升高而加重伤害程度。其症状是嫩叶背面出现古铜色，好像上了釉一样，叶片生长异常，向下方弯曲，上部叶片的尖端枯死，枯死部位呈白色或黄褐色。

乙烯：叶片发生不正常的偏上生长(叶片下垂)或失绿黄化，并常发生落叶、落花、落果以及结实不正常的现象。

二、利用生物群落监测水污染

水环境中生活着各种各样的水生生物群落，如浮游生物、着生生物、底栖动物、鱼类和细菌等，这些生物群落与水环境之间有密不可分的关系，当水体受到污染时，会导致水体环境的变化，水体中的生物群落为了适应新的环境会产生不同的反应，这些反应便可用来判断水体受污染的情况(刘瑾，2012)。

常用的水环境生物群落监测法包括污水生物系统法、生物指数法、微型生物群落监测法和指示生物法等。

(一) 污水生物系统法

污水生物系统法(saprobic system)是指当河流受污染后，在污染源的下游会发生水体的自净过程，随着污染物的不断减少，发生水体自净的这部分河段将会呈现多污带、α-中污带、β-中污带和γ-寡污带的连续污染带。由于不同生物对污染的耐性不同，便在这些不同的污染带中形成了特有的生物群落体系，通过监测这些生物群落体系的变化来对河流的污染程度进行监测。在用该方法进行水体监测时，还需考虑当地的地理、气候条件和水文特征对河流中生物种类和数量分布的影响，因为污染不是造成河流中生物种类和数量变化的唯一原因。1964年，日本学者津田松苗编制了一个污水生物系统各带的化学和生物学特征(表 3-6)。

表 3-6　污水体系各带的化学和生物学特征(杨若明和金军，2009)

项目	多污带	α-中污带	β-中污带	γ-寡污带
化学过程	因还原及分解显著而产生腐败的现象	水和底泥里出现氧化过程	氧化过程更强烈	因氧化使其无机化达到矿化阶段
溶解氧	很低或者为零	少量	较多	很多
生化需氧量	很高	高	较低	很低
H_2S	多，有强烈的H_2S臭味	H_2S臭味不强烈	少量	没有
有机物	有大量的有机物，主要是未分解的蛋白物和碳水化合物	由于蛋白物等有机物的分解，氨基酸大量存在	蛋白质进一步矿质化，生成氨盐，有机物含量很少	有机物几乎全被分解
底泥	常有黑色的 FeS	FeS被氧化成$Fe(OH)_3$，因而底泥不呈黑色	有Fe_2O_3存在	底泥几乎全被氧化
细菌	大量存在，每毫升达数十万到数百万个	细菌较多，通常每升水中达10万个以上	细菌数量减少，每毫升在10万个以下	细菌数量少，每毫升只有数十个到数百个
栖息生物的生态学特征	所有动物无例外地均为细菌摄食者，均能耐pH的强烈变化，耐低溶解氧的厌气性生物，对H_2S和氨有强烈的抗性	摄食细菌的动物占优势，出现肉食性动物，对溶解氧及pH变化有高度适应性，但对H_2S的抗性则相当弱	对pH及溶解氧变动的耐受性较差，而且不能长时间耐受腐败性毒物	对pH及溶解氧变化耐性均很差，对腐败性产物(如H_2S等)无耐受性
植物	没有硅藻、绿藻、结合藻以及高等水生植物出现	藻类大量生长，有蓝藻、绿藻及硅藻出现	出现许多种类的硅藻、绿藻、结合藻，此带为鼓藻类主要分布区	水中藻类较少，但着生藻类较多

续表

项目	多污带	α-中污带	β-中污带	γ-寡污带
动物	以微型动物为主，原生动物占优势	仍以微型动物占大多数	多种多样	多种多样
原生动物	有变形虫、纤毛虫，但仍没有太阳虫、双鞭毛虫和吸管虫	逐渐出现太阳虫、吸管虫，但仍然无双鞭毛虫出现	出现耐污性差的太阳虫和吸管虫种类，开始出现双鞭毛虫	仍有少量鞭毛虫和纤毛虫出现
后生动物	仅有少数轮虫、蠕形动物和昆虫幼虫出现。水螅、淡水海绵、苔藓动物、小型甲壳虫、贝类、鱼类不能在此带生存	贝类、甲壳类、昆虫出现，但仍没有淡水海绵、苔藓动物，鱼类中的鲤、鲫、鲶等可在此带栖息	淡水海绵、苔藓动物、水螅、贝类、小型甲壳类、两栖类动物、鱼类均有出现	昆虫幼虫种类很多，其他各种动物逐渐出现

（二）生物指数法

生物指数是指运用数学公式计算出的反映生物种群或群落结构变化，用以评价环境质量的数值。常用的生物指数有如下几种。

1. 贝克生物指数

贝克(Beck)于1955年首先提出一个简易的计算生物指数的方法，该生物指数的大小可以用来评价水体污染程度。他把从采样点采到的底栖大型无脊椎动物分为两类，即不耐有机污染的敏感种和耐有机污染的耐污种，并按下式计算生物指数：

$$生物指数(BI)=2A+B$$

式中：A、B——分别为敏感种数和耐污种数。

当BI>10时，为清洁水域；BI为1～6时，为中等污染水域；BI=0时，为严重污染水域。

2. 贝克-津田生物指数

1974年，津田松苗在对贝克生物指数进行多次修改的基础上，提出不限于在采样点的采集，而是在拟评价或检测的河段把各种底栖大型无脊椎动物尽量采到，再用上述贝克生物指数公式计算。所得数值与水质的关系为BI≥20，为清洁水区；10<BI<20，为轻度污染水区；6<BI≤10，为中等污染水区；0<BI≤6，为严重污染水区。

3. 生物多样性指数

马格利夫(Margalef)、香农(Shannon)、威尔姆(Willam)等根据群落中生物多样性的特征，经过对水生指示生物群落、种群的调查和研究，提出用生物多样性指数评价水质。该指数的特点是能定量反映群落中生物的种类、数量及种类组成比例变化信息。

(1) 马格利夫指数计算式为

$$d=\frac{S-1}{\ln N}$$

式中：d——生物种类多样性指数；

N——各类生物的总个数；

S——生物种类数。

d值越低，污染越严重；d值越高，水质越好。该指数的缺点是只考虑种类数与个体数的关系，没有考虑个体在种类间的分配情况，容易掩盖不同群落种类和个体的差异。

(2) 香农多样性指数：香农-威尔姆根据对底栖大型无脊椎动物的调查结果，提出用底栖大型无脊椎动物种类多样性指数（香农多样性指数）来评价水质，其计算公式为

$$D=-\sum_{i=1}^{S}\frac{n_i}{N}\log_2\frac{n_i}{N}$$

式中：D——底栖大型无脊椎动物种类多样性指数；

N——单位面积样品中收集到的各类底栖大型无脊椎动物的总个数；

n_i——单位面积样品中收集到的第 i 种底栖大型无脊椎动物的个数；

S——单位面积样品中收集到的底栖大型无脊椎动物种类数。

上式表明动物种类越多，D 值越大，水质越好；反之，动物种类越少，D 值越小，水体污染越严重。威尔姆对美国十几条河流进行了调查，总结出 D 值与水样污染程度的关系：$D<1.0$，严重污染；D 为 1.0～3.0，中等污染；$D>3.0$，清洁。

采用底栖大型无脊椎动物种类多样性指数（D）来评价水域被有机物污染状况是比较好的方法，但影响 D 变化的因素很多，如生物的生理特性、水中营养盐的变化等，因此需将其与各种生物数量的相对均匀程度及化学指标相结合，才能获得更可靠的评价结果。

(3) 硅藻生物指数：用作计算生物指数的生物除底栖大型无脊椎动物外，也有用浮游藻类的，如硅藻生物指数：

$$\text{硅藻生物指数}=\frac{2A+B-2C}{A+B-C}\times100\%$$

式中：A——不耐污染藻类的种类数；

B——广谱性藻类的种类数；

C——仅在污染水域才出现的藻类的种类数。

硅藻生物指数 0～50 为多污带，50～100 为 α-中污带，100～150 为 β-中污带，150～200 为 γ-寡污带。

（三）微型生物群落监测法

微型生物群落是指水生生态系统中那些只有在显微镜下才能看见的微小生物，主要是细菌、真菌、藻类和原生动物，此外也包括小型的后生生物，如轮虫等。它们占据着各自的生态位，彼此间有着复杂的相互作用，构成特定的群落，称之为微型生物群落，是水生生态系统中的重要组成部分。

1. 微型生物群落监测法原理

微型生物群落监测法（polyuretharn foarn unit）简称 PFU 法。该方法用聚氨酯泡沫塑料块（PFU）作为人工基质，将其沉入水体中收集水体中的微型生物群落，观察并测定该群落结构和功能的各种参数，以评价水质。此外，该方法还可作为室内毒性试验的方法，用来预报工业废水和化学品对受纳水体中微生物群落的毒性强弱，为制定其安全浓度和最高允许浓度提出群落级水平的基准。

2. 测定要点

监测江、河、湖、塘等水体中微型生物群落时，将用细绳沿腰捆紧并有重物垂吊的 PFU 悬挂于水中采样，根据水环境条件确定采样时间，一般在静水中采样约需 4 周，在流水中采样约

需2周。采样结束后，带回实验室，把PFU中的水全部挤于烧杯内，用显微镜进行微型生物群落观察和活体计数。国家推荐标准(GB/T 12990—91)中规定镜检原生动物，要求看到85%的种类；若要求测定种类多样性指数，需取水样于计数框内进行活体计数观察。

进行毒性试验时，可采用静态式，也可采用动态式。静态毒性试验是在盛有不同毒物(或废水)浓度的试验盘中分别挂放空白PFU和种源PFU，后者在盘中央(每盘一块)，前者(每盘放八块)在后者的周围，并均与其等距；将试验盘置于玻璃培养柜内，在白天开灯、天黑关灯的环境中试验，在第1、3、7、11、15天分别取样镜检。种源PFU是在无污染水体中已放数天，群集了许多微型生物种类的PFU，它群集的微型生物群落已接近平衡期，但未成熟。动态毒性试验时用恒流稀释装置配制不同废(污)水(或毒物)浓度的试验溶液，分别连续滴流到各挂放空白PFU和种源PFU的试验槽中，在第0.5、1、3、7、11、15天分别取样镜检。

3. 结果表示

微型生物群落观察和测定结果可用表3-7所列结构参数和功能参数表示，表3-7中分类学参数是通过种类鉴定获得，非分类学参数是用仪器或化学分析法测定后通过计算得出。群集过程三个参数的含义是：S_{eq}为群落达平衡时的种类数；G为微型生物群集速率常数；$T_{90\%}$为达到90% S_{eq}所需时间。利用这些参数即可评价污染状况。例如，清洁水体的异养性指数在40以下；污染指数与群落达平衡时的种类数S_{eq}呈负相关，与群集速率常数G呈正相关等。还可通过试验获得S_{eq}与毒物浓度之间的相关公式，并据此获得有效浓度(EC_5、EC_{20}、EC_{50})和预测毒物最大允许浓度(MATC)。

表3-7 微型生物群落结构和功能参数(GB/T 12990—91)

	结构参数	功能参数
分类学	1. 种类数	1. 群集过程(S_{eq}、G、$T_{90\%}$)
	2. 指示种类	2. 功能类群(光合自养者、食菌者、食藻者、食肉者、腐生者、杂食者)
	3. 多样性指数	
非分类学	1. 异养性指数	1. 光合作用速率
	2. 叶绿素a	2. 呼吸作用速率

(四)指示生物法

水污染指示生物是指生活在水体中并且对水体污染物能够产生各种定性、定量反应的生物，而水污染指示生物法就是指通过观察水体中指示生物的种类和数量变化来判断水体受污染的程度。例如，睫毛针杆硅藻和簇生竹枝藻是生活在水中的浮游植物，为清洁水体的指示生物，只有生活在溶解氧含量高，未受污染的水体中才能大量繁殖；无尾无柄轮虫、太平指镖水蚤、长刺溞、近邻剑水蚤、短尾秀体溞和萼花臂尾轮虫都是浮游动物，前三者是寡污性或未受污染水体中的优势种，后三者为污染水体的指示种。大型底栖动物是淡水生态系统的一个重要组成部分，也常被作为水体环境监测的指示动物。例如，毛翅目原石蛾科昆虫，它们的耐污能力很低，属于敏感脑模型昆虫，无论分布在全世界的哪个地方，都生活于遮阴度高和未受污染的冷水型溪流中；不耐污的大型底栖动物还包括处于幼虫阶段的蜉蝣类、石蝇类、石蚕类和浅滩甲虫类等，耐污的大型底栖动物有水蚯蚓类、蛭类和肺螺目的螺类等。

河流、湖泊和池塘等未受污染时，有机质含量较少，微生物也相对较少，而当水体受到有机物污染以后，微生物的数量会大量增加，水体中微生物增加的多少即可反映水体被有机物污染的程度。

值得注意的是，当水体中出现耐污种时未必意味着水体被污染，因为耐污种既能生活在受污染的水体中，也能生活在未受污染的水体中，只有当不耐污的种类消失而耐污种大量存在时才意味着水体受到污染。

三、利用生物群落监测土壤污染

土壤受到污染后，污染物会对土壤内部及表面的生物产生各种影响，造成土壤生物群落结构和功能的变化。单一土壤理化监测难以反映土壤环境改变对生物体及生态系统影响的综合效应及过程，许多学者开始利用土壤生物群落监测土壤污染及土壤污染对生态系统的影响，土壤生物作为土壤生态指标生物的研究已成为国际土壤生态学领域中的研究热点和前沿课题。生物群落监测土壤污染旨在利用土壤污染的指示生物引起的生物群落组成和结构的变化，以及生态系统功能的变化来监测土壤环境的污染。

（一）微生物群落监测土壤污染

污染会使土壤中的微生物群落结构和功能发生变化。王秀丽等(2003)对铜锌冶炼厂附近水稻土中微生物群落的研究发现，随着污染程度的提高，菌落数有一定程度的降低趋势，且重金属污染影响了细菌、真菌和放线菌群落的大小。此外，杨永华等(2000)发现农药严重污染土壤中微生物群落的功能多样性要低于无农药使用时，农药污染导致了土壤微生物群落功能多样性下降，减少了能利用有关碳底物的微生物的数量，降低了微生物对单一碳底物的利用能力。因此，可以通过监测土壤中微生物群落结构和功能的这些变化来掌握土壤污染的状况及程度。已有研究表明，微生物群落结构的变化能较早地预测土壤养分及环境质量的变化过程，被认为是最有潜力的敏感性生物指标(孙波等，1997)。

（二）动物群落监测土壤污染

动物群落监测土壤污染也是主要通过监测土壤动物群落的结构和功能变化来评价土壤受污染程度。许多土壤动物对土壤污染比较敏感，如线虫、蚯蚓、螨类、蜘蛛和昆虫等对重金属污染较为敏感。一般情况下，土壤动物群落的个体数、类群数与污染指数有着显著相关关系，如在重金属污染地，土壤动物群落的种类和数量往往随着污染的加重而减少。因此，可将土壤动物群落结构指数作为土壤环境质量评价的一个间接指标。

（三）植物群落监测土壤污染

土壤是植物赖以生存的物质基础，植物生长发育所需的养分、水分都是主要由土壤提供。土壤受到污染后，植物能对污染产生各种各样的反应，如产生可见症状，叶片上出现伤斑，生理代谢异常，蒸腾率降低、呼吸作用加强，生长发育受抑等(详见第一章)。在群落水平上的表现为植物群落结构简单化，地上部分生物量降低，整个群落的植物都表现出强弱不一的受害现象。因此，可以通过监测植物群落结构和功能变化来评价土壤受污染情况，如苔藓植物对重金属很敏感，一般有污染的地方不生长，苔藓群落常被用来监测矿区重金属污染。

小　结

本章基于群落水平，介绍了群落对污染压力的响应，以及污染对群落结构、功能和演替的影响，最后对利用生物群落进行污染监测作了介绍。

群落中不同的物种对于污染的耐性或抗性水平不同，在污染胁迫下，不能适应污染环境的狭污性物种往往由于其生活力下降和生殖能力降低而慢慢退出污染地带，而耐受性较强的耐污性物种则会快速分化，不断提高对污染的适应性并占据更多的生存空间，最终导致群落物种种类和数量发生变化，通常情况下表现为群落物种多样性降低。

每个稳定的群落都是由一定的物种所组成，在环境中占有一定的生态位，当污染使环境发生不适宜群落生存的改变时，群落的分布位置也会发生改变。污染一般会使群落的垂直结构简单化，水平结构上一般表现为离污染源越近，群落的物种和数量越少。污染能使植物、动物和微生物群落物种生态优势度发生改变，不同物种相互替代，阻碍群落的演替，耐污种通常会发展为群落优势种。

污染性监测对探索研究生态系统质量及其变化规律有着重要意义，生物群落监测能够在污染性监测中起到重要作用。

生物群落监测法是生态监测方法中备受关注的一种方法。在自然环境中，生存在不同地域中的生物群落有着各自的物种种类、数量和组成特点，当生物生存的环境遭受污染时，群落的物种种类、数量和组成会发生相应的变化，通过研究这些特点的变化即可监测环境污染的变化。

复习思考题

1. 群落对污染压力的响应机制主要有哪些？
2. 环境污染对群落的结构、功能和演替有哪些影响？
3. 什么是污染性生态监测？污染性生态监测的目的是什么？如何利用生物群落监测大气、水和土壤污染？
4. 与物理和化学监测相比，生态监测具有哪些优缺点？你认为该如何合理运用生态监测？

建议读物

李振基，陈圣宾. 2011. 群落生态学. 北京：气象出版社.
熊治廷. 2010. 环境生物学. 北京：化学工业出版社.
曹凑贵. 2002. 生态学概论. 北京：高等教育出版社.

推荐网络资讯

环境生态网：http://www.eedu.org.cn/
全球生物多样性信息网络(GBIF)中国科学院节点：http://www.gbifchina.org/
中国森林生物多样性检测网络：http://www.cfbiodiv.org/
云南生物多样性保护网：http://www.yabchina.org/

第四章　生态系统污染生态学

第一节　污染生态系统

污染生态系统是指污染物的输入改变了原来生态系统的正常组分、结构和功能，导致原有系统有序性和稳定性降低甚至丧失(张星梓等，2004)。

一、污染生态系统的组成

污染生态系统是由生物与其被污染了的环境所组成的生态系统。污染因子成为主导该系统的因子，受污染环境改变着生态系统的状态和动态。而输入环境的污染物的种类、性质、浓度、作用时间和空间以及污染物之间的联合作用(如相加、协同、拮抗、独立作用等)又共同影响着受污环境的性质(张星梓等，2004)。

二、污染生态系统受污染的程度

生态系统受污染的程度由污染因子的作用效应和受污环境的污染程度来决定，换言之，生态系统受污染的程度随着污染物作用的程度、生态系统组成成分、结构和功能破坏的加深而加深(张星梓等，2004)。

污染物的作用程度是指污染物作用的时间、空间、浓度、性质以及污染物之间的联合作用。时间越长，空间越小，浓度越高，毒性越强，协同、相加等作用越大则系统受污染的程度越深。

组分的破坏程度是指随着从受污个体—受污种群—受污群落—受污生态系统水平上的逐级效应而加深。

结构的破坏程度是指形态结构和功能结构的破坏程度。形态结构即时空结构，功能结构主要是指系统内的生物成分之间通过食物链或食物网构成的网络结构或营养级。形态结构和功能结构的破坏程度取决于组分的破坏程度。

功能的异常体现为物质循环、能量流动、信息传递及生物生产力的异常，取决于组分和结构的破坏程度。

三、生态系统受污的效应体现

污染物进入非生物环境，生物对污染物的吸收、迁移、富集，引起毒害、产生解毒和抗性，这一效应顺着食物链及食物网传递，导致敏感性个体死亡，而抗性个体在种群内比例增大，优势种之间的相互作用强烈，种群数量出现大幅度波动，导致种群遗传多样性降低；而敏感性物种的消失，导致生物群落结构的单一化，从而使生态系统的复杂性降低，多样性丧失，彻底改变了原有生态系统的结构和功能，从而生态系统有序性和稳定性降低甚至丧失(张星梓等，2004)。随着污染程度的不断加深，整个原有生态系统将会完全崩溃。

第二节　污染环境下生态系统组成成分的变化

一、生产者的变化

绿色植物是生态系统中最主要的初级生产者，如第一章所述，受污染的环境直接或间接影响植物的生理生化活动，如光合作用、呼吸作用、蒸腾作用、营养元素的吸收、水分代谢以及酶活性等，然后从植物的外观，即营养生长和生殖生长方面表现出来。例如，一定浓度的镉能明显抑制小麦幼苗根、茎的生长，导致小麦叶片的叶绿素含量下降，CO_2 吸收量减少，蒸腾速率降低，活性氧增加等(张利红等，2005)；过量的 SO_2 会降低叶绿素含量，阻碍植物的光合作用等重要生理过程，影响植物的生长(Pandey and Joshi，2007)；随着 Cr^{6+} 胁迫浓度的增加，茳芏形态受害程度加深，根系变小变黑，叶片卷曲失绿，茎叶出现棕黑色斑点(韦江玲等，2014)。

浮游植物作为水生生态系统的主要初级生产者，在生态系统中扮演着极其重要的角色，它们构成了地球上一半以上的初级生产力。富营养化促使水中表层浮游藻类的生长繁殖，由于疯长的藻类覆盖水体表面，阳光难以穿透水层，同时又在高等水生植物表面形成一个高 O_2、高pH、低 CO_2 的环境，从而影响沉水植物的光合作用，同时也使水体中养分循环加快，水体沉积物稳定性下降，不利于沉水植物扎根。富营养化水体中厌氧菌的代谢产物对水草根系有毒害作用，也不利于沉水植物的种子萌发(黄萌，2006)。

二、消费者的变化

动物是生态系统的重要组成成分，在生态系统中行使消费者的角色，它们包括以植物为食的草食动物、以其他动物为食的肉食动物以及以死亡动植物尸体(残体)为食的腐食性动物。污染环境也表现在对动物摄食、呼吸、运动、趋化性、脱皮、酶活性、生长、生殖等各个方面的影响。以热污染为例，温度的骤变不仅会直接影响水生生物的繁殖行为，如水生昆虫不能产卵、交配，还会导致水生生物的病变及死亡，如虾在水温为4℃时心率为30次/min，22℃时心率为125次/min，温度再高则难以生存(孟博，2013)。溢油污染影响气候，破坏光合作用，造成藻类生长不良甚至大量死亡，制约了海洋动物的生长和繁殖(景伟文等，2008)。受重金属污染的土壤生态系统中由于Cd、As、Zn、Pb的过量累积，蚯蚓种类明显减少，成活率降低，生长期缩短(王振中等，2006)。

三、分解者的变化

微生物是一个完整生态系统的主要组成成分之一，其种类主要包括细菌、真菌、放线菌等，它们在生态系统中扮演分解者的角色，把大量的枯枝落叶、动物死尸分解成简单的化合物并释放回环境中，供生态系统中的初级生产者再利用(黄益宗和朱永官，2004)。生态系统的物质循环(如碳、氮、磷、硫等)也离不开微生物的参与，生态系统中污染物质主要是对微生物的活性、数量和生物量、生长繁殖和土壤酶活性产生影响。丁草胺、苄嘧磺隆、异噁草酮、草甘膦等除草剂显著降低土壤细菌、真菌和放线菌的数量，抑制碳矿化、土壤微生物呼吸作用和硝化作用(汪海珍等，2003；赵兰和黎华寿，2008；刘亚光等，2010；陶波等，2011)。低浓度Cd污染抑制土壤脲酶活性，而Pb污染抑制土壤碱性磷酸酶活性(杨志新和刘树庆，2001；周春娟等，2012)。抗生素环丙沙星作为抗菌剂，可杀死部分土壤微生物，降低植物根系生物活性(彭金菊等，2012)。

海水酸化导致珊瑚微生物钙化减弱，骨骼沉积减缓，共生生物减少以及早期发育受阻(周进等，2014)。

第三节　污染环境下生态系统的结构变化

一、形态结构的变化

生态系统的生物种类、种群数量、种的空间配置、种的时间变化等构成生态系统的形态结构。对于一种特定的污染物(如重金属、除草剂、石油、抗生素等)，不同物种具有不同的敏感性。敏感物种在污染物胁迫下消失，抗性物种则成为群落中的优势种。在某些情形下，污染生态系统中会出现一些正常条件下并不出现的物种。因此，污染环境将导致生态系统物种组成以及结构发生改变。

(一) 水域生态系统物种结构的变化

在20世纪60年代以前，我国长江沿岸浅水区及其中下游地区大多数湖泊的湖湾区，都生长有数量较多的水生植物(如浮水、沉水和挺水植物)，形成结构较为稳定的水生植被。进入80年代以后，由于湖区工业发展和城镇人口数量增加，大量耗氧物质、营养物质和有毒物质排入湖体，使水体富营养化，湖水的自净能力下降，导致湖体内溶解氧不断下降，透明度降低，水色发暗，原有的水生植被因缺氧和得不到光照而成片死亡，取而代之的是浮游植物(藻类)，最终形成以藻类为主体的富营养型的生态体系(成小英和李世杰，2006)。

以云南滇池为例，20世纪70年代中期以后，随着人为活动的加剧，滇池湖水日益富营养化，湖泊水质恶化，导致水生植物群落结构简化和退化，原来的优势物种如海菜花、轮藻等已绝迹，马来眼子菜、苦草等已到濒临消失的边缘，耐污种如凤眼莲、喜旱莲子草和龙须眼子菜等大量发展形成单优群落(黄萌，2006)。

武汉东湖原生动物群落优势种也随水体富营养化而发生演替。在低营养水体中，优势种为球砂壳虫；在中营养水体中，优势种既有耐污性种类点钟虫，也有寡污性种类透明麻铃虫；在富营养水体中，耐污性的单环栉毛虫和喇叭虫已演替成为特有的优势种(黄萌，2006)。

(二) 陆生生态系统物种结构的变化

陆生生态系统中，在强烈的污染胁迫下，首先乔木最先消失，然后高灌木、矮灌木、草本植物消失，最后苔藓植物消失。随着污染胁迫的增加，整个生态系统典型的变化是：以乔木为优势的系统转变为以灌木为优势，再转变为以草本植物为优势，最后成为没有高等植物的系统，甚至成为裸地(熊治廷，2000)。

对土壤生态系统而言，随着污染的发生和发展，耐污能力强的物种得到发展，然后顺势取代原有的优势种形成单优种。王振中等(2006)研究表明，土壤动物种类和数量均随Cd浓度增加而递减，占动物总量61.3%的蜱螨类对Cd的毒性有较强的耐受能力成为优势种，尤其是蜱螨目中的甲螨亚目。此外，王秀丽等(2003)研究发现，在土壤重金属综合污染指数达10.46的条件下，生活在土壤中的蚯蚓种类主要是白颈环毛蚓和壮伟环毛蚓，平均密度为103条/m²，而一些常见和稀有的蚯蚓种消失。有机污染方面，在高浓度石油污染胁迫下，土壤中部分耐性差的微生物因无法适应环境，数量减少而消失，而耐性强的微生物则大量繁殖，并逐渐成为土壤中的优势菌,优势菌由最初的放线菌被替代为链霉菌属和迪茨氏菌属等具有石油烃降解能力的微生物种群(刘健等,2014)。

(三) 湿地生态系统物种结构的变化

污染也能引起水、陆生态系统之间过渡类型生态系统——湿地生态系统物种结构的变化。例如,乐安河流域湿地的大型水生植物群落对湿地环境污染因子的影响表现出一定的响应关系。以乐安河上游的海口镇样点为例,区域内的水土环境受到的污染极轻微,受各种人为活动的影响也较小,生物多样性高,敏感物种较多,如慈姑、水芹、野荞麦、金荞麦、络石等,均在此区域内有分布;而受大坞河重金属酸性污水污染后的区域内的样点中,大型水生植物的群落结构则严重退化,物种数量急剧减少,尤其是敏感物种减少,耐污物种或超积累物种增加,如白芒、五节芒、淡竹叶、青葙、白花地丁、紫花地丁、苎麻、龙葵等。在重金属 Pb 和 Cd 的复合污染下的中、下游区域也有一些生存状况较好的耐污种,如藜蒿、鼠曲草、裸柱菊、半边莲等(简敏菲等,2013)。

二、时空结构的变化

生态系统的时空结构是指各种生物成分或群落在空间和时间上的不同配置和形态变化特征。污染生态系统时空变化随着污染物作用的时间、空间等的变化而变化。

1951 年建洪湖县时,洪湖水域面积约 $7.6\times10^4hm^2$。到 1981 年,洪湖水域面积已减少到 $4.13\times10^4hm^2$。此后,水域面积进一步萎缩,现在只有 $3.55\times10^4hm^2$,有效调蓄容积为 6～12 亿 m^3,调蓄功能较 50 年前减少 1/2 以上。由于洪湖生态湿地遭到破坏,野生动物急剧减少,据调查,在洪湖栖息的水禽由原来的 167 种减少到 40 种左右。短嘴天鹅、赤嘴潜鸭、白头颈尾鸭、灰鹤、白鹳、鸳鸯、中华沙秋鸭等珍稀鸟类,从 20 世纪 90 年代开始均未发展;鸿雁、兰雁等雁属鸟类由 20 世纪 60 年代的丰富物种变为现在的少见物种,每年来洪湖过冬的候鸟由原来的数万只锐减到 2005 年的不足 2000 只。鱼类品种也由 1964 年的 74 种减少到 2005 年的 50 余种,且种群趋单一和小型化。由于水质变劣,洪湖水生植物由过去的 472 种下降到 2000 年的 158 种,2005 年只有 98 种;水草覆盖率由 98.6%下降为零星水域有水草,一些经济价值较高的水草如黄丝草、牛头尾等产量锐减,目前除莲以外,其他经济植物很难寻觅(覃明和陆剑,2005)。

汉江中下游春季水华期间浮游植物主要优势种为硅藻门的小环藻,水华暴发初期和中期往往形成单优种,而水华末期随着其优势度降低,蓝藻门、隐藻门等其他种类形成优势种。在水华初期,浮游植物密度沿着汉江自上而下(钟祥至仙桃)逐渐升高;水华暴发中期,位于上游的钟祥与沙洋 2 个点浮游植物密度下降最快;水华暴发末期,钟祥至仙桃 4 个样点浮游植物密度均大幅度下降(潘晓洁等,2014)。

有调查显示,20 世纪 60 年代太湖的底栖动物以河蚬、湖螺为主要优势种,到 80 年代又增加了光滑狭口螺,且在局部湖区出现较多的耐污种(如苏氏尾鳃蚓等)。进入 90 年代,除湖心区仍以河蚬和光滑狭口螺为优势种外,西太湖沿岸和梅梁湖区出现了较多的齿吻沙蚕;而五里湖和梁溪河入湖口区的底栖动物主要由耐污染的摇蚊幼虫和寡毛类组成,其中优势种群有羽摇蚊幼虫和克拉伯尾丝蚓。自 20 世纪 60～80 年代,太湖的底栖动物种类明显减少,耐污染种类增加,数量和生物量波动较大,且个体趋于小型化(陈立侨等,2003)。

三、营养结构的变化

生态系统的营养结构主要指食物链和食物网。食物链是指生态系统中生物组分通过取食与被食的关系彼此联结起来的一个序列，组成一个整体，就像一条链索一样，这种链索关系称为食物链(food chain)。一种生物被另一些动物所摄食，而一种动物又可以摄食多种生物，从而形成错综复杂的食物网(food web)结构。食物网是生态系统的营养结构，也是生态系统能流的途径，在自然生态系统中，不同营养级的物种之间长期以来已经建立起一种相对稳定的食物链或者食物网关系(孙承咏和韩威，2009)。然而，污染环境却会影响已经形成的这种关系，典型的影响是：食物网简化，食物链缩短或者不完整，新食物链形成。

对于进入生态系统的某种污染物，食物链上不同物种具有不同的敏感性。有些物种的抗性强，有些则弱，抗性弱的物种在足够强度污染胁迫下种群显著变小甚至整个物种彻底消失，抗性强的物种则成为群落中的优势种。例如，草→兔→蛇这条食物链，假如兔因为抗性弱而灭绝，草的种群就会因为失去来自兔的牧食压力而增大；但对于蛇来说，它因失去兔作为食物来源，可能也会随之消失或者被迫改食其他食物(万峰，2002)。但总的来说，污染物的胁迫使原有食物链缩短或形成新的食物链。食物链缩短或者不完整最终又会导致食物网的简化与不稳定。

在一个具有复杂食物网的生态系统中，一般也不会由于一种生物的消失而引起整个生态系统的失调，但是任何一种生物的灭绝都会在不同程度上使生态系统的稳定性下降。当一个生态系统的食物网变得非常简单时，任何外力(环境的改变)都可能引起该系统发生剧烈波动。在苔原生态系统中，动植物种类稀少，营养结构简单，其中生产者主要是地衣，其他生物大多直接或间接地依靠地衣来维持生活。假如地衣因大气中二氧化硫含量超标而导致生产力严重下降或毁灭，那么整个生态系统就会崩溃(王洪桥等，2012)。

能量和物质是沿着食物链和食物网的形式流动和循环的，同样的，污染物质经生物的取食与被食关系沿食物链从低营养级向高营养级传递。这样的食物链对污染物有累积和放大效应(熊治廷，2000；孙承咏和韩威，2009)。例如，自然界中一种有害的化学物质被草吸收，虽然浓度很低，但以食草为生的兔子吃了这种草，而这种有害物质很难排出体外，便逐渐在其体内积累。而老鹰以吃兔子为食，于是有害的化学物质便会在老鹰体内进一步积累。但是，并非所有污染物都会被生物富集，污染物是否沿着食物链积累，取决于以下三个条件：①污染物在环境中必须是比较稳定的；②污染物必须是生物能够累积的；③污染物不易被生物代谢而分解。

有研究表明，生物的摄食行为、解毒机制、代谢机理和污染物的物理、化学形态对污染物的生物蓄积特性起决定作用。在经典的海洋浮游生物食物链中(如浮游植物→桡足类→鱼类)，桡足类往往可以很有效地排出体内的金属，同时鱼类的金属同化率又很低，所以该食物链中金属的浓度随食物链水平增加而减少。相反，甲基汞和铯会被食物链所放大。另外，在以腹足动物为顶级捕食者的底栖食物链中，因为生物结合金属的效率很高，高同化率和低排出率导致金属浓度随食物链延伸在生物体内得到放大(王文雄和潘进芬，2004)。

一般而言，污染物沿着食物链的传递过程中，经过不同的营养级浓度会被生物放大还是稀释，不同的食物链或污染物有不同的规律。同时，由于不同生物对污染物的代谢机制不同，食物链关系越错综复杂，污染物生物可利用性的变化也越大(李枫等，2007)。

第四节　污染环境下生态系统的生物生产力

一、初级生产的变化

生产力是生态系统功能最重要的特征之一，生态系统的生产力首先取决于初级生产力，另外它也是次级生产力的物质基础和能量来源。初级生产力是指绿色植物利用太阳光进行光合作用，即太阳光＋无机物质＋H_2O＋CO_2 ⟶热量＋O_2＋有机物质，把无机碳(CO_2)固定转化为有机碳(如葡萄糖、淀粉等)这一过程的能力(孙承咏和韩威，2009)。

影响初级生产力的关键在于光合作用，光合作用是生态系统生产力形成的基础。整个过程包括光能的吸收、传递以及光化学反应。大量研究表明，多种污染因素(如大气污染物、重金属、农药等)都会对光合作用产生影响。O_3 是影响植物光合作用的典型大气污染物之一，O_3 对光合作用的影响主要是通过损伤叶片外形和叶肉组织，影响羧基歧化酶的活性、细胞通透性、有机物质的转化和运输、生长调节物质等方面，进而降低光合能力。O_3 还加快植物器官组织衰老、减小气孔导度来直接影响 CO_2 和水汽吸收量(寇太记等，2009)，同时，O_3 浓度增加造成羧化酶活性损伤和电子传递速度降低，直接导致植物同化速率的降低(金东艳等，2009)，进而对光合作用产生影响。重金属主要是通过抑制矿质元素吸收和叶绿素合成，降低叶绿体光系统(PSⅡ)速率和蒸腾速率、叶绿素含量、叶绿素密度、卡尔文循环有关酶数量和活性，破坏叶绿体结构，改变蛋白质结构，诱导产生大量活性氧等影响光合作用(万雪琴等，2008)。

污染物也通过抑制氮磷循环、影响生态系统碳源/汇的关系、减少重要矿质元素(Mg、Fe和 Mn 等)的生物可利用性、增加呼吸作用、增加病虫胁迫等途径影响初级生产力(张宝龙等，2014)。例如，Cd 胁迫可抑制硝酸还原酶、谷氨酰胺合成酶、谷氨酸合成酶的活性，阻碍植物氮代谢，进而影响氮循环过程(冯建鹏等，2009)。在水生生态系统中，光合作用因污染抑制而使藻类和水生维管束植物生物量减少、鱼类等水产品减产。而对于陆地生态系统而言，各种污染物引起的光合作用抑制则是草地退化、林木受损、作物减产。

二、次级生产的变化

消费者将食物中的化学能转化为自身组织中的化学能的过程称为次级生产。在此过程中，消费者转化能量合成有机物质的能力即为次级生产力。次级生产力高低主要取决于初级生产力、系统外输入能量的性质、程度和食物链的长短(孙承咏和韩威，2009)。

初级生产力是次级生产力的物质基础和能量来源，对初级生产力造成的影响也将沿着食物链作用于次级生产力，污染物的食物链作用在本章第三节介绍，这里不再赘述。

适量氮肥的加入，会显著增加次级生产量，但水体中 N、P 含量升高会导致富营养化，使大型底栖动物的一些种类消失而抗污染的机会种增多，进而导致大型底栖动物的生物量和丰度减少，次级生产力下降(张崇良等，2011)。

在食物链中有一条基本规律是：能量随着食物链的延长而递减(“十分之一”定律)。在食物链中越是低营养级层次的生物，其生物量越大，反之，越是高营养级层次的生物，其生物量越小。由此可见，食物链越短，生物量越大，生产力越大(吴天一，2013)。污染物会导致食物网简化，食物链缩短或者不完整，新食物链的形成。按食物链的基本规律，污染物的加入虽然可能刺激生产力的增加，但食物链中污染物的加入将对有机体生长构成胁迫，最终次级生产力会呈不断下降的趋势。总体而言,污染物的加入短期会增大次级生产力,但长期作用后仍会导致次级生产力显著下降。

第五节　污染物对生态系统主要元素循环的影响

循环是自然界的基本运作方式,物质循环是生命活动的基本表现(程荣花,2013)。污染物沿着食物链(网)进入物质循环,并能在营养循环的一些作用点上影响营养物质的动态,如改变分解和矿化速率,改变沥滤和风化速率以及影响共生微生物的营养物质吸收(熊治廷,2000)。污染物普遍会对微生物特征和活性产生影响,其影响程度取决于土壤的物理、化学和生物学特征以及污染物的性质、使用浓度和时间的长短(孙承咏和韩威,2009)。本节以氮和磷为例,阐述污染物对元素循环的影响。

一、氮循环

氮循环是指氮在自然界中的循环转化过程,是生物圈内基本的物质循环之一。土壤中通过氮的获取和损失进行着反复循环。大气中的氮经微生物等作用而进入土壤,被动植物利用,最终又在微生物的参与下返回大气中。植物利用根系从土壤中吸收硝酸根或铵根离子以获取氮素。在无氧(低氧)条件下,厌氧细菌最终将硝酸中氮的成分还原成氮气归还到大气中。这一过程即为氮循环(徐选旺,2001;康清等,2014)。氮的循环过程是氮素不断进行生物、生物化学、化学、物理、物理化学变化的过程,也是不断进行氮素形态变化的过程,氮循环示意图如图4-1所示。土壤氮循环是生物地球化学循环的重要组成部分,不但影响着土壤生产力和可持续发展,还影响着全球环境变化。土壤微生物在土壤氮循环中发挥着不可替代的作用,参与了包括固氮作用、氨化作用、硝化作用、亚硝化作用和反硝化作用等重要生态过程(徐选旺,2001)。

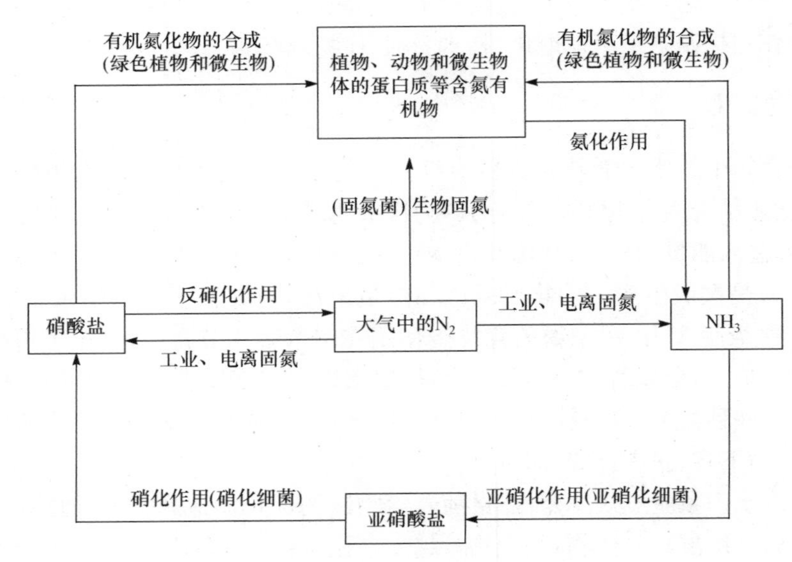

图4-1　氮循环示意图(徐选旺,2001)

（一）固氮作用

自然状态下，氮气中的氮分子都是以两个叁键相连的氮原子组成，键能为940.5kJ/mol，化学行为极为稳定，动植物都不能直接利用。然而很多原核生物能把分子氮还原为氨，生物固氮反应是原核生物专有的，生物固氮是指固氮微生物将大气中的氮还原成氨的过程（李思亮等，2002）。固氮的总反应式可表述为

$$N_2+16MgATP+8e^-+8H^+\longrightarrow 2NH_3\uparrow+16MgADP+16Pi+H_2\uparrow$$

概括地说，生物固氮是指某些微生物和藻类通过其体内固氮酶系的作用将分子氮转变为氨的过程。生物固氮只发生在少数的细菌和藻类中。

环境中的污染物（如除草剂）主要是通过破坏土壤固氮微生物的生长环境，抑制根瘤菌与根毛的接触，中止侵染丝的形成，根瘤生长缓慢，从而影响了根瘤的生长发育、结瘤和固氮能力（Singh and Wright，2002）。4种除草剂（二苯醚类除草剂三氟羧草醚、乙羧氟草醚和酰胺类除草剂乙草胺、异丙甲草胺）均对紫花苜蓿结瘤数和固氮产生一定的抑制作用，其中乙羧氟草醚的抑制作用最强，异丙甲草胺的抑制作用最弱。由此看来，除草剂的大量施用会降低植物的根瘤数和结瘤能力，从而影响共生固氮作用（王利平等，2006）。

与陆地固氮微生物类似，河流湖泊中能够固氮的也均为原核微生物，包括蓝细菌（又称蓝藻）类、光合细菌类和异养细菌类。在湖泊生态系统中，蓝细菌是重要的固氮浮游生物；沉积物中的部分异养细菌是重要的固氮菌。重金属超过临界浓度时会引起蓝细菌数量明显降低，使蓝细菌固氮活性降低50%（徐继荣等，2004）。

（二）氨化作用

氨化作用是指动植物的遗体、排出物和残落物中的有机氮被微生物分解后形成NH_4^+的过程。在土壤中的氮素大部分以有机态存在，微生物的分解促成了有机氮—NH_4^+—有机氮的循环（李思亮等，2002）。氨化作用的过程可用下式表示（徐继荣等，2004）：

$$蛋白质\longrightarrow 肽\longrightarrow 氨基酸\longrightarrow 有机酸+NH_4^+$$

在受污染土壤中，较低浓度恩诺沙星残留（0.01μg/g土，0.1μg/g土）对土壤氨化作用有刺激作用，而较高浓度恩诺沙星残留（1.0μg/g土，10.0μg/g土）则会对其起抑制作用。土壤氨化作用强度在一定程度上反映了土壤的供氮能力，因此，如果土壤中恩诺沙星残留长期保持着较高浓度，则降低了土壤供氮能力（王加龙等，2005）。有研究表明，氯磺隆、甲磺隆、苄嘧磺隆等磺酰脲类除草剂会明显减少土壤中的氨化作用，除草剂处理后第1天，矿化氮的降低率最大，氯磺隆、甲磺隆、苄嘧磺隆处理土壤的矿化氮的降低率分别为32.1%、2.5%和22.8%，在整个培养过程中，矿化氮的降低率随着时间的增加而呈降低趋势（徐建民等，2000）。

（三）硝化作用

硝化作用是指异养微生物进行氨化作用产生的氨，被硝化细菌、亚硝化细菌氧化成亚硝酸盐，再氧化为硝酸的过程。硝化作用由两个阶段组成，即铵态氮的亚硝化过程和亚硝态氮的硝化过程（李思亮等，2002）。硝化作用的过程可用下式表示：

$$NH_4^+\longrightarrow NH_2OH\longrightarrow NOH\longrightarrow NO\longrightarrow NO_2^-\longrightarrow NO_3^-$$

硝化作用是比较敏感的微生物转化过程，所以污染物能抑制硝化作用。将五氯酚钠、克芜踪、氟乐灵、禾大壮和丁草胺5种除草剂分别加入土壤后，对土壤的硝化作用均有明显的抑制

作用，其抑制强度除了丁草胺在培养 28 天的结果有所不同外，其他各处理均随除草剂用量的增加而增加。各除草剂的用量为 10mg/kg，培养 28 天时土壤中 NO_3-N 的下降率为 32.3%～57.6%；当除草剂的加入量为 1000mg/kg 时，土壤中 NO_3-N 含量下降 81.8%～91.9%(丁草胺除外)，其中以禾大壮的抑制作用最为明显(张爱云，1982)。当海水中 Cu^{2+}、Cd^{2+} 的浓度为 0.1mg/L 时，NO_2-N 的增加量仅为对照组的 30%左右；当 Cu^{2+}、Cd^{2+} 的浓度增至 1.0mg/L 时，NO_2-N 的浓度仅为对照组的 20%；当 Cu^{2+}、Cd^{2+} 浓度增为 5.0mg/L 时，对硝化作用产生明显的抑制，当试验进行至 15 天后，NO_2-N 的浓度下降 22%和 50%。这说明由于重金属离子的存在，硝化作用和亚硝化作用受到明显抑制，且随着重金属离子浓度的增加，抑制程度不断加强(翁永根等，2006)。

硝化作用所产生亚硝酸盐或硝酸盐的过度积累，是导致海水富营养化、诱发赤潮、破坏海洋生态平衡的主要原因之一。由氮转化的氨在微生物的作用下，会形成硝酸盐和酸性氢离子，造成土壤和水体生态系统酸化，从而使生物多样性下降(王晓珊等，2009)。

(四) 反硝化作用

反硝化作用分为生物反硝化和化学反硝化。生物反硝化是指在厌氧条件下，兼性好氧的异养微生物将 NO_3^- 和 NO_2^- 还原成 NO、N_2O，最终生成 N_2 的过程，造成氮素的损失。化学反硝化是指 NO_3^- 和 NO_2^- 被化学还原剂还原成 N_2 或 NO_x 的过程(李思亮等，2002；徐继荣等，2004；王晓珊等，2009)。氮素气态损失的基本原因是反硝化微生物和硝化微生物的活性，即缺气条件下生物反硝化是农田土壤氮素反硝化损失的主要机制，而化学反硝化机制不占重要地位。反硝化作用的过程可用下式表示(李思亮等，2002)：

$$NO_3^- \longrightarrow NO_2^- \longrightarrow NO \longrightarrow N_2O \longrightarrow N_2$$

由于土壤中微生物反硝化引起农田氮素的损失，农业的发展就大量施用无机氮肥，但被农作物吸收的并不多，导致土壤中无机氮肥因淋滤、下渗等作用使地下水遭受氮素污染。近年来，全球范围内地表水和地下水中氮污染呈上升趋势。据不完全统计，我国 130 多个大型湖泊中已有 50%以上处于富营养化或潜在富营养化状态，80%以上的水体含氮量超标(张可炜等，2007)。除此之外，农田大量施用氮肥，使排入大气的 N_2O 不断增多。在没有人为干预的自然条件下，反硝化作用产生并排入大气的 N_2 和 N_2O，与生物固氮作用吸收的 N_2 和平流层中被破坏的 N_2O 是相平衡的。N_2O 是一种惰性气体，在大气中可存留数年之久。它进入平流层大气中以后，会消耗其中的臭氧，破坏平流层的臭氧，从而增加到达地面的紫外线辐射量。同时 N_2O 是一种温室气体，可能影响全球气候变化(徐选旺，2001；王晓珊等，2009；康清等，2014)。

二、磷循环

磷是生物体的重要组成成分，是植物必需的大量元素之一，以广泛多样的形式参与有机体的生命代谢过程。磷在生态系统内的迁移转化是生态系统结构和功能的决定性因素之一。磷是构成许多生物大分子如 DNA、RNA、ADP、ATP、磷脂的关键元素，是细胞核、细胞膜的重要组成成分，是光合、呼吸等重要生命过程的参与者，在能量储存、迁移和转化过程中起关键作用。磷在植物体内含量很低，平均约占干重的 0.2%，但其重要性不亚于碳、氮，是生命系统的重要组成成分(赵琼和曾德慧，2005)。

磷循环的基本过程是：存在于岩石和天然磷酸盐中的磷通过风化等作用后溶于水，植物从环境中吸取磷,使之参与核酸和蛋白质的合成。植物体内的磷经食草动物、食肉动物等沿食物链流动,又经排出物和尸体的分解而回到环境中,具体过程如图 4-2 所示。

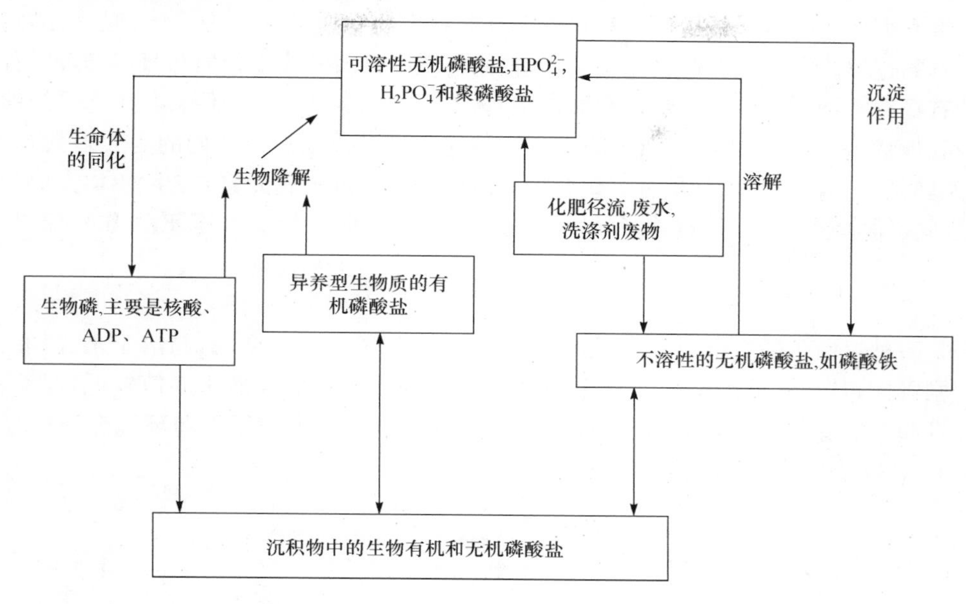

图 4-2 磷循环示意图(戴树桂,2006)

然而磷矿石的开采,磷肥、农药和洗涤剂的制造和使用,以及含磷工业废水和生活污水的排放,都对自然界的磷循环产生影响。

据 2007 年江苏省环境科学研究院调查显示,中国含磷洗涤剂中的磷酸盐对环境水体溶解态有效磷贡献率达 50%～60%。并且相关调查统计显示,我国目前每年有超过 60 万 t 的三聚磷酸钠洗涤废水排放,被污染的淡水湖面积已经超过 75%(王丽娜等,2014)。三聚磷酸钠会随着洗涤废水最终排入江河湖海。含磷的洗涤污水排入江河湖泊后,会在水体中大量富集,造成封闭水域的"富营养化",引起某些浮游生物和藻类植物迅猛繁殖和生长,它们在新陈代谢以及在死亡之后被微生物分解的过程中,都要消耗水中大量的溶解氧,造成水域缺氧,鱼类死亡(李鹏等,2011)。另外,4～64mL/L 浓度的洗涤剂使翠菊种子的萌发率及根长都比不添加洗涤剂的对照组低,且随着处理浓度和处理时间的增加,洗涤剂对翠菊种子的萌发和根长的生长抑制作用增强;根尖细胞有丝分裂指数随洗涤剂浓度的增加和处理时间的延长而递减(王仲等,2012);洗涤剂处理还能引起不同程度的染色体畸变,其中 32mL/L 处理 6h 作用效果最明显。高浓度洗涤剂均能使黄鳝幼鱼出现中毒症状并致死,且黄鳝幼鱼死亡率随着洗涤剂浓度增加和作用时间延长而增加(段国庆等,2014)。

磷酸酶能够催化磷酸单酯的水解及无机磷酸盐释放,是生物磷代谢的重要酶类,在磷循环中占有重要地位,土壤有机磷的矿化速率与磷酸酶活性呈正相关,其活性高低直接影响土壤中有机磷的分解转化及其生物有效性,而在磷酸酶缺乏的情况下,有机磷的矿化需要几百年。有研究表明,所有重金属均能不同程度抑制酸性、碱性磷酸酶活性,Hg^{2+}、As^{5+}、W^{6+}和 Mo^{6+}抑制酸性磷酸酶活性平均>50%。Ba^{2+}、Co^{2+}和 As^{3+}抑制效果最小(抑制率<10%)。其他元素,如 Cu^{+}、Ag^{+}、Cu^{2+}、Zn^{2+}、Mn^{2+}、Sn^{2+}、Ni^{2+}、Pb^{2+}、Fe^{2+}、Cr^{3+}、Fe^{3+}、B^{3+}、Al^{3+}、V^{4+}和 Se^{4+}也抑制酸性磷酸酶活性,只是抑制程度各不相同。Ag^{+}、Cd^{2+}、V^{4+}和 As^{5+}最有效地抑制了碱性磷酸酶的活性(王黎明等,2004)。

三、有毒有害物质的循环

有毒有害物质的循环是指那些对有机体有毒有害的物质进入生态系统，通过食物链富集或被分解的过程。由于工农业迅速发展，人类向环境中投放的化学物质与日俱增，从而使生物圈中的有毒有害物质的种类和数量增加，这些物质一经排放到环境中便参与生态系统的循环。它们像其他物质一样，在食物链营养级上逐级传递和循环流动。所不同的是大多数有毒有害物质，尤其是人工合成的大分子有机化合物和不可分解的重金属元素，在生物体内通常具有浓缩现象，危害食物链上的不同营养级生物（包括人），直至有机体中毒，甚至死亡（廖新俤，2009）。

（一）重金属的迁移转化

铊是一种银白色的重金属元素，是自然界中典型的稀有分散金属，易溶于水、硫酸、硝酸。铊具有剧毒性，其毒性远远超过了铅、镉和砷。环境介质中铊的自然本底值较低，但随着铊矿床的开发和铊资源的广泛应用，岩矿石中的铊在自然力或人为作用下向环境介质中迁移，如图 4-3 所示（罗莹华等，2013）。

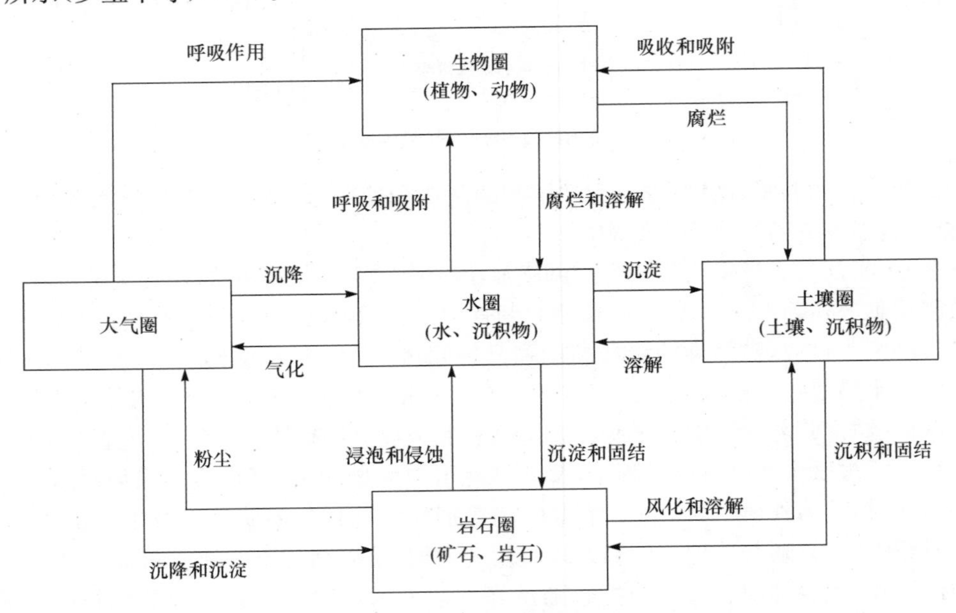

图 4-3　铊在环境中的迁移转化（罗莹华等，2013）

环境介质中铊的自然本底值较低，土壤、水体、动植物等环境介质中铊含量增加的主要原因是人为活动（如铊资源的开发利用、金属冶炼、工业生产等）的结果。铊在环境中的迁移行为与其理化性质、环境因子和人类活动密切相关。铊是易淋滤元素，且有很高的溶解性，因此，在次生氧化条件下和流体中，岩（矿）石中的铊易以水溶态及其有机配合物向土壤和水体中迁移。此外，在矿石挖掘、选矿、运输和利用过程中，铊很容易随着粉尘和矿石、废渣等扩散进入环境，污染空气、土壤和水体等。铊在自然水体中存在着 3 种形态，即 Tl^{3+}、Tl^{+} 和吸附相，它们在水体中主要以化合物或吸附的形式迁移。土壤中铊的存在形态主要有水溶态、硅酸盐结合态、硫化物结合态和有机质结合态，其中，水溶态的铊可直接被植物吸收，容易淋溶进入土壤深层或随溶液迁移。铊很容易被植物吸收累积，并通过食物链进入动物和人体。大气中的铊以气溶胶或可吸入颗粒形式存在，可以随着大气环流进行长距离的迁移，并能随着雨、雪的沉降而迁移到地表水体、土壤和植物中（罗莹华等，2013）。

（二）持久性有机污染物的迁移转化

持久性有机污染物（POPs）是指具有长期残留性、生物累积性、半挥发性和高毒性，并且能够通过各种环境介质（大气、水、生物体等）进行长距离迁移，对人类健康和生态环境具有严重危害的天然或人工合成的有机污染物。持久性有机污染物主要包括艾氏剂、狄氏剂、异狄氏剂、滴滴涕、氯丹、灭蚁灵、毒杀芬、七氯、六溴联苯、多环芳烃、五氯酚、六氯苯、多氯联苯等（宋力和黄民生，2011）。

底泥是水体底部有毒有害污染物的储藏库，底泥中的持久性污染物能够通过大气沉降、废水排放、垃圾淋溶、洪水冲刷和农田退水等渠道进入地表水体，进而经过复杂的物理、化学、生物和沉积过程沉降到底泥中，并逐渐富集在生物体内达到较高浓度，从而对生物体产生较强的毒害作用。这些污染物还能够通过水/泥界面的迁移转化作用重新进入水体，并通过复杂的污染循环过程，即在气—水—生物—底泥等多介质环境体系中迁移、转化和暴露，在人、动物、植物体中蓄积，影响人和生态系统的健康发展，对人类社会的生存发展产生威胁（宋力和黄民生，2011）。持久性有机污染物在气—水—生物—底泥介质中的迁移转化如图 4-4 所示。

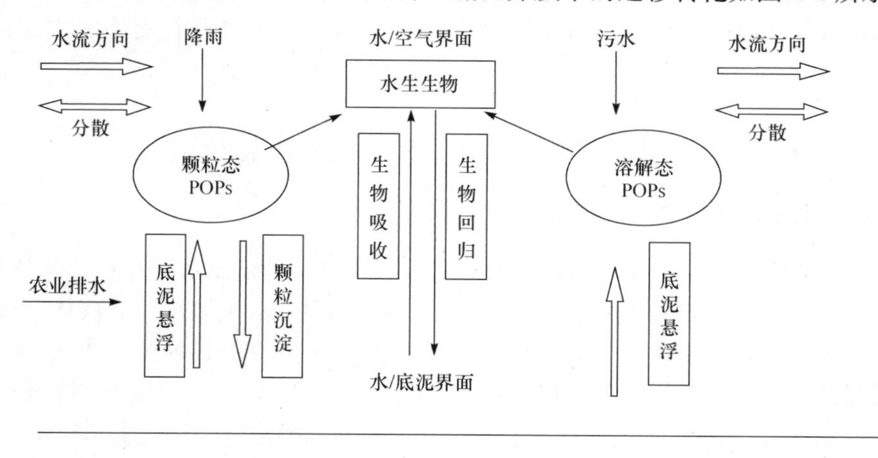

图 4-4　持久性有机污染物在气—水—生物—底泥介质中的迁移转化（宋力和黄民生，2011）

（三）抗生素的迁移转化

抗生素是由微生物产生的在低浓度下能抑制或灭杀其他微生物的一类化学物质。目前被广泛使用的抗生素按照化学结构可分为 β-内酰胺类、喹诺酮类、四环素类、氨基糖苷类、大环内酯类、磺胺类等。长期以来，抗生素被大量地用于人和动物的疾病治疗，并以亚治疗剂量添加于动物饲料中，以预防动物疾病和促进其生长。但绝大部分抗生素不能完全被机体吸收，约有 90％的抗生素以原形或者代谢物形式通过患者和畜禽的粪、尿排入环境，经不同途径对土壤和水体造成污染（吴青峰和洪汉烈，2010）。抗生素结构复杂，具有较强的抑制细菌生长和杀灭细菌的作用，属于难生物降解物质。所以，一旦造成抗生素污染，很容易在环境中富集。土壤是抗生素的最终归宿地。在土壤中，抗生素将发生一系列的物理、化学和生物反应，其中一部分降解或转化为无害物质；一部分被土壤所吸附，长期存在于土壤环境中，并将在土壤中积累，进而对环境产生长期和深远的影响。而这些环境反应受土壤理化性质、抗生素本身的结构和性质，以及所处的环境条件（温度、光照）等综合影响。

吸附是抗生素在环境中迁移和转化的重要过程，一般有物理吸附和化学吸附。抗生素通过范德华力、诱导力和氢键等分子间作用力与水体和土壤中有机质或颗粒物表面吸附位点相吸附，或者抗生素的分子官能团如羧酸、醛、胺类与环境中化学物质或有机质发生化学反应形成络合物或螯合物，并存留在环境中。一般来说，吸附能力强的抗生素，在环境中较稳定，容易积蓄；部分抗生素不与固相物质结合，吸附能力较弱，在淋洗作用下很容易被淋洗到附近的河流中，到达水环境，进而对地下水构成威胁（吴青峰和洪汉烈，2010）。

抗生素在土壤中的迁移主要取决于其自身的光稳定性、键合、吸附特性、淋洗和降解速率等。一般情况下，弱酸、弱碱性和亲脂性类抗生素与土壤有较好的亲和力，在土壤中不易迁移。土壤淋溶实验发现土霉素和泰乐菌素在土壤中的迁移率较低，泰乐菌素在黏沙壤土中的移动距离为 5cm，在沙壤中的移动距离可达 25cm（王敏和唐景春，2009）。

抗生素在环境中可能发生水解、光降解和微生物降解等一系列降解反应，一般认为，抗生素在环境中的降解与其化学特性（如水溶性、pH、挥发性和吸附性等）、环境条件（如温度、土壤类型、pH 等）和使用剂量有关（吴青峰和洪汉烈，2010）。一般来说，降解过程会降低抗生素的药效，但有些抗生素的降解产物可能比抗生素本身的毒性还强，且可能在环境中转化回抗生素母体。例如，恩诺沙星比较容易发生光解，四环素容易发生水解，沙氟沙星容易发生微生物降解（王敏和唐景春，2009）。

第六节　环境污染下生态系统的信息传递

一、环境污染下生态系统信息传递的特征

生态系统包含大量复杂的信息，既有内在要素间关系的“内信息”，又存在着与外部环境关系的“外信息”。生态系统经过长期进化已是高度信息化的系统，例如在一个森林生态系统中，射入阳光给植物光合作用带来能量的同时也带来信息，带来外界的各种养分，同时水中养分的变化也给森林带来信息。生物可以根据信息调整自己的生活及行为。生态系统中信息通常分为：物理信息、化学信息、行为信息和营养信息。生态系统中生物与环境、生物与生物，通过一系列信息取得联系，生物在信息影响下做出各种相应反应及行为变化。生态系统各种要素在信息的影响下各安其位、各司其职，使生态系统有条不紊，维持生态平衡。

生态系统中信息传递的主要特点有：信息种类多，信息存储量大；生态信息多样化；信息通讯的复杂性；还有大量的生态信息需要开发。生态系统信息的流动是一个复杂的过程，除了能量流动、物质循环外，还存在许多的信息联系。生态系统中各种信息在生态系统的各成员之间和各成员内部的交流、流动，称为生态系统的信息流动。信息的流动是双向进行的，有从输入到输出的信息传递，也有输出向输入的信息反馈。生态系统信息流动过程总是包含生产者、消费者和分解者亚系统，每个亚系统又包含更多的系统，并且在不停地进行复杂的信息转换，因此生态系统信息流动包括信息的产生、获取、传递、处理、再生、失效六个基本环节，生态系统任何信息流的基本过程或单元都可概括为图 4-5 的模式。

环境污染下生态系统的信息传递特征有以下几个方面：

(1) 广泛性。污染物进入生态系统，通过遗传系统、食物链，在整个生态过程的信息传递中都存在。

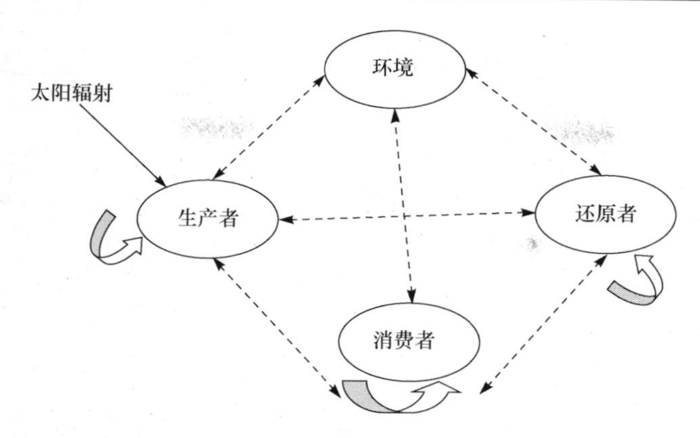

图 4-5　生态系统信息流模型(曹凑贵,2002)

(2) 持久性。污染物伴随着生物的出生、生长、发育、繁殖、死亡,整个生物的生命过程都在影响着生物的信息流动。

(3) 多样性。由于环境污染、生态系统和生物物种的多样化,在不同的生物以及同种生物之间,生态信息的流动呈多样化,致使不同环境下污染物的信息传递也是多样的。

(4) 复杂性。生态系统中生物以不同信息方式进行交流,有从外形外貌、行为方面等,污染物通过复杂多样的信息通道进入生态过程,因此产生对信息传递的影响也各异。

二、环境污染对生态系统信息传递的影响

(一) 环境污染对物理信息传递的影响

环境污染对物理信息传递产生的影响主要表现在各种光、声、色、电磁波等信息传递方面。在信息传递的过程中同时也伴随着能量的消耗,环境污染也会对能量流动产生一定影响。就光信息传递方面,生态系统的维持和发展都需要光的参与。环境污染影响植物光合作用,使植物转换太阳能的能力降低,有机物的合成减少。动物周期性迁徙、动物夜间行为等也会因环境污染使光信息传递受阻,影响动物的生长、发育和繁殖。大量研究表明,绝大多数污染物对光合作用都产生显著影响。例如,重金属污染对植物叶片的叶绿体超微结构、叶绿素含量、类囊体膜光系统Ⅰ(PSⅠ)、光系统Ⅱ(PSⅡ)电子传递活性、希尔反应活性以及光合产物分配等植物光合作用特征的影响,从而影响植物光合作用过程中光信息传递。例如,植物在铝胁迫下,叶绿体被膜受到破坏,植物叶绿素含量下降;部分光合酶活性受到抑制,光合速率降低,进而直接影响植物干物质累积和产量形成(Rout et al.,2001;肖祥希等,2005)。肖宜安等(2010)研究铝胁迫对车前(*Plantago asiatica* L.)的净光合速率、气孔导度以及胞间 CO_2浓度等光合特性的变化,发现高浓度铝胁迫导致车前叶绿素含量、光合速率、蒸腾速率以及气孔导度显著降低,而胞间 CO_2 浓度显著升高,从而严重抑制了植物叶片光合作用的正常进行(图 4-6)。高浓度的铝胁迫对车前的光饱和光合速率(A_{max})、表观量子效率(AQE)和光饱和点(LSP) 都有抑制作用,表明在高浓度铝胁迫下车前对环境的适应性受到破坏(图 4-7 和表 4-1)。常见的空气污染也会影响植物信息传递过程,如臭氧可以通过改变叶绿体结构(Kivimäenpää et al.,2005)、降解叶绿素和可溶性蛋白(Reichenauer and Goodman,2001)、增加质膜通透性(Heath,1987)、加快叶片衰老(Gelang et al.,2000)等因素降低植物的光合作用。同时,臭氧会影响植物花粉分散和减少花粉活力,影响植物花粉的传播(王勋陵和门晓棠,1991)。郭雄飞等(2014)以秋枫、木棉、黄花夹竹桃、芒果为对象,研究地表臭氧增加对这 4 种植物光合作用的影响,得知臭氧胁迫对这 4 种植物光合作用都有明显抑制,并且浓度越高,抑制作用越大。

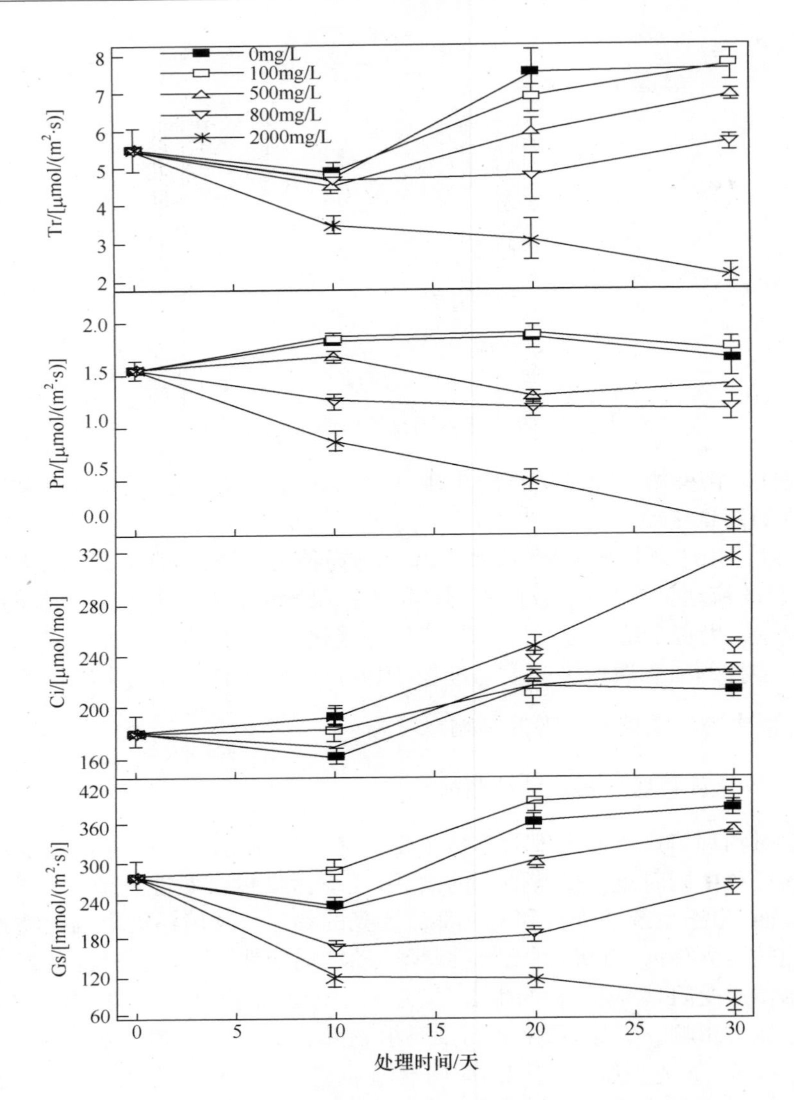

图 4-6 铝胁迫对车前光合作用特性的影响(肖宜安等,2010)

Tr. 蒸腾速率;Pn. 净光合速率;Ci. 胞间 CO_2 浓度;Gs. 气孔导度

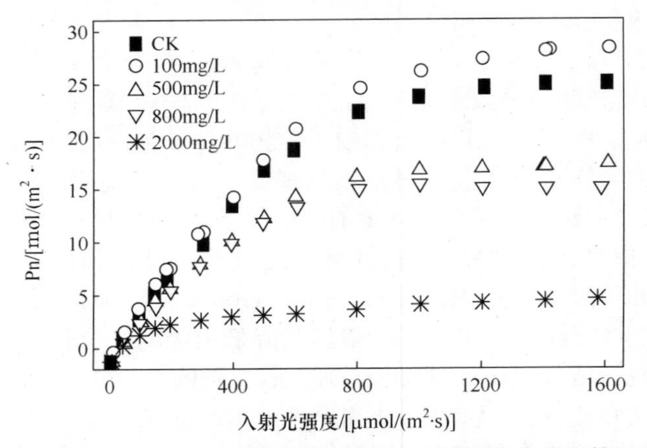

图 4-7 不同 Al 浓度下车前叶片净光合-光响应曲线(肖宜安等,2010)

表 4-1　Al 胁迫对车前叶片光合-光响应曲线参数的影响(平均值±标准差)(肖宜安等,2010)

Al 处理浓度/(mg/L)	光饱和光合速率(A_{max})/[μmol/(m² · s)]	表观量子效率/(mol/mol)	暗呼吸速率/[μmol/(m² · s)]	光补偿点/[μmol/(m² · s)]	光饱和点/[μmol/(m² · s)]
0	26.9±0.067^{a}	0.037±0.001^{a}	0.554±0.02^{a}	14.8±0.64^{a}	734±2.31^{a}
100	30.4±0.123^{a}	0.040±0.000^{a}	0.534±0.02^{a}	13.3±0.43^{a}	774±3.81^{a}
500	19.4±0.100^{c}	0.032±0.001^{c}	0.841±0.04^{c}	26.5±1.30^{b}	636±6.88^{c}
800	16.8±0.115^{d}	0.031±0.000^{c}	1.005±0.10^{d}	29.5±0.81^{b}	554±6.33^{d}
2000	6.3±0.057^{e}	0.023±0.002^{d}	1.537±0.06^{e}	37.4±1.40^{c}	192±1.45e

注:处理浓度间不同字母表示差异显著($p<0.05$),表中数据由 Assistant 软件中最小二乘法计算得到。

光污染会直接导致生物的信息传递,如夜间光会把动物生活和休息环境照得很亮,过度的人工光线照射可能会改变夜行动物的生长发育;光污染会影响动物对方向的辨认,会吸引动物并对它们的行为产生误导,从而会影响它们觅食、繁殖、迁徙和信息交流等行为习性。Jones 和 Francis(2003)调查研究了 1960～2002 年年间安大略省伊利湖处的灯塔对夜间迁徙鸟类死亡的影响(图 4-8),1960～1989 年,平均每年春季鸟的死亡数量是 200 只,每年秋季是 393 只。自 1989 年,灯塔上安装了自动控制系统,配合窄光束的照明器,同时还降低了灯泡功率,鸟的

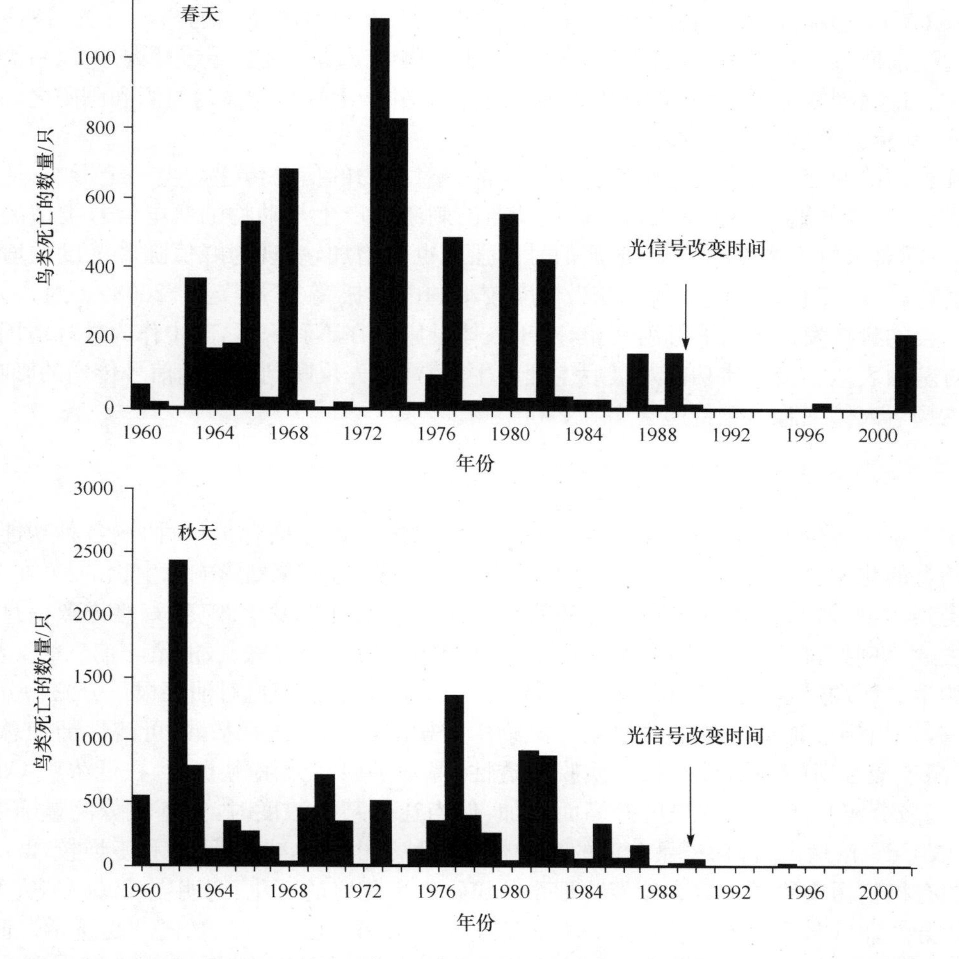

图 4-8　1960～2002 年年间每年春季和秋季因误撞伊利湖灯塔而死亡的鸟的数量(Jones and Francis,2003)

死亡率明显下降。1990～2002年,平均每年春季鸟的死亡数量是18.5只,每年秋季是9.6只。这些结果表明,照明设计的一些变化,如改变光束的强度和类型,将持续或回旋式的光束改为闪光性或间歇性的灯光系统等方式都可大大减少灯光对鸟类的吸引与诱导,直接说明光污染对于动物迁徙是有害的,同时也说明光污染阻碍动物对光信息的反应。总之,在环境污染状态下,无论是在植物的光合作用,还是在动物的迁徙、中间识别等过程中,光信息传递都会受到阻碍,间接打破生态系统的平衡。

声信息在生态系统中的作用也相当重要。许多海洋动物依靠敏锐的听觉和复杂的发音系统进行日常活动(Kastak et al.,1999),如导航、定位、觅食、逃避天敌、个体交流等(张国胜等,2012),而这些活动必须依赖于声音。许多研究已经评估人为干扰声对海洋生物的影响(Santulli et al.,1999;Scholik et al.,2001;Sarà et al.,2007),这些声音与船、地震勘探、声纳以及许多其他的人为来源有关,导致鱼类和海洋哺乳动物之间的声信息传递受到影响(Scholik et al.,2001; Smith et al.,2004; Wysocki et al.,2006;Codarin and Wysocki.,2009;Buscaino et al.,2010)。因此,根据国内外的研究结果表明,噪声对动物的影响包括信号掩蔽和生理应激,其可产生各种不利影响(Andriguetto-Filho et al., 2005)。同时,环境噪声会使海洋动物集体迁移,放弃重要栖息地,直接影响着生态系统。根据报告,曾经在地中海(D'Amico and Verboom,1998)、巴哈马新普罗维登斯海峡(Evans and England,2001)发生的大规模喙鲸(Beaked Whale)搁浅事件,在时空上与正在进行的军事演习所使用的声呐有关,被怀疑是喙鲸听力受损所致。在电磁波信息传递方面,电子污染或磁场干扰会导致鸟类迁徙、鱼类洄游过程中失去正确判断电磁信息的能力,从而迷失方向;并会干扰植物体内组织和细胞之间电信息的交流,间接影响植物生长并降低产量。

外界环境的变化或者植物生境受到污染都会对植物的信息传递产生一定影响,从而影响植物生长、发育和繁殖等。杀虫剂对黄瓜幼苗的刺激会产生与动物的肌电信号类似的连续电波信号;随着杀虫剂浓度的增加,电波信号的强度也在增加,表现为峰值随着浓度的增大而增大;电波信号由连续动作电波信号变为幅度较小的电波振荡(丁桂英等,2008)。对人体而言,现代社会的科技发达带来的辐射污染,对于人体健康存在不利因素,其中作为外环境因素的电磁场对基因表达和蛋白质功能及最后生理产生反常,首先反映到对细胞信号传递的影响上,因此电磁场对人体细胞信息传递会产生不利影响。

(二)环境污染对化学信息传递的影响

生态系统各生物代谢过程中产生的各种化学物质可参与信息传递,协调各种功能。这种传递信息的化学物质通称为信息素,虽然信息素量不多,但仍深刻影响着生物的种内关系。当环境受到污染时,信息素形成受阻,使得数量减少或者其性质发生改变,直接导致信息传递受阻或失败。例如,植物通过根系分泌作用,与其根际环境进行着物质、能量与信息的交流,调节自身的生命活动过程来适应环境胁迫。周楠(2010)研究了铝胁迫对油菜根系分泌物分泌特性的影响,得出铝胁迫促进了油菜根系分泌物中柠檬酸、苹果酸、氨基酸、可溶性糖和总酚的分泌,提高了酸性磷酸酶活性和根系质膜通透性,降低了根系分泌物pH。在低浓度Cd^{2+}处理下,氨基酸分泌量随着处理浓度升高而增加,但当达到某一浓度时,氨基酸分泌量随之减少。同时,随Cd^{2+}浓度的升高,根系分泌的次生代谢物种类也随之减少(张玲和王焕校,2002)。土壤中的有机物污染物进入也会使植物根系分泌物发生相应的变化,谢明吉(2008)研究发现,随着多环芳烃菲(PHE)浓度增加,黑麦草根系分泌的草酸显著增加,如图4-9所示。同时,在PHE胁迫下,根系分泌的总糖和氨基酸含量也有明显变化,均随PHE浓度上升出现先升高后降低的趋势，分别如图 4-10 和图 4-11 所示。

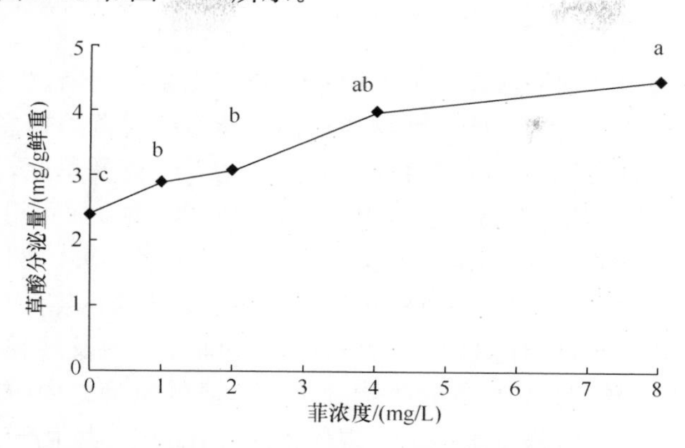

图 4-9　菲处理下黑麦草根系分泌物中的草酸量(谢明吉，2008)

注：相同字母表示浓度间差异不显著($p>0.05$)，不同字母则表示差异显著($p<0.05$)

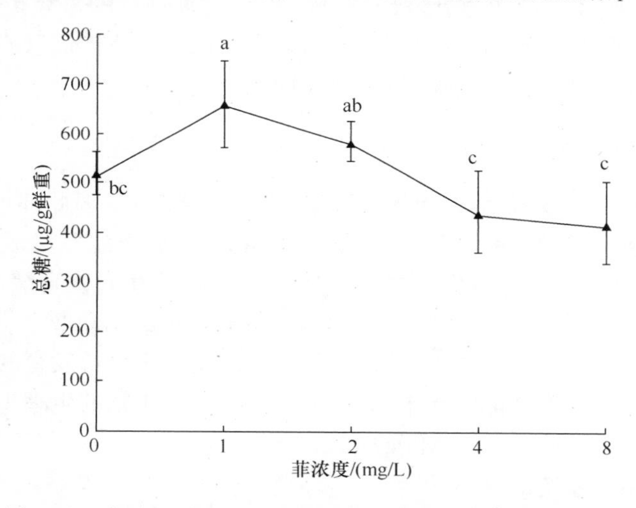

图 4-10　菲处理下黑麦草根系分泌物中的总糖(谢明吉，2008)

注：相同字母表示浓度间差异不显著($p>0.05$)，不同字母则表示差异显著($p<0.05$)

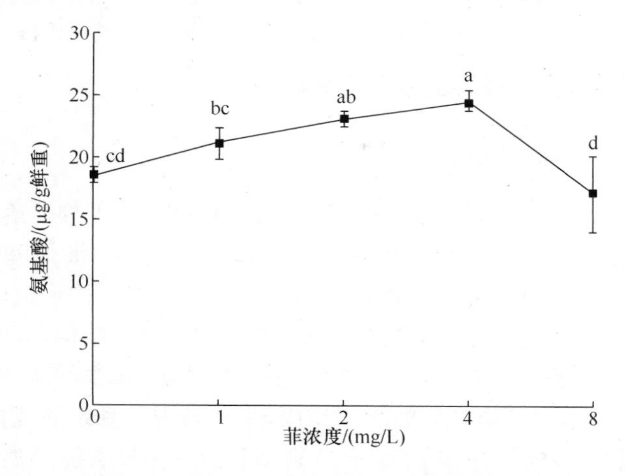

图 4-11　菲处理下黑麦草根系分泌物中的氨基酸(谢明吉，2008)

注：相同字母表示浓度间差异不显著($p>0.05$)，不同字母则表示差异显著($p<0.05$)

（三）环境污染对营养信息传递的影响

在生态系统中生物的食物链就是一个生物的营养信息系统，各种生物通过营养信息关系构成一个相互依存和相互制约的整体。动物和植物不能直接对营养信息作出反应，通常需要借助于其他的信号手段，如当生产者的数量减少时，动物就会离开草原，去食物充足的地方生活，以此来减轻同种群动物对食物的竞争压力。经研究发现，重金属可沿着底栖或浮游生物食物链的传递过程中，经过不同的营养级浓度会被生物放大或者稀释。例如，镉、汞沿着食物链由土壤一植物一昆虫进行传递，通过食物链传递造成昆虫体内汞的富集（张仲胜等，2008；丁平等，2012）。而昆虫一般处于食物链的中间阶段，是某些哺乳动物及鸟类的重要食物来源。昆虫中高浓度的汞含量，会导致高位营养级生物处于汞暴露的风险之中（郑冬梅等，2007），间接增加更高营养级生物之间的食物竞争压力。现代生活中，随着人类生产活动，如采矿、冶金、使用重金属的工业生产过程、使用农药以及煤、石油等燃料燃烧，带来的重金属污染对于动物也是致命的伤害，重金属经过消化道、呼吸道吸收，再经过食物链的富集扩大，引起动物内脏器官、中枢神经、呼吸道损伤，影响动物之间的行为语言的识别和遗传信息的表达，间接导致动物的生长、发育、繁殖能力降低，从而影响生物多样性。

（四）环境污染对行为信息传递的影响

行为信息传递时刻伴随着物理、化学、营养信息的传递过程，因此环境污染对它的影响是伴随着其他信息传递同时发生的，如电子污染对于知更鸟的“迷惑”（段歆涔，2014），以及在污染物作用下，植物个体的生长过程发生异常。其主要表现为：生长发育缓慢、受阻，花果非正常脱落和凋谢，叶茎由绿变黄甚至枯萎死亡等（Turuspekov et al.，2002）。这些都是生物受到环境污染表现出来的行为信息。总之，各种污染物一方面使生物生长发育的环境恶化，降低了环境提供生物所需的营养条件和能量水平；另一方面直接影响生物的生理生化过程，制约生物正常的新陈代谢（Benton et al.，1994；Midgley，2003）。

信息传递作为生态系统的基本功能之一，环境污染造成对生态系统的信息和能量传递受阻，从而影响生物的生长、发育、繁殖等，导致生态系统的结构和功能受损。

第七节　污染环境下的生态系统服务功能

一、污染环境对生态系统多样性和复杂性的影响

（一）生态系统多样性和复杂性的定义

生态系统多样性（ecosystem diversity）是指生物圈内生境、生物群落和生态过程的多样化以及生态系统内生境差异、生态过程变化的多样性（McNeely et al.，1990）。此处的生境主要是指无机环境，生境多样性是生物群落多样性乃至整个生物多样性形成的基本条件，它是生态系统多样性形成的基础；生物群落的多样性主要指群落的组成、结构和动态（包括演替和波动）方面的多样化，它可以反映生态系统类型的多样性（方海东等，2009）。生态过程主要指生态系统的生物组分之间及其与环境之间的相互作用，主要表现在系统的能量流动、物质循环和信息传递等。生态系统的多样性主要侧重于结构多样性、生态系统类型多样性、生态过程多样性。

生态系统复杂性（ecological complexity）就是生态系统结构和功能的多样性、自组织性及

有序性。其研究的主要任务是利用复杂学的原理和方法,探讨生态系统复杂化的机理及发展规律,为认识生态系统提供一条新的途径,是生态学研究的重要内容(戴汝为和沙飞,1995)。

生态复杂性是目前生态和进化研究的前沿领域之一(邬建国,2000)。它在研究方法和思路上有着自己的独特性。生态系统是一个复杂、开放的系统,需要从非平衡统计力学的角度去分析,复杂性科学和生态学的结合将有助于解决生态与进化中一些备受关注的难题,如协同进化、种群暴发与崩溃、生命起源、物种灭绝和全球变化等(曲仲湘等,1983)。

(二) 环境污染对生态系统多样性和复杂性的影响

生态系统是生物群落和无机环境之间形成的有机整体,而环境污染必然引起无机环境和一些栖居生物的损伤,生态系统多样性减少和复杂性简单化,间接导致生态系统功能的破坏。随着工农业生产的发展,化学品的合成种类和年产量急剧增长。环境污染已经不再是单一污染的理想状态,而是以各种污染物组合而成的复合污染为主体。随着污染物种类的增加,其存在的形态也呈现复杂化、多样化。因此,土壤、水、大气等环境介质和生物的各种形态多样(图 4-12)。特别是由于复合污染物的存在,生态系统中各种污染物通常发生交互作用,影响生物对污染物的可利用性及在生物内的赋存状态和毒性大小。

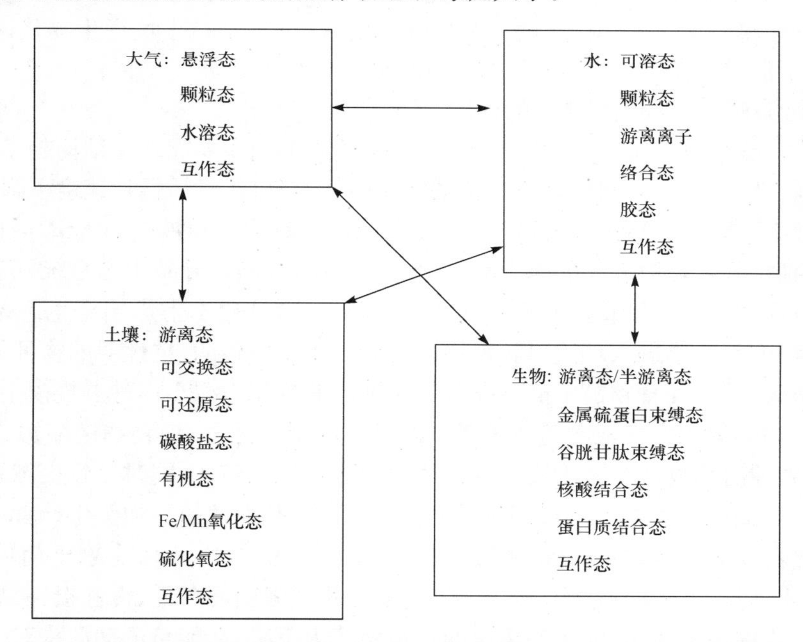

图 4-12　生态系统中化学污染物的赋存形态及其变化(周启星和孙铁珩,2002)

1. 环境污染对生态系统多样性的影响

生态系统的自动调节能力有一定限度,所以,当环境干预因素超过其生态系统的允许值时,自动调节能力就随之降低或消失,从而引起生态系统失调,造成生态系统崩溃。然而,生态危机在潜伏期不易被发觉,可是一旦形成,那么几年、十几年都很难恢复。随着近年来研究工作的不断深入和系统化,人们越来越发现,环境污染引起的物种丧失的程度并不亚于生态破坏,而且认为当今世界正在经历的物种大绝灭(mass extinction)在很大程度上与全球扩散的环境污染有密切关系(段昌群等,2004)。

环境污染往往导致生境单一化,从而生态系统多样性的丧失也成必然(马风云,2002)。例如，云南昆明滇池地区，伴随富营养化的发展，湖滨地带的生物圈层受损严重。19世纪工业革命发展，英国利物浦工业区的森林、草地生态系统几乎全部被“人工荒漠化”的裸地单一化。不仅如此，污染往往引起群种消亡或更替，从而使原有的生态系统发生严重的逆向演替。这方面比较突出的情形是森林生态系统。例如，加拿大北部针叶林在二氧化硫作用下，大面积地退化为草甸草原；北欧大面积针阔混交林在二氧化硫污染下，退化为灌木草丛。污染直接影响物种的生存和发展，从根本上影响了生态系统的结构和功能基础，使生态系统的结构与食物网简化，食物链不完整，物质循环路径和能量供给渠道减少，信息传递受阻，从而间接影响了生态系统的多样性。

污染大大降低了初级生产者的数量，从而使依托初级生产者才能建立起来的各级消费者类群，没有足够的物质和能量支持，使生态系统的结构和功能趋于简单化，从而造成生态系统多样性的丧失。具体而言，有害物质或有害因子进入环境并在环境中发生扩散、迁移、转化，并与生态系统中的诸要素发生作用，使生态系统的结构与功能发生变化，对人类以及其他生物的生存和发展产生不利影响。例如，因化石燃料的燃烧，使大气中的颗粒物和二氧化硫浓度升高，危及人和其他生物的身体健康，同时还会腐蚀材料，给人类社会造成损失；工业废水和生活污水的排放，使水质恶化，危及水生生物的生存，使水体失去原有的生态功能和使用价值；长期石油污水灌溉使得石油烃作为微生物可利用碳源输入，进一步被土壤微生物代谢转化为土壤有机碳，造成了假单胞菌种群多样性的增加(张勤等，2007)。

2. 环境污染对生态系统复杂性的影响

环境污染导致生态系统复杂性降低，生态系统受影响的主要表现为结构趋于简单化，食物网简单化，食物链缩短或不完整，生态系统的物质生产力降低，物质循环速度下降或中断，能量流动不畅或效率下降，供给程度降低，信息传递受阻等(戴汝为和沙飞，1995)。生态系统的平衡水平降低，抵抗外界环境波动的能力减弱(李景侠等，2003)。导致生态系统复杂性降低的原因主要有两方面：第一，污染直接影响物种的生存和发展，从根本上影响了生态系统的结构和功能基础。例如，污染物进入环境引起食物链中对污染物敏感的、抗性弱的物种的种群数量规模减小甚至消失，同时使食物链中前一环节的物种因捕食压力减小而种群规模上升，后一个环节的物种因食物来源的失去随之消失或者被迫以其他物种为食，使食物链缩短或形成新的食物链，结果导致原有食物链或食物网的物质循环和能量流动破坏，同时导致生态系统的结构简单化和服务功能减弱。第二，污染大大降低了初级生产，从而使依靠初级生产者才能建立起来的各级消费类群没有足够的物质和能量支持，生态系统的结构和功能趋于简单化(张韶季，1999)。当进入环境的污染物达到一定水平，对初级生产者引起急性、慢性损害，导致光合作用产物和营养元素的吸收减小，使生态系统的初级生产力下降，从能量流动源头对生态系统的功能产生破坏作用，趋于简单化。所有这些效应反映在生态系统水平上，就是生态系统的复杂程度降低。环境污染对生态系统复杂性的降低也导致生态系统稳定性的降低(唐海萍和张新时，1999)。巴西研究者发现在污染条件下不少雨林中的高大树种往往是对污染敏感的树种，如果作为生态系统的“关键种”(keystone species) 消失或者它的生理活动受到严重影响，那么该生态系统的改变将很快地发生。除了表现为如上所述的食物网简单化、食物链缩短或不完整、生态系统物质生产力降低、物质循环速度下降或中断、能量流动不畅或效率下降外，还表现在生态系统的平衡能力降低，抵抗外界环境波动的能力减小(Schulze and Mooney，1994)。生态系统复杂性其值越大，说明系统生物群落中物种间分布相对均衡，优势种不明显，群落稳定性较强(周健，2000)，且生态系统类群数反映生物群落大小和结构复杂程度。生态系统复杂性降低还会降低生态系统的服务功能，生态系统稳定性是实现其高效生态服务功能的基础（许建民等，1997；吴次芳和陈美球，2002；关瑞华，2003；袁建立和王刚，2003）。在生态系统复杂性高的群落中，植物、鸟类、土壤动物、土壤微生物对群落环境（小气候）改善效应明显，证明生态系统复杂性与系统稳定性有着明显的相关关系，复杂性高的生态系统，其生态服务功能也较高（张知彬等，1998；李慧蓉，2004）。

二、环境污染对生态系统服务功能的影响

（一）生态系统服务功能概述

生态系统服务功能又称为生态系统服务（ecosystem service），概念开始于20世纪60年代（King，1966；Helliwell，1969）。生态系统服务的内容广泛而丰富，它是人类生存与发展的基础，是构建生物有机体生理功能的过程。它在为人类提供物质资料的同时，支持并维持了地球生命保障系统，维持生命物质的生物、地化循环与水文循环，维持生物物种与遗传多样性，净化环境，维持大气化学的平衡与稳定，形成了人类生存的环境条件，支撑着人类生存和社会的发展。

联合国千年生态系统评估框架（2005年）综合前人定义，指出生态系统服务功能是指人类直接或间接从生态系统中获得福利。目前，国内的大多研究者一致认为生态系统服务是指生态系统与生态过程所形成及所维持的人类赖以生存的自然效用。如第五章所述，Costanza等（1997）把生态系统提供的产品和服务统称为生态系统服务，而国内学者根据中国民众和决策者对生态系统服务的理解，将生态系统服务功能重新划分为食物生产、原材料生产、景观愉悦、气体调节、气候调节、水源涵养、土壤形成与保持、废物处理、生物多样性维持9项。

生态系统服务的内涵主要包括：生态系统的生产，维护生物多样性，传粉、传播种子，生物防治，保护和改善环境质量，土壤的形成及其改良，缓解干旱和洪涝灾害，净化空气和调节气候，提供休闲和娱乐，培养文化、艺术素养，给予人们生态美的感受。

（二）环境污染对生态系统服务的影响

进入环境中的污染物以不同的途径和作用方式与生态系统中各组分进行接触和交互暴露，并通过食物链不断作用于生态系统，环境污染对生态系统的影响势必制约生态系统服务功能。在不同的生态系统中，作用于不同的环节，对生态系统的服务功能产生不同层次的影响。

以城镇生态系统为例，城镇生态系统是以人为中心的自然、经济与社会复合人工生态系统（孙铁珩等，2001），具有发展快、能量及水等资源利用率低、区域性强、人为因素多等特征（常青和李洪远，2004）。Bolund和Hunhammar（1999）曾对斯德哥尔摩市各种生态系统服务功能进行统计，结果见表4-2。现在随着城镇化进程的加速，大气、水、噪声、固体废弃物及土壤等环境污染对城镇生态系统主要服务功能造成直接或间接的影响，即降低了植被净化空气和调节小气候的能力，降低其削弱噪声的功能，限制其调节径流和吸纳废水中营养物质的作用，并使城镇带给人类的娱乐文化价值渐失。例如，流经城镇的水体因携带大量N、P，导致水体富营养化，引发“水华”。水生生物（主要是藻类）大量繁殖，消耗溶解氧，释放有毒物，造成大量鱼类死亡，同时对生活、灌溉用水产生不利影响。另外，未经处理或处理率低的城镇污水排入江河，受污水体用作农田灌溉时进一步造成土壤污染，土壤的孔隙度下降，理化性质变劣，失去使用功能。城镇周边堆放垃圾产生的渗滤液污染城镇土壤、水体和地下水，破坏土壤团粒结构和理化性质，致使土壤保水、保肥能力下降（华德尊等，2003）；水土环境恶化使植被生存受到严重威

胁，植被区系组成、群落结构受到破坏，对环境三维立体的调节功能受到影响（祝宁等，2002）。由此可见，固体废物在对水体、空气、土壤造成污染的同时，也破坏水生生物及植被的生存环境，从而影响其生产、控污、调节气候等诸多生态服务功能及景观功能。污染物进入环境，各类污染之间相互影响，对城镇生态系统服务功能构成直接与间接威胁。直接影响可从表 4-3 看出，但间接影响是复杂的，难以简单统计。每一类污染几乎可以影响城镇生态系统的每一项服务功能。

表 4-2　城镇生态系统服务功能统计（Bolund and Hunhammar，1999）

项目	林荫树	草坪/公园	森林	耕地	湿地	溪流	湖海
净化空气	√	√	√	√	√		
小气候调节	√	√	√	√	√	√	√
削减噪声	√	√	√	√	√		
调节径流		√	√	√	√		
废水处理					√		
娱乐文化价值	√	√	√	√	√	√	√

注：√为不同城镇生态系统所具备的服务功能。

表 4-3　环境污染对城镇生态系统服务功能的直接影响统计（袁熙和周青，2006）

项目	大气污染	水污染	噪声污染	固废污染	土壤污染
净化空气	√	√		√	√
小气候调节	√	√			√
削减噪声			√		
调节径流	√	√		√	
废水处理		√		√	
娱乐文化价值	√	√		√	√

注：√为不同城镇生态系统所具备的服务功能。

此外，就农业生态系统而言，农业生态系统在与外界环境进行物质与能量交换的同时，不可避免地成为环境污染物的受纳体。农业环境污染加剧，严重影响了农业生态系统服务功能，继而对农业生产、农民生活乃至农业可持续发展造成巨大障碍。农业环境污染来源主要有城市排放的污染物、农业化学品、畜禽粪尿以及乡镇企业污染，这些环境污染可直接影响生产者生长发育和初级产物积累，在造成减产同时，又因有害物质在作物体内富集和食物链上放大效应，降低农产品品质，最终削弱了农业生态系统的服务功能。并且随着污染物进入农业生态系统中也会影响生物多样性的保护，环境污染造成森林退化，改变了植被利用水分、营养生态过程，使调节气候的生态服务功能受抑。由于农药或者杀虫剂的滥用，传粉昆虫受害，农业生态系统的生态过程受到损害，由此产生的生态服务质量也相应降低。

（三）环境污染对生态系统服务功能影响的评估举例

生态系统服务功能价值是对生态系统的服务和自然资本用经济法则所做的估计。生态系统服务的总经济价值包括使用价值和非使用价值两部分。使用价值包括直接使用价值（如食物、木材、娱乐等）、间接使用价值（即生态功能价值，如控制洪水）。非使用价值包括遗产价值（如栖息地）、存在价值（如濒危物种）、选择价值（即潜在使用价值，如生物多样性）等（Tieten-berg,1992)。Costanza等(1997)根据生物群系(biome)的总面积推算出所有生物群系的服务价值,估计出全球生态系统服务每年的服务价值为$16\times10^{12}\sim54\times10^{12}$美元,平均价值按最低估计平均为$33\times10^4$亿美元,而全球国民生产总值(GNP)的年总量仅为$18\times10^4$亿美元。此外,Roush(1997)也核算出全球生态系统服务的价值(表4-4)。从表4-4可知,单位面积价值最高的是湿地,远高于热带森林。

表4-4　全球生态系统服务的价值(Roush,1997)

生态系统	面积/($\times10^6$ hm^2)	价值/[美元/(hm^2·a)]	全球价值/(万亿美元/a)
海洋	33 200	252	8.4
近海海域	3 102	4 052	12.6
热带森林	1 900	2 007	3.8
其他森林	2 955	302	0.9
草地	3 898	232	0.9
湿地	330	14 785	4.9
湖泊河流	200	8 498	1.7
农田	1 400	92	0.1
全球总价值			33.3

生态系统服务评估方法主要有经济学评价方法、能值评价方法和效益转化法。经济学评价法根据价值评价技术的市场基础不同,生态系统服务的经济学方法分为市场基础评估技术、代理市场评估技术以及模拟市场评估技术(Chee,2004);能值评价方法是在Odum的能值(energy)理论和系统生态学原理的基础上发展起来的,其目的是试图将无法简单地用经济价值衡量的生态系统功能与过程,通过转换,用一种便于比较的新的测试方式表示;效益转换法指在一个地方(研究地)估计的经济价值,通过市场为基础或非市场基础的经济评价技术,转换到另外的地方(政策地)的方法(Brouwer,2000;Barton,2002)。

污染物进入环境导致生态系统服务功能损坏是必然的,不同的污染对生态系统的服务损害不一样,不同生态系统对于环境污染的反应机制也不一样。目前,国内外对生态服务功能损失的评估方法主要有:①自然资源损害评估(natural resources damage assessment,NRDA)方法体系(NOAA,1997),该体系包括生境等价分析(habitat equivalency analysis,HEA)、资源等价分析(resource equivalency analysis,REA)、条件价值法(contingent valuation method,CVM)等;②海洋灾害经济损失评估模型(李亚楠和张燕,2000);③人工神经网络法模型(artificial neural network,ANN)(朱鸣鹤等,2005);④华盛顿评估公式模型(Mason,2003);⑤佛罗里达评估公式模型等。

以海洋污染对生态系统服务功能的影响评估为例。近年来,伴随着全球能源需求快速增长,海上石油开采活动不断增强,各类溢油事件频繁,对周边海域环境和生态系统造成了巨大的负面影响,石油污染已成为最重要的海洋污染之一(Prince,1997;Kingston,2002;Pikitch et al.,2004;Commendatore and Esteves,2007)。在海洋溢油污染损害及其评估中,目前主要关注点多集中于环境质量、生态的表观影响、海洋生态系统服务功能损失的研究。20世纪70年代至今,溢油损害评估已形成较成熟的评估技术体系。例如,高振会等(2005)采用生态服务功能损失的评估方法,评估了"塔斯曼海"轮原油泄漏事件的生态价值损害。该评估内容主要包括直接损失及恢复费用两部分,其中直接损失以环境容量损失、海洋生态服务功能损失衡量，而恢复费用则包括恢复海洋生境费用和恢复受损海洋生物费用两部分。最后对公众意愿进行经济评估，将上述各项措施货币化，即溢油事件的海洋环境与生态损害总费用为9835.97万元，具体损失费用见表4-5。

表4-5　溢油对海洋环境与生态造成的损失费用(高振会等，2005)

损害项	损失费用/万元
环境容量损失	3600(影子工程法)
海洋生态服务功能损失(不包括环境容量)	738.17
海洋沉积物生境恢复	2614
潮滩生境恢复	1306
游泳动物恢复	938.09
修复前期研究费用	106.83
监测评估费用	532.88
总计	9835.97

小　结

本章首先介绍了污染物对生态系统产生的影响，污染物的输入会改变原来生态系统的正常组分、结构和功能，从而导致原有系统有序性和稳定性的降低甚至丧失。生态系统组成成分包括生产者、消费者和分解者三个生物类群。环境污染物通过直接或间接影响植物的生理生化活动，如光合作用、呼吸作用、蒸腾作用、营养元素的吸收、水分代谢以及酶活性等来影响生产者；光合作用是生态系统生产力形成的基础，因而环境污染影响了生态系统的初级生产力。初级生产力是次级生产力的物质基础和能量来源，对初级生产力造成的影响也将沿着食物链作用于次级生产力；污染物对消费者的影响主要是在动物摄食、呼吸、运动、趋化性、脱皮、酶活性、生殖、生长等方面；对于微生物，生态系统中污染物质主要对微生物的活性、数量、生物量、生长繁殖和土壤酶活性产生影响。生态系统的结构是指形态结构(时空结构)和功能结构(食物链和食物网)，进入环境的污染物通过影响生态系统的生物种类、种群数量、种的空间配置、种的时间变化等来影响形态结构。一般地，污染胁迫使原有食物链缩短或形成新的食物链，食物链缩短或者不完整最终又会导致食物网的简化与不稳定。

生态系统功能主要涉及物质循环、能量流动和信息传递等方面的内容，进入生态系统的污染物通过影响土壤微生物的固氮作用、氨化作用、硝化作用和反硝化作用来影响氮循环；磷矿石的开采，磷肥、农药和洗涤剂的制造和使用，以及含磷工业废水和生活污水的排放，影响自然界的磷循环；有毒有害物质(如重金属、持久性有机污染物、抗生素等)像其他物质一样，在食物链营养级上逐级传递和循环流动。所不同的是大多数有毒有害物质，尤其是人工合成的大分子有机化合物和不可分解的重金属元素，在生物体内通常具有浓缩现象，危害食物链上的不同营养级生物(包括人)，直至有机体中毒，甚至死亡；加之污染物在信息传递过程中具有持久、复杂、广泛和多样性的特征，在植物光合作用、花粉传播、代谢分泌物、遗传信息的继承，动物周期性迁移、中间识别、寻觅食物以及微生物代谢等过程中，污染物会造成这些过程中信息传递失败或受阻，从而影响生物的生长、发育和繁殖。并且污染物沿着食物链进入生态系统，导致生物生境单一化，使得生态系统多样性丧失，同时伴随着物种简单化，使得食物链缩短或不完整，造成生态系统的复杂性降低。

进入环境中的污染物以不同的途径和作用方式与生态系统中各组分进行接触和交互暴露，并通过食物链不断作用于生态系统，环境污染对生态系统的影响势必制约生态系统服务功能。针对污染物对生态系统服务功能的损害差异和生态系统自身对污染物的不同的反应机制，可以使用多样化方法对其进行评价，如自然资源损害评估、海洋灾害经济损失评估模型、人工神经网络法模型、华盛顿评估公式模型、佛罗里达评估公式模型等。

复习思考题

1. 什么是污染生态系统？如何划分生态系统的受污染程度？
2. 污染物对生态系统的组分和结构有什么影响？
3. 论述污染环境下生态系统营养结构的变化。
4. 污染生态系统和原来生态系统在哪些方面的差异最大？
5. 叙述污染环境下生态系统中初级生产力的主要变化特征。
6. 举例说明污染生态系统中主要污染物的循环。
7. 环境污染下生态系统信息传递的特征主要有哪些？
8. 生态系统中的信息传递主要有哪些类型？环境污染对其影响如何？请举例说明。
9. 如何理解生态系统的多样性与复杂性？
10. 在环境污染状态下，生态系统多样性和复杂性如何改变？
11. 试分析环境污染导致生态系统复杂性改变的原因。
12. 环境污染对生态系统服务功能有哪些影响？请举例说明。

建议读物

黄玉瑶. 2001. 内陆水域污染生态学：原理与应用. 北京：科学出版社.
蔡晓明，蔡博峰. 2012. 生态系统的理论和实践. 北京：化学工业出版社.
杨林章，徐琪. 2005. 土壤生态系统. 北京：科学出版社.

推荐网络资讯

环境生态社区：http://form. eedu. org. cn
中华人民共和国环境保护部：http://www. zhb. gov. cn/
中国环境网/中国环境保护网：http://www. hjbhw. com/
中国生态系统网：http://www. cern. ac. cn/0index/index. asp
地球系统科学联盟：http://www. essp. org/
国际生物多样性计划：http://www. diversitas-international. org/

第五章　景观污染生态学

景观生态学研究的景观是指一个由不同土地单元镶嵌组成，具有明显视觉特征的地理实体，处于生态系统之上，大地理区域之下的中间尺度，兼具经济、生态和美学价值（肖笃宁等，2010）。景观是一个“地域综合体”（Humboldt，1807；Naveh and Lieberman，1994；Forman，1995；肖笃宁等，2010；傅伯杰和陈利顶，2011）。景观生态学主要研究景观的 3 个特征（Forman and Godron，1986）：①景观结构——不同生态系统或景观单元的空间关系，即指与生态系统的大小、形状、数量、类型及空间配置相关的能量、物质和物种的分布；②景观功能——景观单元之间的相互作用，即生态系统组分间的能量、物质和物种流，也称之为景观生态过程；③景观动态——斑块镶嵌结构与功能随时间的变化。

将环境污染与景观生态结合起来，是一种新的尝试。污染与景观的结合同样应是它们特征的结合。一般而言，污染物进入环境后，随时间的推移，首先是景观结构单元赖以存在的物质基础——土壤养分构成发生改变，继而使生长于其上的物种此消彼长，使种群特征产生变化。随之而来的是群落环境与特征、生态系统或景观单元发生轻微或彻底的改变，这种后果即标志着景观单元间的能量、物质和物种流不仅在空间分布上产生改变，即景观结构发生了变化；同时能量、物质和物种流动的数量、方向也有相应的改变，即发生了相异的景观生态过程，这种过程一般会形成新的景观结构，从而显示或执行新的景观功能。本章将对污染环境下景观的结构、功能和动态变化进行介绍。

第一节　污染环境下景观的结构变化

景观结构的基本组成要素包括斑块（patch）、廊道（corridor）和基质（matrix），它们的时空配置形成的镶嵌格局即为景观结构（landscape structure）（Forman and Godron，1986）。因此，污染环境下景观结构的变化也表现在这三个方面。

一、污染条件下景观组成要素的变化

（一）斑块

由于研究对象、目的和方法的不同，景观生态学家对斑块的定义不尽相同，如“一个均质背景中具有边界的连续体的非连续性”（Levin，1974），“一块与周围环境在性质上或外观上不同的表面积”（Wiens，1976），“环境中生物或资源多度较高的部分”（Roughgarden，1978），“斑块意味着相对离散的空间格局，其大小、内部均质性及离散程度不同”（Pickett and White，1985），“强调小面积的空间概念，为外观上不同于周围环境的非线性地表区域，它具有同质性，是构成景观的基本结构和功能单元”（Forman and Godron，1986），“依赖于尺度的，与周围环境（基质）在性质上或者外观上不同的空间实体”（邬建国，2000）等。

在这些对斑块的定义中，有一个共同点，都强调了斑块的空间非连续性和内部均质性。从广义上理解，斑块可以是有生命和无生命的；狭义上理解，斑块仅指动植物群落，也是指有生命的部分。在景观生态学的应用实践中，大部分学者在对景观单元的认定和处理中，采用的是广

义的斑块概念。

由于不同斑块的起源和变化过程不同，它们的大小、形状、类型、异质性以及边界特征变化较大，因而对物质、能量和物种的分布和流动产生不同的作用。当然，物质、能量和物种的分布和流动发生变化后，同样对斑块的起源、大小、形状、类型、异质性以及边界特征也会产生相应的影响。

1. 污染对斑块起源的影响

影响斑块起源的主要因素有环境异质性和干扰，其中干扰又包括自然干扰和人为干扰两种。按起源分类，斑块可以分为四类：环境资源斑块、干扰斑块、残存斑块和引进斑块。

环境资源斑块(environmental resource patch)由大尺度上的环境异质性产生，其稳定性很高，与小尺度上的自然或人类局部干扰无关。例如，垂直地带性上依次分布的常绿阔叶林、针叶林、亚高山草甸、高山草甸、高山流石滩、冰川和永久积雪，水平地带性上分布的热带雨林、季节雨林、季风常绿阔叶林、半湿润常绿阔叶林、落叶阔叶林、温带草原和冻原等，都是环境资源斑块。由于环境资源分布的相对持久性，这类斑块的存在也相对持久，周转速率相当低。虽然在这些稳定的斑块内部也存在种群波动，但其变化水平极低，物种变化对斑块上的群落和周围群落来说是正常现象。环境污染相对环境资源的异质性而言，往往是小尺度、局部的。因此，污染对环境资源斑块基本不产生影响。

干扰斑块(disturbance patch)是由于基质内各种局部干扰形成的。这种干扰可能来自于自然，也可能来自于人类活动。自然干扰如泥石流、雪崩、风暴、冰雹、野火、食草动物(昆虫)大暴发、哺乳动物有规律的大迁徙和其他自然变化都有可能产生干扰斑块。人类活动也可以产生干扰斑块，如采伐森林、开发矿产、刀耕火种、城市建设、环境污染等。环境污染产生干扰斑块，在以前的研究中并未引起足够的重视，如工厂排放的废气在山谷区域聚集或由于气象原因不能扩散，引起局部森林枯死；农业上长时间污水灌溉导致土壤板结形成的农田废弃；矿产资源开发中有毒废渣大面积堆放形成尾矿斑块等。干扰斑块具有最高的周转率，持续时间最短，通常也是消失最快的斑块类型。一般污染源消失或污染程度减轻，干扰斑块也会随之慢慢恢复为环境资源斑块。但也有可能形成长期的干扰斑块，长期干扰斑块主要由人类活动引起，例如，工业废气持续或周期性地对森林进行侵害，持续数百年的城镇化，使得演替过程持续不断地重复或重新开始，这类斑块也能保持长期稳定，持续较长时间。但有时长期的自然干扰也能形成长期干扰斑块，如周期性洪水、泥石流、野火等。

残存斑块(remnant patch)的形成与干扰斑块刚好相反，它是环境资源斑块在干扰基质内的残留部分。例如，森林大火过后残留的植被斑块、免遭蝗虫危害的草地、堆放有毒矿渣的菁沟中突起山体上残留的自然植被等，都是残留斑块。残留斑块和干扰斑块一样，都起源于自然或人类干扰。两种干扰情况下，种群大小、迁入和灭绝等在初始期均剧烈变化，随后进入平衡演替阶段。当基质和斑块融为一体时，两者都会消失，具有较高的周转率。

引进斑块(introduced patch)是由于人们把生物引入一个原本没有这一生物存在的地区时，当这一生物存活并大量繁殖时，就产生了引进斑块。污染环境下引进斑块的产生主要表现为两种途径：一是在对污染环境进行生物治理时，由于污染区域和污染物的特性，土著物种不易存活并繁殖时，人为引进的高抗性生物品种，在经过繁殖、扩散、定居过程后形成的；二是由于环境污染后，已经不适宜人类定居而发生迁徙，迁出地人群由于文化、精神需求等因素将原属于故土的生物带入迁入地，经繁殖与培育大量生长而形成的。无论是哪种情况，引进斑块都对斑块产生有持续而重要的影响，在污染治理过程中需要十分慎重。

在上面的讨论中，环境资源斑块属于大尺度上产生的最稳定的斑块类型，干扰斑块、残存斑块和引进斑块除都与干扰有密切关系外，还有一个共同的特点，它们都是在中、小尺度上发生并得以被记录和研究。

2. 污染对斑块大小和斑块形状的影响

斑块大小是斑块的基本特征。景观中斑块面积大小与物种多样性、生境适宜性以及边缘效应的发挥有密切关系。斑块与物种数量的关系符合岛屿生物地理学原理。一般对某一物种的生境适宜性而言，大型斑块更有能力持续和保存基因的多样性，而小型斑块则不利于内部物种的生存，不能维持大型动物的延续，不利于保护物种多样性。但小型斑块的资源可能不足以吸引大型捕食动物，却使其可能成为小型物种的避难所。边缘效应指的是景观斑块之间的物质交换或能量流动随着边缘的增加而增加。斑块越小，单位面积斑块的边缘长度越长，斑块越易受到外围环境或基质中各种干扰的影响，斑块与周围其他景观要素之间的物质交换越强烈，斑块的稳定性越差。

斑块的形状对生物的扩散和觅食有重要的作用。研究表明，飞越林地的鸟类，容易发现垂直于迁移方向的狭长形采伐迹地，但却经常遗漏圆形采伐迹地或平行于迁移方向的狭长采伐迹地。

污染对斑块大小和形状的影响也主要体现在这几个方面，影响过程大致表现为：

当污染物进入一类斑块后，首先是斑块内环境发生变化，如出现新的元素或某一类元素含量异常增加，或某一类元素的存在形式产生变化，于是旧有的元素循环形式被打破，能提供给生长于其中或其上的植物、动物、微生物的物质种类、形态和数量也就变化了。适应这种变化的结果是斑块中原有的物种有 2 种选择：一是向斑块内适宜其生长的残留区域后退，让出的部分会被其他适应污染环境的物种占据或成为没有生命迹象的裸地；二是斑块环境彻底不适合其生长发育，原有的物种借助繁殖体的传播，到另外的区域去寻找适宜的生境。无论是哪种情况，原有斑块的大小、形状、异质性和边界特征在这一过程发生时，都有明显的变化，从而影响了与斑块大小、形状、异质性和边界特征相关联的一系列功能发挥。

（二）廊道

廊道是线性的景观单元，具有通道和阻隔的双重作用，同时还具有物种过滤器、某些物种的栖息地以及对其周围环境与生物产生影响的影响源等作用。它的作用在人类影响较大的景观中表现得更加突出。廊道的结构特征如起源、宽度、连通性、弯曲度等不同，对一个景观的生态过程会带来不同的影响。

1. 污染对廊道起源的影响

廊道可以看做是一个线性或带状的斑块。其产生的机理与斑块相同，与斑块的起源和成因类似，廊道也可以分为干扰型、残留型、环境资源型和人为引入型 4 种。污染对廊道的影响与对斑块的影响类似，如有色金属冶炼厂输送矿渣产生的输送通道，无论是汽车运输建造的运输公路及其路边建设的隔离带，还是管道或皮带输送建造的输送通道两侧建设的隔离带，都是属于带状干扰形成的干扰廊道；冶炼废渣堆放场地周边残存的环状植被形成残留廊道；为防止有毒有害粉尘或气体对生产区或办公区产生危害，而在道路系统或办公区周围种植的各种有吸收有毒有害物质的特异性植被带，大多属于引入型廊道。与污染对斑块的影响相似，污染对环境资源型廊道的影响是很小的，原因依然是污染相对发生在小尺度上，而环境资源型廊道却是在大尺度上产生的，如河流，即使由于污染物的排放，河流中水的物理、化学与生物特性发生颠覆性的变化,但它依然还是地理意义上的河流,依然还是线状的环境资源型斑块。

2. 污染对廊道功能的影响

作为景观的重要组分,廊道的功能主要可以归纳为4种:传输通道功能、过滤和屏障功能、生境功能、物种源汇功能。无论是因为污染形成的干扰廊道、残留廊道还是引入廊道,它都具有廊道本身具备的所有功能。例如,传输通道功能,植物繁殖体、动物以及其他物质流、能量流和信息流均可以在其中沿廊道纵向传播,这与物质、能量和信息沿公路、铁路、河流纵向传播的过程是完全一样的道理。

廊道的过滤与屏障功能是对物质、能量和信息的横向传播而言的。廊道在横向上与相邻的斑块间有明显的差异,这种差异对景观中物质、能量各信息的传播而言,就是一种阻力,它可以使一些适应能力、运动能力较差的物质停留在廊道的一侧,不能到达另一侧,客观上起到过滤和屏障作用。

廊道是一种特殊的生境,其特殊性表现在其宽度有限,但它是异质斑块间的连通介质,这对于物质的扩散和有效保持复合种群有重要作用。

另外,廊道具有较高的生物量和若干野生动植物种群,为景观中其他组分起到源的作用,同时也会阻截和吸收来自其他景观组分中的物质和能量,从而起到汇的作用。

3. 污染对廊道结构特点的影响

廊道的结构特点采用曲度、宽度、连通性和内环境进行描述。

污染状态下形成的廊道,具有深刻的人类刻意设计的特点,虽然仍可以用曲度、宽度、连通性和内环境进行描述,但描述的参数已与自然状态下大不相同。例如,矿渣堆放场地,按设计要求渣场周边有截洪沟和排洪沟,在截、排洪沟两侧还会种植条带状的植被带,这事实上就是干扰廊道和引入廊道,但这种廊道大多是规则的,设计时考虑最多的是在满足使用要求的前提下,尽可能减少工程量,节约投资。因此,这类廊道一般曲度、宽度最小,连通性最高,内环境相对均质。

(三) 基质

基质是景观中面积最大、连通性最好的要素类型,它决定着景观的性质,对景观的动态起控制作用。区别基质与斑块的主要依据是相对面积、连通性和动态控制作用等3个标准。3个标准中,第1个最容易估测;第3个最难评价,它需要有野外观测记录或物种组成及其生活史信息;第2个介于两者之间。对生态意义而言,动态控制作用的程度对于确定基质的重要性要高于相对面积和连通性。在确定基质时,一般先计算全部景观要素类型的相对面积和连通性,如果某个景观要素的相对面积较其他要素大得多,可以确定其为基质;若几类景观要素相对面积大致相当,那么连通性最高的可以确定为基质;若相对面积和连通性都差不多,仍不能确定基质时,则要通过野外观测或获取物种组成及其生活史信息,来确定哪一个景观要素对动态控制的作用最大,就是景观基质。这种情况在自然状态下不太容易遇到,但人为影响严重或人造景观则容易出现基质难以确定的情况。

污染对基质的影响主要表现在基质孔隙度、边界形状和连通性等方面。

1. 污染对基质孔隙度的影响

孔隙度(porosity)是指单位面积的斑块数目,是斑块密度的量度,与斑块大小无关。在计算孔隙度时,通常先对各类斑块的面积进行分类,再计算各类斑块的孔隙度。基质的孔隙度具有重要的生态意义,影响景观中物种的隔离程度和景观总体边缘效应的大小,对动物的食物来源和觅食行为及其种群繁衍至关重要。孔隙度低说明基质环境受斑块影响小，基质的内部生境稳定性好，边缘效应小，对大型动物生境的适宜性高；孔隙度高，意味着基质环境受其他斑块的影响大，对景观中物种的隔离程度高，边缘效应大，不适宜大型动物的生存，但对小型动物或小种群植物来讲，具有较高的生境适宜性。从基质孔隙度的生态意义出发，污染对基质的影响主要体现在3个方面：污染物堆放场地的选择、污染物堆放面积的大小和堆放场地数量。例如，尾矿库和堆放方式的选择，就物种的生境适宜性而言，若从经济、环境、技术角度选择的尾矿库所在地景观基质为森林或农地，且易有大型动物或人类生存，在保证安全的前提下，尾矿库宜选择单一地点大量存放；若所在地景观基质本身孔隙度大，边缘效应强，尾矿库的选择则相对受限制较小。

2. 污染对边界形状和连通性的影响

边界形状是指基质与其他景观组分之间边界的形态。两个景观组分之间的相互关系与其公共边界的大小有关。具备较小的周长与面积比的形状与外界的能量和物质交换少，受到的干扰或对其他组分的干扰均相对较小，是节省资源和减少干扰的系统特征。相反，周长与面积比大的形状有利于斑块与周围其他景观组分的物质和能量交换。例如，圆形对保护能量、物质或生物作用明显。在污染状态下，我们一般考虑的是如何尽可能减少污染物对周边其他景观组分的影响。因此，保持污染物堆放地周长与面积比最小，是污染物存放方式选择时需要考虑的重要因素，即污染物呈圆形堆放更有利于保护环境。

基质有连通性，表现为廊道相互交错将相互隔离的基质斑块连接起来，使生活于基质中的物种便于流动，若基质斑块间没有适度的连通，将使生活于其间的物种交流受到影响，成为一个个孤岛，物种的基因交流会受到限制。因此，基质的连通性在生物多样性保护中起着关键作用。环境污染对基质连通性的影响体现在污染物的堆放或破坏，使基质的孔隙度变大或使其连通廊道断开，从而让生活于其中的物种交流产生障碍。例如，受污染的河流段对水体中洄流鱼类的隔绝影响，尾矿库位置选择在动物迁徙的重要通道上，将其迁徙的廊道切断等，都不利于生物生境和多样性的保护。

二、污染条件下景观异质性的变化

景观异质性(landscape heterogeneity)是由景观要素的多样性和景观要素的空间相互关系共同决定的景观要素属性的变异程度，是景观的基本属性。对大多数景观而言，其异质性的形成机制大致有3个：一是资源环境的空间分异，它是由地质构造和太阳辐射决定的；二是演替，演替是生态系统中普遍存在的过程，是异质性形成的重要动力机制；三是干扰，无论是自然干扰还是人为干扰，都能增加景观的异质性程度。

景观异质性主要表现在2个方面：一是组成要素的异质性，即景观中包含的景观要素的丰富程度及其相对数量关系或称多样性；二是空间分布的异质性，即景观要素空间分布的相互关系。或者说，高度异质的景观是由丰富的景观要素类型和对比度高的分布格局共同决定的。当景观中景观要素的数量一定时，同类景观要素以大斑块相对集中的形式组成的景观，其异质性较低，而以小斑块分散形式组成的景观，其异质性较高，从而控制着不同的景观过程和功能(郭晋平和周志翔，2007)。

景观异质性与尺度密切相关，异质性和同质性因观察尺度变化而异。景观异质性是绝对的，它存在于任何等级结构的系统内，而同质性是相对和有条件的，是相对于特定的景观分析尺度而言的。例如，小尺度下同一时期的旱地可以根据其种植的作物类别分为小麦地和玉米地，但在大尺度下，无论地里种的是什么作物，它都只能被划分为旱地。因此，讨论景观的异质性，必须明确分析尺度。尺度加大，景观内的小异质性消失，而大异质性凸显；尺度缩小，景观内大异质性消失，景观小异质性凸显出来。这表现出大异质性和小异质性之间的辩证关系（Forman and Godron，1986）。

尺度是景观生态学的核心概念，有时间和空间尺度之分。时间尺度的推绎大致小到月，大到年、十年或数十年，一般不太可能推绎到百年以上。空间尺度通常以小尺度、中尺度和大尺度进行描述。小尺度一般为 1～100km²，中尺度一般为 100～1 000 000km²，大尺度则超过了 1 000 000km²。从现有的研究成果来看，环境污染无论是哪种形式，对景观异质性的影响都还停留在小尺度上。例如，现在看到的漂亮的英国泰晤士河、美国密西西比河等，我们无法想象几十年前这些河流也像治理前的成都府南河一样，脏、乱、臭。我们也无法想象 40 年前的昆明盘龙江可以游泳，10 年前的盘龙江就是一条臭水沟，而现在的盘龙江虽然还无法达到可以游泳的程度，但较 10 年前，已经有了质的改变。当然，个别特殊的污染物对景观的影响会将时间尺度推绎到 100 年以上，如切尔诺贝利核电站爆炸引起的核污染，它所带来的景观变化，恐怕以百年为时间尺度也不足以进行准确的描述。

环境污染在空间尺度上对景观异质性的影响，与其在时间尺度上对景观异质性的影响一样，除个别极端事件外，它能涉及的范围也以小尺度为主。即使类似 CO_2 和“六六六”一类的污染物在南极都已经检出，但也没有改变中尺度和大尺度水平上的景观异质性分布特点，如海洋与陆地的分布、森林随纬度变化而呈现出的水平地带性分布特征等。比较大的污染事件，其影响范围也不超过中尺度所涵盖的空间，如北方的沙尘暴、华北地区的雾霾等。在小尺度水平，环境污染能够在细节上表现出其对景观异质性的影响，如在划定的矿区开采范围内，采矿、选矿、尾矿库等功能分区就会使原有景观中增加新的要素，从而增加开采范围内的景观异质性。只是这种异质性的增加是由有毒有害物质的聚集、原有斑块破碎、生物量的大量消失显现出来，其对生物的不利作用远远超过了异质性增加对生物多样性的有利影响。

第二节　污染环境下景观的功能变化

景观要素内部及其之间的物质、能量和信息的流动，以及景观要素的相互作用是景观过程的基本功能。实际上，景观是各种景观要素组成的空间镶嵌体，其整体功能是各类个体单元异质功能的耦合（傅伯杰等，2001）。在景观生态过程发挥景观基本功能的同时，也表现出总体景观的一般功能，即景观的生产功能、生态功能、美学功能和文化功能。污染环境下的景观功能的变化也体现在这 4 个方面。

一、景观生产功能的变化

景观的生产功能是指景观能够为人类社会和生态系统提供产品和生物生产的功能。
污染环境下的景观生产功能包括生物生产和非生物生产 2 类。

（一）生物生产

污染环境，无论是大气污染、水污染或是物理性污染、土壤污染等，都是发生在小尺度水平上的局部污染。例如，城市景观、矿山景观和农业景观都可以看做是污染环境下的景观。在这个局部污染的景观空间内，一般都包含绿色植物，如城市景观中的绿化用地、公园，矿山景观中残存的自然植被、绿化用地，农业景观中的自然水体、生物隔离带、作物等。污染环境下的景观内，这些绿色植物所占比例不大，但生物初级生产过程中吸收 CO_2、释放 O_2 等功能对生活在污染环境下的人们十分有利，对维持污染环境下景观的质量至关重要。因此，保留和尽可能地优化污染环境下的生物种类及其分布，对于维持污染环境下景观的生产功能有非常重要的作用。

需要指出的是，污染环境下的景观生物生产与自然景观中的生物生产具有很大区别，污染环境下景观的生物生产处于高度的人工干预状态，虽然具有生产效率高、人工化程度高，并能满足人们特殊需要的优点，但其生产品种单一，稳定性差，需要大量人工投入才能维持其连续生产。与之相反，自然景观的生物生产基本处于"自生自灭"的状态，其稳定性好，可以周而复始地提供生物初级生产。

（二）非生物生产

污染环境下景观的生产功能还包括大量的非生物生产，主要是指物质生产和非物质生产两类。前者创造物质财富，后者创造精神财富。

污染环境下景观的物质生产包括正向物质生产和负向物质生产。

正向物质生产是指满足人类物质生活所需的各类有形产品以及服务，包括各类工业产品，如各种金属产品、非金属产品、工艺品等；基础设施产品，如道路、供排水设施等；服务性产品，如金融、医疗、教育、通信、文化艺术、交通、贸易等。

污染环境下景观的物质生产不仅为景观所在地的人们服务，更多的是为景观所在地之外的人们服务。为保证其物质产品生产，污染环境下景观物质、能量和信息的输入数量庞大，消耗的能量也惊人(表 5-1)，而污染环境下景观本身的物质生产能力远远满足不了自身的需要，这就会对本景观之外的环境产生巨大压力。

表 5-1　美国一个百万人口城市的代谢(沈清基，1998)

输入物质	输入量/(t/d)	输出物质	输出量/(t/d)
水	625 000	废水	50 000
食物	2 000	固体物质	2 000
		固体尘埃	160
煤	3 000	SO_2	160
油	2 800	NO	100
气	2 700	CO	450

负向物质生产主要是指污染物的排放，在中、小尺度水平上影响景观的物质生产，如"伦敦烟雾事件"、近几年横扫北方地区的雾霾、2013 年青岛输油管道爆炸和 2010 年大连新港储油设施大火引起的原油泄漏等。污染环境下景观的负向物质生产可以分为工业污染、交通运输污染和生活污染等。

工业污染：包括冶金、化学、石油化工、造纸、制革、纺织、印染、动力等行业。在工业生产过程中，燃烧燃料所产生的各种污染物以及在生产过程中，伴随着工业成品的出现而产生的废气、废水见表 5-2 和表 5-3，废渣如图 5-1 和图 5-2 所示。

表 5-2 各工业部门向大气排放的主要污染物(沈清基,1998)

工业部门	企业部门	向大气排放的主要污染物
电力	火力发电厂	烟尘、SO_2、氮氧化物、CO
冶金	钢铁厂	烟尘、CO_2、CO、氧化铁、粉尘、锰尘
	炼焦厂	烟尘、CO_2、CO、H_2S、酚、苯、萘、烃类
	有色金属	烟尘(含有各种金属)、SO_2、汞蒸气
化工	石油化工厂	CO_2、H_2S、氰化物、氮氧化物、氯化物、烃类
	氮肥厂	烟尘、氮氧化物、CO、氨、硫酸气溶胶
	磷酸厂	烟尘、HF、硫酸气溶胶
	硫酸厂	SO_2、氮氧化物、CO、氨、硫酸气溶胶
	氯碱厂	氯气、氯化氢
	化学纤维厂	烟尘、H_2S、二硫化碳、甲醇、丙酮
	农药厂	甲烷、砷、醇、氯、农药
	冰晶石厂	HF
	合成橡胶厂	丁二烯、苯乙烯、乙烯、异丁烯、戊二烯、丙烯、二氯乙烷、二氯乙醚、乙硫烷、KCl
机械	机械加工	烟尘
	仪表厂	汞、氰化物、铬酸
轻工	造纸厂	烟尘、硫酸、H_2S
	玻璃厂	烟尘
建材	水泥厂	烟尘、水泥尘

表 5-3 部分工矿废水的主要有害成分(沈清基,1998)

工厂名称	废水中的主要污染物质	工厂名称	废水中的主要污染物质
焦化厂	酚、苯类、氰化物、焦油、As、吡啶、游离氨	化纤厂	二硫化碳、P、胺类、酮类、丙烯
化肥厂	酚、苯类、氰化物、Cu、Hg、F、As、碱、氨	仪表厂	Hg、Cu
电镀厂	氰化物、Cr、Cu、Cd、Ni	造船厂	醛、氰化物、Pb
石油化工厂	油、氰化物、As、吡啶、碱、酮类、芳烃	发电厂	醛、S、Ge、Cu、Be
化工厂	Hg、Pb、氰化物、As、萘、苯、硫化物、硝基化合物、酸、碱	玻璃厂	油、醛、苯、烷烯、Mn、Cd、Cu、Se
合成橡胶厂	氯丁二烯、二氯丁烯、丁二烯、Cu、苯、二甲苯、乙醛	电池厂	Hg、Zn、醛、焦油、甲烷、氰化物、Mn
造纸厂	碱、木质素、氰化物、硫化物、As	油漆厂	醛、苯、甲醛、Pb、Mn、Co、Cr
农药厂	各种农药、苯、氯醛、酸、氯仿、氯苯、P、F、Pb	有色冶金厂	氰化物、B、Mn、Cu、Pb、Cd、Ge、其他稀有金属
纺织厂	As、硫化物、硝基物、纤维素、洗涤剂	树脂厂	甲醛、Hg、苯乙烯、氯乙烯、苯酯类
皮革厂	硫化物、S、As、Cr、洗涤剂、甲酸、醛	磺药厂	硝基物、酸、炭黑
制药厂	Hg、Cr、硝基物、As	煤矿	醛、硫化物
钢铁厂	醛、氰化物、Ge、吡啶	铅锌厂	硫化物、Cd、Pb、Zn、Ge、放射性磷矿、F、P、Th

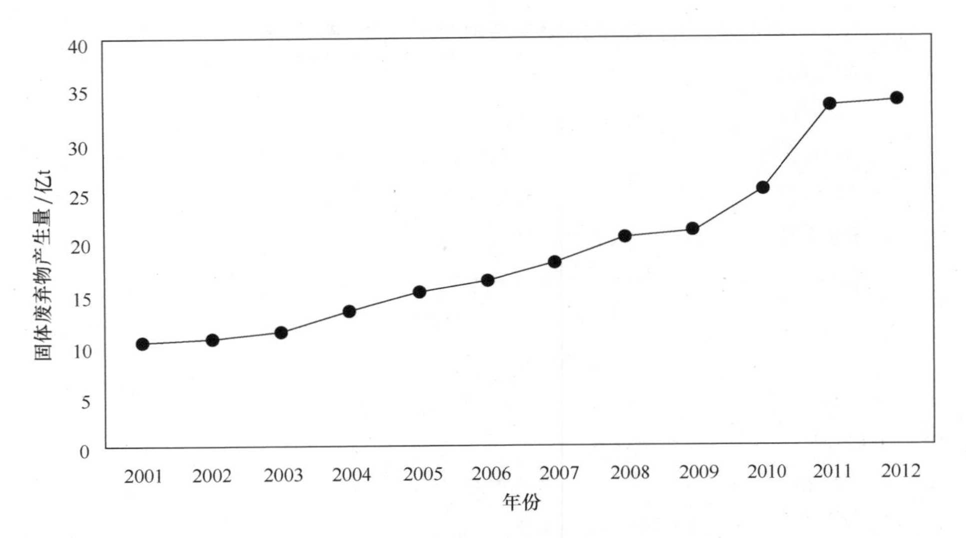

图 5-1　中国 2001～2012 年固体废弃物产生总量

引自：中商情报网(http://www.askci.com/)2014 年 6 月 16 日报告

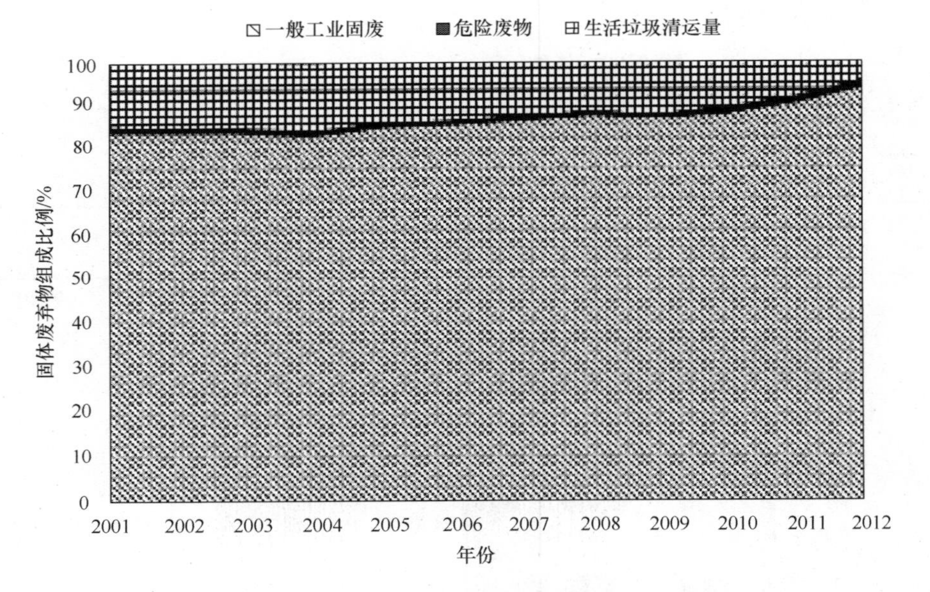

图 5-2　中国 2001～2012 年固体废弃物组成比例

引自：中商情报网(http://www.askci.com/)2014 年 6 月 16 日报告

从固体废弃物(简称固废)产生总量看，我国正处于固废产生量高速增长时期。随着人口持续增长、消费水平提升及工业生产等逐年增长，我国固废产生量仍在大幅度增长，2001 年我国固废产生量为 10.2 亿 t，到 2012 年已达约 33.9 亿 t，年均增长率超过 11%。

从固废的组成来看，工业固废是最主要组成部分，2001 年占比约 87%，而且增长速度高于生活垃圾和危险废物，2012 年已提高至 94%；生活垃圾占比从 2001 年的 13%下降到 2012 年的 5%。

交通运输污染：指市内交通、铁路运输、航空运输等形成的污染。与工业企业一样，各类运输对污染环境下景观的负向物质生产主要是碳氢化合物、CO等(表5-4)。

表5-4 汽车废物排放(沈清基，1998)

污染物	以汽油为燃料的小汽车/(g/L)	以柴油为燃料的载重汽车/(g/L)
铅化合物	2.1	1.56
SO_2	0.295	3.24
CO	169	27
氮的氧化物	21.1	44.4
碳氢化合物	33.3	4.44

生活污染：主要是人们消费产生的大量生活污水和垃圾。例如，上海1990年排放的生活污水共计6.7×10^8t，占总污水量的33%，而1994年上升到8.6×10^8t，占总污水量的42%，截至2014年上半年，上海的生活污水排放量稳居全国第一，远远高于位于第二位的北京。

另一项重要的生活污染来自生活垃圾。2014年5月在北京举行的首届中科集团环境保护论坛报道，随着中国城市化加速，城市垃圾问题日益突出，全国约2/3的城市处于垃圾包围之中，其中1/4已无填埋堆放场地。全国城市垃圾堆存累计侵占土地超过5亿m^2，每年经济损失高达300亿元。

中国城市生活垃圾产量还不断增长，预计2020年城市垃圾产量将达到3.23亿t，全国垃圾年产量以每年8%～10%的速度增长，与GDP增速匹敌。

污染环境下景观生产功能中的非生物生产中还包括非物质生产。非物质生产是景观生产满足人们的精神文化生活所需的各种文化、艺术产品及相关的服务。在各种污染环境下的景观中，针对不同的污染特征，会生产出大量与减少、防止、防治各类污染的非物质产品，如环境公益广告、社会规范、清洁生产概念及工艺、健康环保的行为方式等。

二、景观生态功能的变化

景观的生态功能集中体现为景观的生态服务功能，如提供保存生物进化所需的丰富特种和遗传资源，太阳能和CO_2的固定、区域气候调节、维持水分及营养物质的循环、土壤的形成与保护、生物多样性的维持、创造物种赖以生存和繁殖的条件等，是景观中生产功能和其他功能产生和形成的基础。

景观的生态功能包括自然资源的能流、物流和信息流，它们与制造业资本和人力资本结合在一起产生人类的福利。Costanza等(1997)将地球上景观的生态服务功能分为17大类(表5-5)，其中绝大部分都是景观的生态功能。如第四章所述，他通过估算认为，地球上的生态系统每年提供的服务的总价值至少是33.3×10^4亿美元，其中的主要部分并未进入市场。如气体调节价值1.3×10^4亿美元，干扰调节价值1.8×10^4亿美元，废弃物处理价值2.3×10^4亿美元，养分循环价值17×10^4亿美元，总价值的63%(20.9×10^4亿美元)来自海洋，其中大多来自海岸系统(12.6×10^4亿美元)；另外37%来自陆地生态系统，主要来自森林(4.7×10^4亿美元)和湿地(4.9×10^4亿美元)。

表 5-5　景观的生态服务功能(Costanza et al.,1997)

序号	生态系统服务	生态系统功能	实例
1	气体调节	调节大气化学成分	CO_2/O_2 平衡,O_3 防紫外线和 SO_x 水平
2	气候调节	调节全球温度、降水及其他由生物媒介影响的全球及地区性气候过程	温室气体调节,影响云形成的 DMS 产物
3	干扰调节	生态系统对环境波动的容量、衰减和综合反应	风暴防止、洪水控制,干旱恢复等生境对主要受植被结构控制的环境变化的反应
4	水分调节	水文流动调节	为农业(如灌溉)、工业(如磨粉)和运输提供用水
5	水供应	水的储存和保护	为流域、水库和地下含水层供水
6	控制侵蚀与保持沉积物	生态系统中的土壤保持	防止土壤因径流、风和其他移动过程而流失,湖泊、湿地中的淤积
7	土壤形成	土壤形成过程	岩石风化和有机质积累
8	养分循环	养分的储存、内循环及获取	氮的固定,氮、磷及其他一些元素或养分的循环
9	废物处理	易流失养分的再获取,过多或外来养分、化合物的去除或降解	废物处理、污染控制、解毒
10	授粉	有花植物配子的运动	为植物种群繁殖提供花粉
11	生物防治	生物种群的营养-动力学调节	关键捕食者对被食物种的控制,顶位捕食者对食草动物的控制
12	避难所	为定居和迁徙种群提供可栖息地	育雏地、迁徙物种的栖息地、本地收获物种的栖息地或越冬场所
13	食物生产	总初级生产中可作为食物的部分	通过狩猎、采集、农业生产或捕鱼而收获的鱼、野味、庄稼、坚果和水果等
14	原材料	总第一性生产中可作为原材料的部分	木材、燃料或饲料产品
15	基因资源	特有生物材料和产品的来源	医药、材料科学产品、农作物抗病和害虫基因、宠物及各种园艺植物栽培品种
16	娱乐	提供娱乐活动的机会	生态旅游、垂钓和其他户外活动
17	文化	提供非商业用途的机会	生态系统的美学、艺术、教育、精神及科学价值

从以上关于景观生态功能的描述中,可以清楚地对污染环境下景观的生态功能变化进行描绘。如尾矿堆放时尾矿库占用不同景观组分,就会影响表 5-5 中多项景观的生态功能。若尾矿库占用的是农田景观,则影响其食物生产、原材料、养分循环等功能;若占用的是森林景观,则影响其调节气体、调节干扰、调节水分、控制侵蚀与保持沉积物、养分循环、授粉、生物控制、避难所、生物生产、原材料等几乎全部的功能发挥。

工业和交通运输业排放的废气,在扩散过程中,进入森林景观、农田景观或城市景观,都会影响这些景观调节气体、养分循环、生物生产、娱乐等生态功能;水污染物进入水体景观,则会影响其生物生产、养分循环、基因资源、娱乐等功能的发挥。

三、景观美学功能的变化

随着人类文明的进步、科学文化的发展、各项社会福利的逐步改善，人们的生活已不局限在"实化"资源的需求上。为增强精神上的锤炼、品德上的熏陶，健全自身的体魄，增进自身的修养，当代人们对"虚化"资源的追求日益迫切（牛文元，1989）。当人类的基础感应与这种"虚化"资源发生共鸣时，景观体现出来的美学功能就特别显著。

自然景观是地球表面经历千百万年演化形成的，人工景观也是历代人类的思索、劳动和智慧的结晶，它们都是具有美学价值的景观客体。

景观的美学价值是一个范围广泛、内涵丰富、比较难于确定的问题。随着时代的发展，人们的审美观也在变化，如在生活困窘、衣食不足的时代，人们对于身边似仙境般的自然景观和乡村景观的关注远不及吃饱肚子来得急迫。相反，对大规模矿山开发形成的矿坑，甚至堆积如山的废渣、烟囱林立的厂房、川流不息的车流等污染景观，感受到的不是其因为污染带给人们的痛苦，却是这种景观的雄浑与壮观；然而，久居高楼林立、车声嘈杂的都市之后，人们对小桥、流水、人家的乡村景观以及各种自然景观的追求，又成为了新的时尚。因此，无论是自然景观，还是人工景观，其美学价值的体现除具有鲜明的时代特征外，更重要的是要注重"度"。在"度"的范围之内，无论是现代工厂的烟囱，还是自然景观的繁复，应该都在"美"的行列。

从这个意义上讲，现代人类的生活离不开现代工业的支持，而污染对景观美学功能的影响以不至于发展到"美"、"丑"临界点为底线，但污染环境下的景观美学功能总会受到削弱。

四、景观文化功能的变化

景观不单是自然体，还往往注入了不同的文化色彩。例如，自然景观即具有艺术创作源泉、陶冶人的情操、人类学习的源泉等文化功能；人文景观也具有提供历史见证、提高景观作为旅游资源价值、丰富景观多样性等文化功能。

环境污染下景观的文化功能发生变化，在世界范围内有许多实证。例如，曾经的内蒙古中部是我国重要的草原牧场，古代有很多优美的诗文出自于此，其中人们耳熟能详的当以"天苍苍，野茫茫，风吹草低见牛羊"为最，如今变成了影响华北地区沙尘天气的主要策源地，风一起，黄沙漫天，早已孕育不出"风吹草低见牛羊"壮美的诗篇了。再如，地中海高地景观，在以往很长的历史时期内曾似云南元阳如诗如画般的梯田景观，后来农业被畜牧业替代，牲畜的践踏破坏了原来蓄水的坝墙，造成了严重的水土流失和土壤养分下降，其所承载的梯田文化内涵已不复存在。还有，我国文化史上被无数文人骚客咏赞的云南滇池、武汉东湖、青岛海岸、江西鄱阳湖、湖南洞庭湖、安徽巢湖等水体景观，已被严重污染，诗文中描述的这些水体景观的昔日美景，现代的人们大概只能在字里行间去体会了。

第三节　污染环境下景观的动态变化

景观动态（landscape dynamics）是指景观的结构和功能随时间所表现出来的变化特征。景观总是处在某种动态变化过程中，景观变化的动力既来自景观内部各种要素相互作用形成的多种过程，也来自景观外部的干扰。不同的景观变化驱动力使景观表现出多种多样的动态变化特征，不断改变着景观的结构和功能。景观的动态变化主要体现在景观稳定性、景观破碎化和景观多样性三个方面。当污染因素加入后，景观动态会呈现出与自然状态下不一样的特征。

一、对景观稳定性的影响

到目前为止，景观稳定性的概念尚未统一。在谈到景观稳定性时，大多借用生态系统稳定性的概念（Forman，1995；刘增文和李素雅，1997；蔡晓明，2000；傅伯杰和陈利顶，2011）。表 5-6列出了一些常见的关于生态系统稳定性的概念。

表 5-6　有关生态系统稳定性的概念（孙儒泳等，2001）

稳定性概念	解释
恒定性（constancy）	指生态系统的物种数量、群落的生活型或环境的物理特征等参数不发生变化。这是一种绝对稳定的概念，在自然界几乎不存在
持久性（persistence）	指生态系统在一定边界范围内保持恒定或维持某一特定状态的历时长度。这是一种相对稳定概念，且根据研究对象不同，稳定水平也不同
惯性（inertia）	生态系统在风、火、病虫害以及食草动物数量剧增等扰动因子出现时保持恒定或持久的能力
弹性（resilience）	指生态系统缓冲干扰并保持在一定阈界之内的能力
恢复性（elasticity）	与弹性同义
抗性（resistance）	描述系统在外界干扰后产生变化的大小，即衡量其对干扰的敏感性
变异性（variability）	描述系统在给予搅动后种群密度随时间变化的大小
变幅（amplitude）	生态系统可被改变并能迅速恢复原来状态的程度

事实上，景观的稳定性并不是指景观本身或景观组分是稳定的，而是指景观建立起了与干扰相适应的机制。景观本身就是干扰的产物。不同的干扰频度和规律下形成的景观稳定性不同。如果干扰的强度小，而且是规则的，景观就能建立起与干扰相适应的机制，从而保持景观的稳定性；如果干扰比较严重，但干扰经常发生且可以预测，景观也可以发展起适应干扰的机制来维持稳定性。如果干扰不规则，发生的频率很低，景观的稳定性就最差。因为这种景观很少遇到干扰，不能形成与干扰相适应的机制。也就是说，这种景观一旦遇到干扰就可能发生重大变化。这种规律也适用于景观要素的稳定性。污染环境对于景观而言，本身就是一种干扰，其对景观稳定性的影响主要体现在中小尺度，完全符合前面关于干扰与景观稳定性关系的分析。

景观的稳定是暂时的，而其变化则是绝对的。因为景观变化的驱动因子一直处于变化之中，包括气候、生物、土壤、地形、人为原因等。景观变化的驱动因子一般可以分为两类，一类是自然驱动因子，一类是人为驱动因子。自然驱动因子通常是在较大的时空度上作用于景观，它可以引起大面积的景观发生变化，如沧海桑田。人为驱动因子包括人口、技术、经济运行方式、政策和文化等，它们对景观的影响通常表现在中小尺度水平，有时甚至需要具体到特定的时空尺度，如技术水平对景观的影响，攀钢集团有限公司（简称攀钢）的控股子公司攀钢集团钒钛资源股份有限公司，其核心资产是稀有金属钒与钛。而在攀钢建立初期，我国不具备从炼铁、钢废渣中提取钒与钛的技术，蕴藏着大量钒与钛的原料只能以废物的形式存在，还会对存放地的环境产生污染。存放矿渣的区域成为工矿景观的重要组成要素。而当我们掌握了这一技术以及钒钛提取后矿渣的综合利用技术后，原来的尾矿景观组分在工矿景观中所占的比例就大为缩小。当然，这种可以认为是污染物状态和数量的变化，其干扰的频率和程度仍然没有改变攀钢所在区域矿山景观的整体稳定性。

非点源污染中，农田的面源污染是我国农业污染的主要形式。它表现为肥料、农药、生活排泄物等无组织的大量排放，其污染的严重后果之一是造成径流区域末端的河流、湖泊出现不同程度的富营养化。在防治农业面源污染过程中，现在各地大力推广的技术有退耕还林、退田还湖、测土施肥等。其中退耕还林的实施，让大量的耕地景观转变为森林景观；退田还湖过程中，湿地景观的作用被充分重视起来，使耕地景观变成了湿地景观；同时，产生的另一后果可能是使被污染的水体景观重新焕发出生机与活力，虽然这种变化目前还不太明显。这些措施都是在污染环境下，为取得环境与社会、经济的和谐发展，引起的景观变化。这样的例子还出现在点源污染的治理中，如废水直排与废水集中进入污水处理厂，排污管道变为污水处理厂，在小尺度上引起的景观变化；化工厂对废气的综合利用，从外观上减少了外排烟囱的数量，也让整个工厂的景观产生局部改变等。

二、景观的破碎化

景观的破碎化是景观变化的一种重要表现形式。景观破碎化过程是指景观中景观要素斑块的平均面积减小、斑块数量增加的景观变化过程。景观破碎化的原因大多来自景观外部的人为或自然干扰。破碎化程度取决于人类的生产活动和人类对土地的利用方式和程度，如基础设施的建设、大规模的垦殖与矿产开采、废物的排放与处理等。

污染环境下景观的破碎化有时表现得非常明显，如矿产选炼中产生的有毒有害的废渣，无论把它堆放在什么地方，都是对原有景观的一种切割与隔离，产生与原来不一样的斑块边界，废渣斑块的产生以其他景观斑块面积的减小、数量增加为前提，亦即污染使景观产生破碎化，或使景观的破碎化程度加重。

但更多的时候污染环境下景观的破碎化表现不是可以立即呈现的，有时可能还要历经很长时间，如湖南的“镉大米事件”。作为一种重金属污染物，镉从污染源排放的时候并不是以稻田为目的地，或许它在排放之前也经过了所谓的处理，并达标排放。但从它进入点源之外的环境开始，随着降雨、径流进入河流、湖泊，进而进入灌溉系统，成为稻田的灌溉水资源，再经过生物富集与放大，产生危害效应。这个过程的时间尺度要以年来计。所以，多少年来，稻田仍是稻田，即使在可预见的未来，稻田可能依然是稻田，由镉污染引起的农田景观的破碎化并没有表现出来。但随着时间的进一步推移，当被镉污染的稻田里水稻再也无法生长，其他的农作物也无法生长时，或者决策者意识到这些水田生产的水稻具有重大的安全隐患时，这些水田将不可避免被撂荒，形成荒地景观，不再是农田景观，由镉污染引起的农田景观的破碎化，至此才开始呈现。

三、景观多样性的变化

景观多样性作为生物多样性中的一个高层级指标，长期以来并不被承认。作为广泛被接受的生物多样性指标，只有遗传多样性、物种多样性和生态系统多样性。随着景观生态学的发展和被接受程度的扩大，与之联系紧密的景观多样性概念才逐步受到关注与重视。景观多样性(landscape diversity)是指由不同类型的景观要素或生态系统构成的景观在空间结构、功能机制和时间动态方面的多样性或变异性。它可以分为三个层次，即斑块多样性、类型多样性和格局多样性(傅伯杰和陈利顶，1996)。

斑块多样性是指景观中斑块的数量、大小和斑块形状的多样化和复杂性，常以斑块总数、斑块面积大小和斑块形状来进行描述。无论是由于大气污染物排放形成的污染斑块，还是由于废水、废渣排放形成的新的景观斑块，只要不是完全覆盖景观中原有地的某一斑块类型与面积，总体上因污染而形成的斑块都会增加景观中的斑块数量，也会使斑块的形状复杂化，从而增加斑块多样性。

类型多样性是指景观中类型的丰富度和复杂度，考虑的是景观中不同景观类型的数目多少以及它们所占面积的比例。景观类型的多样性主要表现为对物种多样性的影响。类型多样性与物种多样性不是简单的正比关系，类型多样性的增加既可以增加物种多样性，也可能导致物种多样性的减少，原因在于不同的景观类型所能栖息的物种存在巨大差别。例如，在农田景观中增加适度的森林斑块，就可以引入一些适于森林生境的物种，从而增加物种多样性；但如果大量的毁林开荒，造成生境的破碎化以及单一结构的人工景观组分，就会使其支撑的物种数锐减。这时，虽然景观类型增加了，但同样面积的景观中存活的物种数反而会大大降低。污染环境下景观类型的多样性也同样服从这一规律，如生活垃圾填埋过程中，在其他条件一致的前提下，场地的填埋量会起到决定性作用。如果填埋场的大小不至于影响占地区原有栖息环境的物种生存时，由于垃圾填埋，营腐生生活的物种大量增加，这时填埋场景观类型的增加会使区域的物种多样性增加。但如果填埋场地的面积以原区域的某一景观类型消失为前提，如灌木或森林，即使有营腐生生活的物种出现，总体上该区域的物种多样性也会大幅度减少。

格局多样性是指景观类型空间分布的多样性、各类型之间以及斑块与斑块之间的空间关系和功能联系。格局多样性多考虑不同类型的空间分布，同一类型间的连接度和连通性、相邻斑块间的聚集与分散程度。景观类型的空间结构对景观过程有重要影响。不同的景观空间格局对径流、侵蚀和污染物的迁移影响也不同。Peterjohn 和 Correll（1984）调查了氮和磷在地表径流和浅层地下水中通过农田和河边植被缓冲带的情况。结果是氮在河边植被带的滞留率为 89％，在农田的滞留率为 8％；磷的滞留率分别为 80％和 41％。并且氮和磷通过景观结构的途径也不同，氮在农田和河边植被带之间的传输主要途径是地下水，而磷则通过地表径流传输。因此，若要对污染物进行有效的拦截和处理，对景观要素进行适当的空间布置是必要的，这也体现了污染环境下景观格局多样性的重要性。

小　结

景观污染生态学大致包含三方面的内容，分别研究污染环境下景观的结构、功能和动态变化。

污染环境下景观结构的变化主要表现为污染物进入环境后，在时、空小尺度上对斑块、廊道和基质等景观构成要素以及对景观异质性的影响。污染对环境资源斑块和廊道基本不产生影响，其影响主要表现为形成新的干扰斑块和干扰廊道，斑块的大小、形状和廊道的结构特点和功能执行均体现出人类活动强力干预的特征。污染对景观基质的影响表现为对基质孔隙度、边界形状和连通性的影响。基质的孔隙度关系到景观中物种的隔离程度和边缘效应的大小。污染对景观基质孔隙度的影响主要体现在污染物堆放场地的选择、污染物堆放面积的大小和堆放场地数量三个方面。在考虑污染对基质边界形状的影响时，主要关注的是将污染物对周边景观组分的影响降至最低。一般来讲，保持污染物堆放地周长与面积比最小，亦即污染物呈圆形堆放更有利于保护环境。

污染对景观异质性的影响局限于小尺度干扰上，突发的极端污染事件也会扩展到中尺度水平。污染导致的景观异质性增加一般都是由有毒有害物质的聚集和原有斑块破碎、生物量的大量消失而显现，其对生物的不利作用远远超过了异质性增加对生物多样性的有利影响。

污染环境下景观功能的变化体现在景观的生产、生态、美学和文化功能等方面。污染条件下景观生产功能中的生物生产虽然与自然环境中的生物生产有很大区别，但其作用不能被忽视；污染条件下的非生物生产，主要指物质生产和非物质生产两类。物质生产创造物质财富，非物质生产创造精神财富。污染环境下景观的物质生产包括正向和负向物质生产。正向物质生产满足了人们对物质、文化的需求，同时也是现代环境问题产生的根源；负向物质生产包括工业污染、交通运输污染和生活污染等类型。发展到现在，三种类型的负向物质生产后果均在景观水平上有明显的表现。非物质生产是景观生产满足人们精神文化生活所需的各种文化、艺术产品及相关的服务。

污染对景观生态功能的影响，大多数表现为对几种或多种景观生态服务功能的综合影响，而不是单一影响。污染对景观美学功能和文化功能的影响受时代发展制约。在社会发展的不同阶段，人们对污染影响景观美学功能和文化功能的认识会出现较大差异。

污染环境下景观的动态变化表现为景观稳定性的变化、景观破碎化和景观多样性变化三个方面。景观稳定性的变化与污染干扰的频度和强度有关，如果污染干扰的强度小，而且是规则的，景观就能建立起与干扰相适应的机制，从而保持景观的稳定性；如果干扰比较严重，但干扰经常发生且可以预测，景观也可以发展起适应干扰的机制来维持稳定性；如果干扰不规则，发生的频率很低，景观的稳定性就最差。景观破碎化在污染环境下有时可以表现得非常明显，但更多的时候污染引起的景观破碎化要经历很长时间才能显现出来，这就为污染的预防和防治带来了不可预知性和长期性。污染对景观多样性的影响与污染的程度和范围有关，若影响范围小到不影响原有物种的栖息环境时，由于适应污染环境的物种出现，可以增加景观的多样性；但在现代生产方式下，这种污染程度已经比较少见，代之而生的是大规模、大面积的污染方式，会导致景观的多样性大幅度降低。

复习思考题

1. 环境污染下，景观结构有可能发生哪些变化？
2. 环境污染对景观的功能发挥有什么影响？
3. 环境污染对景观的动态表现在哪些方面？
4. 请结合具体的环境污染事件分析其对景观生态的影响。

建议读物

Costanza R，d'Arge R，de Groot R，et al. 1997. The value of the world's ecosystem services and natural capital. Nature，387：253-260.

彭少麟. 2007. 恢复生态学. 北京：气象出版社.

祁俊生. 2009. 农业面源污染综合防治技术. 成都：西南交通大学出版社.

孙铁珩，周启星，李培军. 2001. 污染生态学. 北京：科学出版社.

俞孔坚. 1998. 景观：文化、生态与感知. 北京：科学出版社.

张娜. 2014. 景观生态学. 北京：科学出版社.

推荐网络资讯

中商情报网：http：//www. askci. com/

中华人民共和国环境保护部：http：//www. zhb. gov. cn/

第六章　污染淡水生态系统的恢复

第一节　污染河流生态系统的恢复

一、污染河流生态系统概述

（一）污染河流的定义和主要特点

污染河流(polluted rivers)是指由于人类活动直接或间接把污染物排入河流后，河流的物理、化学性质或生物组成发生变化，水体使用价值降低的河流。

我国河流的污染类型主要有重金属污染、有机物污染、热污染和无机物污染等。据《2014中国环境状况公报》显示，2014年长江、黄河、珠江、松花江、淮河、海河、辽河等七大流域和浙闽片河流、西北诸河、西南诸河的国控断面中，Ⅰ类水质断面占2.8%，Ⅱ类占36.9%，Ⅲ类占31.5%，Ⅳ类占15.0%，Ⅴ类占4.8%，劣Ⅴ类占9.0%。主要污染指标为化学需氧量、五日生化需氧量和总磷。

污染河流的主要特点是：①污染程度随河流径流量的变化而变化。在等排污量的情况下，河流径流量越大，污染程度越低。径流量随着季节变化(雨季和旱季)，也带来污染程度的时间上的差异。②污染物扩散快。河流的流动性，使污染的影响范围不限于污染发生区，上游遭受的污染会很快影响到下游，甚至一段河流的污染，可以波及整个河道的生态环境。③污染危害大。河水是主要的饮用水源，污染物通过饮用水可直接毒害人体，也可通过食物链和灌溉农田间接危及人身健康。

污染河流生态系统的恶化主要表现为水中的养分、水的化学性质、水文特性和河流生态系统动力学特性等的改变，以及由此对原水生生态系统和原物种造成的巨大压力。

（二）国内外污染河流生态恢复的研究现状

污染河流的生态修复是指使用综合方法，使污染的河流恢复因人类活动的干扰而丧失或退化的自然功能。目前，国内外污染河流生态修复的方法主要有物理、化学和生物方法，这些方法在污染河流治理方面均已取得显著成果。

1. 国外污染河流生态恢复研究现状

20世纪50年代，德国首先提出了“近自然河道治理工程”的概念，它注重河道的综合治理，强调植物、动物和生态的相互制约和协调作用。之后，世界各国对以追求人与自然和谐相处为目标的生态水利理论与技术展开了积极探索。发展至今，概括起来主要有：

(1) 德国的近自然河道治理工程，以此为基础开展实施了莱茵河行动计划。

(2) 英国的河道修复工程。英国河道修复中心于20世纪90年代中期成立，旨在为河道的生态修复提供咨询和服务，制定的“生物多样性计划”体现了可持续的洪泛区保护与生物多样性保护的结合。

(3) 美国的自然河道设计技术。利用此技术设计实施的基西米河的生态恢复工程，是美国迄今规模最大的河道恢复工程。

(4) 日本的近自然工事。近10年来，日本逐渐改修已建河道的混凝土护岸，在理论、施工及高新技术的各个领域丰富发展了“多自然型河川工法”。

(5) 近年来，随着技术方法的全面成熟，流域尺度下的河流生态修复工程逐渐增多。美国已经开始对密西西比河、伊利诺伊河和凯斯密河流域进行了整体生态修复，并规划了未来20年长达60×10^4km的河流修复计划(Laub and Palmer，2009)。

2. 国内污染河流生态修复研究现状

我国污染河流生态修复起步较晚，目前仍处于探索阶段。科研上，水体修复的生态工程方法、河流生态恢复模型的研究、河流生态恢复的评估方法等方面取得了很多创新性成果(李兴德等，2011)。目前，国家正在加大对水体污染治理技术等一系列问题的投入。例如，北京市秉着“宜弯则弯、宜宽则宽、人水相亲、和谐自然”的理念，将行政区内各河流进行了治理，对全流域的生态恢复起到了积极作用；武汉和镇江等地建立了城市水环境改善技术平台；我国最长的内陆河——塔里木河的治理工程已初见成效，沿岸的植被重新焕发了生机。近年来，流域尺度下的生态修复理论与技术研究逐渐得到重视，如北京市水土保持工作总站提出的建设生态清洁小流域，浙江省实施“万里清水河道建设”。

经过多年的治理，2001～2014年，七大流域和浙闽片河流、西北诸河、西南诸河总体水质明显好转，Ⅰ～Ⅲ类水质断面比例上升32.7%，劣Ⅴ类水质断面比例下降21.2%(《2014中国环境状况公报》)。

二、河流生态系统受损的原因

(一) 农业活动对河流生态系统的影响

农业活动对河流生态系统的影响十分明显，最明显的破坏表现在对河岸带和河流阶地上天然植被的破坏。为了在农业上获取最大经济利益，经常以牺牲天然植被来换取可耕地。

1. 导致水土流失

在我国，往往表现在围湖造田以及对河流滩地的围垦上。为了农业发展，去除生物多样性丰富的河岸、漫滩和阶地上的植被，代之以单一的农业植被，不仅改变了原有地貌，还改变了河流廊道的水文功能，从而造成水土流失、减少入渗、增加高地的地表径流和污染物的迁移、河岸侵蚀加剧、破坏河流生态系统的生物栖息地等不利现象(王东胜和谭红武，2004)。

为了保护农田，还必须修建一定的防洪设施和田间灌溉渠系，这些设施的完善进一步破坏了河流廊道及其相关高地地貌和水文特征。从农业的目的出发，人们使河流(或渠道)顺直化或穿行于方正的田块，以获得更有效的产出；河流廊道常被改造以满足单一目的生境，如某一鱼类的养殖。这些变化的潜在影响主要表现在破坏了高地和漫滩的地表和地下径流过程，增加水体温度、浊度、pH，使地下水水位下降、河岸失稳、水生和陆生生物栖息地丧失。同时，灌溉排水渠系组成新的景观，导致原有生境的丧失或破碎化。

2. 富营养化

由于耕作对土壤的扰动，农田径流中泥沙含量很高。并且现代农业的发展大量施用化肥，化肥以溶解态或吸附态的形式淋滤进入地下水或流入地表水，进入河流廊道，构成了河流的重要污染源，造成了河流固体废弃物增加，N、P含量超标，从而产生富营养化现象。

3. 农药和化肥的施用导致河流重金属及有机物污染

农药的施用对防治农作物病虫害、提高农业产量、解决粮食供应问题起到非常重要的作用。与化肥施用一样，农药的施用只有少部分能作用于靶生物，大部分仍通过降水与径流进入水体,某些难降解有机农药还随大气环流加入全球生物地球化学循环,成为全球污染物。尽管现行推广的农药具有较好的降解性,但由于管理水平限制,也常造成水体污染。

按性质来分,农药主要分为有机氯、有机磷、有机氮和金属化合物农药四类。这些农药都是很强的杀菌和杀虫剂,会对水生生物产生毒害作用,而且有些农药中含有的重金属及难降解有机物有很明显的生物积累效应(表 6-1 和表 6-2)。这些农药能在河流中持久残留,积累在生物体内并沿食物链逐步放大,威胁生态系统的安全。

表 6-1　滴滴涕在食物链中的富集作用(孙铁珩等,2001)

食物链	滴滴涕含量/(mg/L)	富集倍数
水	0.000 03	—
↓		
浮游生物	0.04	1 300
↓		
小鱼体内	0.5	17 000
↓		
大鱼体内	2.0	66 700
↓		
水鸟体内	25	833 000

表 6-2　水生动物对有机磷农药的生物富集(孙铁珩等,2001)

动物	农药	水环境中浓度/(mg/L)	富集倍数
鱼	二嗪农	320	10
	对硫磷	120	80
胎贝	对硫磷	120	50

(二) 城镇化对河流生态系统的影响

城镇化(urbanization)又称城市化、都市化,是指人口向城镇聚集、城镇规模扩大以及由此引起一系列经济社会变化的过程,其实质是经济结构、社会结构和空间结构的变迁。城市的快速发展在带来大量工业和生活污水的同时,还会对自然生态系统进行干扰,打破原来河流生态系统的结构和平衡,由此带来的生态环境影响已经引起人们的高度重视。

城市化从三个方面影响河流生态系统的结构:一是河流面积;二是河流的河床结构;三是景观尺度上的空间结构。城市化从水文过程和物质循环过程引起河流生态功能变化。河流空间被道路、市街、商业区、住宅区等挤占,特别是小型的自然溪沟被填埋,暗渠化或者原河流具有的自然缓坡河岸带被硬化为垂直堤岸,造成河流面积下降,这是城市化过程中存在的主要问题之一。河流面积的减少还体现在与其相连的湿地、湖泊面积的减少。作为河流不可或缺的一部分,湿地在维系河流水文动态、排涝泄洪以及净化水质等方面发挥着重要作用,但是湿地面积随着城市化而大面积降低。城市河道系统受到的干扰主要体现在结构固结化、形态规整化和功能简单化这三个方面。

影响河道生态系统健康的关键过程可归纳为以下几个方面:物质交换通道的阻隔、生物栖息环境的破坏和河道生态水文过程的失衡。水位变化大,多雨季节和少雨季节河流水位差异明显；水量变化大，含沙量减少，但河流污染物增多（主要是生活、生产垃圾）易发生洪水，植被减少后涵养水源功能降低，且城市地表主要为不渗水的水泥，造成地下水水位下降（生产、生活用水增加）和水质污染。

如第五章所述，在景观生态学中，河流作为廊道发挥着重要的生态功能如通道、过滤、屏障、源和汇作用等（Wassen et al.，2002），与河流相关的各种景观要素与河流间相互作用共同维系整个流域生态系统的平衡与稳定，但是城市化的进程却打破原有的结构和关系。首先，各个要素的数量发生了变化，城市化还造成河流系统内各种景观要素结构变化（彭涛和柳新伟，2010）。此外，城市化还造成河流系统内各种景观要素结构变化。吉文帅等（2007）研究表明柘皋河随着经济发展，流域内水体的边缘密度减小，这主要是人造水塘较多，并在河流上游修建多处水利设施所造成，由此可见人工水利设施造成河流系统边缘密度变小，对于较容易受边缘效应影响的河流系统来说影响更为明显。另外，造成景观要素空间关系发生了很大改变。以城市化水平由低到高为序列，在不同区域中河流的频数和密度存在明显差异，村镇级河流频数远高于市区级河流频数；村镇级河流密度在高度城市化地区低于市区级河流密度，但在低度城市化地区则高于市区级河流密度 10 倍以上；由市、区两级河流构成的干流长度比例随城市化进程基本呈上升趋势。干流型网状结构是高度城市化地区的基本河流结构，井型网状结构是中度城市化平原河网地区经人为改造形成的河流结构。因此，随着主导土地利用类型的变化，河流形态结构发生着具有内在联系的趋势性变化，自然型→井型→干流型河流结构是平原河网地区一种可能的演变趋势。三种类型河流结构不仅在空间形式上差异显著，而且在景观、形态、结构、发育和功能等方面特征迥异（袁雯等，2007）。

三、污染河流结构和功能的变化

（一）污染河流结构的变化

1. 河床的变化

环境污染或大的自然灾害后，泥沙进入河床使河床抬高，河面变宽。人为的一些工程建设，如修建水库或者挖宽河道，都有可能使河面加宽。河面变宽后，河流流速减慢，水中的泥沙沉积量变大，有可能继续抬高河床，形成地上河。但与此同时，河面加宽可以改善河流的航运条件。

2. 水体的变化

河流水体的污染物质一旦超过了水体的自净能力，就会使水质恶化，色度、浊度以及 pH 等各种理化性质发生改变，影响水体的原有用途。污染河流的水体在色度、浊度以及水的各种理化性质上都与正常水体有很大差别。

3. 生物的变化

一般而言，污染河流中的生物多样性降低。生活污水、工业废水和农田排水把大量氮、磷化合物等带入水体，引起水质变化，使水生动物的生存受到威胁，甚至死亡，如有机磷农药引起的畸形鲫鱼。重金属污染对水生生物也会造成很大危害，如汞和汞的化合物在水生态系统中可随食物链迁移和积累，其中有机汞对水生生物的毒害最大。甲基汞在鱼类神经系统和红细胞中大量积累，可使鱼产生神经症状，活动失去平衡，并且周期性地发生反常游动，摄食减少，呼吸减弱，甚至导致死亡；镉可在鱼体内大量积累，损害鳃组织、肠道黏液和肾小管细胞，并影响肝脏超氧化物歧化酶活性和血液功能。此外，镉对蛙类的呼吸也有抑制作用，其他如锌、铬等重金属对水生生物也都有毒害作用。

在污染水体中的放射性物质锶、铯等，由于它们的半衰期长，化学性质又与组成生物体的重要元素钙和钾相似，因此鱼的鳞片和骨骼以及水草等均能吸收。饲养鱼类受X射线照射，其性腺会受破坏，引起雄鱼睾丸中的初级精母细胞损伤，细胞核破坏，雌鱼卵巢中的初级卵母细胞性成熟大大延迟，造成生殖力减退。在铀的慢性作用下，有的雌鱼卵巢退化，呈中性现象。

向水体排放废热水或其他废热，使水温升高，溶解氧减少，影响水生生物的生存。一般淡水水温超过32℃时，水生生物的种群、群落结构就要发生剧烈变化，很多种类消失。20℃的河流中硅藻为优势种，30℃时绿藻就成为优势种，35～40℃时蓝藻就大量繁殖起来。热污染对水体的危害，不仅是由于水温的升高直接杀死水中生物，如鳟鱼在水温超过25℃时，可致死亡。而且水温升高加快水中有机质的腐烂过程，使水中溶解氧进一步降低。在这样不适宜的温度及缺氧条件下，严重破坏水生生态系统。一般水温增加5℃左右，鱼类的生存即受到威胁甚至死亡。影响污染物毒性的水质条件主要包括水温、氢离子浓度、硬度、溶解氧及其他溶解气体的状况等。其中最重要的是水温。一般而言，水温升高会使污染物的毒性明显增加；水温升高使溶解氧降低，也会使毒性增加。pH对某些污染物的毒性也有很大影响。例如，氨在碱性条件下形成的非离子型氨(NH)，对水生生物有明显的毒害；而在酸性条件下形成铵离子(NH_4^+)，对水生生物则无明显毒害。重金属如锌、铜则相反，因为在pH低的情况下，形成的有毒离子数量大大增加。

影响污染物毒性的水中溶解气体，较常见的是二氧化碳。如水中二氧化碳浓度升高，会降低氨的毒性(侯治平，1997)。水的硬度也影响某些污染物的毒性。一般的阳离子去垢剂对鱼的毒性随着水硬度的增加而增加。但是用硫酸锌对鱼类进行毒性试验的结果则相反，水的硬度越高，鱼的存活时间越长(周永欣和尹伊伟，1992)。

4. 河岸带的变化

河岸带作为陆地和水生生态系统的交错地带，它具有生态的脆弱性、生物的多样性、变化周期性和人类活动频繁性等特点。水与土的相互作用的影响，一方面使土壤中营养物质、有毒化合物、病原体等转移到水体，造成水体污染，破坏水生生态系统，同时水周期性的作用对土壤产生侵蚀，使泥沙大量向水体转移，造成水体淤塞，河床抬高，导致洪水泛滥；另一方面，河流水位下降时，水中的一些漂浮物、生活垃圾、生物死亡体等大量污染物会沉积在河岸带，对环境造成不良影响。

(二) 污染河流功能的变化

所谓河流功能，就是河流中发生各种物理、化学、生物学过程和外在特征，以及与河流相关的人类的活动反映。随着经济社会的发展，河流功能呈现了多样性，以下七种功能尤为重要：①水利功能；②航运功能；③生态功能；④游憩休闲功能；⑤历史文化功能；⑥纳污功能；⑦景观功能。

1. 水利功能的变化

河流的水利功能主要作用是引水灌溉和防洪，同时也兼具水运和城市供水的功能。受污染的河水用来灌溉会使食品安全存在隐患。在城市供水方面，污染河水只能用作景观用水。

2. 航运功能降低

由于污染河流的河床抬高，河流变宽，河流流量减少，所以河流的航运功能降低，秋冬季节尤为明显。

3. 输沙功能减弱

根据流域的系统理论，一条完整的河流系统可以分为产流产沙带、输沙带和沉积带 3 个子系统。泥沙的输移功能是输沙带尤其重要的功能，即为某一河道输送泥沙的能力。固体废弃物污染的河流输沙功能会比正常的河流减弱，由于大量固体废弃物涌入河道，河流的流速减缓，输沙功能会相应地减弱，受固体废弃物污染的河流输沙功能也具有明显的季节性。

4. 生境多样性降低

生境是指生物的个体、种群或群落生活地域的环境，包括必需的生存条件和其他对生物起作用的生态因素。污染河流由于河流自身结构和功能遭到破坏，如水质变差、河岸带植被减少等，所以河岸带和水体内的种群会发生相应变化，一般来说污染河流的生境多样性会降低。

5. 自净功能丧失

水体自净是一个较为复杂的过程，影响自净能力的因素很多而且相互联系，如污染物的种类和性质、水体性质、水生生物、水中的溶解氧都是影响河流自净能力的因素。水中的溶解氧量是衡量水质的一个重要参数。水中鱼类生存所需溶解的最低值与鱼的种类、生长发育阶段、活动量大小和水温有关。McKee 和 Wolf(1963)认为，流线型的温水鱼种要求水中溶解氧的含量一天之内至少有 16h 保持在 5mg/L 以上，其余 8h 不得低于 3mg/L。一般来说，高级鱼种(如鳟鱼)要较低级鱼种(如鲤鱼)需要更多的溶解氧。

影响水中溶解氧含量的因素是曝气作用、光合作用、呼吸作用和废物的氧化等。这些因素直接影响水中复氧与耗氧之间的平衡关系。

耗氧和复氧的协同作用产生了一种如图 6-1 所示的氧垂曲线(温永升，1994)。图中 A 为有机物分解的耗氧曲线，B 为水体复氧曲线，C 为氧垂曲线，最低点 Cp 为最大缺氧点。若 Cp 点的溶解氧量大于有关规定的量，从溶解氧的角度看，说明污水的排放未超过水体的自净能力。若排入有机污染物过多，超过水体的自净能力，则 Cp 点低于规定的最低溶解氧含量，甚至在排放点下的某一段会出现无氧状态，此时氧垂曲线中断，说明水体已经污染。在无氧情况下，水中有机物因厌氧微生物作用进行厌氧分解，产生硫化氢、甲烷等，水质变坏，腐化发臭。当废物消耗水中的氧时，起初水中溶解氧的下降速度快于水中的复氧速度。在溶解氧的最低点，复氧速度等于耗氧速度。在此点以后，复氧速度超过了耗氧速度，最后水中溶解氧又恢复到正值。这个过程就是水体固有的自净能力。

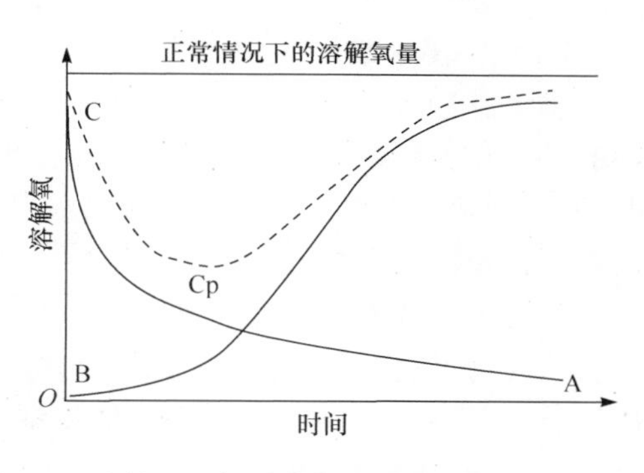

图 6-1　氧垂曲线(温永升，1994)

污染河流随污染物增多，随河流的流动在地球上蔓延、积累。热污染使水体温度升高，分解污染物的微生物随着河流污染程度的加重而减少，自净能力变弱甚至丧失。

6. 排洪防涝功能降低

污染河流中的固体废弃物及污染物的增多，使河流的内部空间减少，当发生洪水时，其防涝功能就相应降低。

7. 河岸带功能的变化

河岸植被缓冲带是河流生态系统和陆地生态系统之间的生态交错带，具有独特的生态系统结构和服务功能。污染河流的河岸带功能受到破坏，具体表现在河岸带景观的通达性降低，景观空间接连性和廊道功能减弱；河岸带植被的廊道破碎化严重，生物多样性降低。

8. 休闲游憩功能

河流的休闲游憩功能是指人类在河边或河流上进行的各种休闲娱乐活动。污染河流的水质发生变化，使得某些与人体直接接触的活动不能进行，如游泳、玩水等。

9. 历史文化功能

河流的历史文化功能是指河流对人类在社会历史实践中所创造的物质财富和精神财富所起的作用。污染河流因其结构和功能的变化，会影响人们创造物质财富，进而影响人类的精神财富。

四、污染河流生态恢复的原理、目标与原则

（一）污染河流的生态恢复原理

1. 入侵窗理论

Johnstone(1986)提出了入侵窗理论，认为植物入侵的安全岛（即适于植物萌发、生长和避免危险的位点）由障碍和选择性决定，当移开一个非选择性的障碍时，就产生了一个安全岛。在恢复过程中，植物进入河流的情形非常明显。通常情况下，退化湿地的恢复依赖于植物的定居能力（散布及生长）和安全岛。例如，在湿地中移走某一种植物，就为另一种植物入侵提供了一个临时安全岛。如果这个新入侵种适于在此环境中生存，它随后会入侵其他的位点。入侵窗理论可以解释各种入侵方式，在湿地恢复实践中可选择利用（彭少麟，2007）。

2. 洪水脉冲理论

洪水脉冲理论（flood pulse concept，FPC）是Junk等（1989）基于在亚马逊河和密西西比河的长期观测和数据积累，于1989年提出的河流生态理论。洪水脉冲理论主要阐述洪水脉冲驱动下，河流与其洪泛区之间的横向水力联系对河流洪泛区系统进程的重要性，强调洪水脉冲的重要性及河流洪泛区系统的整体性（卢晓宁等，2007）。

洪泛平原的养分循环主要依赖于洪水周期和区域植被覆盖。在洪水周期中，泥沙的颗粒态有机质、无机物和养分在洪积平原中沉积。主河道与洪积平原的养分交换主要依赖于3个因素：洪积平原的滞留机理，河道的渗漏量（泥沙沉积、有机体吸收、大型植物和区域植物滞留）；洪水持续时间和冲刷率；温带区域洪积平原植物的生长周期等。以河流周期性涨退时间及泛滥后的横向空间观念，提出不同于河流连续体理论的纵向空间观点，用以解释河流洪泛湿地地区能量及营养的动态变化，由此形成洪水脉冲理论（图6-2）。它主要描述的是，由河流河道系统到洪泛区系统季节性水流消长导致的河流洪泛区干湿交替的水文情势变化，以及河流洪泛区系统生物对这种水文情势变化的适应。

洪积平原的栖息地与洪水脉动关系密切，由于洪水持续时间以及土壤类型等因素的差异，小尺度上的栖息地以及水温、氧气、溶解态物质、颗粒态物质等非生物环境有空间异质性，同时栖息地在不同洪水作用下具有不稳定性，栖息地环境状况的较大变化导致河流洪积平原的物种多样性较高。洪水脉冲有利于鱼类的繁殖，增加了单位面积鱼类生产量，缓冲区域的养分和泥沙的自然过滤，有助于控制洪积平原的非点源污染（Junk et al.，1989；Bayley，1995）。

3. 河流连续体理论

河流连续体理论是指由源头集水区的第一级河流起，以下流经各级河流流域，形成一个连续、流动、独特而完整的系统，称之为河流连续体。它在整个流域景观上呈现出狭长网络状，基本属于异养型系统，其能量、有机物质主要来源于相邻陆地生态系统产生的枯枝落叶、动物残

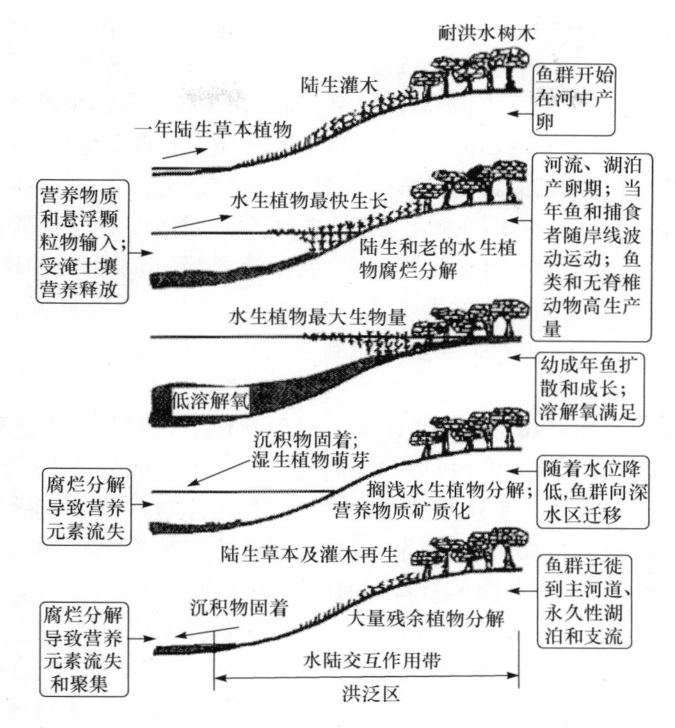

图6-2　洪水脉冲理论横断面示意图(Bayley,1995;卢晓宁等,2007)

体以及地表水、地下水输入过程中所带的各种养分(Vannote et al.,1980)。

河流连续体是描述河流结构和功能的一个方法。它应用生态学原理,把河流网络看作一个连续的整体系统,强调了河流生态系统的结构和功能与流域的统一性。这种由上游的诸多小溪直至下游河口组成的河流系统的连续性,不仅指地理空间上的连续,更重要的是指生态系统中生物学过程及其物理环境的连续。

4. 河流水系统理论

为了更好地描述有关河流结构与功能连通性特征, Petts 和 Amoros(1996)提出了“河流水系统理论”。该理论认为河流水系统是一个四维体系,包括河道、河岸带、河漫滩和冲击含水层,纵向、横向和垂直洪流以及强烈的时间变化都会对此体系产生影响。它强调河流是由一系列亚系统组成的等级系统,包括排水盆地、下游功能扇、功能区和功能单元以及其他小尺寸生境,它们在各个尺度上都有水文、地貌和生态方面的复杂联系。

5. 河流四维模型

在河流连续体的概念上,Ward(1989)把河流生态系统描述为四维模型,横向、纵向、时间尺度和竖向的生态系统。在纵向上,河流是一个浅性系统,从河源到河口均发生化学、物理、生物变化,河流是生物适应性和有机物处理的连续体。生物物种和群落随河流上、中、下游河道的物理性质变化而进行不断的调整和适应。河流不仅是一个流动的物理系统,更是一个动态的生态系统。因此,保持河流上、中、下游的连通性是河流生态修复的一个重点,应该注意人类活动造成的连续性中断。例如,由于过量取水减少了河道水流,造成河流干涸及断流。筑坝破坏了河流纵向上的连续性,对鱼类和无脊椎动物的洄游与迁移形成障碍。另外,自然河流中大量营养物质吸附在泥沙颗粒表面,随水流运动而转移扩散,为水生动植物提供丰富的营养。河流是水域生态系统物质循环的主要通道。一旦河流被大坝拦截,粗沙在水库中淤积。清水下泄加剧了对大坝下游河床的冲刷，改变了营养物质运移规律，可能破坏生态系统原有的结构。

横向上，河流与其周围区域的横向流通性也很重要。河流与周围环境形成了复杂的系统。河流与横向区域之间存在着能量流、物质流等多种联系，共同构成了小范围的生态系统。在自然状态的水文循环产生洪水漫溢与回落过程，是一个脉冲式的水文过程，也是一个促进宝贵的营养物质迁移扩散和水生动物的繁殖过程。但是，由于防洪的需要，河两岸筑起堤防，把河流约束在两条堤防范围内，使洪水不能肆虐危害人类生存。但是堤防也有其负面效应。堤防妨碍了汛期主流与周围河滩、湿地、死水区、河汊之间的流通，阻止了水流的横向扩展，形成了一种侧向的水流非连续性。洪水携带的大量营养物质无法扩散到洪泛区，泥沙和营养物质被限制在堤防以内的河道内，使岸边地带和鱼类的栖息地特性发生改变，使两岸植被面积减少，无脊椎动物物种减少(Boon et al.，2012)。

竖向上，与河流发生相互作用的垂直范围不仅包括地下水对河流水文要素和化学成分的影响，还包括生活在下层土壤中的有机体与河流的相互作用。Stanford 和 Ward(1988)对河流系统的竖向领域进行了观测，认为这个区域的生物量远远超过河流的底栖生物量。人类活动的影响主要是不透水材料衬砌的负面作用。例如，对自然河流进行人工渠道化改造，采用不透水的混凝土或浆砌块石材料作为湖泊材料或河床底部材料，隔断了地表水与地下水间的通道，也割断了物质流。

在时间尺度上，河流四维模型强调在河流修复中要重视河流演进历史和特征。每一变化过程与生态现状的关系。河流系统的演进是一个动态过程。水域生态系统是随着河流水文变化及潮流等条件在时间与空间中扩展或收缩的动态系统。河流四维连续体模型反映了生物群落与河流流态的依存关系，描述了与水流沿河流三维方向的连续性相伴随的生物群落连续性以及生态系统结构和功能的连续性。

（二）污染河流生态系统恢复的目标与原则

1. 污染河流生态系统恢复的目标

1）完全复原

完全复原指将污染河流的生态系统结构和功能完全修复到受干扰前的状态。结合我国实际，基本可以确定：第一，完全修复几乎是不可能的，也不需要；第二，要充分考虑自身实力和成本效益分析，做好系统分析，采用经济实用的技术，做到生态效益最大化；第三，只要我们减少对河流的干扰，减少污水排放，保证生态环境的最低蓄水量，河流生态系统会缓慢得到复原；第四，生态恢复不是大量投资去创造一条新的河流，然后在其上创立一个新的系统，而应是逐步改善的，最初的时候可以拿少许资金去营造部分生态环境存在的基础。所以说我国的生态修复要兼顾自身经济社会发展现状，防治结合，重点在防。

2）修复

修复是指污染河流河道的形态和河床断面的修复及恢复丧失的河岸带植被和湿地群落。可采用的具体方法有：修复河道的连续性；重现水体流动多样性；给河流更多的空间；慎重选择河道整治方案，部分地返回到生态系统受干扰前的结构和功能。

3）增强

增强是指污染河流及其周边的环境质量有一定程度的改善。污染河流经过各种措施进行生态修复，使得其生态系统恢复以致生态系统抵抗力和稳定性增强。

4）创造

创造是指开发一个原来不存在的新的河流生态系统，形成新的河流地貌和河流生物群落。

5）自然化

尊重自然是生态恢复的基本原则。河流形态多样性是流域生物群落多样性的基础。河流的渠道化和裁弯取直工程彻底改变了河流蜿蜒型的基本形态，急流、缓流相间的格局消失，而横断面上的几何规则化，也改变了深潭、浅滩交错的形势，生境的异质性降低，水域生态系统的结构与功能随之发生变化，特别是生物群落多样性将随之降低，可能引起淡水生态系统退化。一些水利工程的兴建，在不同程度上降低了河流形态的多样性，生境的变化导致水域生物群落多样性降低，使生态系统健康和稳定性均受到不同程度的影响。

河流进行梯级开发，形成多座水库串联的格局。水体在水库中形成相对静水，其流速、水深、水温及水流边界条件都发生了重大变化。河流筑坝工程建设导致水流的不连续性、河流形态的均一化和不连续化，降低了生境多样性，对河流生态系统形成了一种胁迫，这种胁迫可能引起河流生态系统的退化，随之也会降低河流生态系统的服务功能，最终对人们的利益造成损害。

2. 污染河流生态系统恢复的原则

1）道法自然原则

在充分利用河道生态系统的自我调节能力的基础上，适时施以恰当的人为措施，使河道系统沿着自然、健康的方向发展，构建人与河流和谐融洽的环境。

2）功能引导原则

河道系统修复首先应满足城市河道的各项功能，而各项功能在不同阶段和不同河段的重要性有所不同，因此应优先考虑主导功能，继而考虑各项功能之间的协调关系。

3）时空尺度分异原则

河道生态系统的生态修复需要较长时间，不同时段上河道生态系统会因外部条件改变或各项功能主导作用的交替变化而具有不同特征，应根据实际情况合理规划生态修复进程，明确当前所处的修复阶段。对于每一具体修复阶段，应明确修复目标，采取适当的修复措施（倪晋仁和刘元元，2006）。

4）生态循环与平衡原则

根据生物多样性原理，增加河道系统的生物多样性，使河道系统的物质循环和能量流动处于良性状态。同时依据景观生态学原理，增加景观异质性，如在城市污染河流生态恢复中保留原河道自然属性的基础上，注意塑造亲水的河流景观，突显城市文化与特色。

5）利益相关者参与原则

河道系统的生态修复应考虑到公众的接受、认知与支持能力，因此鼓励利益相关者积极参与，最大限度地满足不同利益相关者的需求，使各方面利益之间相互协调，生态修复才能得以顺利实施。

6）综合效益最优原则

河道生态系统的复杂性使得其生态修复具有风险大、周期长、投资高的特点。因此，需要从流域出发进行整体分析，将近期利益与长远利益相结合，在考虑当前流域经济承受能力的同时，对生态修复的成本效益进行分析，提出最佳的修复方案，实现环境、社会和经济效益最大化。

五、污染河流生态系统恢复的方法

（一）恢复方法

近年来，国内各学科交流增多，生态学、水利工程、环境工程等学科的合作日益密切，河流的生态修复已经可以从多学科、多角度入手，更全面地解决问题。

河流生态环境的修复技术和实践要在充分尊重自然规律的基础上进行，若不能充分认识并应用自然规律，有些所谓的生态修复技术反而是揠苗助长。目前比较常用的污染河流生态恢复技术主要有以下几种：

1. 河道近自然恢复

1938年，德国Seifert提出近自然河流治理的概念，近自然河道治理是指能够在完成传统河道治理任务的基础上可以达到近自然的效果，并保持景观美的一种治理方案。它主要是针对生态系统退化的河流。20世纪50年代，德国创立了近自然河道治理工程理论，提出河道的整治要植物化和生命化，随后将其应用于河流治理的生态工程实践，并称之为"重新自然化"（高永胜等，2007）。20世纪70年代，瑞士、法国、奥地利和荷兰等国家也在河道治理中开始运用生态工程技术，瑞士称之为"多自然型河道生态修复技术"。美国于20世纪90年代开始恢复已经建设的混凝土河道。随着河流生态工程实践技术的应用，其理论也得以发展（Mitsch and Jorgensen，2004）。1962年美国著名生态学家Odum首次提出生态工程概念，在此基础上，1989年美国Mitsch和丹麦Jorgensen赋予了生态工程新的定义，奠定了"多自然河道修复技术"的理论基础。1998年，*Stream Corridor Restoration：Principles，Processes，and Practices* 一书在美国出版，用于指导河流生态治理。

实现河道修复的第一个关键步骤是停止引起退化或阻碍生态系统恢复的干扰行为（Kauffman，1993）。生态修复的过程既包括被动地消除外在的干扰行为，也包括主动地采取措施来进行河道廊道修复。具体做法有：恢复河流自然形态，治理河道水质，调节河流水流量，对河道驳岸进行生态修复，增加河道两侧开放空间，建立河岸植被缓冲带等。

2. 河流横向生态恢复

河流结构形态的修复是要尽可能恢复河流的纵向连续性和横向连通性，保持河流纵向和横向形态的多样性，防止河床材料的硬质化等。主要包括河流蜿蜒性特征的修复；深潭-浅滩序列的创建；河道中局部河段河床的硬化覆盖改造；生态型护岸的修建等内容。横向上河道本身与河岸带及河漫滩甚至河流沿线的陆域生态系统具有密切的横向联系。

3. 河流纵向生态恢复

在纵向上河流是由连续变化的梯度构成河流的物理化学过程，生物群落的功能等具有地理空间上及动态过程中的连续。

4. 加大河流的枯水流量

流量是河流的一项重要的水文特征（龙笛和潘巍，2006）。增加河流的枯水流量使河流维持足够大的流量或者与天然径流量相同，河流的稀释与自净能力相应增加，从而使水质得到显著改善。

5. 采取人工增氧

河流曝气复氧是指向处于缺氧（或厌氧）状态的河道进行人工充氧，其原理是水体中的溶解氧与黑臭物质之间发生了氧化还原反应，且具有反应速率快的特点。它可以增强河道的自净能力，改善水质，但是存在消耗较大的缺点。

（二）污染河流生态恢复的案例分析：辽河的生态恢复

辽河是我国七大江河之一，虽然“十一五”以来积极的河流生态治理已初见成效，2009 年辽河干流已告别劣Ⅴ类水质。但是，辽河治理和保护中存在的一些深层次问题和矛盾仍十分突出，矛盾主要体现在水质污染，本案例重点针对其河道生态系统的恢复（段亮等，2013）。

辽河保护区生态修复的总体思路为：以恢复河流生态完整性为目标和出发点，坚持“给河流以空间”，通过重要支流河口人工湿地构建、坑塘湿地群建设与恢复，以及牛轭湖、库型湿地、干流河岸区湿地生态恢复，并保障湿地恢复水利条件，恢复辽河的物理、化学、生物完整性，重现辽河清水碧波的自然风貌。

根据辽河保护区现有湿地特征、水文条件、下垫面特征等综合考虑，确定支流汇入口湿地、坑塘湿地、牛轭湖湿地及河道湿地为主要建设湿地类型。通过湿地网恢复与建设工程，形成由不同规模、错落有致的湿地构成的具有自我修复功能的河流湿地生态系统，削减入河污染负荷，增强水体自净能力，改善河流水质，同时发挥其水源涵养、调洪蓄洪、气候调节、生物多样性维持、景观多样性等多重作用，成为野生动植物、鱼类和鸟类的栖息地。

通过在辽河干流构筑橡胶坝，提高生态水面，以及在闸坝回水段开展河道底泥生态清淤、河滩地平整、水生植物群落重建等工程措施，进行湿地自然恢复，并起到改善水质的作用。石佛寺生态蓄水工程净水效果明显，2011 年 5 月和 7 月，工程下游的马虎山断面 COD_{Cr} 比上游断面分别下降了 55%和 41%（胡庆武等，2014）。

第二节　污染湖泊生态系统的恢复

一、污染湖泊生态系统概述

（一）污染湖泊的定义

污染湖泊（polluted lakes）是指湖泊水质和环境严重恶化，出现了富营养化、有机污染、湖面萎缩、水量剧减、沼泽化等环境问题及其生态系统受到严重破坏的湖泊。我国湖泊污染的主要指标为总氮、总磷和生化需氧量。根据湖泊中污染物的来源，湖泊污染可划分为外源和内源污染两种类型。外源污染主要包括点源污染和面源污染，点源污染主要指排放的市政污水和工业废水；面源污染主要来自市区街道、农田和林区的地表径流以及大气降水、降尘等，其中最严重的是农村可利用固体废物和农田化肥流失产生的污染。湖泊有机污染和富营养化主要是点源污染和面源污染作用的结果。由于我国湖泊沿岸农业的科技含量不高，一部分农作物不能吸收的化肥进入湖泊，再加之城郊结合部湖泊沿岸的农村生活垃圾、农作物秸秆、人畜粪便形成固体废物流入湖泊以及水土流失等因素，面源污染对湖泊水污染的分担率每年都在增加。

内源污染主要指湖底沉积物在一定条件下的释放或再悬浮。底泥是湖泊中营养物质的蓄积库，进入湖泊中的各种营养物质经过一系列的物理、化学及生化作用后，其中一部分或大部分沉积到湖泊的底部成为湖泊营养物质的内负荷。当进入湖泊的外源污染减少或被完全截污后，沉积在湖底的营养物质将逐步释放出来用于补充湖水中的营养物质，可导致藻类繁殖、湖水水质恶化并继续处于富营养状态，甚至有可能出现“水华”现象。

生态条件未被破坏的湖泊中滋生大量水生维管束植物，这种湖泊称为“草型湖泊”，一般该类型湖泊水域生产力高，水质良好。由于人为破坏，湖泊中水生维管束植物大量被破坏，水质过肥，湖泊中浮游藻类大量繁殖，致使水域富营养化，这种类型的湖泊称为“藻型湖泊”。根据相关的湖泊调查显示，我国高营养化湖泊占调查总数的 43.5%，中营养化湖泊占 45%。富营养化湖泊主要以藻型湖泊为主，藻类产生的藻毒素等有害物质，严重影响饮用水源地水质。2014 年，我国 62 个重点湖泊（水库）中，7 个湖泊（水库）水质为Ⅰ类，11 个为Ⅱ类，20 个为Ⅲ类，15 个为Ⅳ类，4 个为Ⅴ类，5 个为劣Ⅴ类。主要污染指标为总磷、化学需氧量和高锰酸盐指数（国家环境保护部《2014 中国环境状况公报》）。

（二）污染湖泊恢复的研究现状

自 20 世纪 90 年代初，国内外的许多研究认为可以通过工程和管理措施消除破坏沉水植被的因素，在“藻型浊水状态”的基础上，人工协助重建沉水植被，恢复浅水湖泊的“草型清水状态”。经过大量的研究和实践，国外许多小型的浅水富营养化湖泊中已经成功地恢复沉水植被，湖水水质也得到极大改善，如欧洲的荷兰、丹麦等国的一些湖泊。我国许多地区在“八五”期间开始研究富营养化水体沉水植被的恢复与重建技术，在严重富营养化的武汉东湖、江苏太湖、云南滇池等已经进行过较多的研究与示范，目前在一些示范研究的湖区沉水植被恢复已取得了初步成效。

美国华盛顿湖是一个重要的娱乐性湖泊，面积 87km^2，最大水深 65m。20 世纪 50 年代富营养化加剧，60 年代开始治理，许多技术在其中应用，如废水处理，点源和面源控制，湿地处理，光化学处理，湖岸植被恢复，生物操纵等，最终取得了很好的效果，被视为湖泊生态恢复的典范（王国祥等，2002）。

总结国内外对富营养化浅水湖泊进行生态恢复的研究与实践，可以得出如下结论：①恢复或重建湖泊水生植被（尤其是沉水植被）是富营养化浅水湖泊生态恢复的重要环节。②多稳态理论、生物操纵理论以及上行控制和下行控制理论是恢复或重建水生植被，实现由藻型到草型转变的重要理论基础；恢复和重建水生植被并保持稳定状态必须把营养盐浓度削减到一定范围内（国外研究认为磷浓度要在 0.1～0.25mg/L）（Zhang et al.，2003）。③生态恢复的前提是控制外源营养负荷，然后在实施综合措施的基础上（如疏浚或钝化底泥控制内源负荷，通过生物操纵或理化手段控制藻类等）恢复或重建水生植被。④我国湖泊的富营养化程度（如氮、磷浓度等）比多数欧洲及北美湖泊明显要高，恢复和重建水生植被的困难要大（刘治华，2006）。

二、湖泊生态系统退化的原因

（一）环境污染

由于人类工业、农业和生活活动而排放的污染物进入水体，超过了水体的自净能力，水体和水体底泥的物理、化学性质或生物化学性质发生变化，从而降低了水体的使用价值，危及了水生生物的生存，使生态系统结构和功能改变，如工业污染排放、农药中有机或无机污染物（如重金属、DDT 等）的进入等。

改革开放以来，各湖泊流域的矿产企业急速增加，大量污染物排入湖体。目前我国城市每年大约要排放 204.51 亿 m^3 的污水，处理率仅为 34%，农村生活污水的处理率则更低。以巢湖为例，每年接纳工业废水 1.4 亿 t、生活污水 0.35 亿 t，污水处理率仅为 2.5%，远远超过水体自净能力，湖体内部生态系统产生“多米诺”效应，水质急剧恶化（王绪伟等，2007）。

（二）过度养殖

我国湖泊鱼类资源极为丰富，具有经济价值的鱼类占相当一部分。很多湖泊出现过度捕捞、围网养殖以及人工放流经济鱼类来实现经济创收的现象。太湖 1998 年的最高捕捞量为 26 118t，而 1952 年捕捞量仅为 4060t(陈立侨等，2003)；人工放流草食性鱼类破坏了湖泊的水草资源，而滤食性鱼类则直接摄食浮游动物，加快了湖体营养元素的循环。上述种种不符合自然规律的做法，致使湖中营养盐升高，草型化向藻型化过渡，加快了湖泊的富营养化进程。

人工放养量过大，会使饵料生物中的大型植物特别是沉水植物群落衰退，使得浮游藻类的繁殖加快，从而降低湖水的透明度和补偿深度，并进一步减少了沉水植物的生存范围。

（三）外来物种的引入

仅次于生境的丧失，外来物种的生物入侵已成为导致物种濒危和灭绝的第二位原因。湖泊生态系统中的外来种，会引起生物群落结构的重大变化。据统计，目前我国淡水养殖鱼类 59 种，其中引进鱼类有 24 种。据这几年调查显示，入侵物种有 488 种，其中植物 265 种，动物 171 种，菌类微生物 26 种，病毒 12 种，原核生物 11 种，原生生物 3 种(丁晖等，2011)。

不合理的引种是破坏生态系统多样性和造成地方特有种濒危的重要原因。云南是我国生物多样性最丰富的地区，20 世纪 60 年代时其土著鱼类有 432 种，然而 90 年代初期的调查表明，约 130 种鱼类未采到标本，150 种变为偶见种，其余的种群数量显著减少(熊飞等，2006)。研究显示，云南外来鱼类是导致土著鱼类种群数量急剧下降甚至濒危的最大因素。引自南美的水葫芦现已广泛分布于我国南方各省区，造成河道堵塞，影响水产养殖、威胁本地物种以及构成二次污染等，严重威胁水域生态系统的安全，水葫芦已被列入世界 100 种恶性外来入侵生物之一。外来物种往往具有生长迅速、抗逆性强、食物广泛和繁殖率高的特点，它们的引入会对当地生物的几种主要的种间关系如捕食、竞争、牧食、寄生和互惠等产生影响。引入种作为捕食者和竞争者对湖泊生态系统的土著种产生明显的排挤作用，如博斯腾湖引入河鲈导致新疆大头鱼和鲤鱼的绝迹，云南高原湖泊抚仙湖引入太湖银鱼导致湖中土著鱼类的衰退和消亡，江浙一带克氏原螯虾的引入对其他水生生物和堤坝设施有危害。另外，引入种也可能携带病菌对湖泊生态系统产生破坏作用(蔡蕾等，2003)。

（四）酸雨

早在 20 世纪 70 年代中期，酸雨对湖泊生态系统的影响在北欧和美洲东北部就引起了广泛重视，我国在 80 年代初才开始进行酸雨的普查和研究工作。目前我国酸雨分布范围较广，华中、西南、华南均存在酸雨污染严重的中心区域，城市降水年均 pH 低于 5.6 的约占统计城市的 50%，其中湖南长沙降水年平均 pH 最低曾经达到 3.52。湖泊作为地表径流和河流的汇集处，必将受到酸雨的更大冲击。20 世纪 60 年代以来，太湖长期受酸性降雨的影响，1998～2000 年太湖北部大气降水平均 pH 为 4.46～4.87，酸雨出现频率达 81.8%～87.5%(杨龙元等，2001)。

在湖泊生态系统中，当水体 pH＜6.5 时，水体酸化对生物影响已经开始显示出来。随着水体酸化程度的加大，表现出来的对水生生态系统的影响越明显。研究表明，大部分水生生物对水体酸化及其所导致的水化学改变非常敏感。酸雨对生物体的影响包括代谢失调、死亡率增加、活性及繁殖率降低，从而引起生物多样性下降，结构简单化，食物链和种间关系遭到破坏，使正常的生态平衡严重失调。

（五）围湖造田

基于我国地少人多的国情，围湖造田的确解决了部分人的温饱问题，但却严重破坏了湖滨带的生态系统，使湖泊生态资源的再循环受到严重影响（李大成等，2006）。据不完全统计，云南滇池造田的面积达 2180hm^2，滇池水面减少了 21.8km^2，围湖造田不仅降低了湖泊水体的净化能力，还增加了水体污染负荷（赵俊权等，2005）。

（六）管理体制不顺

湖泊受污染在很大程度上是因为管理失效，主要体现在管理体制存在缺陷。如跨行政区域湖泊管理面临的最主要问题就是流域管理与行政区域管理间的矛盾。目前，现有的多部法律规定已经基本涵盖了湖泊开发、利用、保护和管理内容。在部分省区市，制定和出台了专门的湖泊管理和保护地方立法。尽管可以勾勒出我国湖泊管理和保护的框架，但针对湖泊的立法，我国现有的法律太过于分散和繁杂。至今，在国家层面，我国还没有建立比较集中的专门针对湖泊统一的国家立法。

三、污染湖泊结构和生态功能的变化

（一）污染湖泊结构的变化

1. 水生生物群落的变化

污染湖泊的大型水生植物群落结构和植物多样性已产生明显变化。主要体现在：水生植物种类减少，物种多样性和生物总量下降；耐肥耐污、适应性强、繁殖快的植被易形成单优群落；一些具有代表性、对污染敏感的植被退化甚至灭绝。

2. 底泥的变化

由于常年自然沉积，湖泊底部聚积了大量淤泥，富含可观的营养盐类，其释放可能形成湖泊富营养化和水华暴发。水体底泥可由上到下分成三层，第一层多为黑色至深黑色，是近二三十年人类活动的产物；第二层为过渡层，其内部含大量沉水植物根系及茎叶残骸，结构疏松；第三层为正常湖泊的沉积层，多为黏质或粉质黏土，质地密实。将底泥从湖体中移出，是减少内源的直接有效措施。在工程施工时，要密闭机械工作面，对淤泥进行安全处置，防止二次污染。但湖泊清淤的成功范例还鲜有报道，目前日本等国家，对是否清淤及清淤厚度正进行细致而周密的论证。

3. 湖滨带的变化

湖滨带（lake shore）是湖泊与陆地之间的过渡带。湖滨带在削减外源污染、稳定内源释放、维护生境、支持食物生产和提供景观等方面均具有重要作用（Ostendorp et al.，2004）。它是湖泊重要的天然屏障，不仅可以有效滞留陆源输入的污染物，还具有净化湖水水质的功能。许多受污染湖泊的湖滨带生态系统遭到严重破坏。失去湖滨带的湖泊生态系统是不完整的，极易受到外界损害。图 6-3 和图 6-4 为湖岸带横向结构示意图和湖岸带中植物系统垂直结构图（刘晓敏和陈星，2011）。

4. 沿岸带的变化

沿岸带是指靠近湖岸的浅水区，日光可以透射到水底，一般被水生高等植物所占据，受污染湖泊的沿岸植被被砍伐或者遭受破坏。当湖泊的污染程度超过其自净能力时就会使沿岸生态系统变得脆弱，导致物种多样性降低，再加上沿岸过度的人为开发，极易使脆弱的生态系统

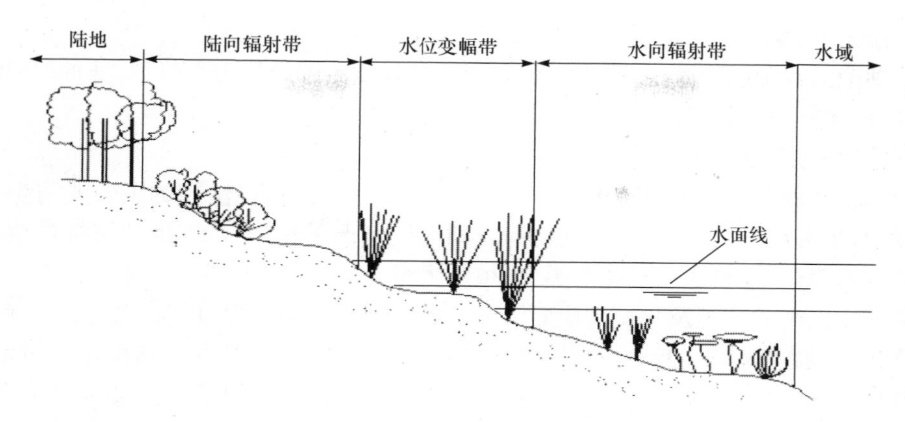

图 6-3　湖岸带横向结构示意图(刘晓敏和陈星,2011)

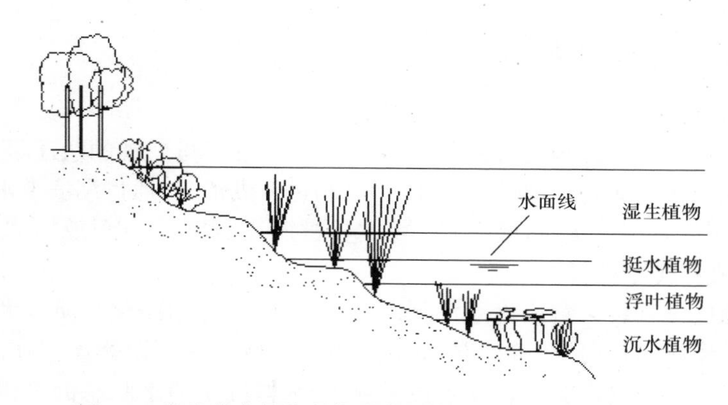

图 6-4　湖岸带中植物系统垂直结构图(刘晓敏和陈星,2011)

继续恶化。沿岸带生态系统的变化,同时带动着滨水景观带的空间结构及景观组成不断发生变化,从而影响自然景观与人文景观的协调性。

5. 深水带的变化

湖沼带的初级生产依靠浮游植物,湖岸带的初级生产依靠大型植物。大型水生生物对湖泊的生物生产量也有很大贡献(大型植物所需磷的 73%来自沉积物,很多最终能转化为浮游植物利用的磷)。浮游动物对营养物的再循环起十分重要的作用,尤其是污染湖泊中的氮、磷、溶解氧等减少,光照深度变短,一些敏感藻类植物死亡,给蓝藻疯狂生长创造了条件。

(二) 污染湖泊生态系统功能的变化

1. 生物多样性降低

污染湖泊给生物多样性也带来了重大影响,污染湖泊中的水生植物多样性显著下降。综合研究结果表明:随着湖泊营养水平的提高,浮游植物生物量相应增大;浮游动物的数量和生物量相应增大;浮游生物及底栖动物种类的分布在不同营养水平湖泊的分布表现出明显的异质性;总种类数与湖泊营养水平之间呈高度相关性,相同营养类型总种类数相差不大;各类群生物群落结构与湖泊营养水平相关度排序为:轮虫≥底栖动物≥枝角类≥浮游植物≥桡足类(熊金林,2005)。湖泊营养水平对浮游生物的影响与底栖动物基本一致,湖泊水体污染也导致了底栖动物多样性明显降低。

2. 利用价值降低

污染湖泊的资源功能减少，如水产资源等。加强湖泊资源管理与保护，维护湖泊的健康生命，是新时期水行政主管部门的一项重要而又紧迫的任务。

3. 水的净化能力衰退

在我国工业的高速发展过程中，由于大量未经治理或未达标治理的工农业与生活污水进入河道湖泊，远远超过其纳污能力，使得河流湖泊受到严重污染。氮、磷的超标排放造成了河流湖泊的富营养化，使得水质恶化变黑，动植物大量死亡。同时，许多污染物由于自身的特性以及在河流中发生的物理及化学反应而沉淀在河流湖泊底部成为河(湖)底污泥。随着未达标水的持续排入，加上底泥不断地与河水进行污染物的交换，虽然某些河流湖泊经过治理，但仍然存在着严重的污染，治标不治本，达不到地表水环境质量标准的基本要求(Ⅴ类水要求)。

四、污染湖泊生态系统恢复的原理与方法

(一) 污染湖泊生态系统恢复的原理

1. 湖泊反馈机制

湖泊反馈机制认为湖泊影响负荷累积初期，湖泊内存在不可忽视的跃迁阻力，这些阻力可能是系统内某些反馈机制作用的结果。例如，污染物进入湖泊时，通过湖滨带水生生物一系列反馈机制，可以逐步改善湖泊水质，最终实现沉水植被恢复(宋国君和王亚男，2003)。

2. 优势大型植物缓冲机制

大型沉水植物能够减缓富营养化，而沉水植物通过间接作用净化水质。大型植物会间接影响鱼类和无脊椎动物，特别是浮游动物，继而对浮游植物产生一定影响。在浅水湖泊中，大型沉水植物对生态系统的动态变化有着重要影响，是水体处于清水状态的关键因素。大型沉水植物能够稳定沉积的污染物，为具有净化作用的附着生物提供栖息场所，降低悬浮颗粒物和减少沉积物磷释放，因此沉水植物繁茂的湖泊一般具有较高清澈度，以及较低的营养盐浓度和藻类生物量(徐德兰等，2005)。

3. 化学作用机制

湖泊底部沉积物在营养负荷高时聚集了大量的磷，形成了营养库，磷的浓度仍保持很高，需要很长时间释放。在水中溶解的无机态和有机态的磷，一部分被水生生物(初级生产者)所摄入，然后，沿捕食它的初级消费者，向更高级的消费者传递。在此过程中，各生物产生的分泌物、排泄物或分解产物，在受到细菌分解的同时，又将磷回复到水中及堆积物中。同时，未被初级生产者摄取的另一部分磷则通过物理、化学、生物的作用，逐渐沉降至水体底泥中，底泥中的磷可被微生物直接摄入利用，进入食物链，参与水生态系统的循环，同时也可在适当条件下，从底泥中释放出来而进入水中参与再循环(李洪远和鞠美庭，2005)。

微生物及蓝藻可从大气中固氮，同时微生物又可把土壤和水中的氮还原给大气，即固氮和反硝化作用。在我国的湖泊和水库富营养化调查中，可发现输入到湖泊水体的营养物质的变化及时空分布非常复杂，但是也表现出有关氮、磷循环的一些共性，如每年的三四月份常是大多数湖泊的氮、磷含量最高时期，这多是冬季湖底死亡藻类等生物体的腐烂分解作用，将有机氮、磷还原成无机氮、磷又释放回水中造成的。随着气温的升高，特别是夏季，藻类大量繁殖，湖水中的有机磷和有机氮含量明显增加，表明无机氮、磷元素被初级生产者合成为有机质的氮、磷循环过程。秋季随着水温的下降，初级生产者的合成速度显著下降，湖水中的无机氨和磷的含量比夏季有所回升(金相灿，1990)。

4. 生物作用机制

污染物进入环境后，随着时间的流逝也会进入生物体内，对生物体的生长及生理生化过程产生不同的影响，如对动植物细胞的分化、发育、繁殖、呼吸作用的影响等。

依据污染物的作用机理，可以分为生物积累、生物富集、生物吸收、代谢、降解与转化等机理。其中生物体积累、富集机理是指污染物进入生态系统后，由动物或植物带入食物链，被它们直接吸收而在生物体累积。污染物通过不同营养级的传递、迁移，使处于顶级生物的污染物富集达到严重程度。生物吸收、代谢、降解与转化机理是指污染物进入生物体后，在各种酶的参与下发生氧化、还原、水解及络合等反应。有些污染物经过上述反应后，转化或还原成无毒物质。生物对污染物的吸收和累积与污染物的性质、环境因素和生物因子有关。

生物相互作用会影响湖泊磷负荷及其物理化学性质。例如，肉食性鱼类取食以浮游植物为食的浮游动物，造成水质下降；食草性水鸟的取食作用，影响了大型沉水植物。底栖鱼类的排泄物、鱼类沉积物的扰动加重湖水浑浊状态；同时水透明度的降低，影响了水体的透光性，阻碍了湖泊底部藻类生长和大型沉水植物出现，使湖泊保持较低的沉积物保留能力（谢贻发，2008）。研究发现，浮萍、凤眼莲对 Linear alklybezene sulfonates（阴离子洗涤剂）、dioctyl phthalate[邻苯二甲酸二（2-乙基己）酯]/polychorinated biphenyls（多氯联苯）/hexachlorobenzene（六氯苯）均有一定的累积能力，其中根部累积能力尤为明显；浮萍、凤眼莲根部中 4 种化学物质含量和富集系数都明显高于叶片或叶柄，其中凤眼莲根部化学物质含量一般比叶片高出 1～2 个数量级（孙铁珩等，2001）。

生物治理包括水生生物的生态调控，如鱼、水生植物、底栖动物和浮游动物的调控。在水生生态系统中，各生物组分之间的关系非常复杂，但对水体内源性营养盐的调控来说，关注的焦点集中在内源性营养盐的转化、沉积、去除和再循环上，其中营养盐的沉积和去除对水质的影响最大。从养分循环的角度来看，系统某一个组分中沉积的营养盐被鱼或水草同化，并不意味它以后不再参与系统养分循环，只有鱼或水草等生物组分被收获或离开系统后，才能认为被该生物组同化的营养盐从系统中消除了。

（二）污染湖泊生态系统恢复的方法

1. 污染湖泊生态系统恢复的关键技术

1）营养盐输入的顶端控制

（1）切断污染源。将经过处理的入湖污水转移到其他适宜的地点或者湖泊下游河道，用于农业灌溉，浇灌草地、林木，减少湖泊营养盐负荷，降低湖泊营养状态。因为处理过的污水中磷含量仍然较高。转移地点要根据具体条件确定，无适宜地点此法不能采用。

（2）污水除磷。城市污水中除磷处理，近年来在国外得到发展和广泛应用于实际。大部分工厂用化学方法除磷；在污水中加入铝、钙或铁盐，形成氢氧化物，吸附磷沉淀，一般磷去除率为 90%。污水生物处理厂磷去除率较低，为 20%～40%，但费用低廉（殷俊，2013）。

（3）污水脱氮。氮的脱除主要包括作物的吸收、生物脱氮以及氮的挥发。污水中脱氮主要是利用微生物和水生植物脱氮，通过微生物和植物的作用对氮的吸收，从而把氮从水中分离开来。主要有序列间歇式活性污泥法（SBR）工艺除氮，人工浮岛种植水生植物。

（4）污水除有机物。污水中去除有机物的主要方法有投加催化剂（如氢氧化铁）、潜流型人工湿地、沟渠式生物接触氧化法、活性炭吸附法等。

（5）改变产品结构。改变产品结构是减少湖泊外来营养物质负荷量的重要措施。减少洗涤剂中磷的含量就是一个重要的例子。有些地区洗涤剂中磷含量占城市污水中磷含量的2/3。禁止使用含磷洗涤剂对降低湖泊磷含量具有重要意义。虽然有时限制使用含磷洗涤剂不足以降低能够导致富营养化的磷的含量，但至少可以降低城市污水除磷的费用。

(6) 拦截面源营养盐输入。控制营养物质的点源污染往往不足以解决湖泊的富营养化问题，因为面源污染还是有很大的影响。应用工程的办法来处理面源污染费用太高，工程量太大。利用前置库截留系统作为一种低成本技术设施对污水进行高级处理以及农业上的最佳管理措施是减少营养物质和其他污染物面源污染的重要途径。有三种截留系统可以使用，如暴雨存留池塘、自然湿地和内河磷的沉积作用(周永胜等，2011)。

(7) 周边环境管理。为了减少农田和城镇土壤、营养物质和污染物的流失，发展湖周植被，逐步推广生态农业，减少农药和化肥使用量，对于保护湖泊环境质量有长远意义。虽然这方面尚处于发展阶段，其有效性、可行性、社会接受性、费用及有关资料还缺乏，但这项活动对于提高湖泊管理具有重要意义。湖周畜禽养殖场污水是湖泊营养物质的重要来源之一，对畜禽养殖场污水要进行处理，或引入农田、林地作为肥料，严格禁止未经处理的污水排入湖泊(彭少麟，2007)。

2) 湖泊生态系统的底端治理

湖泊生态系统的结构和功能是“营养盐-浮游植物-浮游动物-鱼类”的上行效应和与之相反的下行效应共同作用的结果。上行效应决定了湖泊系统可能达到的最大生物量，而生物量的实现不仅与营养盐的可得性有关，还受食物链下行效应的控制。上行控制(Bottom-up)与下行控制(Top-down)理论是由 McQueen 等(1986)提出的，其原理与食物链有关。上行控制是指通过减少营养盐类来降低浮游植物的生物量；下行控制是指通过食鱼的鱼类来控制食浮游动物的鱼类，提高浮游动物的生物量，进而使浮游植物生物量下降。根据这个理论，若不能减少浮游植物的生物量，水体中大量的藻类会战胜水生植物，从而导致水生植被衰退。

3) 湖岸带生态建设

生态湖岸带是水生生态系统和陆地生态系统进行物质、能量和信息交换的纽带和桥梁，对维持湖泊生态系统平衡、保护湖泊健康生命具有十分重要的意义，如图6-5湖岸带的生态建设对于恢复湖泊生态系统具有重要意义(刘晓敏和陈星，2011)。

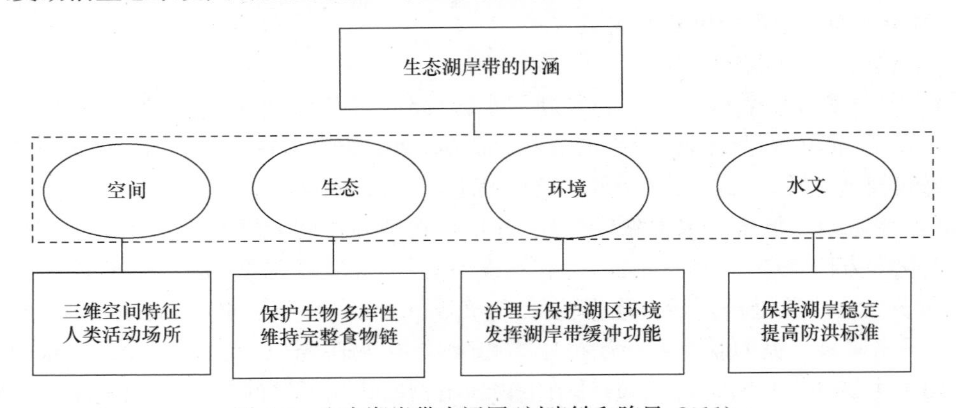

图6-5　生态湖岸带内涵图(刘晓敏和陈星，2011)

4) 生物操纵与鱼类管理

生物操纵(biological manipulation)是指应用于湖泊生态系统内营养级之间的关系，通过对生物群落及其生境的一系列调整，从而减少藻类生物量，改善水质。Shapiro 等(1975)最早提出了生物操纵概念，此后发展和完善了这一理论，国外科学家较早把重点从内陆水体生物生产力的开发转移到水环境保护。20 世纪 50～60 年代，湖沼学家注意到环境中的低营养级生物对高营养级生物有上行作用，高营养级生物对低营养级生物也有控制作用，如 Hrbacek 等(1961)、Brooks 和 Dodson(1965)较早注意到鱼类通过食物链可以影响生态系统中较低级生物类群(如藻类)。20 世纪 70 年代，开始出现有关高营养级生物对生态系统结构与功能影响的研究。Hurlbert 等(1972)开始意识到鱼类也能成为调节湖泊生态系统中浮游生物群落和水质的重要驱动因子，Zaret 和 Paine(1973)的研究进一步证实了 Hurlbert 等的观点。20 世纪 80 年代后有更多报道，如 Carpenter 等(1985)提出了营养级联反应假说；McQueen 等(1986)提出了上行-下行作用模型；Northcote(1988)对内陆水体鱼类下行效应的类型、作用机制及结果进行了归纳。生物操纵的主要原理是通过调整鱼类群落结构，保护和发展大型牧食性浮游动物，从而控制藻类的过量繁殖，也可以理解为：发挥浮游动物的生态功能控制藻类。

经典生物操纵的核心内容是利用浮游动物控制藻类；但浮游动物不能有效控制丝状藻类和形成群体的蓝藻水华；我国的大型浅水湖泊浮游动物数量一般并不多，对浮游植物摄食压力不大；在浅水湖泊，浮游动物摄食藻类后很快分解、释放又进入物质循环，因此不能治理湖泊富营养化；浮游动物是浮游植物和鱼类等经济水生动物之间重要的营养通道，过分追求保护浮游动物是值得思考和研究的问题。而非经典生物操纵的核心内容是利用鱼类直接控制蓝藻水华；当鲢鱼、鳙鱼达到阈值密度可以控制蓝藻水华，但很难控制所有藻类和降低氮、磷治理湖泊富营养化。在局部水体治理湖泊富营养化的对策是：把鱼类控藻、水生植被恢复和局部水域生态系统重建相结合，形成具有利用与控制蓝藻生产鱼类、吸收氮、磷净化水质功能的“水质生物调控单元”。非经典生物操纵认为，鲢鱼、鳙鱼能滤食 10μm 至数毫米的浮游植物，而枝角类仅能滤食 40μm 的较小浮游植物。与枝角类相比，鲢鱼、鳙鱼可有效地摄取形成水华的群体蓝藻、有效控制大型蓝藻，并提出了这样的结论：在武汉东湖有效控制蓝藻水华的鲢鱼、鳙鱼生物量的临界阈值是 $50g/m^3$，即“一吨水一两鱼”(刘建康和谢平，1999)。

5）前置库

受保护的湖泊水体上游支流利用天然或人工库(塘)拦截暴雨径流。工艺流程如下：径流污水—沉沙池—配水系统—植物塘—湖泊。水生植物是前置库中不可缺少的主要组成部分。它从水体和底质中吸收大量氮、磷满足生长需要，成熟后从前置库中去除被利用。所谓的前置库也称“水库串对策”，是利用水库入口在上游，出口在下游，从上游到下游的水质变化梯度特点，在水库形态适宜的情况下，将水库一分为二或分成一系列的子库，延长水力停留时间，增强泥沙及营养盐的沉降量，同时利用子库中浮游藻类或大型水生植物吸收、吸附、拦截营养盐的功能，使营养盐合成为有机物或沉降于库底。这样使进入下级子库或主库水中的营养盐含量降低，从而抑制主库中藻类过度繁殖，减缓主库富营养化进程的目的。换言之，根据水库的特点，在水库上游区域或主要入流处设置前置库，充分利用沉降和“生物反应器”的作用，使入水得以净化，减少营养元素的输入，从而保障主库的水质，防治水库的富营养化。

6）水位控制

一些贯穿城市的内河河网水系，由于闸门的限制，水体没能与外部大的水体连通，水体处于静止状态，天气炎热时，水中溶解氧(DO)浓度降低，容易导致水质变坏。引进附近更大水系的水质较好的水，使之与污染较严重的内河水体进行混合稀释，使水流速度、方向更科学、更合理，从而改善河网水动力条件，增加河道的水体自净能力和环境容量。宁波市在内河整治中即引进了水质较好的姚江(外江)水来更换水质较差的内河——北斗河河水；太湖流域污染治理中也采用了对望虞河污染控制区进行引水调度，形成“望虞河引水，太湖出水，水网排放”的势态。通过水体调度，使其治理河段的污染物得到稀释，水质明显提高。加拿大 Buffalo Pound

湖通过引水稀释，使得湖中优势种由绿藻转化为大型水生植物，大大改善了湖体的水质。但引水稀释导致交换水体的生态体系发生变化，也会产生一定的负面影响。通过工程手段引水稀释受污染水体，可以在短时间内降低水体的污染负荷，改善水生动植物的生存环境，提高湖体的自净能力。

2. 湖泊富营养化的防治

1）控制营养物质来源

控制营养物质来源主要包括以下方面：面源污染，人为的排放，减少污水入湖；工业废水的控制：加强对废水的脱氨、除磷处理及排污总量控制；农业管理：强化肥料储存管理，改进施肥方式，减少化肥使用量，推广农家肥，建立农村污水处理设施等。

（1）生活污水控制。由于生活污水的脱氮、除磷工艺复杂，费用较高，因此在欧美国家运用较多。而目前我国城市污水集中处理量还很低，难以大规模地在常规处理的基础上再增加三级处理。因此，生活污水中氮、磷的控制在我国大部分地区尚难实行。不仅如此，随着城市化的进程和居民生活水平的提高，生活污水中氮、磷会进一步上升。

（2）洗涤剂禁磷。生活污水中的磷有25%是来自含磷洗涤剂，许多国家均有禁止或限制使用含磷洗涤剂的政策。但由于洗涤剂中的磷酸盐占水体总磷污染的比例较低，而且洗涤剂中磷酸盐的代替品会加大污泥的体积，给污泥处理带来困难，因此人们对洗涤剂禁磷的环境效应有着很大争论。

（3）生物转移。生物转移是指养殖藻类等水生植物并定期收获，养殖草食性或杂食性鱼类、贝类，转移水中的营养物质。氮的去除主要是靠植物和微生物的吸收，从而达到脱氮目的。

（4）底泥挖掘。挖掘底泥将底泥中的磷除去，但挖掘工程量巨大，挖出的底泥又难以进一步处理，甚至因为破坏了水体底部生物和水生植物环境，将深层底泥暴露，使其中所含的氮、磷溶解到水中，而在一段时间内加深水华。因此，底泥挖掘通常达不到预期效果。

（5）混凝除磷。投加混凝剂沉淀溶解性磷，使其不能被藻类利用，常用的混凝剂有铁、铝盐和黏土矿物等。

2）以防为主

依据湖泊富营养化形成原因，防治其富营养化的根本措施是减少水体的氮、磷含量，控制主要污染物藻类、臭味、有机物的生成，使富营养化得到净化。

（1）控制氮、磷等营养物质的流入。大量的研究表明，外界营养物质的输入是绝大多数湖泊富营养化的根本原因，从长远的角度看，要想从根本上控制湖泊富营养化，首先应着重减少或者截断外部营养物质的输入。

（2）发展生态农业，减少农业面源污染。由于现代农业的发展，为了提高产量，化肥、农药等的使用量不断加大，由于使用有效率低，大量的氮、磷经地表流入水体，水体中氮、磷增多，因此，应大力推广生态农业，研制推广复合肥、农药，以控制氮、磷的使用量，使农业的面源污染得到有效控制。

3）综合治理

综合治理（图6-6）是指考虑到人口与分布、经济发展模式、循环经济及清洁生产等方面的因素，各因素一起作用，做到污染源的监控、管理、治理，使得入湖的污水变为低污染水，从而使湖泊能够通过自净作用恢复到原来的状态。

（三）污染湖泊生态系统恢复的案例分析

1. 洱海的生态恢复

洱海位于云南省大理市郊，为云南省第二大淡水湖，洱海北起洱源，长约42.58km，东西

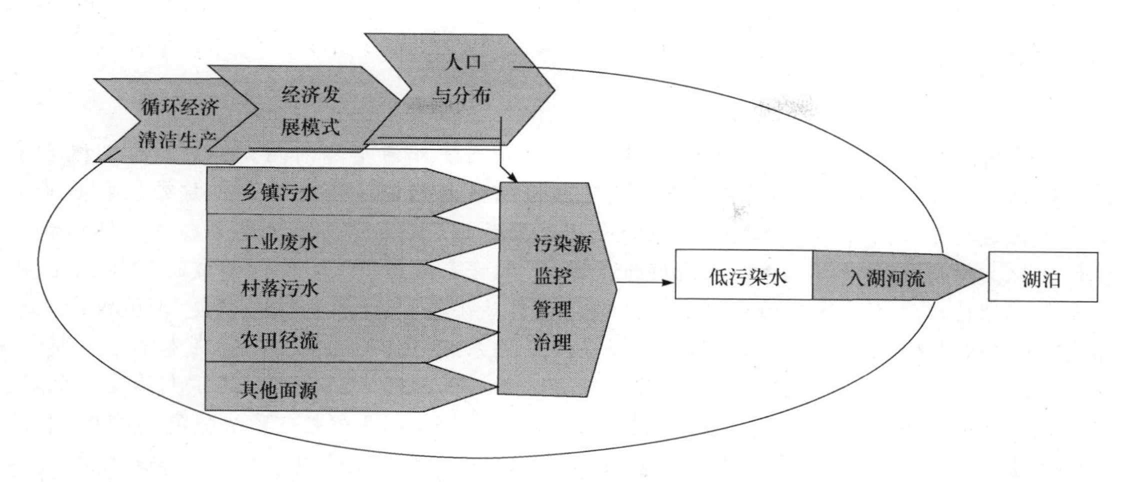

图 6-6 湖泊综合治理图(刘鸿亮,1987)

最大宽度 9.0km,湖面面积 256.5km^2,平均湖深 10m,最大湖深达 20m。由于非点源污染和洱海湖滨区人地矛盾突出,洱海湖滨带生态结构遭到严重破坏,导致湖滨带生态系统功能降低。2008 年,洱海富营养化、水质恶化、生态系统退化等环境问题加剧,致使湖泊生态系统的良性循环遭到破坏,尤其是洱海流域内最敏感和脆弱的湖滨带区域,生态破坏更为严重(赵果元等,2008)。

针对洱海为富营养化初期湖泊这一特点,提出在湖滨带外围构建洱海缓冲带,以流域清水入湖为目标,以污染控制及绿色发展为理念,构建人类发展区与天然湖泊之间的过渡区,与湖滨带一起形成湖滨缓冲带,形成流域污染入湖的最后屏障,为湖泊生态安全空间格局构建提供基础。在湖滨带外围建立范围为 94km^2 的缓冲带。缓冲带划分为外圈截蓄净化带、中圈绿色经济带、内圈环湖绿色隔离带。将洱海缓冲带划分为西部村落农田型缓冲带、南部城镇景观型缓冲带、北部农田河口型缓冲带、东部山体陡岸型缓冲带。通过三圈空间格局构建,实现工程技术减排、结构减排及管理减排的有机结合。

针对湖滨带的功能定位、分区和类型,研发湖滨带生态修复区基底构建、湖滨带水动力改善、湖滨带挺水植物功能群镶嵌、清水型沉水植物群落恢复与扩增、大型底栖动物恢复等技术集成的洱海湖滨带(缓坡型)生物多样性恢复工艺。以初级生产者及消费者(低等生物)为主的生物多样性恢复为目标,以附生藻类-底栖动物-鱼类生物链修复为主线,进行陡岸湖滨带生态修复(储昭升,2013)。

采取这些措施后,沿岸带的水质得到改善,促进了沿岸带浅水区水生生物的繁盛。湖滨带的生态系统得到恢复,这对于洱海特有生物资源的保护以及洱海美学功能的保持具有重要价值。

2. 琵琶湖的生态恢复

琵琶湖是日本的第一淡水湖,20 世纪 50 年代,日本经济高速发展,生态环境质量也急剧下降,到 70 年代,琵琶湖水质下降,湖水发黑、发臭,蓝藻水华暴发频繁。从 1972 年起,日本全面启动琵琶湖综合发展工程,主要包括:①项目在特别法律下运作;②进行综合治理规划;③控制点源和面源污染;④建立自动监测系统和专门的研究机构;⑤环境教育与公众参与,如“琵琶湖 ABC 运动”,A 是开设小学环境教育课程,设置专门的琵琶湖环境教育基地免费向公众开放;B 是公共媒体大力宣传,营造全民参与的社会大氛围;C 是通过法规条例规范大众环保行为。整个项目投入约 1800 亿元人民币,历时 40 年,终于换回一湖碧水,并成为全世界水环境治理的成功案例(余辉,2013)。

小　　结

本章讲述了污染淡水生态系统的恢复，包括污染河流和污染湖泊两大部分。分别概述了污染淡水生态系统的研究现状，并分别叙述了污染河流和污染湖泊的概念。首先从农业活动和城市化这两个角度介绍了河流生态系统受污染的原因，以及造成的河流生态系统结构和功能的变化。简述了污染河流生态系统的恢复原理：入侵窗理论、洪水脉冲、河流连续体理论、河流水系统理论以及河流的四维模型理论。河道近自然恢复、河流横向生态恢复、河流纵向生态恢复、加大枯水流量和采取人工增氧是污染河流生态系统恢复的主要方法。在本章后半部分，介绍了湖泊生态系统受污染的原因，以及污染湖泊结构和功能的变化。阐述了湖泊反馈机制、优势大型植物缓冲机制、化学作用机制、生物作用机制的污染湖泊生态系统恢复的原理，最后从营养盐的控制、湖岸带的生态建设等方面讲述了湖泊生态系统恢复的方法。要求掌握淡水生态系统恢复的原理，结合淡水生态系统的结构和功能，确定合适的方法修复污染淡水生态系统。

复习思考题

1. 简述污染河流生态系统恢复的原理。
2. 简述污染湖泊生态系统退化的原因。
3. 如何进行营养盐的顶端控制？
4. 简述污染湖泊生态恢复原理以及常用的湖泊生态系统恢复方法。
5. 请以你熟悉的一条受污染河流（或一个湖泊）为例，分析其受污染的原因和所造成的危害，并提出其生态恢复对策。

建议读物

黄玉瑶. 2001. 内陆水域污染生态学：原理与应用. 北京：科学出版社.
彭少麟. 2007. 恢复生态学. 北京：气象出版社.
乔玉辉，李花粉，马祥爱. 2008. 污染生态学. 北京：化学工业出版社.
孙铁珩，周启星，李培军. 2001. 污染生态学. 北京：科学出版社.
王焕校. 2012. 污染生态学. 3 版. 北京：高等教育出版社.
王焕校，吴玉树. 2006. 污染生态学研究. 北京：科学出版社.
杨明宪. 1988. 动物污染生态学. 沈阳：辽宁大学出版社.
张志杰. 1989. 环境污染生态学. 北京：中国环境科学出版社.
李洪远，鞠美庭. 2005. 恢复生态学的原理与实践. 北京：化学工业出版社.

推荐网络资讯

环境生态网：http://www.eedu.org.cn/
中国环境保护网：http://www.epday.com/
中国湖泊科学数据库：http://www.lakesci.csdb.cn/
中国河流网：http://www.river.org.cn/

第七章　污染海洋生态系统的恢复

第一节　污染海洋生态系统概述

我国是海洋大国，大陆海岸线 1.8×10^4km，面积为 $500m^2$ 以上的海岛 6900 余个，管辖海域总面积约 $300\times10^4km^2$，包括渤海、黄海、东海和南海，跨越暖温带、亚热带和热带三个气候带。入海河流众多，有鸭绿江、辽河、海河、黄河、长江、珠江等 1500 余条河流。海洋是与森林、湿地并列的地球三大生态系统之一，海洋生态系统是我国沿海地区可持续发展的重要支撑，海洋生态保护日益受到国际社会普遍关注。

一、海洋污染概况

人类活动所产生的大部分废物、废水最终汇入海洋。能够进入海洋并威胁环境健康的物质来源、种类繁多，城市污水、工业与生活垃圾、农药和农业废物、船舶及海上设施排放的有害物质、军事活动所产生的污染物等均能够进入海洋，并威胁海洋环境健康。

（一）海洋污染的概念及判断依据

根据《海洋环境保护法》规定，海洋污染是指直接或间接地把物质或能量引入海洋环境，造成或可能造成损害海洋生物资源、危害人体健康、妨害渔业和海上其他合法活动、损害海水使用素质和减损环境质量等有害影响。海洋污染不包括自然界的污染，如自然的石油渗漏和火山爆发等（第九届全国人民代表大会常务委全会，2002）。

根据国家海洋局发布的《海洋特别保护区分类分级标准》（HY/T 117—2010），将海洋特别保护区分为国家和地方两级四类，见表 7-1。按照海域的不同使用功能和保护目标，依据《海水水质标准》（GB 3097—1997）将海水水质分为四类：第一类适用于海洋渔业水域，海上自然保护区和珍稀濒危海洋生物保护区；第二类适用于水产养殖区，海水浴场，人体直接接触海水的海上运动或娱乐区，以及与人类食用直接有关的工业用水区；第三类适用于一般工业用水区，滨海风景旅游区；第四类适用于海洋港口水域，海洋开发作业区。

表 7-1　海洋特别保护区分类分级标准（HY/T 117—2010）

海洋特别保护区类别	海洋特别保护区级别	
	国家级	地方级
特殊地理条件保护区（Ⅰ）	对我国领海、内水、专属经济区的确定具有独特作用的海岛；具有重要战略和海洋权益价值的区域	易灭失的海岛；维持海洋水文动力条件稳定的特殊区域
海洋生态保护区（Ⅱ）	珍稀濒危物种分布区；珊瑚礁、红树林、海草床、滨海湿地等典型生态系统集中分布区	海洋生物多样性丰富的区域；海洋生态敏感区或脆弱区
海洋资源保护区（Ⅲ）	石油天然气、新型能源、稀有金属等国家重大战略资源分布区	重要渔业资源、旅游资源及海洋矿产分布区
海洋公园（Ⅳ）	重要历史遗迹、独特地质地貌和特殊海洋景观分布区	具有一定美学价值和生态功能的生态修复与建设区域

（二）海洋污染现状及特点

为全面掌握我国管辖海域环境状况，国家海洋局组织对海洋生态环境状况、入海污染源、海洋功能区、海洋环境灾害和突发事件等开展了连续监测。2014 年，国家海洋局对全海域开展了春季、夏季和秋季的海水质量监测，结果显示春季、夏季和秋季劣于第四类海水水质标准的海域面积分别为 52 280km^2、41 140km^2 和 57 360km^2，与 2013 年同期相比，渤海、黄海和南海夏季劣于第四类海水水质标准的海域面积分别减少了 2740km^2、530km^2 和 3440km^2，但东海劣于第四类海水水质标准的海域面积增加了 3510km^2。重点监测的 44 个海湾中，20 个海湾春季、夏季和秋季均出现劣于第四类海水水质标准的海域，主要污染要素为无机氮、活性磷酸盐、石油类和化学需氧量。从污染特点而言，海洋污染比河流、湖泊和陆地污染更具有广泛性和复杂性（刘震炎和张维竞，2005）。因其污染源广、持续性强、扩散范围广，故防治困难且危害大。

（三）海洋污染研究现状及发展趋势

海洋与海岸带是最具价值的生态系统之一，它向人类提供丰富的食品和原材料，是人类赖以生存和发展的基础，对于改善全球生态环境、维持生态平衡具有十分重要的作用。然而，海岸带地区是人类开发活动的高度密集区，也是社会经济最活跃、受人类干扰最大的区域，随着沿海地区人口的急剧增长、社会经济的快速发展、工业化和城市化进程的不断推进，海洋自然资源的掠夺性开发日益加剧，继而引发了一系列的生态环境问题，直接或间接导致了海洋生态系统的严重退化，如生物多样性下降、珍稀濒危物种绝迹、红树林消失、渔业资源衰退、滨海湿地面积萎缩等。海洋生态退化已成为当前重要的生态问题之一，海洋生态系统的保护与恢复研究是国际生态学领域的研究热点。

在海洋生态恢复中，强调保护和恢复相结合，根据不同的功能区来进行生态恢复（Li et al.，2014）。海洋生态系统的恢复应综合考虑生态、社会经济和政治因素，注重生态功能价值，建立对生态系统退化评估和自然恢复预测的科学系统（Chen et al.，2012）。我国海洋生态恢复工作应致力于退化原因的诊断、恢复技术和方法，以及监控策略与技术的评估，同时在研究成果的传播和适应性管理上努力。对于退化程度较轻的生态系统，优先考虑采取管理措施，促进生态系统的自然恢复，只有在自然恢复不能实现的条件下，才考虑进行人为辅助的自然恢复（Lewis，2005）。海洋生态恢复与重建以生物多样性为基础，以营养链为网络，重建海洋生态系统的完整性，从而使海洋生态系统生产力得以恢复和提高（苏昕等，2006）。

二、污染海洋生态系统的表现及其成因

20 世纪 70 年代以来，海洋生态系统遭到严重损害，具体表现有以下几种。

（一）赤潮

赤潮（red tide）是海洋中一些微藻、原生动物或细菌在一定环境条件下暴发性增殖或聚集达到某一水平，引起水体变色或对海洋中其他生物产生危害的一种生态异常现象。赤潮的颜色取决于形成赤潮时占优势的浮游生物种类。例如，夜光藻赤潮是粉红色，中益虫赤潮多为红色，绿色鞭毛藻如眼虫引起的赤潮呈黄绿色，而有些藻引起的赤潮并不使海水呈现任何特别的颜色（郑天凌，2011）。

大多数赤潮是无害的，那些有毒或能导致危害的赤潮又称为有害藻华（harmful algal blooms，HABs）或有害赤潮（harmful red tide），它能通过产生毒素、造成物理损伤、改变水体

理化特征等给海洋生态系统、渔业生产、海水养殖,旅游业以及人类健康带来严重威胁。

1. 赤潮的判断

判断赤潮发生的指标很多,但目前尚无统一标准,一般来说可以概括为感官指标、理化指标和生物量指标(张有份,2000)。表 7-2 为形成赤潮的赤潮生物个体和赤潮生物量标准的参考指标,赤潮生物个体大小和浓度达到表中所列浓度,即可判断为赤潮;临近表中密度值,可视为赤潮前兆或消退状态;小于该密度值且恢复到原有生物量,则认为正常或赤潮消失状态。作为赤潮判断的生物量依据,还包括叶绿素 a、初级生产力、生物多样性指数等。

表 7-2　赤潮生物个体和赤潮生物量标准(国家海洋局 HY/T 069—2005)

赤潮生物体长/μm	<10	10～29	30～99	100～299	300～1000
赤潮生物密度/(cells/L)	$>10^7$	$>10^6$	$>2\times10^5$	$>10^5$	$>3\times10^5$

2. 赤潮的分类

赤潮的分类依据主要包括赤潮的毒性、发生海域、引发赤潮的生物种类、营养来源、水动力条件、与营养状况的关系、成因和来源等方面。江天久等(2006)将赤潮分为无害赤潮、有害赤潮、无毒赤潮和有毒赤潮 4 类,以便于有效预警赤潮灾害及赤潮结束后评估其经济损失情况,在减轻我国赤潮危害中发挥一定的作用。

3. 赤潮发生的原因

了解赤潮发生的原因是预测预报和采取治理措施的关键。2014 年仅渤海就发现 11 次赤潮,面积约 4078km^2。赤潮形成原因有 2 类:一是海水富营养化引起,主要是陆地过度排放氮、磷和污水等(Gliberth and Burkholder,2011);二是人类过度捕捞,原来以单细胞藻类为生的动物明显减少,这种单细胞藻类就大规模暴发。赤潮发生的主要环境条件如图 7-1 所示。随着研究学者的不断深入探索,其可能的机制与有利的温度、富营养物质的提供和吸收有关(韦桂秋等,2012;Liu et al.,2013)。

4. 赤潮的基本过程

海域中赤潮生物的存在,是发生赤潮现象的前提;水体中的营养盐、微量元素、维生素以及某些特殊有机物的存在形式和浓度,直接影响着赤潮生物的生长、繁殖与代谢,是赤潮生物形成和发展的物质基础;水文气象条件、水动力条件以及海水理化因子等外部环境因素影响着赤潮的形成和演变;赤潮生物、物质基础和外部环境共同控制着赤潮灾害的生消过程(表 7-3)。赤潮发生的过程实质是赤潮生物在适宜的环境因素条件下暴发性繁殖直至恢复正常状态的过程(李冠国和范振刚,2011)。赤潮发生的基本过程通常包括:起始(孕育)阶段、发展阶段、维持阶段和消亡阶段。

表 7-3　赤潮生消过程的控制因素(高波和邵爱杰,2011)

赤潮阶段	赤潮生物因素	物质基础	外部环境
起始阶段	赤潮生物萌发、动物摄食、物种间竞争	营养盐、微量元素、微生物、有机物等	沿岸上升流、海底水温
发展阶段	赤潮生物快速繁殖、缺少摄食者和竞争者	营养盐、微量元素	海水温度、盐度、光照等
维持阶段	赤潮生物溶胞作用、聚粘作用、垂直迁移和扩散	营养盐或微量元素限制	沿岸流、风向和风力、潮汐、人为因素等
消亡阶段	沉降作用、被摄食和分解、物种间竞争、孢囊形成	营养盐耗尽、产生有毒物质	水体水平与垂直混合

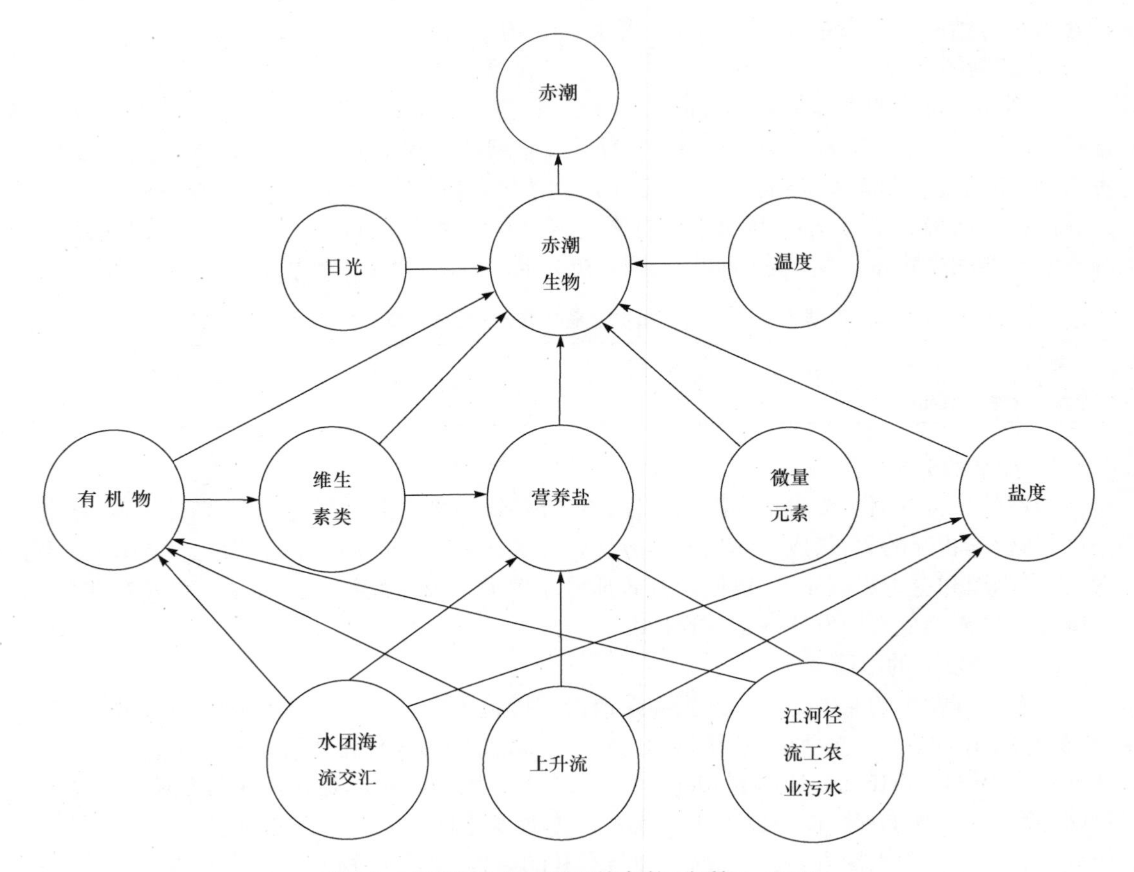

图 7-1　赤潮发生的主要环境条件(张利民,2012)

赤潮的发生需要一定的营养物质作为基础,这是符合物质和能量守恒定律的,即海洋环境中没有足够的营养物质,赤潮生物就不可能大量繁殖,因此也不可能达到使海水变色的相应密度,也就不会引起赤潮的发生,有学者建立赤潮发生频率时间序列模型进行赤潮多发年的预测(张丽旭等,2010)。

根据《海洋灾害调查技术规程》(国家海洋局科技司,2006),判断海水水质的单项指标见表 7-4。

表 7-4　海水水质评价的单项指标

富营养化指标	临界值
化学需氧量/(mg/L)	1～3
无机氯/(mg/L)	0.2～0.3
无机磷/(mg/L)	0.045
叶绿素 a/(μg/L)	1～10
初级生产力/[g/(m² · h)]	10

根据国家海洋局统计,2014 年共发生赤潮 56 次,累计面积 7290km^2,赤潮次数和累计面积均较 2013 年有所增加,与近 5 年平均值基本持平(表 7-5),近 5 年全国各海区赤潮的情况如图 7-2 所示。

表 7-5　2014 年各海区发生赤潮情况(国家海洋局,2015)

海区	赤潮发现次数	赤潮累计面积/km²
渤海	11	4078
黄海	2	19
东海	27	2509
南海	16	684
合计	56	7290

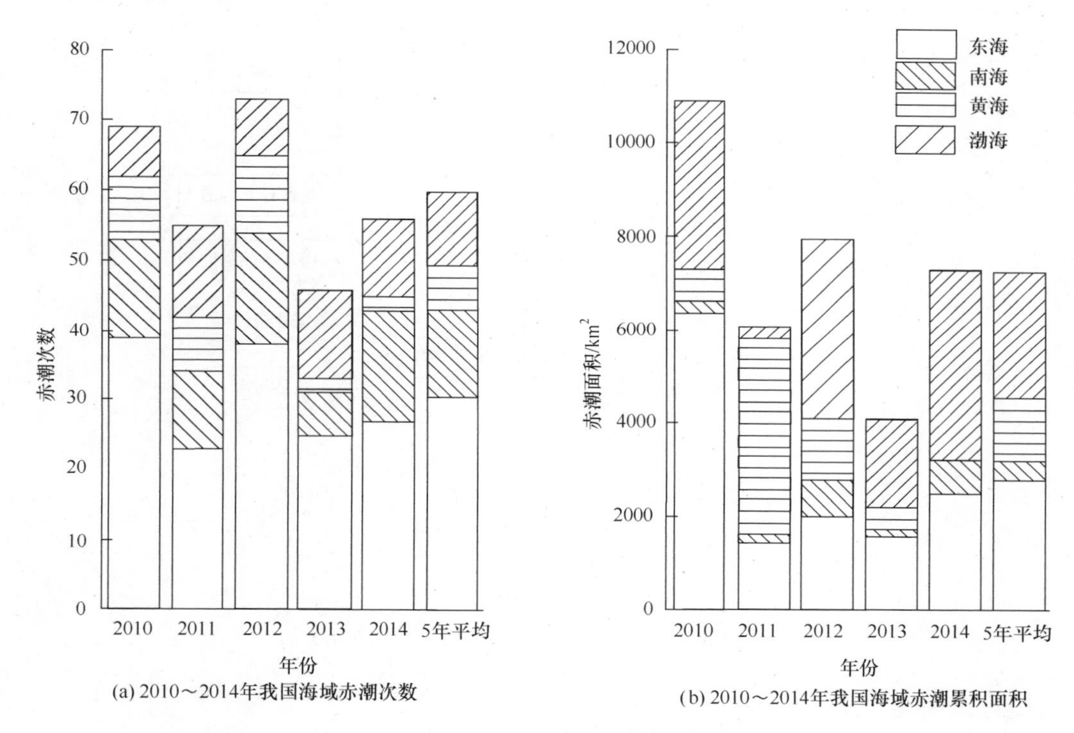

(a) 2010～2014年我国海域赤潮次数　(b) 2010～2014年我国海域赤潮累积面积

图 7-2　2010～2014 年全国各海区赤潮情况(国家海洋局,2015)

(二) 石油污染

海洋作为沿海国家的资源宝库,为人类提供了众多宝贵财富。随着我国经济的持续、快速发展,海洋溢油问题也越来越突出。根据国家海洋局发布的《2014 年中国海洋经济统计公报》显示,2014 年全国海洋生产总值 59 936 亿元,比上年增长 7.7%,海洋原油产量 4614 万 t,比 2013 年增长 1.6%。经济增长的同时也给我国海洋环境带来沉重压力。

随着国际海运业的高速发展、海上油气勘探开发的强度日益加大以及沿海经济规模日趋庞大,日常排污及突发事故造成的海洋石油污染呈加重趋势,动力燃料油和原油是进入海洋环境的两大类油种。

随着我国石油进口量的不断增加,船舶特大溢油事故风险增大。2010 年在墨西哥湾和大连发生的溢油事故给我们敲响了警钟。2011 年渤海蓬莱 19-3 油田 B、C 平台相继发生溢油事故、2012 年广东汕尾“雅典娜”号沉船事故、福建莆田“巴莱里”集装箱船搁浅事故等,造成局部海域石油类和农药污染。2013 年中石化东黄输油管道发生爆炸事故,导致原油入海等。

根据含油废水来源和油类在水中存在的形式不同,可分为浮油、分散油、乳化油和溶解油四类(桑义敏等,2004)。由于人类社会能源需求增加,而海洋油气资源作为主要能源之一,其开采规模迅速扩大,海上平台、油井数量和海上石油运输量急剧增加,海洋石油污染来源分为天然和人为来源,如图 7-3 所示。

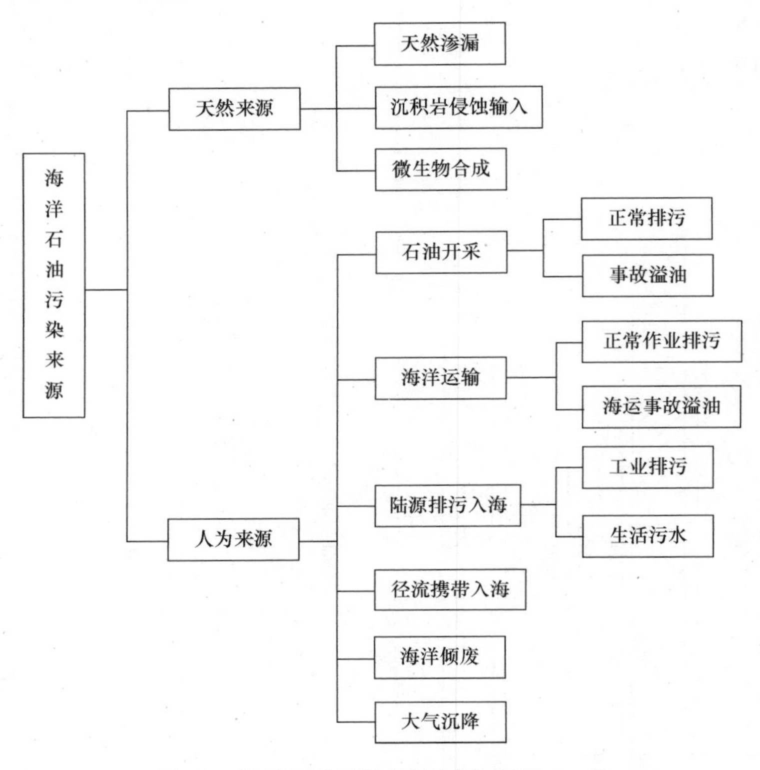

图 7-3　海洋石油污染来源(高振会等,2007)

(三) 重金属污染

自 20 世纪 50 年代日本发生了分别由甲基汞和镉引起的“公害病”——水俣病和骨痛病以来,世界各国都十分重视重金属对海洋环境的影响。沉积物是海洋生态系统的重要组成部分,同时也是绝大多数污染物的最终归宿,尤其是难降解的重金属。

重金属的主要污染源为工业污水、矿山污泥和废水以及石油燃烧生成的废气。工业污水和矿山废水多通过河流间接或直接排入海洋;进入大气中的重金属,除一小部分被搬运到外海和远洋外,大部分沉降在工业集中的沿海区域。因此,近岸海区,特别是工矿企业集中的海湾和河口区域,污染最为严重。

海洋中重金属的来源可分为天然和人为来源两大类,如图 7-4 所示。秦晓光等(2011)对东海海洋大气颗粒物中重金属元素进行分析,数据表明每年 Cu、Pb、Zn、Cd 大气干沉降总量约为 2376t,约为长江重金属年入海通量的 13%,因此大气输入也是重金属进入东海的重要途径之一。

(四) 持久性有机物污染

持久性有机污染物(persistent organic pollutants,POPs)是指在环境中持久存在,具有很

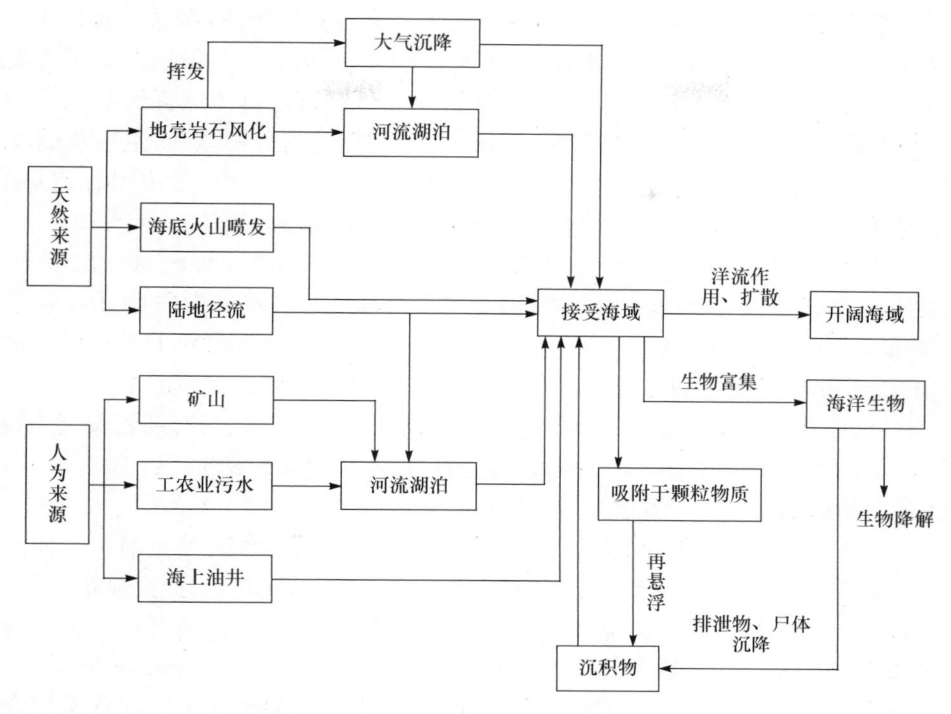

图 7-4 重金属进入海洋的途径(贺亮和范必威,2006)

长的半衰期,且能通过食物网富集,并对人类健康及环境造成不利影响的有机化学物质(王新红和郑金树,2011)。联合国环境规划署(UNEP)和瑞典政府于 2001 年 5 月在瑞典的斯德哥尔摩联合主持召开会议,包括中国在内的 127 个国家的代表签署了旨在禁止和/或限制使用 12 类 POPs 的《关于持久性有机污染物的斯德哥尔摩公约》(简称《斯德哥尔摩公约》)。截至 2013 年 5 月,已有 178 个国家或地区成为该公约的缔约方,是全球参与程度最高的国际环境公约之一,《斯德哥尔摩公约》已经召开了六次缔约方大会。

POPs 的性质可概括为(余刚和黄俊,2001):

(1) 持久性(长期残留性):POPs 具有抗光解、化学分解和生物降解性,一旦排放到环境,很难被分解,因此 POPs 可以在水体、土壤和底泥等环境介质中存留数年、数十年甚至更长时间。例如,多氯联苯(PCBs)系列物在大气中的半衰期 3 天~1.4 年,在水相中 60 天~27.3 年,在土壤和沉积物中 2.96~38 年,而其在人体内的半衰期约为 7 年。

(2) 生物蓄积性:分子结构中通常含有卤素原子,具有低水溶性、高脂溶性的特征,因而能够在脂肪组织中蓄积,从周围环境富集到生物体内,并通过食物链的生物富集作用,在高级捕食者中成千上万倍地累积。因此,即使 POPs 在环境中的浓度低于其起毒害作用的最小浓度(最小有作用浓度,minimal effect concentration),POPs 也可以凭借其生物蓄积性,通过食物链将其浓度放大,从而对处于食物链末端的人类健康带来威胁(王裕玲,2010)。

(3) 半挥发性和长距离迁移性:POPs 一般是半挥发性物质,在室温下就能挥发进入大气层。由于其具持久性和半挥发性,大气环境中它们会在一定条件下沉降下来又挥发进入大气,进行迁移,表现出"全球蒸馏效应"或"蚱蜢跳效应"。这样的挥发和沉降重复多次就可以导致 POPs 分散到地球上各个地方。研究表明,甚至在遥远的北极,科学家都发现了 POPs 的存在(Jensen et al.,1997)。

(4) 高毒性：绝大部分 POPs 是对人类和动物有较高毒性的物质，在低浓度时就会对生物体造成危害，尤其是 POPs 的“三致”毒性，其危害性更大，不但会给污染地区直接造成巨大损失，使癌症等疾病发生率大大提高，更令人担忧的是还可以通过母体危害到下一代（王裕玲，2010）。实验研究和流行病学调查都表明，POPs 能使生物体内分泌紊乱、生殖及免疫机能失调、神经行为紊乱，甚至引发癌症。POPs 还具有生物放大效应，即使是低浓度的 POPs 也可以通过食物链逐渐富集成高浓度，从而造成更大的危害（黑笑涵等，2007）。

我国作为世界上第一大农药消费国和第二大农药生产国，在 20 世纪 60～80 年代生产和使用的农药，主要是属于 POPs 有机氯农药（姜安玺等，2004）。水体中的 POPs，因其种类繁多，浓度较低，治理困难（周勤等，2008）。海洋中的有机化合物种类繁多，目前最引人重视的有两大类（王新红和郑金树，2011）：

(1) 有机氯、有机磷农药：有机氯农药，残留时间长、不易降解、具有强富集能力，已在 20 世纪 70 年代停用；有机磷农药则因毒效大、易分解，已取代有机氯农药。近 10 年来，沿海水域已有多起因有机磷农药污染导致的鱼、虾、贝类等死亡事件。

(2) 多氯联苯：主要来源于丢弃的含多氯联苯的废物、垃圾焚烧产生的有毒气体由大气进入海洋。在海洋鱼类中主要的 POPs 是多氯联苯（Hao et al.，2014）。研究显示，闽江口多氯联苯的主要成分为含 3～6 氯的多氯联苯，在环境中的来源稳定，其水质严重超过美国国家环境保护局（EPA）的标准，沉积物的污染也部分超过了参考的评价标准（张祖麟等，2002）。

还有一类不容忽视的有机污染物是多环芳烃（PAHs）。PAHs 作为海洋环境污染物黑名单之首，广泛分布于海洋环境中。由于其潜在的毒性、致癌性及致畸诱变作用，可通过食物链的传递及生物累积作用，给海洋生物体、生态环境和人体健康带来极大危害。

海洋环境中 PAHs 的来源主要有 3 种途径：生物代谢合成、地球化学作用合成以及人类活动的输入。前两者属于天然的 PAHs 来源，人类活动的输入是海洋环境中 PAHs 的主要来源（周晓，2006）。随着被认识的 POPs 种类不断增加，人们发现 POPs 污染问题越来越严重。通过陆源排放和大气沉降等途径，释放于各种环境中的 POPs 最终进入海洋，使得海洋成为 POPs 的重要聚集地，海洋生态系统的稳定性也因此受到严重威胁，这一情况已引起全球学者对海洋污染物来源研究的重视（曲莹等，2012）。自《斯德哥尔摩公约》生效 10 多年来，中国履约和 POPs 污染防治在建立机制、决定战略、摸清底数以及技术研发等方面都取得积极进展，在 POPs 削减和控制方面取得实质性的成果。

（五）海洋放射性污染

海洋放射性污染是指人类活动产生的放射性物质进入海洋而造成的污染。海洋中现存的放射性物质，可以分为天然存在和人工造成两大类，前者本来就存在于自然界，被称为天然放射性物质，也称天然辐射本底。后者是由人类的活动造成的，被称为放射性污染物质（国家海洋局，1981）。

海洋中的放射性污染物质种类繁多，但其主要来源有以下 4 个方面：核试验、原子能工业、实验室以及核动力舰船（张玉敏等，2010）。正确评价海洋放射性污染和辐射效应在生态系统中影响的途径、程度、影响的对象，建立有效的评价系统，明确核设施运行和生态效应的因果关系，将有利于海洋环境保护和核电事业的稳定发展，对于海洋生态系统健康和沿海经济的发展关系重大（唐森铭和商照荣，2005）。

为更加准确地评估一个真实的核泄漏事故对海洋环境所造成的可能影响，应当考虑大气中的放射性物质的沉降以及海洋生态对核物质的影响(何晏春等,2012)。2011 年 3 月 11 日,日本地震导致福岛核电站发生爆炸并引发核危机,经检测,4 月 16 日,福岛第一核电站附近海水中的碘-131 含量超过正常标准的 4000 倍,铯-137 的水平是正常的 527 倍,对海洋生物构成了严重威胁(杨振姣和罗玲云,2011)。2014 年 5 月,日本以东的西太平洋监测海域仍普遍检出人工放射性核素铯-137 和铯-134,核事故放射性污染进一步向深层迁移。当前,我国的核电事业正蓬勃发展,提高核电对海洋污染的风险意识、加强核电开发的风险管控和核应急能力建设势在必行。

三、海洋污染的生态效应

海洋环境受到污染后,对栖息于环境中的生物(包括个体、种群、群落和生态系统)造成危害,即为海洋污染的生物效应(biological effects of marine pollution)或称海洋污染生态效应(ecological effects of marine pollution)。海洋污染的生物效应与造成海洋污染的污染物性质有关,同时也因生物种类的不同而异(图 7-5)。海洋生物与其周围的无机环境通过物质和能量的交换而保持动态平衡,这种平衡会由于海洋污染而受干扰或破坏,并且在生命系统的各种层次表现出来(沈国英和施并章,2002)。

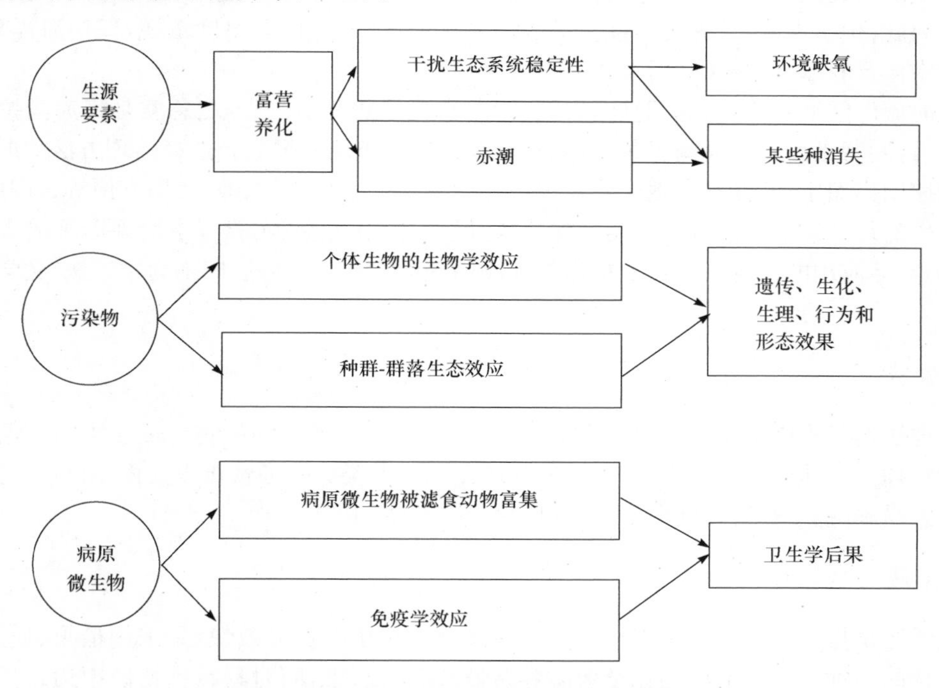

图 7-5　海洋污染的生物效应(沈国英和施并章,2002)

海洋生物监测(biological monitoring for marine pollution)是利用海洋生物个体(或机体某一部分)、种群或群落组成结构对海洋环境污染或其变化可产生的反应来判断海洋污染状况的一种海洋环境污染监测方法,从而为评价污染对海洋环境质量的影响和海洋环境管理提供依据。

进入 20 世纪 50 年代以来,随着海洋污染日趋严重,有关生物监测的研究得到了较快发展。目前海洋污染生物监测已由采用单种生物个体数量变化,发展到用各种生物指数揭示群落组成种类的变化;由采用个体形态、生理和生化变化的指标,发展到用染色体等亚显微结构的变化；由局部水域的生物监测发展到地区乃至全球的生物监测（李冠国和范振刚，2011）。其监测手段主要有：利用指示生物进行监测、利用生物群落结构的变化进行监测以及毒性试验和残毒测试等。

针对大亚湾主要经济类海洋生物体内重金属含量分析，结果表明甲壳类重金属的含量最高，头足类次之，鱼类最低，生物体对 Cu 和 Zn 的富集能力最高（王增焕等，2009）。重金属对甲壳类的生态风险比鱼类大（杜建国等，2013），不同生物的敏感性会因重金属浓度而异。

由于海洋环境的复杂性以及生物本身的适应性，应用生物监测手段时应当与化学、物理方法相配合，才能取得满意的结果（沈国英和施并章，2002）。例如，在有机污染监测时，不仅要了解群落组成的变化，而且应同时测定水体化学需氧量（COD）、生化需氧量（BOD）、底质氧化还原电位（Eh）和微生物数量等参数变化，结合水流交换条件，就可以更好地评价有机污染的程度。

第二节　赤潮的防治

人类的活动大大加速了水体富营养化的进程，当赤潮发生时，迄今还没有一种有效的治理方法。因此，预防赤潮，首先要增强全民的环保意识，呼吁全社会高度重视，保护海洋环境；其次控制水体营养输入，减缓富营养化。

在海域已经富营养化、赤潮预测失败、赤潮暴发的情况下，当务之急就是将赤潮控制在一定范围内，同时迅速杀灭赤潮生物，以减少赤潮带来的破坏和损失。选择治理方法的原则是既能有效控制赤潮生物，又对其他生物及生态环境无害，同时价格低廉、使用方便等。因此，鉴于赤潮发生的复杂性及对治理方法的环保要求，虽然在理论上或实验室中治理赤潮的方法已有很多，但实际应用的还很少。目前提出的赤潮治理的主要方法可以归纳为物理法、化学法和生物法。

一、物理法

物理法治理赤潮就是利用物理方法和手段，分离或杀死赤潮生物。目前国内外消除赤潮常用的物理法有：隔离法、超声波法、活性炭吸附等。此类方法通常难以大面积使用，通常只是一种应急措施（杨小茹等，2005），在实际应用中受到限制。

二、化学法

化学法是指应用化学药品直接杀死有害藻类。化学方法见效快，是采用最早、使用最多、发展最快的一种方法。但所用化学药品容易带来二次污染，同时易在食物链中通过生物放大作用，给人类带来危害。化学法主要包括直接杀灭法和絮凝剂沉淀法。

（一）直接杀灭法

直接杀灭法是利用特定化学药品直接杀死赤潮生物。硫酸铜是较为成熟的化学药物，但其毒性较大，成本高，因此众多学者对该法进行了改进。当使用可溶玻璃为载体的含铜除藻剂TB（载铜可溶玻璃）时，对海洋甲藻（*Prorocentrum micans*）有明显的去除效果，还可极大地减少除藻剂的用量（尹平河等，2000）。除硫酸铜外，过氧化氢、碳酸钠、次氯酸、高锰酸钾等药品对赤潮藻类也有明显的杀灭作用。

羟基自由基也可迅速杀灭赤潮生物，且污染较小(周晓见等，2004)。羟基自由基具有极强的氧化特征，可以使赤潮生物的氨基酸氧化分解，使细胞膜脂质氧化而导致膜破裂，使溶酶体、微粒体上的多种酶活性降低或失活而致死。羟基自由基具有极快的杀灭赤潮生物的反应速度，同时又具有除臭、脱色的特性。羟基由海水和空气中的氧制成，经 20min 左右后又还原成水和氧气，所以该药剂是无毒、无残留物的理想药剂。该治理方法在赤潮应急处理阶段具有一定的应用前景。

(二) 絮凝剂沉淀法

絮凝剂沉淀法是利用絮凝剂使赤潮生物絮凝、沉降，再进行回收。目前主要使用的絮凝剂有 3 大类：无机絮凝剂、有机絮凝剂和天然矿物絮凝剂(曹西华和俞志明，2001)。王文华等(2014)利用磷酸铵镁(MAP)化学沉淀法研究其对污染海水中氨氮脱除效果，在最佳反应条件下，随着氨氮初始浓度的增大，氨氮去除率逐渐增大(表 7-6)，当进水氨氮浓度为 12mg/L 时，氨氮去除率达到 42.80%。

表 7-6　初始氨氮浓度对去除效果的影响(王文华等，2014)

氨氮初始浓度/(mg/L)	出水氨氮浓度/(mg/L)	氨氮去除率/%	残磷量/(mg/L)
2	1.64	23.05	1.12
4	2.98	29.17	1.16
6	4.13	33.86	1.34
8	5.34	37.00	1.26
10	6.26	39.56	1.14
12	7.08	42.80	1.08

三、生物法

生物法是利用生物本身的一些特性来治理赤潮，主要有微生物及其他大型水生或陆生植物抑藻、动物捕食法、营养竞争法等。海洋微生物在赤潮中所起的作用已有大量研究，特别强调细菌与藻类之间的关系。一方面细菌吸收藻类产生的有机物质，并为藻类的生长提供营养盐和必要的生长因子，从而调节藻类的生长 (郑天凌和苏建强，2004)；另一方面细菌也可以通过直接或间接的作用来抑制藻类生长，甚至裂解藻类细胞，不仅具有杀藻作用，而且对一些产毒藻的产毒表现出抑制作用(Zheng et al.，2005；Bai et al.，2011)。另有研究结果表明，孔石莼和缘管浒苔对赤潮异弯藻生长的抑制效应最强(许妍等，2005)。

由于生物法的固有优势，利用生物间的化感作用来抑制有害藻类的生长，越来越多的研究者把目光投向生物治理技术，为赤潮的治理提供了一种新思路。大型海藻通过竞争营养成分和分泌化感物质来抑制赤潮藻类的生长繁殖。化感物质通过破坏赤潮藻类细胞膜，改变核酸代谢，影响藻类光合作用、酶活性、细胞亚显微结构和蛋白质合成等抑制藻类生长(胡洪营等，2006)。人工栽培大型海藻是一种较为可行的海水富营养化生物治理技术，因为大型海藻不仅能够吸收和利用水体过剩营养盐，改善养殖区的水环境质量，还能通过向外界输出海藻生物质产生较高经济价值(李春雁和崔毅，2002)。大面积养殖龙须菜对减轻养殖污水对海区的污染、防止水体富营养化、抑制赤潮的发生有积极的作用(汤坤贤等，2005)。吴婷等(2013)根据东海 2010 年春季赤潮暴发高发区的调查数据，研究了赤潮高发区各种形态氮的持续变化过程，结果表明，在赤潮暴发过程中浮游植物对氮存在明显的吸收作用，在赤潮后期，浮游植物对氮存在明显的转化作用。生物法在赤潮的防治过程具有更广阔的应用前景和巨大潜力（张亮等，2014）。大型海藻是海洋生态系统的重要初级生产者，其生命周期长、生长速度快，能通过光合作用吸收、固定海水中的N、P等营养物质，具有超累积营养盐的能力，是非常有效的N、P营养盐生物过滤器。

第三节　海洋油污染的防控

海洋油污染，特别是油船失事或海上油井井喷造成的严重事件一旦发生，如能及时采取有效措施，损失就小得多。溢油应急计划主要包括平台作业情况及海域环境资源状况、溢油风险分析及溢油应急能力三方面内容（宋大涵，2014）。目前，海洋石油污染的恢复方法主要有物理法、化学法和生物法。

一、物理处理

物理处理法是指利用物理的方法和机械装置消除海面和海岸溢油的方法，主要用于较厚油层的回收处理，并且只能对石油进行稀释、聚集、迁移，不能彻底清除海洋表面和海水中的溶解油（陈彬，2012）。

（一）围油栏

当溢油事故发生时，首先可以用围油栏将这些油包围起来，以缩小溢油扩散面积。围油栏的材料一般采用耐油的聚乙烯、氯丁橡胶等，具有一定的强度及抗风浪等性能，也易于展开和回收（林建和朱跃姿，2001）。近几年，围油栏向快速、轻便、便于操作方向发展。

（二）机械式撇油器

根据撇油器的物理学原理、采用结构方式等的不同，可以设计出多种不同的撇油器，其技术性能和特点也有差异。通常，根据收油的原理将撇油器分为黏附式、抽吸式、堰式撇油器等（陈彬，2012）。

黏附式撇油器是利用对油具有黏附性质的材料，让浮油吸附在一个运动的表面上然后被运动部件带出水面，并通过刮擦或挤压转移至储油槽或输油泵中。

抽吸式撇油器是运用真空油槽车或小型真空设备，通过吸管连接一个撇油头，吸油的同时吸入空气，吸管口及管内空气高速流动，高速空气从水面上将油带走，然后转移到回收槽。由于吸管内的摩擦损耗，真空抽吸只是对轻质油有效，对重质的油品几乎无效。

堰式撇油器是通过特别设计的带折堰的堰缘使油溢入撇油器中，而水则被拦截在撇油器外。堰缘可以根据油水界面的变化在水的作用下在垂直方向上调整，溢油通过堰缘不断进入收油器的腔体内，大多数堰式撇油器是通过自调节的堰缘来完成的，它可以随泵的流量而或高或低（Nordvik，1999）。

二、化学处理

化学处理法包括燃烧法和油化学处理剂法。油化学处理剂有乳化分散剂（又称消油剂或油分散剂）、凝胶剂（又称溢油固化剂）、集油剂（又称聚油剂、化学围油栏），其原理主要是利用化学药剂改变溢油物理性质，以便于溢油回收处理或减少油污染危害（陈国华，2002）。

（一）燃烧法

用火点燃溢油减少其污染，也称就地燃烧法。该方法的优点是所需的后勤支持少，高效，迅速；缺点是可能会对生态平衡造成不良影响，形成二次污染，并且浪费能源（Mullin and Champ，2003）。在美国，就地燃烧法已多次被应用于湿地、浅湖、内河及其他处理方法不适用的场合，结果表明，在含水率、油层厚度等合适的情况下就地燃烧是一种潜在的、有效的处理溢油的方式（Zengel et al.，2003）。

（二）吸附法

利用吸油材料吸附海面溢油，是一种简单有效的处理溢油的方法，使用安全，材料简单易得且价格低廉。但是，该方法吸油量较少，多适用于浅海和海岸边等海况相对较平静的环境。目前，国内外的吸油材料主要有聚乙烯、聚氨酯泡沫、聚苯乙烯纤维等人工合成的材料，以及锯末、麦秆等天然吸油材料（白景峰等，2002）。

（三）化学试剂法

化学试剂法主要有消油剂、凝油剂和集油剂等。

对于厚度不大于3mm的薄油层，通过喷洒消油剂，可以改变油水界面的表面张力，使溢油分散，油膜消失。消油剂的优点是见效快，在恶劣的天气下，可以在短时间内处理大面积的溢油。缺点是用消油剂浪费能源，可能造成二次污染，使用条件也受到限制，在低于5℃的水中几乎不能使用（于沉鱼和李玉琴，2000），而且只对中低黏度的油有效。因此，各个国家对其使用都有专门的条例限制。

凝油剂是通过增大油水界面张力将溢油包起来。目前，使用较多的酵母蛋白凝油剂，凝油性能较低且生产工艺复杂，成本偏高，难以在实际中得到广泛应用。因此，研制开发见效快、低污染、低用量、低毒性、易于回收且不易受周围环境影响的新型凝油剂是主要的攻关方向。

集油剂是将扩散的油聚集起来，而不像凝油剂那样使溢油变成胶凝状凝固。集油剂的扩散速度决定了其集油效果，而扩散速度取决于温度、集油剂的活性成分及溶剂的性质。向溢油海面喷洒集油剂，可降低水的表面张力，使油聚集。

三、生物处理

在海洋环境中，生物处理技术可将石油烃进行生物降解后转化为无毒的水和二氧化碳以及生物自身的生物量以达到彻底清除石油，其过程如下：

$$C_xH_y \xrightarrow{\text{微生物},O_2} R-OH+R-COOH \xrightarrow{\text{催化剂}} CO_2+H_2O$$

相对于其他处理方法而言，生物处理技术费用较低，已经成为一种经济效益和环境效益俱佳的解决复杂环境污染问题的有效办法。特别是在生态敏感区（如养殖区和旅游区等）以及潮滩和海湾，生物处理技术是应用前景非常广阔的溢油处理技术。

海面和海滩石油污染的生物处理技术通常可采用以下3种方式：投加表面活性剂，添加高效降解菌，施加氮、磷等营养源（宋志文等，2004）。目前，已知可降解石油的细菌和真菌有70多个属，200多种，其优点是高效、经济、安全，并且无二次污染（吴军和陈克亮，2013）。

第四节　重金属污染的防治

重金属是污染海洋环境的主要污染物之一，对海洋的污染比较明显的重金属有汞、镉、铅、铜、锌等。在目前技术条件下，这些有害物质一旦进入海洋就难以进行处理。因此，防止海洋重金属污染的最有效办法是在废水排放入海前进行处理，回收或除去其中的有害成分，这样不仅能够减轻污染，还可以获得大量贵重金属。

重金属的处理方法可分为两类：一是使废水中呈溶解状态的重金属转变成不溶的重金属化合物，经沉淀和上浮从废水中去除，如中和沉淀法、上浮分离法、电解沉淀和隔膜电解法等；二是将废水中的重金属在不改变其化学形态的条件下进行浓缩和分离，如反渗法、蒸发法和离子交换法等(张正斌等，1999)。

重金属的处理方法也可以分为物理法、化学法、生物法和膜分离技术等(王玉红等，2014)。

物理法是在不改变海水中重金属化学形态的条件下对重金属进行沉淀、吸附和分离等。吸附法作为治理海水中重金属污染最主要的措施，利用具有吸附性能的物质对重金属进行吸附从而降低海水中的重金属含量。Deliyanni 等(2007)研究纳米晶体状吸附剂对重金属离子废水具有更加优越的吸附性能。吸附剂的再生性能成本比较高，溶剂萃取法也是一种比较常见的重金属分离法，但萃取过程存在溶剂流失和再生过程中能耗大等问题。

化学法是通过化学反应将海水中的重金属去除，如化学沉淀法、氧化还原法、电解法、高分子重金属捕集剂法等，其中沉淀法是治理海水中重金属污染的主要方法，但易产生二次污染。目前研究较多的是通过合成铁氧体来沉淀重金属(Hunsom et al.，2005)，高分子重金属捕集剂法是指利用高分子基体具有亲水性螯合形成基的特点，能与水中的重金属离子选择性的反应生成不溶于水的金属络合物，从而达到去除重金属离子的目的(王玉红等，2014)。

生物法是指借助微生物或植物的吸收、积累、富集等功能来实现去除海水中的重金属，常见的有生物吸附与植物整治。很多藻类有较强的重金属富集能力，具有很好的净化海水重金属污染的潜力，但是不同海藻对重金属的富集量有明显差别。Feng 和 Aldrich(2004)利用海藻吸附废水中的重金属，对比活海藻和干海藻的吸附，发现活海藻的吸附速度比干海藻快，但干海藻的吸附量大，干海藻可作为废水中重金属离子的吸附剂。海藻富集重金属的影响因素较多，温度、pH、水体中的阴阳离子、重金属的存在形态以及藻类的不同生长阶段都会影响重金属的富集(Mehta and Gaur，2005)。

红树林对重金属、富营养化水体等逆境有良好的耐受性，其可以通过根部吸收海水及沉积物中的重金属，从而起到修复重金属污染的作用(张凤琴等，2005)。有的研究认为，红树林对重金属的净化主要是来自重金属的沉积作用，而吸收进入植物体内的量相对较少。生物法在处理海水重金属上具有成本低、效率高、容易管理、不会产生二次污染等优势，其在处理海水重金属污染中具有广阔的应用前景。

膜分离技术是指利用一种特殊的半透膜，在外界压力的作用下，在不改变溶液中化学形态的基础上，将溶剂和溶质进行分离或浓缩的方法，包括反渗透、微滤、超滤、纳滤和液膜技术。张卫东等(2006)在 2004 年提出中空纤维更新液膜分离技术(HFRLM)，既保持了液膜非平衡传质的优点，又克服了支撑液膜膜液的流失，还避免了乳化液膜的工艺复杂性。膜分离技术在处理重金属废水时具有节能、处理效率高、操作简便、投资少等优点，但也受到膜寿命和膜污染的阻碍。随着膜材料性能的改善，与其他水处理技术的集成，其在海水重金属去除具有推广应用前景。

第五节　持久性有机物污染的防治

持久性有机污染物(POPs)的稳定性和难降解特性使其治理成为一大技术难题,在研究治理传统的 POPs 的同时,应谨防新的 POPs 的出现和累积(李萍等,2008),国家应全面开展国际合作,共同控制 POPs 的污染,以解决 POPs 造成的全球环境污染问题(王佩华等,2010),目前 POPs 治理方法主要有物理法、化学法、生物法等(罗添和林少彬,2009)。

一、物理法

物理法通常是应用混凝沉淀、吸附、萃取、蒸馏等技术对 POPs 富集处理,常作为一种预处理手段与其他处理方法联合使用。直接使用微萃取法除去饮用水中的滴滴涕,其检出限可达到 5ng/L,并且具有较高的精密度和灵敏度(田明等,2001)。

二、化学法

化学法在 POPs 污染治理中的应用较多,主要有光催化氧化法、超临界水氧化法、湿式氧化法以及声化学氧化法等。此外,人们还尝试了电化学法、微波、放射性射线等高新技术。电化学氧化技术是我国处理 POPs 利用的一种新技术。电化学氧化技术借助具有电催化活性的阳极材料,能有效形成氧化能力极强的羟基自由基(·OH),既能使 POPs 发生分解并转化为无毒性的可生化降解物质,又可将其完全矿化为二氧化碳或碳酸盐等物质,该项技术应用于 POPs 废水处理,不仅可弥补其他常规处理工艺的不足,还可与多种处理工艺有机结合提高水处理经济性(骆世明,2009)。针对 POPs 化学性质稳定以及难以被臭氧氧化和生物降解的特点,水相中 POPs 的光化学降解一般通过向水溶液中加入半导体离子作为催化剂来进行反应。此方法具有降解彻底、无二次污染、转化率高、反应迅速、所用催化剂价廉易得等优点,被广泛应用于水污染的治理及饮用水深度处理(牛军峰等,2005)。水体中的 POPs 在半导体催化剂(如 TiO_2)作用下也能迅速光解,达到降解有机污染物的目的(Bandala et al.,2002)。使用电化学治理 POPs 得到工业推广,将多种技术结合起来,使得联合技术取得最佳处理效果已成为发展趋势(方战强等,2006)。

三、生物法

生物法是目前国内外研究的热点,它主要是利用植物、微生物或原生动物等的吸收、转化、消除或降解 POPs,主要分为植物修复、微生物修复、动物修复。植物修复 POPs 包括根际微生物降解,根表面吸附,植物吸收和代谢等。近来已有一些研究着眼于利用植物、菌类或动物的基因改良植物,以利于植物对特定 POPs 的修复,而国内对 POPs 的植物修复研究还刚起步,除了 PAHs 和 DDT 方面的研究外,其他方面研究甚少。据有关报道,2004 年中国科学院微生物研究所获得可用于构建高效降解工业废水中氯代芳烃类化合物微生物菌株的基因资源,并有望进一步推出 POPs 微生物修复技术。尽管生物法治理污染物所需时间比较长,它在将来的污染物处理上将有更广阔的前景(李萍等,2008)。

第六节　放射性物质污染的控制

关于原子能工业所产生的放射性废物向海洋处理的问题，很早就引起了各国的注意。日本核泄漏事故一直是公众和媒体关注的焦点，其向海洋倾倒万余吨的高放射性污水，对海洋生态安全构成了巨大威胁，也损害了其他国家在太平洋海域的利益（杨振姣和罗玲云，2011）。

当今世界，核科学技术发展已进入新阶段，同位素和核技术的应用更加广泛深入，核能发电已成为解决当前世界能源危机的重要途径之一，放射性废物安全有效的处置是世界各国关注的重要课题，也是核工业健康、可持续发展的重要保证（车春霞等，2006）。随着中国沿海地区核电事业发展加快，核工业要可持续发展，必须直面高放射性废物（简称高放废物）安全处置问题，按中国核电发展规划，到 2020 年核电将占总发电量的 4%。

一、放射性物质的近海处理

各种原子能设施（包括研究所、发电站、核燃料工厂等）所产生的低能放射性废液，多数在经过离子交换、过滤、衰减和稀释处理后，排入沿岸海区。但是，为了保证海洋环境的安全，使沿海居民免受放射性辐射的威胁，除对废液的排放应严加控制外，还应对相应海区进行长期、周密的监测。

原子能设施的放射性废液排放，应根据废液中放射性同位素的组成和数量、自然社会条件、附近海区的扩散稀释能力和生物的浓缩系数等各种因素加以规定。关于放射性废液的排放标准，目前各国广泛采用了国际放射线防护委员会的有关规定。

二、放射性物质的深埋

高放废物是核能事业发展的必然产物，其安全处置是核能事业持续发展的前提（郭永海等，2001）。由于高放废物毒性大、半衰期长、安全处置期长，应当高度重视高放废物处置的安全性（徐国庆，2013）。深埋是核废物的最终归宿，与人类的生活环境长期有效隔离，是目前国际公认的核废物处置方式。世界各国高放废物处置库建设的概况见表 7-7。

表 7-7　世界各国高放射性废物处置库建设概况（王守信等，2004）

国家	开始选址时间/年	开始运行时间/年	从选址到运行将耗费时间/年
美国	1957	2010	53
日本	1976	2040	64
加拿大	1973	≥2025	≥52
德国	1965	2008	43
瑞典	1976	2020	44
芬兰	1987	2020	33
比利时	1974	2050	76
英国	1976	2035	59
瑞士	1980	≥2020	≥40
西班牙	1986	≥2015	≥31

随着我国核电站数量的增加，预计到 2020 年，全国核电厂运行产生的低中放废物累计约

$3.6\times10^4m^3$，建立和完善与我国核电发展形势相适应的核废料处理处置体系和设施，任务迫切(许玲，2011)。2003年，国家颁布《放射性污染防治法》，其中第四十三条规定"高水平放射性固体废物实行集中的深地质处置"。这是我国在法律上第一次明确规定高放废物安全处置的要求。2007年10月，国务院批准了《核电中长期发展规划(2006—2020)》，其中提出应在2020年之前建成我国高放废物地质处置地下实验室。

《中华人民共和国海洋环境保护法》第三十三条规定：禁止向海域排放油类、酸液、碱液、剧毒废液和高、中水平放射性废水；严格限制向海域排放低水平放射性废水；确需排放的，必须严格执行国家辐射防护规定；严格控制向海域排放含有不易降解的有机物和重金属的废水(第九届全国人民代表大会常务委员会，2002)。《国家海洋事业发展"十二五"规划》强调，坚持海陆统筹、河海兼顾，完善海洋环境保护协调合作机制，实施以海洋环境容量和近岸海域污染状况为基础的污染物排放总量控制制度，从源头上扭转海洋环境质量恶化的趋势，加大海洋生态保护和修复力度，建设海岸带蓝色生态屏障，恢复海洋生态功能，提高海洋生态承载力。

第七节　海上溢油事故处理案例分析

随着海洋石油开采业和海洋运输业的迅猛发展，海洋溢油事故时有发生。1989年3月24日，"EXXON VALDEZ"油轮触碰阿拉斯加州威廉王子海峡的布莱暗礁，导致原油泄漏。这次溢油对渔业和海洋生态系统构成严重威胁。事故发生后美国海岸警卫队首先关闭通往瓦尔迪兹港的一切交通，进而调查事故现场并评估损失，对海洋生物进行救护，联合各部门专业人员进行清污。

清除溢油的过程主要采用燃烧法、机械清除和化学分散(王健，2006)。在溢油的初期阶段进行了燃烧尝试，防火围油栏被布置在拖缆上，围油栏的两端分别连接到各一艘船舶上，在它们之间有围油栏的两艘船慢慢移动通过漂油的主要部分，直到围油栏充满了溢油，然后两艘船拖着围油栏离开漂油并点燃围油栏的溢油。燃烧的火没有危及主要的漂油和"EXXON VALDEZ"油轮，因为它们隔开了一定的距离。继而开始用围油栏和撇油器进行机械清污。此外，也尝试着使用分散剂，但因为没有足够的波浪作用去混合分散剂和水中的溢油，分散剂不起作用而停止使用。

在清除行动初期就致力于保护敏感区域，但救援野生动物行动缓慢，由于救援资源没有及时运抵事故现场，很多鸟类和动物因直接接触溢油或失去食物资源而死亡。"EXXON VALDEZ"油轮事故的后果使国会通过1990年油污法案，该法案要求海岸警卫队通过其相关规则加强对油轮和油轮所有人及经营人的管理。海上溢油事故的应急处置涉及的信息技术主要有遥感技术、GPS技术等，对溢油事故提供更好的保护，改善通信条件，使航行更加安全。

小　　结

海洋污染是指由于人类活动直接或间接地把物质或能量引入海洋环境，造成或可能造成损害海洋生物资源、危害人类健康、妨碍海洋活动(包括渔业)、损坏海水和海洋环境质量等有害影响。海洋污染有以下特点：污染源广、持续性强、危害大、扩散范围广、防治困难、危害大。海洋污染可以分为以下几类：赤潮、海上溢油污染、重金属污染、持久性有机物污染及放射性物质污染等。

海洋生态系统的污染必然导致一系列的生态效应，其治理方法因不同的污染类型而异。赤潮的治理方法主要有物理法、化学法和生物法；海洋油污染，可以通过物理法（围油栏、机械式撇油器）、化学法（燃烧法、吸附法、化学试剂法）和生物法处理。重金属是污染海洋环境的主要污染物之一，利用植物治理海洋重金属污染具有很大的应用前景。持久性有机污染物对人体和环境的危害巨大，目前其治理方法主要有物理法、化学法、和生物法，尽管生物法治理污染物所需时间比较长，它在将来的污染物处理上将有更广阔的前景。高放废物是核能事业发展的必然产物，其安全处置是核能事业持续发展的前提，低中放废气、废液达标后排放，对固体废物实施压缩、焚烧等减容措施，深埋是核废物的最终归宿，与人类的生活环境长期有效隔离，是目前国际公认的核废物处置方式。

复习思考题

1. 海洋污染物主要有哪些？它们对海洋生态系统会产生哪些危害？
2. 目前海洋生态恢复面临的挑战有哪些？
3. 赤潮是如何发生的？它有哪些危害？如何防治赤潮的发生？
4. 海洋污染的生物效应有哪些？
5. 海洋放射性污染的生态风险主要有哪些？如何控制海洋放射性污染？

建议读物

国家海洋局科技司. 2006. 海洋灾害调查技术规程. 北京：海洋出版社.
沈国英. 2010. 海洋生态学. 2 版. 北京：科学出版社.
刘震炎，张维竞. 2005. 环境与能源科学导论. 北京：科学出版社.
李冠国，范振刚. 2004. 海洋生态学. 北京：高等教育出版社.
郑天凌. 2011. 赤潮控制微生物学. 厦门：厦门大学出版社.
陈彬. 2012. 海洋生态恢复理论与实践. 北京：海洋出版社.

推荐网络资讯

中国生物技术信息网：http://www.biotech.org.cn/
国家海洋局：http://www.soa.gov.cn/
北京环保公众网：http://www.bjee.org.cn/cn/index.php/
中华人民共和国环境保护部：http://www.zhb.gov.cn/
中国生态修复网：http://www.er-china.com/
国家国防科技工业局：http://www.sastind.gov.cn/
国家海域动态监管网：http://www.nsds.cn/Fgjhyweb/Default.aspx/

第八章　污染土壤生态系统的恢复

第一节　土壤污染概述

土壤是一个由固相、气相、液相及生物组成的多介质、复杂的开放系统，将无机环境和有机环境紧密地联系在一起，是连接二者的重要枢纽。土壤环境与外界环境之间时刻进行着物质和能量交换，是人类及其他生物生存的最重要基础。由于土壤与外界环境在不停地进行物质和能量交换，各种物质通过大气、水环境以及动植物残体进入土壤，并且在土壤中完成一系列的迁移和转化过程，其中一部分物质转化为维持土壤自身功能的物质，而另一部分相对于人类和其他生物的有毒有害物质进入土壤环境后，在土壤中大量积累，并超出了土壤自身的降解能力，同时还对土壤的结构和功能造成了一定程度的损坏，降低了土壤质量和肥力，直接或间接影响植物正常生长发育和人体健康。据有关资料统计和预测，地球上所能承载的人口极限为80亿，逾越这个极限对经济发展将造成不可估量的压力。现在世界可耕地面积约29.55亿hm^2，世界人均可耕地在逐年锐减(易秀等，2008)。而且，当前还面临着水土流失和土地沙漠化的严峻考验，尤其是土地沙化面积每年都在递增。另外，随着人类经济活动的迅猛发展，越来越多的污染物被排放到土壤环境中，对土壤环境造成了巨大压力。

据《2014中国环境状况公报》显示，我国土壤总的点位超标率为16.1%，由于农药、石油、污水灌溉、工业废渣堆置、石油开采运输加工等造成了我国相当一部分农田、耕地、林地及草地被污染，并且以重金属和有机物污染为主，污染土壤面积相当于全国耕地面积的1/4。据2011年的材料显示，全国约有2000万hm^2耕地正在受到重金属污染的威胁；农业部对全国污灌区进行了调查，数据显示近2/3的农田污灌区土壤遭受着重金属污染，而且部分地区土壤污染严重(陈印军等，2014)。从上述不完整的资料统计中，足见我国土壤环境面临的形势非常严峻。

土壤是生物赖以生存的基础，土壤环境污染直接影响人类和其他生物的生存，因此土壤环境保护至关重要。

一、土壤污染的定义

目前对于土壤污染(soil pollution)的定义尚不统一，一般主要认为是在人类各种活动过程中，尤其是工业和农业活动中的“三废”及农药、化肥等有害物质大量进入土壤环境后，在土壤环境中发生迁移、转化、积累等过程后，使得土壤环境中某些有害物质含量过高，超出土壤环境的本底值及自净能力和容纳量，导致土壤结构损坏及功能失调，进而使土壤环境质量下降，并通过食物链直接或间接地影响生物和人体的健康，造成危害。其实质就是各种污染物进入土壤环境后，使原有的土壤环境质量下降及结构和功能破坏，对人类健康及其他生物带来危害。因此综合起来，陈怀满(2005)提出土壤污染就是指人为因素有意或无意地将对人类本身和其他生命体有害的物质施加到土壤中，使其某种成分的含量明显高于原有含量，并引起现存的或潜在的土壤环境质量恶化的现象。

二、土壤污染的特点

（一）隐蔽性和潜伏性

土壤污染不同于气体或水体污染，它们通过颜色等特征在污染严重时可以由人的感官而察觉。污染物进入土壤环境后，尽管也存在土壤水，但相比于大气环境和水体环境，污染物的迁移能力还是相对较弱，容易和土壤固相部分结合，滞留在土壤中，逐渐地积累，经食物链关系，通过动植物或人体的健康状况才能反映出来，或者通过对土壤上生长的植物及土壤样品进行检测分析才能确定，具有隐蔽性和潜伏性。日本的骨痛病就是因为当地土壤被镉污染后，其大米中的镉含量较高，被人们长期摄入并在体内积累到一定程度引发病变所导致的。

（二）长期性和不可逆性

土壤一旦遭到污染后极难恢复。许多有机化学污染物质进入土壤以后，需要经过很长时间才能降解，如一些农药、多环芳烃（PAHs）、多氯联苯（PCBs）等已被国际公认为持久性有机污染物（POPs），这些污染物在土壤中存在时间很长，半衰期长达几十年甚至更长。重金属进入土壤后，会很长时间滞留在土壤中，一旦造成污染，在不借助人为因素治理条件下，靠土壤自身的自净作用来恢复，至少需要几十年甚至上百年（Zou et al.，2012）。而且重金属在土壤中不可被分解，具有相对稳定性，是一个不可逆的过程。

（三）后果严重性

当土壤被污染后，经食物链传递会使动物和人体产生病变，同时还会影响人类社会经济生产，造成一定的经济损失和食品安全隐患。有研究表明，某些区域土壤由于污灌而造成污染，并由此而引起当地人们的肝大现象，并且随着污染的加重，在人群中发生这种病变的程度也越严重。由于土壤污染严重，我国河南、山东、河北等省份曾多次发生大面积污染事故，造成小麦、玉米等多种农作物减产甚至绝收（陈怀满，2005）。另外，污染物质在土壤中有一个累积与储存的过程，这期间并不容易被人们发现，但当土壤中污染物的累积量超过土壤容量时，或者当区域环境条件改变时，就会导致土壤环境中某些物质突然暴发，甚至会造成严重的灾害。来自不同污染源的污染物，开始在土壤或沉积物中造成局部污染，继而伴随工业化进程的加剧，其污染范围逐步扩大，影响面可以由局部向区域直至全球波及。由于两个世纪的工业化进程，在中欧、德国、捷克与波兰边界的森林土壤中积累了大量的酸性物质，当这些物质超出了土壤本身的承载力及缓冲能力时，土壤 pH 突然降至 4.2 以下，结果导致大量铝活化，因而在 20 世纪 80 年代初引起大片森林死亡（刘培桐，1995）。

三、土壤污染的来源

土壤污染源来自自然和人为干扰两个过程。一般自然过程主要指如火山喷发、岩石自然风化等造成的土壤污染；人为干扰过程是指由于人类活动如工业、农业、生活过程造成的土壤污染。土壤污染来源较为广泛，一般可将土壤污染源分为污水灌溉、固体废弃物的利用、农业污染源、大气污染源等。

（一）污水灌溉

污水灌溉（sewage irrigation）是指用未经处理或未达到排放标准的工业废水及城市生活

污水进行农田灌溉。尤其是工业过程中产生的废水，其中像重金属等无机污染物浓度一般都较高，长期进行污水灌溉会导致一些农田灌溉区土壤中有毒有害物质含量增加，并由土壤表层慢慢渗入底层，甚至污染地下水。虽然一般生活污水和工业废水中含有氮、磷、钾等许多植物所需要的营养元素，在农业生产过程中被利用后能达到增产效果，但排放到土壤中也会造成污染，如金属冶炼、石油化工、炼焦、农药生产、皮革、印染、造纸、电镀等工业废水中就含有镉、汞、铅等重金属及酚、农药等有机污染物，生活污水中常含有一些致病的病原微生物，容易造成土壤污染。

（二）固体废弃物的利用

固体废弃物常指工业过程中产生的一些废渣、污泥以及城市生活垃圾、禽畜粪便等。虽然这些废弃物中含有一定的养分，但未经过加工处理就被用来当作肥料使用或长期堆放，会导致其中有些有毒有害物质在降雨淋溶等过程中释放出来而进入土壤环境，造成土壤污染。并且这些固体废弃物如采矿废渣、粉煤灰、玻璃、塑料等都会影响土壤理化性质。

（三）农业污染源

农业污染源主要包括农药和化肥的生产加工、不合理使用以及农用塑料大棚和地膜的滥用等。常见的农药有六六六、DDT、艾氏剂、狄氏剂、马拉硫磷、对硫磷、敌敌畏等杀虫剂、除草剂、杀菌剂三大类。农药在使用过程中，一部分由于喷洒直接进入土壤中，另一部分喷洒在作物叶面，会随着降雨或叶片掉落而进入土壤。农药在土壤中虽然能够通过生物、化学、光照等方式降解，但大多农药属于持久性有机物，在土壤中的自然降解速率非常缓慢，会长期滞留在土壤中，造成土壤污染。而且可被植物吸收积累在体内，通过食物链使人体健康受到危害。化肥污染主要是氮肥、磷肥等过量施用。大量化肥使用会导致氮和磷进入地下水而使地下水源受氮、磷污染，进而造成河川、湖泊、海湾的富营养化；另外，化肥中含有一些有害物质，如重金属镉及有机物三氯乙醛等，也会造成土壤污染。同时，在农业过程中使用的土壤保温地膜中含有大量的铅和镉，易造成土壤铅、镉污染，塑料地膜长期滞留土壤中，不易降解，还会影响土壤的透气性、透水性及微生物生存环境，改变土壤结构。

（四）大气污染源

大气污染源主要是工业生产过程中排放的一些有毒有害气体，如二氧化硫、氟化物、氮氧化物、交通运输过程中的汽车尾气等，另外一些在金属冶炼过程中排放的含重金属烟尘、粉尘、飘尘等。这些物质进入大气环境后，通过沉降或者降雨进入土壤中，尤其是二氧化硫、氮氧化物容易形成酸雨，使土壤进一步酸化，土壤酸化后会容易导致养分贫瘠、有害物质活化、土壤肥力下降等。粉尘等大气颗粒物中包含重金属、非重金属有毒有害物质甚至放射性物质，可对土壤造成污染。

四、土壤污染的类型

土壤污染的类型一般可按照污染物的性质可分为有机物污染、无机物污染、生物污染和放射性物质污染。

（一）有机物污染

土壤有机物污染主要包括在各种纺织、炼焦、化学加工、印染、农药生产加工以及农业生产过程和城市生活中产生的有机毒物、农药(包括杀虫剂、杀菌剂和除莠剂)、石油类、染料类、表面活性剂、多氯联苯、二噁英等污染物。尤其是农业生产过程中农药的使用,大量有机污染物进入土壤,在微生物的作用下,会转化或降解为稳定性不同的物质,但有些有机污染物在转化降解过程中,中间产物降解速率非常缓慢,如农药 DDT 降解会生成 DDD,进而再降解生成 DDE,其在土壤环境中滞留时间很长。土壤有机污染物大量存在于土壤中,一部分被植物吸收并通过自身的代谢活动降解或排出体外,另外未被降解的部分会残留在植物体内,影响作物产量和品质,并给人类的健康带来隐患。

（二）无机物污染

进入土壤中的无机污染物主要分为自然过程中(如地壳活动、岩石风化等过程)进入的和由于人类工农业生产活动(如采矿、冶炼等)排放的各类有毒有害物质,包括盐类、酸、碱重金属以及废渣等。这类污染物进入土壤后会破坏土壤结构及改变土壤理化性质,造成污染。

（三）生物污染

土壤生物污染是指一些病原体或致病菌等有害的生物种群进入土壤环境后,经过繁殖,使原有的土壤生态环境失衡,进而影响人体健康并造成土壤质量下降的现象。这些生物污染物主要是一些未经过消毒处理过的生活垃圾、污水及动物粪便、动物及土葬患者尸体所含的病毒、细菌等,尤其是传染病医院一些未经消毒处理的污水和污物。这些生物污染物滞留在土壤中不仅会给人类和植物的健康带来潜在隐患,还会影响农业生产效益,某些致病细菌和真菌会导致蔬菜和作物产生病害,造成农业减产。

（四）放射性物质污染

土壤放射性物质污染主要指由于人类活动如核试验、核事故等以核泄漏、放射性固废填埋等排放到土壤环境中的放射性污染物,使土壤的放射性水平高于天然本底值,导致土壤发生严重的放射性污染,主要包括镭(Ra^{228})、铯(Cs^{137})、锶(Sr)等。这些放射性物质经过衰变过程产生的 α、β、γ 射线,能穿透人体组织,损伤人体细胞,或储存在人体组织如骨骼中,给人体的健康带来严重威胁。

第二节　污染土壤的物理修复

一、污染土壤物理修复的原理

污染土壤的物理修复技术主要根据污染物的种类及其性质,运用一些物理手段来对污染物进行过滤、吸附、挥发等处理,减少污染物在土壤中浓度,达到分离治理的目的。一般根据污染物的特性选用相应的分离技术,如水动力学分离、密度分离、磁分离等,其相应的修复原理包括:①根据土壤组分中黏土颗粒、含碳物质等较大的表面差异特性,采用表面特性来分离污染物;②利用热能或高温使污染土壤熔化形成玻璃状物质,降低其毒性,有机污染物可在此过程中挥发或降解,重金属等无机污染物可被永久固定在玻璃状的土体内;③利用热传导或辐射的方式加热土壤，促使具有挥发性的污染物挥发；④利用污染物性质与特定粒径大小的土壤颗粒结合，通过对该大小范围土壤颗粒进行筛分离的方法清除污染；⑤根据污染物有无磁性的特点，采用磁分离的方法将污染物去除。

二、污染土壤物理修复的方法

（一）换土及客土法

一般土壤污染物多集中在土壤的表层，采用换土法就是将表层污染土壤全部或部分挖走，换入未污染的干净土壤。客土法就是将干净的或者未受污染的清洁土壤覆盖在原污染土壤上，通过减少植物根系与污染物的接触面积，减少植物根系对污染物的吸收。该方法适合于污染严重、面积较小且较难降解的污染土壤修复治理。虽然换土及客土法在污染土壤的修复治理中效果显著，不受土壤条件等的限制，但不能减少土壤中污染物的总量，只是将污染土壤进行了转移。而且还需要注意换出土壤的安全处置，避免在转移过程中发生污染扩散及造成二次污染带来的生态风险，并且采用这种物理处理方法工程耗费较高。

（二）固化填埋法

污染土壤的固化技术就是将污染土壤与固化剂按一定配比进行混合后，经熟化培养形成低渗透性的固态物质；或将污染物封存在一些惰性基材中，减少污染物与外界的接触机会，降低污染物的迁移性。常见的固化技术主要有用水泥、玻璃、塑料等物质作为惰性材料进行固化处理。固化修复效果常与选择的固化剂种类、性质及添加配比等有关。严建华等(2004)研究了在不同配比条件下，采用沥青来固化城市生活垃圾焚烧飞灰重金属的效果，发现用沥青固化飞灰时，重金属 Cu、Zn、Cd、Ni 的浸出量随着沥青加入量的增加而减少，当沥青和飞灰质量比为 0.2 时，添加一定质量分数的氢氧化钠和硫(按 1.2 的物质的量之比加入)，大大提升了固化效果。玻璃化技术就是利用热能在高温条件下将污染物挥发或分解，从土壤中去除，或将固态污染物熔化为玻璃状物质，利用玻璃体的致密结晶结构使一些无机污染物如放射性物质或重金属等被封存在冷却后的玻璃体中，减轻对土壤的污染危害。填埋处理是将固化处理后的污染土壤移至经过防渗处理过的填埋场中进行填埋处理，分离污染土壤，减少污染物质在土壤中的迁移扩散。

（三）高温热解法

高温热解法即通过向土壤中通入热蒸气或采用射频加热等方式对污染土壤进行加热处理，使污染物在土壤中由于高温作用而发生分解或挥发。一般此法多用于能够热分解的有机污染物，如卤代或非卤代挥发性有污染物、半挥发性有机物和多氯联苯及一些具有挥发性的重金属处理。

三、污染土壤物理修复的优缺点

污染土壤的物理修复技术针对某些特殊的污染物具有较好的处理效果，而且在具体的实践中，对于污染规模相对较小，污染严重区或者污染事故发生地等采用物理方法处理时有其独特的优势，具有时间短、处理彻底、效果明显、操作简单等优点，但也存在一定的局限性，如人力、物力、财力投资较大，工程量大；处理过程中容易破坏土壤结构、功能及肥力水平，而且土壤经处理后的恢复比较缓慢。

第三节 污染土壤的化学修复

污染土壤的化学修复是利用添加化学修复剂与土壤污染物之间的一系列化学反应，使污染物在土壤环境中的形态发生变化或者其生物毒性降低，而减少对土壤环境危害的修复技术。化学修复技术发展较早，相对比较成熟，一般包括化学改良剂添加法、淋洗/萃取法、电动修复法等(王红旗等，2007)。

一般在进行化学改良剂添加法修复时，由于土壤污染物的种类繁杂，其在土壤中的化学行为也有区别，通过添加化学改良剂，主要是降低污染物在土壤中的迁移性或其生物有效性，减轻对生态环境的危害。化学修复剂的种类多种多样，因此在具体实施过程中采用的措施也不同。

一、污染土壤化学修复的原理

污染土壤的化学修复机理主要是根据土壤中的污染物种类、性质及其在土壤中的迁移、转化特性不同而采取相应的化学修复措施，通过发生一系列的化学作用(主要包括沉淀、吸附、氧化、还原、催化、质子传递、脱氯、聚合、水解、络合、螯合、电化学作用等)，改变污染物在土壤中的赋存状态，降低其毒性或迁移能力，达到减轻对环境危害的目的。一般采用化学修复技术时，根据不同土壤中污染物种类的差异，选择的化学修复措施也不同，相应的修复机理也不同。化学修复的机理主要有：

(1) 加入一些化学改良剂如石灰、改性纳米材料、磷酸盐、海泡石、坡缕石等黏土矿物、有机肥、赤泥等材料，通过与污染物如重金属等发生吸附、沉淀、络合等作用来改变土壤中污染物的形态，使污染物向生物难吸收态转化，从而降低其生物有效性。

(2) 通过氧化剂的氧化作用改变污染物的价态或者破坏其分子结构，从而降低其危害性。

(3) 加入一些化学还原剂改变污染物在土壤中的存在价态，使其价态由高毒性向低毒性转化，从而减轻污染物的生物毒性。

(4) 加入一些碱金属氢氧化物，使多氯联苯、呋喃、含氯有机污染物发生脱氯反应，降低其毒性。

(5) 使用一些化学催化剂，使酯类、酰胺、氨基甲酸酯、磷酸酯及农药等污染物发生氧化而分解。

(6) 利用电化学作用，使土壤中的某些污染物如重金属在电场力的作用下，通过电迁移、电泳或电渗流的方式向电极两侧移动，经过集中工程化处理而去除。

二、污染土壤化学修复的方法

(一) 化学改良剂添加法

在使用化学改良剂修复时，一般要根据污染土壤中的污染物种类来选择改良剂，常用的化学改良剂主要类型有无机类、有机类、微生物类及新型复合材料。无机类改良剂主要包括一些黏土矿物(如海泡石、沸石、蒙脱石、高岭土等)、工业副产品(如粉煤灰、飞灰、钢渣、赤泥、硅粉、石膏等)、磷酸盐类及金属氧化物(如过磷酸钙、磷矿粉、钙镁磷肥、羟基磷灰石、磷酸盐、氧化镁等)及其他一些工农业废弃物；有机类改良剂主要包括动物粪便、秸秆、生物炭、骨炭、城市生活污泥等；微生物改良剂主要包括一些菌根、还原菌等；新型复合材料主要有一些改性物质材料、无机有机物质复合搭配材料、纳米材料等(郝汉舟等,2011)。在重金属铅、镉污染的土壤中,可以添加一些碱性物质的改良剂,通过改变土壤的酸碱环境使重金属有利于生成氢氧化物沉淀,生物难吸收态比例增大,减少植物对重金属吸收,达到降低其生物有效性的目的。Lu 等(2014)研究表明,向含有重金属铜、锌的猪粪肥料中添加磷矿粉,发现添加后对铜、锌的存在形态有很大影响,导致铜、锌的生物可利用态降低,而有机结合态和残渣态增加。沸石具有多孔结构和巨大的比表面及阳离子交换能力,可以通过离子交换吸附降低土壤中重金属铬的生物有效性(魏志恒等,2007)。律琳琳等(2009)使用油菜作为指示植物,在镉污染土壤上探讨了钠基膨润土、膨润土、沸石、硅藻土对镉污染土壤的改良效果及存在的规律,结果表明,土壤中有效态镉含量和 4 种化学改良剂的添加量有一定关系,4 种化学改良剂的添加均能使土壤有效态镉含量降低,以硅藻土的添加量为 50g/kg 时效果最好,镉有效态含量降低了 32.30%,减少了油菜对镉的吸收。王凯荣等(2007)研究发现,使用碱性煤渣作为改良剂,在添加量为 5.0g/kg 时,可分别使早稻糙米和晚稻糙米中的铅含量降低 78.6%和 45.7%,镉含量分别降低 75.4%和 87.9%,并达到国家食品卫生标准。用于治理重金属污染土壤的有机改良剂主要有骨炭、生物炭等,向土壤中施用有机质能够增强土壤对污染物的吸附能力,有机质中含有大量的含氧官能团,如羧基、羰基等能够和重金属氧化物、金属氢氧化物及矿物的金属离子形成化学和生物学稳定性不同的金属-有机配合物,从而使污染物分子失去活性,减少对植物的危害。Feigl 等(2012)研究表明在农田土壤中施用红泥,在 pH 为 9、添加量为 5%时,可显著降低水溶态镉和锌比例达到 57%和 87%。

土壤改良剂的选择要根据土壤类型、污染物种类等。例如,对于重金属污染土壤,添加磷酸盐类物质处理后,一方面可以能和重金属结合生成难溶性沉淀,降低重金属在土壤中的有害性;另一方面还能够补充土壤中缺磷的状况。

(二) 淋洗/萃取法

土壤淋洗是指通过借助淋洗剂促使土壤中的污染物发生溶解、迁移,并通过淋洗土壤,使土壤中的污染物质从土壤颗粒上脱附而被去除的过程。土壤淋洗包括物理和化学过程,适合处理污染物含量较高、污染面积相对较小的土壤。采用土壤淋洗的方式主要为首先用淋洗液溶解土壤中的污染物,进而通过冲洗作用力将污染物从土壤中去除。土壤淋洗过程包括淋洗液向土壤表面扩散、对污染物的溶解、由土壤表面脱附向流体扩散、污染物在土壤内部扩散等过程。常见的淋洗剂主要包括:①无机类淋洗剂(如水、一些无机酸、碱及一些盐类等),通过络合、酸解或离子交换等作用,将污染物从土壤颗粒表面解吸下来再去除;②人工螯合剂和天然螯合剂类,主要通过与污染物如重金属发生螯合反应后,生成一些相对稳定的水溶性络合物,从土壤颗粒上解吸下来,有助于土壤淋洗,这类螯合剂包括乙二胺四乙酸、二乙三胺五乙酸、乙二醇双四乙酸、吡啶二羧酸、亚氨基二琥珀酸、柠檬酸、草酸、苹果酸、丙二酸等;③化学表面活性剂和生物表面活性剂类主要有十二烷基苯磺酸钠、十二烷基硫酸钠、皂角苷、鼠李糖脂、环糊精等;④氧化剂类主要为臭氧、二氧化氯、过氧化氢及高锰酸钾等,氧化剂类淋洗剂多用于难降解的有机物,如多环芳烃、多氯联苯等污染土壤淋洗中,降低污染物的毒性,或使污染物转化为易于分离的形态,从而达到去除污染物的目的(李玉双等,2011)。一般土壤质地结构、污染物种类及其在土壤中的存在状态和相应淋洗剂类型等都会对土壤淋洗产生影响,而且土壤中污染物的类型和其相应的存在状态往往有很大差异。因此在土壤淋洗过程中要针对性地选取淋洗剂。通常用表面活性剂和螯合剂等去除疏水性有机物。无机类淋洗剂通常被用来淋洗无机污染物,如重金属等。值得注意的是,这些淋洗剂的使用,可能会改变土壤的物理和化学特性,进而影响其生物修复潜力。

根据修复的场所不同,通常将土壤淋洗法分为原位淋洗和异位淋洗。原位淋洗无需将污染土壤挖掘出来,可通过直接注入或地表喷洒的方式使淋洗剂进入土壤,对污染物进行冲淋或分解;异位淋洗则需将污染土壤从地表挖出,在特定的容器或空间中将土壤与淋洗剂混合,以达到修复的目的。二者的修复原理和方式基本相同,区别主要在修复场地不同。异位土壤淋洗法修复污染场地的经典流程如图 8-1 所示(张海林等,2014)。

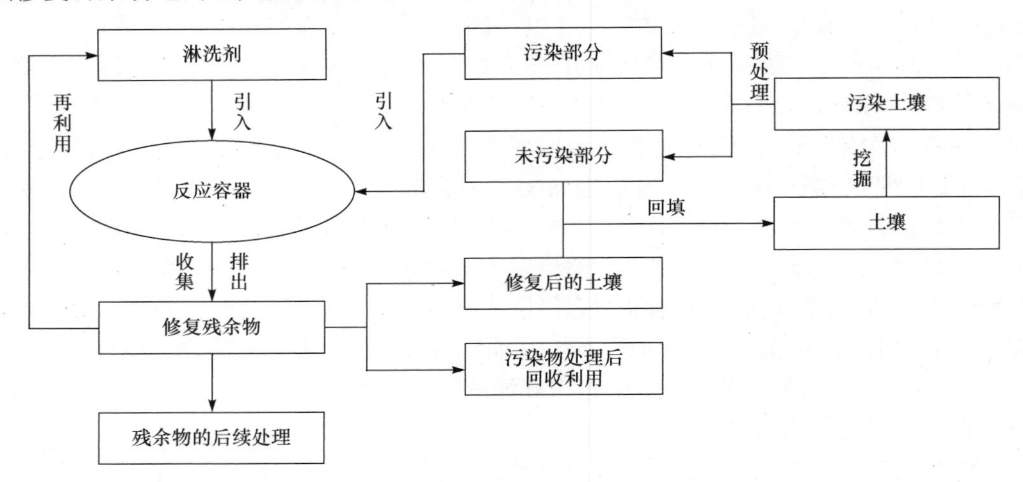

图 8-1　异位土壤淋洗流程(张海林等,2014)

Tokunaga 和 Hakuta(2002)研究发现,采用 9.4%的磷酸淋洗高浓度砷(2830mg/kg)污染土壤 6h 后,砷去除率达到 99.9%;采用浓度低于 10%的硫酸作为淋洗剂时,对砷的去除率也超过 80%。表 8-1 中的许多土壤淋洗案例研究表明,采用不同的淋洗剂处理污染土壤,均取得了一定效果。

总体来说,土壤淋洗法的投资和能耗相对较少,操作安全灵活,周期短、效果好、稳定、能去除污染土壤中较多的污染物。但由于淋洗液的性质以及淋洗液与土壤可能发生化学反应而导致二次污染,因此用淋洗法处理污染土壤时选择高效的淋洗助剂是土壤淋洗法的技术关键,并且面临淋洗废液的回收处置问题,对于质地相对黏重的土壤,其渗透性较差会导致处理效果较差(周启星和孙铁珩,2000)。

(三) 萃取技术

化学萃取技术是利用化学溶剂将有害化学物质从污染土壤中提取出来而去除的技术(王红旗等,2007)。

萃取剂的类型依赖于污染物的化学结构和土壤特性,萃取时间取决于土壤特性和污染物的性质。Ehsan(2007)等研究显示,采用 10%(*W*/*V*)的环糊精结合少量 EDTA 可提高污染土壤中大部分重金属的提取率。一般而言,溶剂萃取技术并不适合无机污染土壤的修复,只适用于处置有机污染土壤,如多氯联苯、碳氢化合物、多环芳烃等污染土壤。同其他修复技术相比,萃取技术耗费较低并且快捷,可处理难以从土壤中去除的有机污染物。

表 8-1　异位土壤淋洗法的案例研究(张海林等,2014)

主要污染物	土壤质地	反应类型	淋洗剂及配比	洗出效果	修复规模	参考文献
柴油	0.4～0.6mm 沙土	超声波土壤淋洗	土水比=3∶1、0.005mol/L SDS	76.1%±3.8%	实验室研究	Son et al.,2011
重金属和放射性核素	粉沙土占 93.5%	土壤淋洗+酸沉降	0.1mol/L 氯化钙、盐酸或硫酸+0.06mol/L EDTA	铅:72%、锌:27%、铜:71%、砷:80%、铁:6.6%	实验室研究	Pociecha and Lestan,2012
铅、镉、铜、锌、砷	过筛,粒径<2mm	粒度筛选+化学淋洗	0.1mol/L 草酸+0.01mol/L EDTA	砷:65%、镉:33%、铜:87%、铅:43%、锌:45%	实验室研究	Qiu et al.,2010
铜、铅	98%沙土+2%膨润土	化学淋洗	0.01mol/L SDS+0.005mol/L EDTA	铜:95%、铅:43%	实验室研究	Svab et al.,2009
二噁英、呋喃	粉沙土	化学淋洗	75%乙醇清洗 10 次	首次:15%～56%,10 次后:81%～98%	实验室研究	Jonsson et al.,2010
PAHs	过筛,粒径<4mm	土壤淋洗+臭氧氧化+植物修复	土水比=2∶1、水+pH 调节剂	多环芳烃减少 90%	实验室研究	Haapea and Tuhkanen,2006
砷、汞	—	物理筛选+水利旋流+浮选法	聚合物和表面活性剂	砷:69%、汞:99%	场地修复、19 200t 土壤	U. S. EPA,2002
汞	淤泥	酸吸附+固液分离+固体淋洗	5%～27%的氯化钠溶液	由 60 000mg/kg 降到 150mg/kg	场地修复、3 300 磅/d	U. S. EPA,2007
砷	黏土和沙土,分别淋洗	物理分离+酸吸附	0.4N 磷酸	由 153.25mg/kg 降到约 25mg/kg	场地修复、3t/h	Kim et al.,2012
PAHs、原油	沙土、淤泥	物理分离+光照氧化+生物泥浆法	水	油污 79%、PAHs:92.5%	场地修复	NATO/CCMS,1998
石油烃类、氰化物、重金属	黏土含量占 30%	浮选法+重力分级+磨损擦洗+磁选法	水	洁净土壤占原土壤 50%以上	场地修复 0.5～1t/h	NATO/CCMS,1998
PAHs、苯系物、MTBE	—	生物淋洗+生物对法	水土比=52∶9、5% TW80 溶液	TPH 由 9 172mg/kg 降到 1 520mg/kg、83.43%	场地修复、140m^3	Iturbe et al.,2004

(四) 电动修复法

电动修复是通过在污染土壤两侧施加直流电压形成电场梯度，土壤中的污染物在电场作用下通过电迁移、电渗流或电泳的方式被带到电极两端，从而使污染土壤得以修复的方法(周东美和邓昌芬，2003)。电动修复装置如图 8-2 所示。

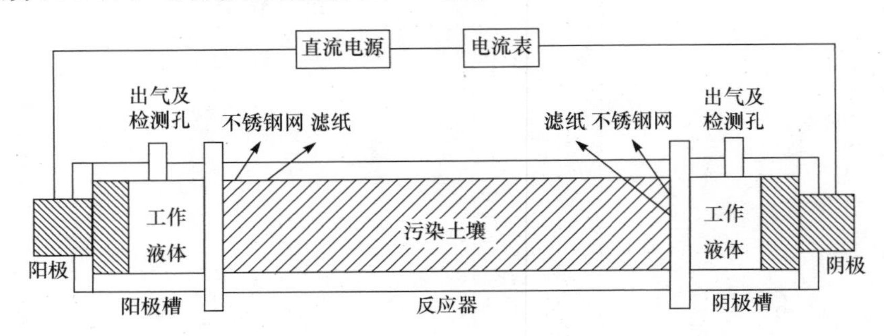

图 8-2　电动修复装置示意图(孟凡生和王业耀，2006)

电动修复法主要针对大多数的重金属污染物及一些放射性较强和吸附性较强的有机物的治理。作为污染土壤治理中的一项新兴技术，电动修复无污染，治理速度快，时间短，尤其是比较适合低渗透土壤的修复。目前在欧美等国，电动修复法已被大量用于重金属铅、锌、铜、铬、镍等污染土壤的治理，而且技术也相当成熟，同时对一些有机污染物如苯酚、六氯苯、三氯乙烯以及一些石油类污染物等都有较好的去除效果。电动修复过程主要是利用电场作用，在电场作用下带电粒子向所带电荷相反的方向移动，最后在电极区域进行集中处理。在修复过程中带电粒子在迁移、扩散时，由于离子浓度大小不同、区域环境的 pH 发生变化等还会导致多种物理化学作用的发生，如溶解、沉淀、氧化还原等。通常在实际修复过程中，根据污染物的种类及性质，将一些表面活性剂和其他试剂混用来改变污染物的运动状况，以达到最好的去除效果。孟凡生和王业耀(2006)在铬污染的高岭土上采用电动修复法对其进行了修复试验研究，结果表明电动修复对土壤中的铬去除效果较好，去除率达到了 97.8%。

三、污染土壤化学修复的优缺点

污染土壤的化学修复技术在操作上相对于物理修复简单，而且修复覆盖面积较广，可以针对不同种类的污染物选择不同的化学改良剂，适用面广，耗能较低，可资源循环利用，省时省力。但是，该技术也存在一定的局限性，如化学改良剂添加法不能将污染物从土壤中去除，只能在特定的环境条件下改变污染物在土壤中的存在形态，一旦环境条件发生变化后，很容易导致二次污染。

第四节　污染土壤的植物修复

植物修复技术是近些年来在污染土壤的修复过程中发展起来的一种新技术。因植物修复技术和传统的物理化学修复技术相比有不破坏环境、无二次污染等独特的优势，在污染土壤的重金属、农药等有机污染物的治理领域被广泛应用。植物修复技术就是以太阳能为驱动力，通过在自身生长过程中的代谢活动及其根际微生物圈体系的吸收、积累及转化等作用机制，来清除环境中污染物的一种环境污染治理技术。在实际污染土壤的治理操作中，根据土壤污染物的类别及相应污染土壤的理化性质或气候环境条件等筛选和确定相应种类的修复植物，然后种植，通过吸收、转化、降解等作用，土壤污染物或被积累在植物体内，或转化为低毒、无毒形态的物质。根据不同的污染物修复的作用机制差异而采取不同的后续处理，如重金属污染土壤的植物修复，采用种植超富集植物后，重金属经超富集植物吸收后，大量积累在植物体内的不同组织器官中，就需要对地上部分进行收获，再将收获后的植物体进行集中处理，防止二次污染。植物修复作为一项新技术，有其独特的优势，已在我国、欧美等国应用于实际土壤的修复中。

一、污染土壤植物修复的原理

污染土壤的植物修复(phytoremediation)就是通过利用植物自身的新陈代谢活动对污染物质的吸收、积累、转化或分解等作用，达到使土壤中的有机污染物被降解或转化，去除重金属等无机污染物的目的，减轻环境危害。但由于污染物种类的不同，采用植物修复的作用机制和原理也有差异，一般植物修复多用于重金属和有机污染物的治理。对于土壤环境中的有机污染物(农药、多环芳烃、多氯联苯、石油烃类等)采用植物修复的原理主要通过以下三种作用机制来完成，其一是进入土壤中的有机污染物被植物直接吸收降解，被植物吸收后的有机污染物在植物体内由于植物自身的新陈代谢活动或被转化为无毒性的物质积累在其组织器官中，或通过木质化作用而转化为植物自身部分，或被矿化分解成为水和二氧化碳排出体外；其二是通过植物体分泌的酶的作用直接降解有机污染物，如酶氧化降解过程，将复杂的有机化合物分解为简单的小分子化合物或水；其三是通过植物根系和微生物的联合矿化作用来降解土壤中的有机污染物，如植物根系的一些分泌物及根系的泌氧作用为微生物生存提供了养料和氧，有利于提高微生物降解有机污染物的性能。对于重金属污染土壤采用植物修复，其原理主要是通过植物根系的一些分泌物如有机酸、酶等促使重金属活化、溶解转化为植物易吸收的形态，根据不同植物对不同重金属特有的耐性及超富集特性，使重金属在植物体内经吸收、排泄和积累，最后将富集重金属后的植物在其生活史结束前，收割其地上部分进行集中处理，从土壤中去除。

二、污染土壤植物修复的方法

(一) 植物萃取

植物萃取(phytoextraction)修复技术最早被人们用遏蓝菜属来修复重金属污染土壤，主要利用植物对重金属具有超富集或富集能力，将重金属在植物体内各个器官中积累，最后收割地上部分后，进行处理回收，进而减少或去除土壤中重金属的一种方法。此方法的关键是寻找合适的超富集植物，或通过人为方法(如转基因技术)诱导出超富集植物。Chaney 等(1997)在 20 世纪 90 年代就已将植物修复技术成功应用于重金属镉污染的土壤的修复，并取得了很好效果。表 8-2 列出了一些国内发现的重金属超富集植物，其中有几种属于多金属共超富集植物(如圆锥南芥和滇白前等)，这在重金属复合污染土壤修复中具有重要价值。采用植物萃取技术修复时，植物一般需具备富集能力较强、耐性较强、生长较快等条件。

表 8-2　国内发现的一些重金属超富集植物

植物名称	超富集元素	地上部重金属含量/(mg/kg)	参考文献	备注*
蜈蚣草(*Pteris vittata*)	As	3 280～4 980 120～1 540	Ma et al.,2001 陈同斌等,2002	
东南景天(*Sedum alfredii*)	Zn、Pb	Zn 4 134～5 000,平均 4 515 Pb 平均 414,最大 1182	杨肖娥等,2002 何冰等,2003	
大叶井口边草 (*Pteris cretica* var. *nervosa*)	As	149～694,平均 418	韦朝阳等,2002	
垂序商陆(*Phytolacca americana*)	Mn	19 299	薛生国等,2003,2008	
宝山堇菜(*Viola baoshanensis*)	Cd	465～2 310,平均 1 168	刘威等,2003	
龙葵(*Solanum nigrum*)	Cd	124.6	魏树和等,2004	25mg/kg Cd 土培 95 天
绿叶苋菜(*Amaranthus tricolor*)	Pb	870.54(植株)	聂俊华等,2004	400mg/L 沙培 60 天
紫穗槐(*Sophora japonica*)	Pb	700.09(植株)	聂俊华等,2004	同上
羽叶鬼针草 (*Bidens maximowicziana*)	Pb	1 020.38(植株)	聂俊华等,2004	同上
土荆芥 (*Chenopodium ambrosioides*)	Pb	3 888	吴双桃等,2004	
圆锥南芥(*Arabis paniculata*)	Pb、Zn、Cd	Pb 2 484,Zn 20 749,Cd 457	汤叶涛等,2005	
续断菊(*Sonchus asper*)	Pb、Zn	Pb 2 194,Zn 13 231	Zu et al.,2005	
岩生紫堇 (*Corydalis pterygopetala*)	Zn、Cd	Zn 5 960,Cd 215	Zu et al.,2005	
李氏禾(*Leersia hexandra*)	Cr	1 084～2 978,平均 1 787	张学洪等,2006	
井栏边草(*Pteris multifida*)	As	624～4 056,平均 1 977	Wang et al.,2006	
斜羽凤尾蕨(*Pteris oshimensis*)	As	301～2 142,平均 789	Wang et al.,2006	
金钗凤尾蕨(*Pteris fauriei*)	As	514～2 134,平均 1 362	Wang et al.,2007	
紫轴凤尾蕨(*Pteris aspericaulis*)	As	3 968～4 104	Wang et al.,2007	200mg/kg As 土培 12 周
三叶鬼针草(*Bidens pilosa*)	Cd	145.3	魏树和等,2008	25mg/kg Cd 土培幼苗至成熟
滇白前(*Silene viscidula*)	Zn、Pb、Cd	Zn11 043,Pb 1 546,Cd 391	肖青青等,2009	
金银花(*Lonicera japonica*)	Cd	402.96	Liu et al.,2009	50mg/L Cd^{2+} 水培 21 天

注:* 除特殊说明外,均为野外调查数据。

（二）植物挥发

植物挥发（phytovolatilization）指植物从污染土壤中吸收污染物后，在体内将污染物转化为可挥发的形态从叶片等组织部分排出体外，从而减少对土壤的危害。一般对气化点相对较低、具有挥发性的重金属元素（如汞和非金属硒）等研究较多。通过甲基化过程，使其形成易挥发性的分子，从植物体排出。常用的植物有印度芥菜以及一些湿地植物。Banuelos 等（1997）经过研究发现，土壤中的三价硒被洋麻吸收后，能在体内转化为具挥发性的甲基态硒。植物挥发虽然有一定的修复效果，但应用范围小，主要针对挥发性的重金属，且重金属元素通过植物转化挥发到大气中，当这些元素释放到大气环境中与降水结合，又会以降水的形式再次回到土壤中，易造成二次污染，具有一定的风险性。

（三）植物降解

植物降解（phytodegradation）指利用植物及其根际微生物区系将有机污染物进行转化和降解，主要通过植物吸收污染物后，在体内将污染物进行分解或转化为毒性较小的物质或无毒物质（如二氧化碳和水）；或者利用植物根际圈一些真菌等微生物作用来降解有机污染物，降低其毒性，以减少其对生物与环境的危害。

（四）植物固定

植物固定（phytostabilization）指利用特殊植物的吸收、氧化、还原等作用将污染物钝化/固定在土壤中，降低其生物有效性及迁移性，减少对生物和环境的危害。如植物枝叶分解物及根系分泌物中的一些有机酸、酶等，可以改变植物根系周围的 pH 和 Eh 条件，使一些重金属有利于在植物根系周围固定和积累。另外，如土壤中的有机质、腐殖质等含有大量的官能团，这些官能团可以和重金属离子发生螯合作用，使重金属被钝化在土壤中。植物固定的作用类似于化学钝化，只能使重金属在土壤中向惰性形态变化，并不能将重金属从土壤中完全去除，一旦环境条件发生变化，重金属有可能还会被重新释放出来。

（五）植物刺激

植物刺激（phytostimulation）指植物的根系分泌物如氨基酸、糖、酶等，能够改变植物根系周围的微生物群落环境，提高根系周围土壤微生物的活性，有利于污染物的释放、吸收和降解的方法。

植物修复技术越来越多地被用于污染土壤的修复治理研究，马莹等（2013）研究发现，耐重金属的内生细菌与植物之间存在共生互惠关系，这些内生细菌可以利用自身的抗性系统来减缓重金属的毒性效应，并通过溶磷、固氮等方式来调节植物的营养状况；通过分泌一些植物激素、特异性酶、抗生素等作用，增强植物对重金属的吸收能力，进而促进植物对重金属的迁移。图 8-3 显示植物内生菌对重金属生物有效性的影响。

三、污染土壤植物修复的优缺点

在污染土壤修复治理中，与传统的物理、化学修复技术比较，植物修复技术具有一些独特的优点：

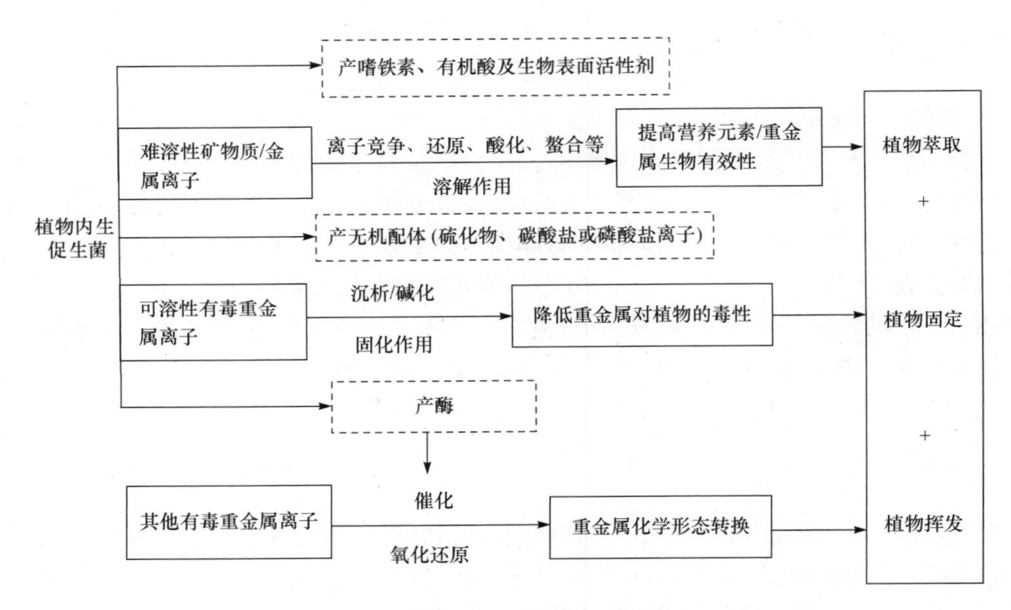

图 8-3　植物内生菌对重金属生物有效性的影响(马莹等,2013)

(1) 植物修复最显著的优点是操作简便、廉价,而一般物理或化学修复方法投资耗费较大,植物修复技术较为彻底,如植物萃取、降解后可直接减少土壤中的污染物量。

(2) 对环境破坏和干扰较少。植物修复不破坏土壤生态环境,并且在植物生长过程中尤其是根系作用,能够改善土壤结构和肥力状况,增加地表覆盖,可起到防风、防沙、保持水土的作用及为其他野生动物创造生存空间。

(3) 植物修复技术大多可避免二次污染,是一种无污染的绿色修复技术,相对于环境来说比较安全和可靠;对一些重金属进行超富集植物萃取后,还可以通过浸提等方法回收利用重金属,尤其是一些贵重金属,具有一定的经济效益。

(4) 植物修复能绿化环境,不会破坏景观,容易被大众所接受。此外,植物资源丰富,发展前景广阔,适合大面积污染土壤的修复治理。

作为污染土壤修复技术中一种新型技术,植物修复技术也存在一定的局限性,主要表现在以下几方面:

(1) 一种超富集植物通常只忍耐或富集一种或两种重金属元素,而土壤重金属污染大多是多种重金属的复合污染,这样对土壤中其他浓度较高的重金属则往往没有明显的修复效果,甚至表现出某些毒害症状。另外,目前对多金属共超富集植物应用较少,发现的种类也不多。

(2) 植物修复过程通常所需周期较长,相比物理、化学修复过程缓慢,尤其是与土壤结合紧密的疏水性污染物的治理。

(3) 植物生长、发育、繁殖等受到土壤类型、光照、温度、湿度、水分等区域自然环境条件的限制及病虫害的影响,对环境需要有一定的适应性。

(4) 超富集植物在吸收重金属元素后,若收获不及时,其残体会返回土壤,因此必须在其枯萎前收割,并进行无害化处理,防止造成二次污染。

(5) 超富集植物异地引种,可能会与当地植物产生竞争,影响当地的生态平衡。

第五节　污染土壤的微生物修复

一、污染土壤微生物修复的概念

污染土壤的微生物修复技术就是利用天然存在的土著微生物群或经过人工培养的功能性微生物群，在适宜的环境条件下，促进和强化其代谢功能，通过微生物对环境污染物的吸收、转化、固定、降解等作用机制来降低污染物的毒性及生态风险的一项生物技术（周启星和宋玉芳，2004；滕应等，2007）。

二、污染土壤的微生物修复原理

微生物作为分解者是土壤生态系统的重要组成部分，在土壤环境中微生物数量大、种类繁多，而且具有个体小、繁殖快、代谢活动旺盛等特点，对进入土壤环境中的各种污染物分解起着至关重要的作用。一般土壤中的污染物主要包括无机类物质（如重金属）和有机类物质（如各类农药、石油烃类等），相应的微生物对不同污染物的作用机制也有区别。重金属污染土壤的微生物修复原理主要是通过微生物对重金属的生物富集和生物转化来完成，前者为微生物利用产生的胞外聚合物如糖蛋白、多糖等物质，与重金属之间发生络合作用后，经过胞外络合、沉淀或胞内积累等形式对重金属进行生物积累和生物吸附，在体内经过生物氧化与还原、甲基化与去甲基化等作用来降低重金属的生物毒性或改变其在土壤环境中的迁移性，如改变重金属的价态，使其有高毒性价态向低毒性价态转化，从而达到微生物修复的目的。有机污染物的微生物修复原理主要是通过微生物分泌的胞外酶和胞内酶的作用，对胞外有机污染物和以主动运输、被动扩散、基团转位、胞饮作用等方式吸收到胞内的有机污染物质，经过氧化、水解、酯化、氨化、还原、基团转移、缩合等作用来分解或降解有机污染物，使其降解或转化为无毒、低毒的物质，减少对土壤环境的危害。一般对于有机物污染土壤在利用微生物修复技术修复时，必须满足两个条件：一是在污染土壤中存在能够降解或转化污染物的专性微生物，二是大部分有机污染物应具有生物降解性。

污染土壤的微生物修复技术因其投资成本较低、修复效率高、污染少等优点成为研究热点。许多学者从自然界中分离出多种细菌、真菌等具有降解有机污染物能力的微生物，用来修复多环芳烃、多氯联苯、石油烃类等有机污染物，并对有机污染物的降解机理进行了深入探讨。侯梅芳等（2014）在对多环芳烃的微生物降解研究中提出微生物通过在代谢过程中产生酶来降解土壤中的多环芳烃；而好氧细菌降解多环芳烃是通过双加氧酶作用于苯环，经代谢活动最终降解为二氧化碳和水；真菌通过木质素降解酶体系或单加氧酶体系来降解多环芳烃。图 8-4、图 8-5 表示好氧细菌和好氧真菌降解多环芳烃（菲）的一般途径。

目前，对于农药的微生物降解的研究，从有机氯农药降解开始，国内外已有许多科研工作者开展了大量的工作，并且已确定和筛选出很多具有降解性的微生物（Singh and kulshreyha，1991；Behki et al.，1993；Hammill 和 Crawford，1996；Cui et al.，2001），并且相当一部分来自于土壤（表 8-3）。

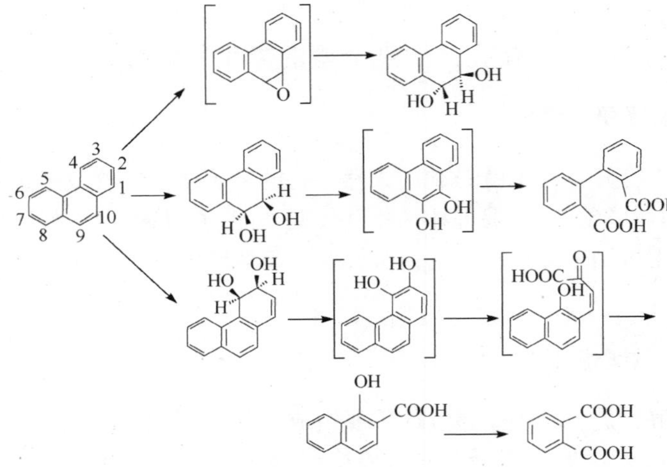

图 8-4　好氧细菌降解多环芳烃(菲)的一般途径(Moody et al.,2001)

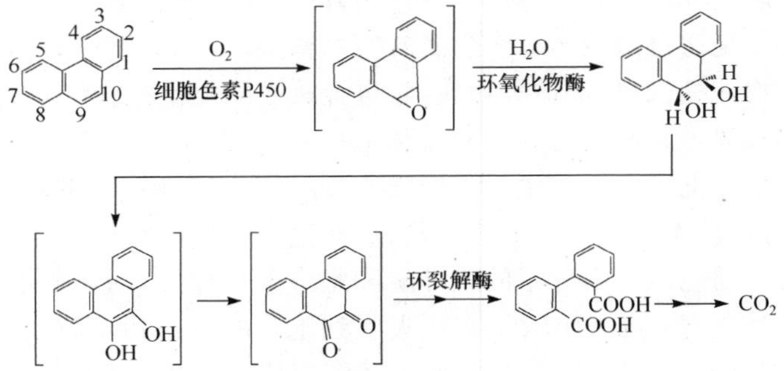

图 8-5　好氧真菌降解多环芳烃(菲)的一般途径(Bezalel et al.,1997)

表 8-3　分离的降解农药的微生物(李顺鹏和蒋建东,2004)

农药	微生物	过程
三氟羧草醚	*Pseudomonas fluorescens*	芳香环硝基还原
甲草胺	*Pseudomonas* sp.	谷胱甘肽介导的脱氯
涕灭威	*Achromobacter* sp.	水解
阿特拉津	*Pseudomonas* sp.	脱氯
阿特拉津	*Rhodococcus* sp.	*N*-脱烷基
呋喃丹	*Achromobacter* sp.	水解
2-(1-甲基-正丙基)-4,6-二硝基苯酚	*Clostridium* sp.	硝基还原
2,4-D	*Pseudomonas* sp.	脱氯
DDT	*Proteus vulgans*	脱氯
伏草隆	*Rhizopus japonicus*	*N*-脱甲基
林丹	*Clostridium* sp.	还原脱氯
利谷隆	*Bacillus sphaericus*	酰基酰胺酶
甲基对硫磷	*Plesiomonas* sp.	水解
对硫磷	*Bacilhus* sp.	水解和硝基还原
二甲戊灵	*Fusarium oxysporum*	*N*-脱烷基、硝基还原
	Paecilomyces varion	
敌稗	*Fusarium oxysporum*	酰胺酶
	Pseudomonas sp.	
氟乐灵	*Candida* sp.	*N*-脱烷基

三、污染土壤微生物修复的种类

在污染土壤的微生物修复中，起作用的微生物可根据其来源可分为 3 种类型：土著微生物、外源微生物和基因工程菌。

（一）土著微生物

土著微生物是在特定环境条件下，长期生活在某一区域土壤中的由细菌、放线菌、酵母菌及厌氧条件下分解的乳酸菌等多种微生物组成的群落。土著微生物以土壤为栖息地，适应当地的土壤环境条件，因此在目前所提倡发展的自然农业（natural farming，“与自然合作”的农业形式）中，土著微生物是其重要的组成部分。陈立（2010）对陕北某油田的石油污染土壤的样品进行菌种分离、选择，最终确定假单胞菌属（*Pseudomonas*）、放线菌属（*Actinomayces*）、微球菌属（*Micrococcus*）、真菌类的青霉属（*Penicillium*）等菌群，并通过培养，将这些微生物用于石油污染土壤的修复试验研究中，研究结果表明，在两个分别添加石油含量为 1542mg/kg、1886mg/kg 的人为设置试验区土壤中，利用土著微生物进行原位修复，经过 11～32 天后，污染土壤中的石油累计去除率可达到 69.52%～88.11%；在相同条件下，在对照区中的石油含量无明显变化，其累计去除率只有 20%。这说明在相同条件下，污染土壤中土著微生物对石油的降解速率要比没有土著微生物存在时自然降解的速率快。这也进一步验证了土著微生物对石油污染土壤的原位修复技术是可行的。此外，黄顺红（2011）利用土著微生物对湖南某铬废渣堆土壤进行了原位修复试验。研究结果表明，在铬渣堆场土壤中自行分离的 Cr(Ⅵ)还原菌鉴定为 *Pannonibacter phragmitetus*。当在土液比为 1∶1（质量比）、温度 30℃条件下，向土壤中投加碳源和氮源物质为 5g/kg 时，土著微生物能够被迅速激活，并且土壤中水溶性 Cr(Ⅵ)在第 4 天时能基本被去除，具体如图 8-6～图 8-8 所示。

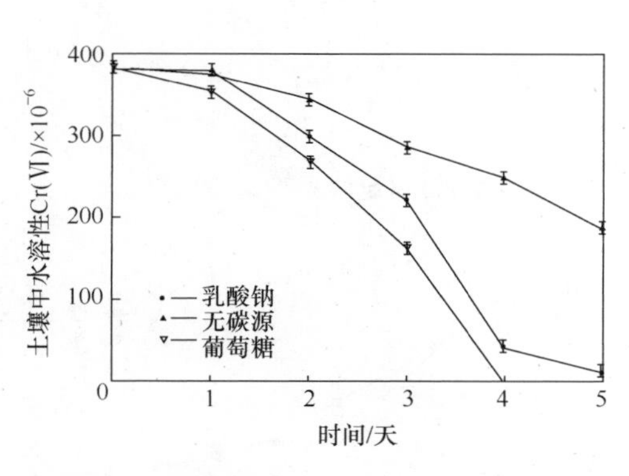

图 8-6　碳源对 Cr(Ⅵ)还原效果的影响
（黄顺红，2011）

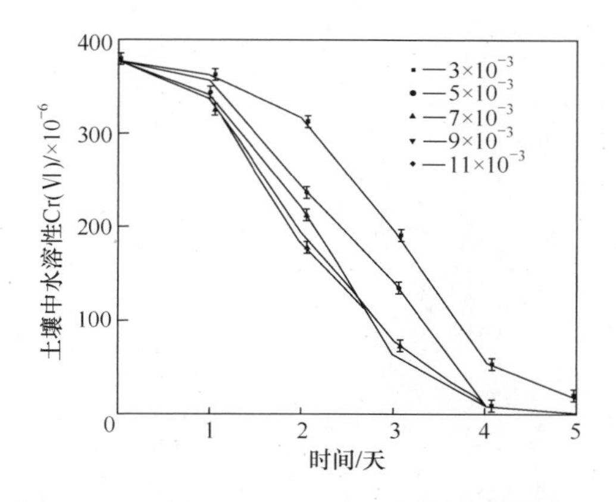

图 8-7　葡萄糖浓度对 Cr(Ⅵ)还原效果的影响
（黄顺红，2011）

赵晓秀等（2009）研究利用土著微生物来降解石油污染土壤中的芳香烃（菲、蒽）和脂肪烃（正十六烷），结果表明，芳香烃（菲、蒽）和脂肪烃（正十六烷）单独存在或共存于土壤中时，其降解均符合一级反应动力学。

菲、蒽或正十六烷单独存在于土壤中时，其微生物降解速率常数分别为 0.0226/d、0.0283/d 和 0.0096/d。菲和正十六烷在土壤中共存时，正十六烷能够促进菲的降解，使菲的

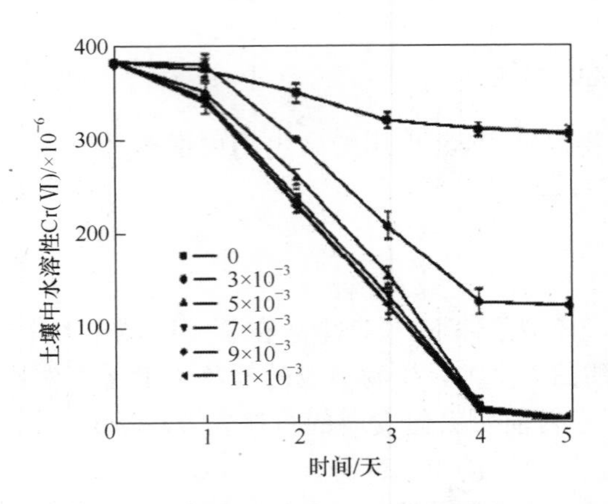

图 8-8　不同浓度氮源化合物 A 对 Cr(Ⅵ)还原效果的影响(黄顺红,2011)

半衰期比其单独存在时缩短了 44%;同时,菲可以诱导正十六烷的加氧酶,提高其活性,从而增强对正十六烷的降解作用,并且其微生物降解半衰期比单独存在时缩短了 49%;菲和蒽共存时能够促进土著微生物对菲的降解但却抑制了对蒽的降解。图 8-9～图 8-11 为菲、蒽和正十六烷单独存在于土壤中时的微生物降解。

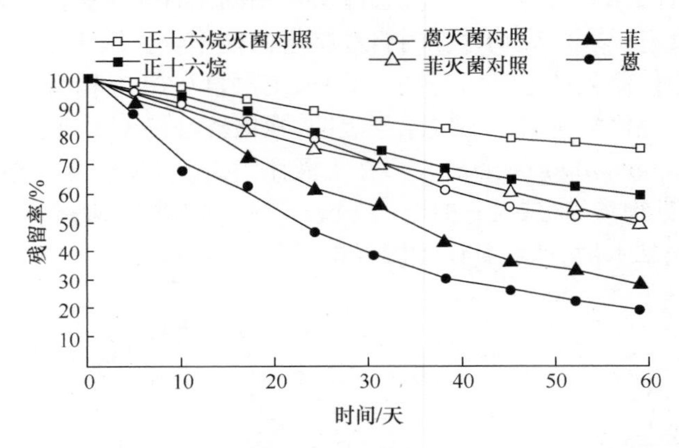

图 8-9　菲、蒽和正十六烷单独存在于土壤中的微生物降解(赵晓秀等,2009)

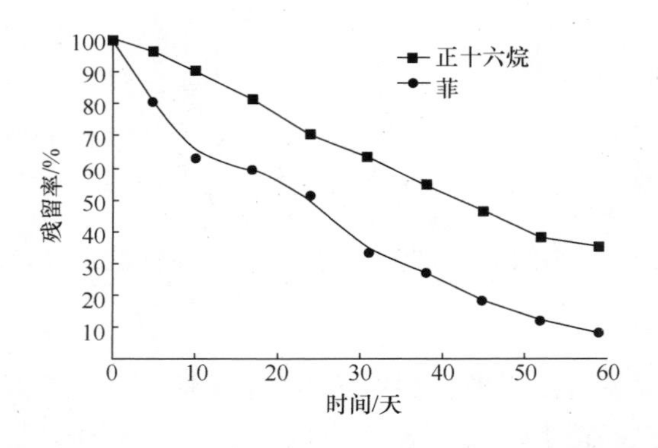

图 8-10　正十六烷与菲共存于土壤中的微生物降解(赵晓秀等,2009)

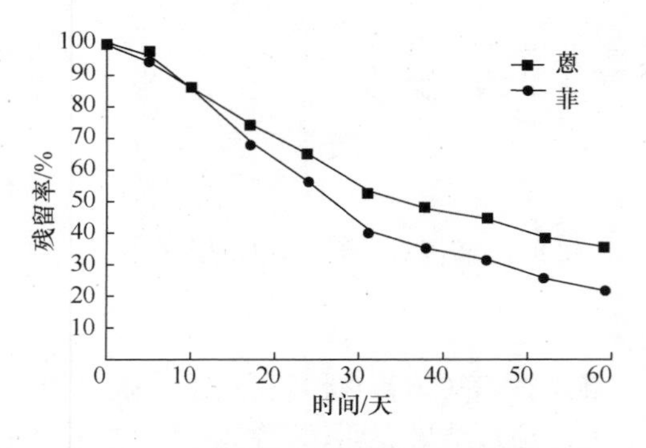

图 8-11　菲和蒽共存于土壤中的微生物降解(赵晓秀等,2009)

目前在实际污染土壤的微生物修复工程的应用中，大多数选用土著微生物，主要是因为土著微生物降解污染物的潜力较大，而且相比外源微生物来说，对环境的适应性更好，有利于其保持较高的活性，而外源微生物还需要经过驯化等过程。

（二）外源微生物

一般土壤环境中土著微生物的种类繁多，数量大，但其生长速度相对较慢，且生物代谢活性低，而且在污染物繁杂、浓度较高时会造成土著微生物数量降低，进而影响其对污染物的降解能力，因此有时需要在污染土壤中接种一些能降解污染物的高效菌。例如，在2-氯苯酚污染的土壤中，只添加营养物时，7周内2-氯苯酚浓度从245mg/kg降为105mg/kg，而添加营养物并接种 *Peseudomonas putita* 纯培养物后，4周内2-氯苯酚的浓度即明显降低，7周后其浓度仅为2mg/kg(贾建丽等，2012)。接种外源微生物会受到土著微生物竞争的影响，因此要接种大量的微生物才能形成优势菌群，以便迅速促进生物降解过程。近年来，在污染物高效降解菌种的分离、选育方面已经取得许多新进展。

（三）基因工程菌

由于进入土壤中的污染物种类较多，而且土壤环境中的土著微生物对污染物的降解能力有限，大多数的土著微生物对污染物的降解具有专一性，虽然也有一些微生物能同时降解多种有机污染物，但综合其降解速率、降解能力、效果以及适应性等因素，尤其是对于某些难降解的有机污染物及其中间降解产物，土著微生物就凸显出其降解能力低下、效率不高等的劣势。近些年来，随着污染土壤的生物治理技术不断更新发展，在传统的土壤修复技术的基础上采用先进的生物遗传基因工程技术来构建一些高效的工程菌，可以对污染土壤环境中的一些难降解污染物进行有效降解。污染土壤的微生物基因工程菌修复技术就是通过质粒分子育种、降解性质粒的DNA体外重组及原生质体融合等生物学技术手段，将多种降解基因转入某一微生物体内，使其具有能够降解多种有机污染物能力的技术。邓旭等(2003)通过将含有异性镍转运蛋白基因重组质粒和金属硫蛋白基因重组质粒对大肠杆菌JM109进行转化后，发现这种能够同时表达高特异性镍转运蛋白和金属硫蛋白的高效基因工程菌可以大幅提高对重金属 Ni^{2+} 的富集速率和能力。虽然基因工程菌具有高效、对多种有机污染物降解的多功能性等优点，但在实际污染土壤的基因工程菌修复中需要注意的是，首先要确保土壤环境中含有一定的碳源和氮源，这样才能保证基因工程菌的正常生存和繁殖，其代谢产物才能进行污染物的降解。另外，投加到土壤中的基因工程菌会和原本土壤中的土著微生物发生竞争。基因工程菌修复技术在目前虽然应用较多，并且已经取得较好的效果，但许多国家由于担心其会带来新的一些环境问题，如致病性或影响人类或其他生物的遗传基因，因此像美国等对基因工程菌的实际应用就非常谨慎，并建立了严格的立法，在美国基因工程菌的应用受到有毒物质控制法(TSCA)的限制。

四、污染土壤微生物修复技术

（一）原位微生物修复技术

污染土壤的原位微生物修复技术是指在不移动土壤的情况下，对污染土壤现场通过添加氮、磷等营养物质、补充氧气或接种微生物等方式进行修复。一般采用土壤土著微生物进行降解，或为提高降解效率而施入一些经过驯化或者培养的外源性微生物进行降解。原位微生物修复过程需要不断向污染土壤中补充氧气，添加营养物质，以增强微生物的降解能力。原位微生物修复技术主要包括泵处理法(P/T 工艺)、生物通气法等。泵处理法就是在污染土壤上安设注入井和抽水井，前者为了向土壤中注入营养物质、外援接种菌等，后者是为了促使土壤中养分的运输及氧气供应及微生物扩散分布而将地下水抽到地面。生物通气法是在污染土壤上至少打 2 口井，安装鼓风设备和真空泵，对土壤强行注入空气和抽出，在土壤中由于气体的扩散移动，一些具有挥发性的污染物被排出土体，并且一般为保证土壤中微生物正常的养分供应在注入的空气中会加入一定量的氨气。原位微生物修复技术的特点是工艺和处理过程简单，投资较少，对环境的影响较小。

(二) 异位微生物修复技术

异位微生物修复技术是将污染土壤移出后采用一些生物和工程的方法进行集中处理，来降解污染土壤中的污染物，并恢复土壤原有功能的一种生物技术。

异位微生物修复技术主要包括堆肥法、生物反应器法和预制反应床法等。堆肥法就是按照传统的堆肥方式将一些农业生产废弃物及植物残体如落叶、秸秆以及动物粪便等与污染土壤混合，通过加入一些碱性物质调节合适的 pH 和补充氧，使堆肥过程中利用微生物的作用来降解污染物，此法一般多用于有机污染物的降解；生物反应器法就是将污染土壤放入生物反应器后，通过向反应器内添加营养物质及氧气等满足微生物正常生长的条件，使微生物与污染土壤充分接触而达到降解污染物的方法；预制反应床法就是将污染土壤平铺于非通透性的沙石上，淋洒水、营养液及接种微生物，并定期翻动土层保证供氧，满足微生物的正常生长需要，将处理过程中渗滤液及时回收，重新淋撒在土层表面，达到彻底降解污染物的目的。

五、微生物修复技术的优缺点

污染土壤的微生物修复技术具有以下优点：①相对安全性，微生物修复能够将有机污染物转化降解为简单的物质，而且相对彻底，修复过程中二次污染和生态风险较小；②高效性，微生物降解有机污染物相比光解等速率较快；③灵活性，微生物修复可以原位修复也可以异位修复，而且成本相对较低，操作工艺相对简单，应用范围较广，能够处理多种不同种类的重金属和有机污染物，如石油、炸药、农药、除草剂、塑料等，无论污染面积的大小均可适用。但微生物修复技术在具体实施过程中也存在一定的局限性，微生物在土壤中发挥其作用受土壤自然环境条件的限制，如 pH、土壤养分、土壤结构、温度、湿度等。并且污染物的种类和浓度等因素会影响微生物的降解作用，大多数微生物对污染物的降解具有专一性，只能降解某种特定的物质，并且在处理过程中，要保证微生物正常的生存需要，还要注意营养物质添加量、添加时间等。

第六节　案 例 分 析

一、美国重金属污染土壤治理案例

20 世纪中叶，美国宾夕法尼亚州阿帕拉契山脉脚下的帕尔默顿小镇因多年的锌金属冶炼，造成了严重的土壤和地下水污染。新泽西锌业公司多年倾倒的累计超过 3000 万 t 的矿渣堆积成了占地数百英亩、高达数十米的矿渣山，并因长年雨水冲刷产生了高污染的渗滤液，严重影响附近河流与地下水；此外，因工厂烟囱经年累月排出含有高浓度重金属的粉尘，全镇表层土壤和地下水均受到严重的重金属污染，附近3000英亩山地也因此几乎寸草不生；而植被缺失造成了严重的水土流失，又加剧了污染物在环境中的扩散和对附近居民健康的威胁。

面对刻不容缓的环境治理需求，美国联邦环境保护局于1991年起首先通过超级基金项目垫付费用，使修复得以启动。在项目初期，面对有限的预算，环保局广泛采用一种由稳定化污泥、粉煤灰和生石灰组成的人造土壤调节剂覆盖失去植被的山坡和矿渣山区域。其后，环保局又使用堆肥替代污泥。在每一片区域阶段性完工后，又将适宜当地气候的植物种子和肥料通过卡车和飞机抛洒到地表。迄今，植被得到了初步恢复。据估计，已有近30万t土壤调节剂被用于该部分修复，耗资逾千万美元。

由于西厂区原址表层土壤重金属浓度普遍达到了危险废物的程度，环保局禁止任何异地修复措施，以防止不受监控的非法倾倒填埋。环保局最终批准以客土覆盖为主、植物修复为辅的修复方案，以充足的客土消除雨水渗透造成的地下水污染并降低污染物扩散风险，并以客土中较高的pH实现重金属一定程度的稳定化。

帕尔默顿小镇跨越三个世纪的污染和修复，留给人们很多的经验和教训，而环保产业和技术在长达30年的时间里发生了巨大的变化，使得原本在项目初期难以实施的修复成为可能（中国固废网，2014）。

二、中原油田五厂污染土壤的修复试验工程

油区耕地污染主要由石油开采、加工和运输过程中的操作不当或者意外事故所致。据了解，我国石油企业每年产生落地原油约7万t，受污染土壤中石油烃含量从1%至10%不等，对生态环境造成严重破坏。在化工污染中，原油对土地的污染占不小比例。在油田开采过程中，不论是测井、钻井还是开采加工，或多或少都会有污染。我国土壤污染经济损失严重，仅中原油田就因污染问题每年需对3万亩土地进行赔付，按青苗费每亩1300元的价格，总计达到4000多万元。2006年，胜利油田也因油泥污染问题被罚款6000万元。

本项目在河南濮阳五星乡后港村进行，试验场地面积为11亩，被原油污染18年，存在管道穿孔污染、井台周围的石油泄漏污染以及泥浆池污染等多种污染情况。这是中原油区污染土壤的典型形式。土地污染后，农民长期弃耕，并用作打麦场，场地土壤板结严重。场地土壤盐含量普遍较高，为正常耕地的2～4倍，为中重度盐污染，场地中降解有机质的微生物活性低。场地污染类型为油盐混合型污染，其所含的苯并芘对植物的毒性较大，生物很难降解，治理难度非常大。

该项目的技术创新点是把生物反应耦合起来，利用真菌和细菌两类生物的特点进行修复。这两类菌有不同的降解机理，真菌有可降解高分子的特性。把长链芳烃和多环芳烃切断喂给细菌，细菌可再将其降解成小分子，最后分解成二氧化碳和水，并分解出表面活性剂，促进大的芳烃从原油污染的地块中被活化出来。如此循环反复，有利于土壤的快速修复。为此，研究人员设计了大规模高密度发酵微生物菌剂的工艺和具有协同降解石油烃能力的真菌-细菌复合修复制剂，建立并实施了将真菌和细菌协同降解石油烃与麦秸发酵生产腐殖酸相结合的技术路线，在中原油田多种污染特征地块进行了原位修复试验。中试面积达11亩，并于修复结束后进行了小麦种植。据了解，修复前场地大约90%的区域都有不同程度的盐渍。现场修复过程中对返盐问题非常好的一个方法就是秸秆还田。通过机械翻耕，工作人员在修复地块25cm深处构建了约5cm厚的疏松麦秸层。秸秆埋在土壤的耕作层和主体层之间，目的是打断土壤的毛细管结构，阻止其因水蒸发而向上返盐。工作人员还添加了一种菌，让麦秸尽快变成多糖

和腐殖酸，促进微生物更好地生长，实现生物过程的第二次耦合。同时，加麦秸使耕作层土质疏松，促进了洗盐的效果。在水浸洗盐的过程中，除偶尔用机井水进行灌溉，其余皆利用河南濮阳雨季的自然降水进行灌溉。由于麦秸层的构建抑制了深层土壤中盐离子上返到表层土发生表聚的现象，因此水浸洗盐水通过渗透进入深层土壤而没有外排，避免了对正常耕地的二次污染。

项目实施后，植物茂盛，根系生长正常，能起到固土作用，说明土壤恢复了作物种植能力。污染修复结束后，土壤样品分析结果显示，主要理化指标都得到了不同程度的改善，接近或达到正常耕地的水平。污染土壤在修复前，地表80%无植被覆盖(中国环境修复网，2008)。

三、利用植物修复技术修复土壤重金属污染

抚顺西露天煤矿位于辽宁省抚顺市西部，南倚千台山，北邻抚顺市区，东向与东露天煤矿相接，西部延伸至抚顺-本溪公路处。该采场东西长6.6km，南北宽2km，横跨抚顺市新抚、望花两大主要行政区，矿坑面积为13.2km^2。

抚顺西露天采场是世界上为数不多的超大型深凹露天矿，其垂直开采深度为480m，是亚洲第一大坑。采场周边两大主要地表水系为浑河和古城子河。古城子河位于采场的西端，河床与采场最近距离150m，河床宽约50m，最大流量6.6m^3/s，最小流量0.8m^3/s，由南向北流入浑河。浑河位于采场的北部，由东向西横贯抚顺市区，最大流量2700m^3/s，最小流量350m^3/s，水力坡度0.12%左右，水位随季节波动幅度不超过1m。采场北帮距浑河最近距离为1000m。由于北帮冲积层底板低于浑河常年水位3～10m，浑河成为采场北帮主要的定水头补给源。

多年的开采使该区产生了严重的环境问题：①掘损占用土地破坏了原有的自然生态系统；②矿藏开采导致土壤结构弱化，养分缺乏，重金属毒害严重；③受弱层、地质构造、自身开采过程等因素的影响引起帮坡滑落和周边地表沉陷；④煤层与油母页岩大面积自燃发火等造成的NO_x、TSP、SO_2、CO污染和大面积的氧化高温区等。鉴于抚顺西露天采场污染现状，对其进行生态修复刻不容缓。

抚顺市国土资源储备整理中心组织有关专家论证，提出西露天矿生态重建-植被修复的可行性报告，经国家建设部审批同意，于2003年在西露天矿北帮60平盘(露天矿场边帮的水平部分)实施一期修复示范工程。该生态重建-植被修复示范工程根据现场的立地条件，因地制宜，以乡土树种为主，采取乔、灌、草结合的种植结构，栽种了多种适生树种[主要有云杉、京桃、皂角(乔木)、火炬树、小桃红、四季锦带、红端木(灌木)、草]。在未经植物修复时，其土壤理化性质恶化，主要表现为有机碳含量过高，平均含量达42.16%(主要与矿区煤矸石的基质有关)；盐分含量为0.175%～0.300%，均大于0.1%，易发生盐渍化；pH<6，呈偏酸状态。经不同植被修复后，土壤的基本理化性质得到了明显的改善。pH趋于稳定的7.4～8.2的碱性范围，为多数植物适宜生长的pH范围；盐分含量在0.025%～0.125%，明显低于风化产物样品中的盐分含量；有机质含量均值13.22%，阳离子代换量(CEC)的平均值为18.78cmol/kg，土壤整体环境已基本恢复良性。经一年的修复时间，示范工程区域内土壤的重金属污染得到了有效控制，不同植被下土壤中重金属含量明显下降，8种植被下土壤重金属Cd均明显降低，变化率达90%以上；云杉下土壤中其他一些重金属的变化率也超过60%；红端木、火炬树、皂角下土壤中Cu、Pb的含量下降55%～74%；草下土壤中Zn的含量下降了54%。

抚顺西露天采场60平盘植物修复示范工程取得了喜人的成果，矿区环境改善，现今风景优美，空气清新，成为人们的休闲绿色场所(郭巍，2004)。

小　结

土壤是地表能够生长植物的疏松表层，是人类赖以生存的物质基础，与地球上所有生物的生命活动密切相关。本章主要介绍了土壤在遭受污染后进行修复治理的技术原理、主要技术方法及相应的优势与局限性。由于人类活动不断增加，对土壤环境的干扰也越来越多，各种各样的物质不断进入土壤环境中，造成土壤污染日益严重。

土壤污染就是由于人为因素有意或无意地将对人类本身和其他生命体有害的物质施加到土壤中，使其某种成分的含量明显高于原有含量，并引起现存的或潜在的土壤环境质量恶化的现象。按照土壤中污染物的属性可将土壤污染分为有机物污染、无机物污染、生物污染及放射性污染，对于不同的污染物质，其相应的修复治理原理和方法也有所不同。物理修复主要是根据污染物的粒径大小、密度、挥发性等物理特性及污染程度，采取相应的修复治理措施。主要包括客土、换土、高温热解、固化填埋等；化学修复是基于土壤污染物种类、规模等，通过一系列的化学反应作用而采取的相应化学治理措施，主要包括化学淋洗/萃取、电动修复、化学改良剂添加剂法；污染土壤的生物修复主要分为植物修复和微生物修复，常见的植物修复技术主要是利用植物在自身的新陈代谢活动过程中对不同污染物经过吸收、积累、转化、分解等形式，来减少污染物的危害，主要修复技术有植物萃取、植物挥发、植物固定、植物刺激、植物降解等。微生物的修复主要针对重金属和有机物，前者是通过微生物对重金属的生物富集及生物转化作用，而后者主要是通过微生物酶的作用对有机物进行降解，微生物修复可分为原位和异位修复。

由于土壤环境中污染物种类繁多，因此在具体的修复实践过程中采取的修复技术也有所不同。每种技术都有各自的优缺点，在实际操作中应扬长避短，合理选用。

复习思考题

1. 什么是土壤污染？污染土壤修复技术主要有哪些？
2. 与大气和水污染相比，土壤污染有哪些特点？
3. 污染土壤化学修复的技术和方法有哪些？
4. 植物修复的方法主要有哪些？
5. 简述微生物修复技术的优缺点。
6. 我国人多地少，人均耕地面积偏低，但有限的耕地又面临污染。如何对污染耕地进行修复以更好地安全、合理、有效地利用？

建议读物

周启新，宋玉芳. 2004. 污染土壤修复原理与方法. 北京：科学出版社.
张从，夏立江. 2000. 污染土壤生物修复技术. 北京：中国环境科学出版社.
陈怀满，朱永官，董元华，等. 2010. 环境土壤学. 2版. 北京：科学出版社.
沈德中. 2002. 污染环境的生物修复. 北京：化学工业出版社.
张辉. 2006. 土壤环境学. 北京：化学工业出版社.

推荐网络资讯

土地修复网:http://tdxfw.com/fuwu/fuwu0024list.html
中国生态修复网:http://www.er-china.com/
污染场地修复网:http://www.soilrem-china.com/
中国环境生态网:http://www.eedu.org.cn
中华人民共和国环境保护部:http://www.zhb.gov.cn/
中国固废网:http://www.solidwaste.com.cn/

第九章　污染景观的生态恢复

污染景观属于退化或受损景观中的一类，其生态恢复属于生态恢复三个层次中最高的景观恢复层次（李洪远和鞠美庭，2005），是恢复生态学研究的一项重要内容。污染景观生态恢复的理论包含污染生态学和景观生态学的全部理论，但又不是两个学科理论的简单叠加。因为污染生态学的理论是基于微观尺度，其基础理论以化学、生理学和遗传学等为主；景观生态学的理论是基于宏观尺度，其基础理论侧重于地理学、规划学和系统学。研究方法和所使用的技术手段也有较大的差别，污染生态以野外采样、化学分析、仪器分析等实验手段为主，景观生态学以宏观尺度数据获取、处理、分析以及实地观测与考察为主。但是，两者研究成果的应用目标是一致的，污染生态研究成果的应用目标在于使受损或退化的种群、群落或生态系统，在正确理论的指导下恢复正常的结构、执行正常的功能，达到人与自然和谐发展的目的；景观生态研究成果的应用目标是要恢复景观正常的结构和功能，在为人类提供必要的物质与精神支撑的同时，实现景观的可持续发展。

在污染景观的生态恢复过程中，污染生态研究的成果是污染景观生态恢复的理论基础，同时也是景观恢复是否成功的考查指标之一。污染景观恢复成功的标志，除了景观结构的恢复外，重要的是其功能的恢复，使其能进入自维持状态，而不再需要外界除太阳能输入之外的物质和能量输入（Naveh，2010；刘文英等，2005）。景观功能的恢复包括其水分、养分循环的恢复，物种运动、种群发展、群落特征以及生态系统功能的恢复。

第一节　污染景观恢复的原则

景观恢复中，需要优先考虑的是恢复原则和目标，其次才是具体的恢复手段与使用的技术。在污染景观恢复中应该遵循以下几个原则。

一、整体性原则

整体性原则要求景观恢复时，要将景观看做是“生态系统—景观—区域—生物圈—全球”整体性等级结构系统，应用整体性观点和系统观点，研究恢复景观与周围景观及生态系统、区域的协调性问题。景观是由异质生态系统组成的具有一定结构并执行一定功能的整体，是自然与文化的复合载体，景观恢复也必须从整体出发，对整个恢复地区的景观进行综合分析，使景观结构与区域自然地理特征和经济发展相适应，谋求生态、社会、经济三者效益的协调统一，以达到景观结构与功能的整体优化。

二、生态持续性原则

生态持续性原则要求景观恢复计划制订的恢复目标和相关措施，必须保证生态系统在区域、景观和生态系统水平上具有可持续性，不能对景观和景观内各类生态系统的持续再生性、健康和稳定性带来不可接受的损害。景观的可持续性不仅是景观物质资源的可持续性，更重要的是景观系统的整体结构、功能和过程的可持续性，如水分、养分和物种从哪儿来、到哪儿去等。

三、资源持续利用原则

景观恢复的目的不是纯粹的恢复,更多的是为了利用。需要恢复的景观几乎全部是人类干扰或聚居程度较高的地方,即使其中一种干扰消失了,定居于此的其他要素,尤其是人类,还需要继续生活,并有权利获得比原来更有品质的生活。因此,景观恢复过程还要考虑恢复景观的资源持续利用问题,若偏重于物质资料的供应,恢复目标应主要考虑其物质的产出,如农田、森林等;若偏重于精神层面的供应,恢复目标可以考虑为公园、纪念馆、游乐园等。

四、经济合理性和针对性原则

经济合理性原则要求景观恢复的规划要进行经济可行性论证,避免因缺乏必要的技术经济分析,给恢复过程带来不切实际的资金投入和损失,从而丧失原有恢复的目标,危害景观恢复的整体可持续性。景观恢复还要有针对性。不同类型的景观、相同类型处于不同区域背景下的景观有不同的景观组成结构、空间格局和生态过程,如恢复区整体是森林保护区,或是公益林区、农业生产区、城郊休闲区等。由于区域的整体定位不同,所以景观恢复的方案、生态系统建构选择、管理和经营方法都会存在显著差异。

五、社会广泛参与原则

景观恢复是一项具有广泛社会性的事情,它不仅需要相关专家、工程施工与管理人员、技术人员的参与,还需要恢复区域当地人们的广泛参与,才能确保景观恢复的可持续性。

以上五个原则是一个有机整体,是相辅相成、相互联系和制约的。整体性原则和生态持续性原则是基础。其中,整体性原则是景观恢复时就贯彻始终的思想方法,生态持续性原则是景观恢复成败的关键,而实现生态持续性又需要针对性原则。社会参与既是景观恢复的责任和义务,也是社会的普遍要求,是营造良好社会环境氛围的重要力量,应加以充分利用和合理引导。资源持续利用原则和经济合理性原则,更多是对景观恢复活动的限定和约束。

第二节 污染景观的结构恢复

景观结构是景观的物理架构,是景观的基础,也是污染或受损景观恢复的基础。在景观恢复研究和应用的很长一段时间内,人们几乎是将景观结构的恢复当成了受损景观恢复的全部内容。因为物理架构的搭建只要材料足够,就是一件相对简单的事情,而对于景观结构建造而言,材料随处可见,甚至可以信手拈来。

一、景观要素的恢复

景观要素的恢复,无论是斑块、廊道还是基质,首先要对建造它们的物质材料进行分析。景观是以生物和非生物有机组合而成的生态系统有规则镶嵌而成、又高于生态系统的层次(肖笃宁和李秀珍,1997)。因此,要恢复景观要素,首要的是分析恢复地点的生物与非生物特征,以生态因子为基础进行分门别类的调查。弄清楚景观要素所在地的生态因子分布现状,包括气候、地形、土壤、生物、人为因素等。要回答这些因子中有什么,有多少;周边相似区域的景观要素中有什么,有多少;与周边相邻区域景观中在生态因子上的差别是什么,差别有多大,是否可以弥补;等等。

污染状态下，生物组分和非生物组分与污染前相比都有了很大区别，如在N、P严重污染的水体中，N、P元素的含量比正常水体中高，水中硅藻与蓝藻的数量和比例发生巨大变化；有毒有害冶炼废渣堆放地土地物理结构改变，有毒有害元素经过流失进入土壤，地表植被随着清库或占压死亡，以及生活于其中的其他生物逃跑、迁移等。

因此，景观要素的恢复要以对污染区域的本底调查为依据，以恢复土地及土壤的基本物理结构和化学组成为基础，以群落演替规律为指导，以景观功能恢复为目标来进行。

一般来讲，景观恢复以因地制宜为前提，一旦在本底调查的基础上确定了污染地块的恢复方向，景观结构的恢复即定下了框架、目标和内容。例如，一个矿区废弃地的景观恢复，若其恢复的方向是进行农业生产，那农田景观的结构特点就确定了，余下的事情就是针对旱地还是水田生产的要求进行准备工作（表9-1）。

表9-1 矿区废弃地景观恢复阶段的目标和内容（李树志等，1998）

阶段	内容	目标
勘测调查与分析	地质采矿条件调查与评价 社会经济现状调查与评价 社会经济发展计划 自然资源调查与评价 环境污染现状调查与环境质量评价 地形勘测	明确景观恢复的问题性质，为景观恢复提供详细的基础资料
景观恢复规划	结合开采范围与地质条件，确定景观恢复范围 确定恢复时间 选择景观恢复的方向和恢复措施 制订分类、分区、分期恢复方案 景观恢复方案的优化论证 投资效益预测 对相关问题的说明	为景观恢复的合理性提供保证，为恢复工程设计提供依据
景观恢复工程设计	明确工程对象（位置、范围、面积、特征等） 设计工艺流程、措施、机械设备选择、材料消耗和劳动用工等 实施计划安排（物料来源、资金来源等） 施工起止日期安排，工程投入与收益的详细预算	供施工单位施工

金属尾矿库因含有许多有毒有害元素，恢复成水田景观是不提倡的。水田作物在生长的不同阶段对水分的要求差异较大，造成水田环境氧化状态和还原状态交替出现，有毒有害元素可能以不同形态存在其间，有毒有害元素之间也有可能产生相互作用，这样会有更多的有毒有害元素有进入作物体内的机会，从而对人体健康产生威胁。而旱地则没有这么多顾虑，一是旱地作物的养分和水分基本以下渗作用为主，在其生长期内，作为溶剂的水对溶解而言是缺乏的。另外，水田和旱地物理结构上对防渗层的要求也有差异。水田对于土壤防渗的要求比旱地高许多，这在以矿渣为基础的地方，意味着要进行大量的土方填埋工程和土壤自然渗漏、压实环节。相反，旱地的要求则低了不少。

若确定恢复的方向是旱地，除了整地和配置合理的生态因子外，景观的基质是没有选择的，只能是旱地。接下来要考虑的是为了物质和能量的输入、管理便捷以及防虫防风而要建设的廊道，如以物质或能量源为起点，按一定宽度设置道路、田埂、防风林、防虫的生物篱笆、灌溉及排水渠道，还包括为管理方便而建设的房屋、晒场、蓄水池、机械停放场等，这事实上造成了景观的斑块化，达到了景观要素恢复的目的。

二、景观异质性的恢复

如第五章所述，异质性与景观要素的丰富程度和其空间分布特征有关，即恢复区域的景观要素种类越多、空间分布越复杂，其景观异质性就越高。由于景观异质性对于景观的稳定性、抵抗灾害的能力及其功能的发挥有密切关系，因此，污染景观在恢复过程中，形成丰富而有效的异质性，这是景观恢复的目标之一。

景观要素的恢复，实际上已经使景观具备了初步的异质性，如廊道与基质之间是不同性质的斑块。但景观要素恢复中配置的异质程度和组合是否有利于景观功能最大程度的发挥，则要视景观发挥功能的种类和要求而定。在实际生产中，单一的生态系统容易发生大规模的病虫害，而自然形成的森林景观却显示出对病虫害相当强的防御能力。例如，单一的松林容易受到松毛虫的侵害而大面积死亡。相反，错落有致的针阔混交林则可以抵御松毛虫的大规模威胁(Ye et al.,2002)。同样的半湿润常绿阔叶林中，有多种不同的阔叶树种与灌木、草本共存，可以存留几十年，甚至上百年。在保留有足够森林并呈合理空间配置的农业生产区，受到洪涝灾害影响的概率和程度要比砍伐殆尽的区域轻(王正周,1999)。小麦产区按不同区域、面积设置不同高度和宽度的防风林等，都说明了在景观恢复中形成合理异质性的重要性。

污染景观在恢复成农田或其他人为控制程度高的景观时，对景观异质性的要求不如恢复成自然景观那么高，因为人为控制程度高的景观总有源源不断的物质、能量输入以抵抗影响景观功能发挥的阻力，如农田病虫害的防治、城市河流景观的精心管理等。但在恢复为以自然景观特征为主的区域，恢复完成后，人类的干预和管理程度就会大幅削弱，甚至消失。这时建造高效合理的异质景观，就成为实现景观可持续发展的重要手段。但这需要有完善的对异质性配置与其功能发挥之间的基础研究作为支撑，目前，这还是生态学研究的弱项，作为教科书证据的资料并不多。

三、景观网络重新形成与空间格局再生

景观网络的重新形成标志着景观结构的完全恢复和景观功能的自维持状态形成，它意味着景观中物质流、能量流和信息流可以无障碍进行传递，或者说，人们不会认为它是经历过干扰的，而是认为它本来就是这样，从来就没有发生过改变。例如，草原中露天矿区经过恢复后，又有了成片的草地、蜿蜒的河流、如白云流动般的牛羊以及点缀其间的点点毡房，那就是草原本来的面貌，它会随着冬天的到来而枯萎，也会随着春天的来临而复苏，与自然节律完全合拍，执行着景观的正常功能。

第三节　污染景观的功能恢复

景观功能的恢复中，首要的是恢复其生态功能，生态功能一旦恢复正常，其生产功能、美学功能和文化功能也会随之得到恢复。当然，对于恢复十分困难的污染区域，将其作为工业开发历史的见证，进行适度恢复，也可以突出它的文化功能。

一、景观连接度与连通性的恢复

景观的连接度与连通性有利于景观中的物种、物质、能量在其中进行流动。否则，景观斑块之间就会形成一座座孤岛，导致基因不能交流、物质不能循环、能量不能流动，结果是物种逐渐退化，物质大量积累，能量无法输出，最终导致系统的崩溃，成为另外一种景观。

景观的连接度与连通性的恢复在于一个"疏"字，取"疏导"、"疏通"之意(刘世梁等，2008；富伟等，2009；陈杰等，2012；周圆和张青年，2014)。例如，森林景观中的风媒植物，在其生活史中，须借助风的力量进行花粉的传递来完成受精，也需要风来帮助完成繁殖体的传播。在景观恢复设计中，就需要考虑造成有利于起风的地形条件，并且要特别注意其花粉传递受体所在的方位，以及适宜其生长发育的自然环境，若反其道而行之，则花粉不能到达柱头，繁殖体被带到不能萌发的地区，都会影响景观功能的进一步发挥。

当然，景观的连通性也不是说相同景观组分之间不能有区隔，如森林斑块间的河流、草地或道路。关键在于景观孔隙度的大小是否合理。例如，校园中大家熟悉的松鼠，同一个校园松鼠栖息的树林之间会有草地、道路和教学设施隔开，但并没有阻碍松鼠在校园的各个角落迁移。然而，相邻两个校园由于区隔的不仅是4～5m宽的道路或草地，还有纵横交错的建筑物、有川流不息的车流等，也就是景观的孔隙度大到使松鼠迁移的廊道完全断开，松鼠冒险迁移的付出要比其迁移的获得高出许多，从而事实上断绝了它们的交流。因此，景观连接度与连通性的恢复要考虑景观粒度和孔隙度设置，在保证其连通性同时，尽可能地充分利用空间，增加景观的多样性与异质性，提高景观的稳定性。

二、景观中水分和养分运动的恢复

景观恢复最重要的，就是使其物质循环得以进行。水分和养分是物质循环的主要参与者。

水分是景观中良好的运输者，要使水分能够顺利地完成其运输者的角色，就要对水分循环过程涉及的环节设计到位、容量足够、通道要畅达。首先，恢复的景观中要有可靠的水源。最可靠的水源是自然的河流、湖泊或水库。因此，在设计廊道时，应尽量使景观中水体廊道的源头与自然的河流、湖泊或水库及其支流相连接，保证充足的水分供给。其次，输水的渠道要畅通，要充分利用或重塑地形，让流进来的源头水可以自由到达待恢复景观需要水分的各个角落。再次，无论是水源地、输水渠道还是泄洪渠道，其提供水分的数量和泄洪的速度要足够，能在需要时提供足够的水分，在不需要时快速泄洪。最后，景观中水分运动的恢复还要考虑土壤中水分的纵向传输，即土壤毛细管的形成。在景观中，大量的水分运动并不是以地面沟渠为传送的主要介质，而是以土壤毛细管为主要介质(王全九等，2007)。因此，景观恢复时，在整地过程中，恢复土壤的毛细管功能也不容忽视。

景观中养分运动的恢复不仅取决于绿色植物的光合作用、吸收与转化，还取决于养分的供给、土壤溶液的状态、作为溶剂的水分的供给状况等。养分的供给在人为控制程度高的恢复景观中不是问题，主要是以恢复为自然维持的景观中需要充分考虑，如固氮物种的配置、落叶植物的配置、对特定污染物吸收性或抗性强植物的配置、土壤类型以及生活于其中的营腐生生活的分解者的产生等。土壤溶液的状态主要是为溶解于其中的养分提供适合的氧化或还原态环境，要保证养分在其中能溶解，并呈现景观中不同组分对其要求的离子状态(王全九等，2007)。水分的配合，在养分运动中相对比较容易实现，只要充分尊重综合整体性原则，恢复的景观应该是与区域协调性高度一致的景观，是与区域生态因子高度适应的景观，是符合生物、生态节律的景观，即生长季节会有降雨、种子成熟的季节会有晴天。

三、景观中物种运动的恢复

当景观中水分和养分运动恢复以后，就为植物的生长、繁殖创造了条件。当植物在恢复区域生根发芽，开始生长，群落环境逐渐形成，动物和微生物就会慢慢出现。一旦生产者、消费者和分解者在恢复景观内形成稳定的网络，标志着生态系统的结构得以建立、生态系统的功能得以执行。其中，植物开花、结实、传播、生根，开始新一轮的循环；动物逐渐有了食物来源，不管是作为中转站，还是永久栖息地。这些功能的出现，都意味着景观中物种的运动得到了恢复，向形成自然景观迈出了坚实的一步。

四、景观美学功能和文化功能的恢复

景观的美学功能在污染景观的恢复中是一个附带产物。当前，各种污染景观的恢复都是以恢复其生态功能为出发点和归宿。当污染景观的生态功能得到恢复后，其物质循环、能量流动与信息传递都能正常发挥，至少在过去和现在以及不远的将来，人们会认为它是美的，如整治后的成都府南河、昆明滇池湿地系统恢复等。即使在恢复过程使用的是混凝土河堤，只要水体变清、没有了臭味，能看见水草和鱼虾，它也是美的。不难想象以后生态河堤得到重视与实施后，可能重现的“小儿下河摸鱼虾、鸭鹅红掌拨清波”的美丽画卷。

景观的文化功能恢复具有一定的局限性。不是所有的污染景观都有文化背景，也不是所有污染景观都有发展其文化功能的潜力。就现有的污染景观类型来看，大气污染景观治理后，恢复的是城市或乡村本身的生态功能，其文化功能的展现是以其污染前存在的底蕴为基础的，如雾霾中的北京，与治理成功之后、蓝天白云下的北京，在文化功能的发挥上并没有大的区别。水污染景观恢复后的文化功能也是以其污染前的底蕴为基础的，如昆明的滇池，即使在污染状态下，人们对于滇池的关注也主要体现在大观楼长联、西山睡美人、龙门的传统意义等。因为，等滇池完全恢复正常后，人们记忆中的在滇池游泳的美也无法再现，只会感叹滇池之美终于与清澈的湖水浑然一体了。而废渣的污染景观，经过治理后，在有代表性的区域，可以增加它的文化功能内涵，如工业化过程中的粗暴、粗放，工业发展的历史进程，以及人类对于工业发展、自然保护和人类自身发展的反思等。

第四节　污染景观的动态过程恢复

在污染景观结构与功能恢复的过程中，以人为控制程度高为特征的恢复景观，只有在大量物质与能量输入的情况下才能维持其稳定性、完整性和多样性。一旦外界输入停止，它将立即步入自然演替进程，形成完全不同于设计者初衷的景观。这一类污染景观的恢复在现阶段的工程实践中，占到了绝大部分比例。另一类恢复景观，远离人类活动区域，恢复后以其自我维持为主要目标的景观，由于在设计时即已考虑到后期维护的困难，因此在恢复之初就要引入演替规律，有目的地将其导入演替进程。在恢复过程中，景观的稳定性、完整性和多样性是比较容易维持的。

一、景观稳定性的恢复

景观稳定性的恢复要视两种不同性质的景观而区别对待，一种是人为控制程度高的恢复

景观,另一种是基本没有后期人为控制的恢复景观。前者主要位于人类活动活跃的城镇与城郊,或有开发价值的乡村;后者主要位于偏远的山区,以矿产开采废弃地和尾矿库为代表,一旦工程活动结束,它将变得荒无人烟,有可能不再有人涉足。

对于第一类恢复景观,如遍布全国的各个城市河流的整治工程。从景观的角度看,污染河流的景观恢复,其景观的界定是以河流为中心,以汇入目标河流的支流及其两岸一定区域,或以其污染直接影响的区域,是一个包含河流、灌丛、居民点甚至城区、森林、草地或农田的复合系统。这一类污染河流景观,在具体操作时,考虑到它本身是城市景观的组成部分,更多的是偏向于城市功能发挥进行方案设计(表 9-2)。例如,以浆砌石或混凝土河岸区隔水体与城区,基本没有河岸带(陈风琴等,2010),在堆砌或浇铸河堤上种植的大多是观赏植物。这种恢复景观的稳定性在大量人力、物力的输入下,也可以保持相对稳定。如为保证水体水质不变差,城市生活、生产的所有废水必须进入大量新建的污水处理厂,进行达标排放。污水处理厂的建设,遍布城区各个角落的污水管道、雨污分流设施、技术与管理人员等,都是外界物质、能量输入的形式。若污水处理能力或废水按性质分流工程实施不好,或遇上事故排放,辛苦维持的景观稳定性瞬间就会崩溃。在第一类恢复景观所在区域若要进行自维持景观的建设,存在很大困难。如自然形态河道沟汊、河岸具备的湿地功能,虽然能对污染进行处理,但在自然状态下其处理能力远远达不到城市污水处理量的要求,若想达到处理量的要求,城市又没有足够的土地用来建设面积巨大的河岸带和沟汊。即便有这样的困难,在污染河流景观恢复中,对自然河道形态的向往,还是让相关领域的专家、学者和工程技术人员作出了有益的尝试,如用于建造河岸带(Whigham,1999;张建春和彭补拙,2003;黄凯等,2007)和使用各种生态袋进行河岸形态塑造等(陈文学等,2013)。

表 9-2 城市河流景观的生态功能(李娇娇,2006)

生态功能	城市河流景观的生态功能
栖息地功能	为植物和动物的正常生命活动提供空间及必需的要素,维持生命系统和生态结构的稳定与平衡
廊道功能	作为能量、物质和信息流动的通道,为收集、转运河水和沉积物服务,实现城市水循环及系统的物质循环、能量流动和信息传递
调节水量功能	河流两岸的植被与土壤具备一定的水量调蓄能力
调节气候功能	城市河流的高热容性、流动性,对城市热岛效应有缓解作用
自净和屏障功能	河流水体本身具有自净能力,可以对污染物进行吸收、分解等,减轻污染
休闲娱乐和景观功能	为人们提供视觉及精神上的享受与满足,提高城市景观的多样性与居民生活适宜度

第二类污染景观的恢复,如有色金属开采矿区及其尾矿库的恢复(姜洋等,2006)。恢复景观的稳定性取决于前期基础工作的扎实程度,如地形勘察及整理、基质理化性质的测定、外运进来的覆土量及其品质、恢复方案与自然演替进程的契合程度等。一般地,采矿形成的矿坑和尾矿堆放,对局部地形的改变是巨大的,如采坑深陷、渣库抬升。深陷的采坑容易积水形成涝灾,渣库保不住水分容易形成旱灾。因此,恢复工程的首要事项是对地形进行重塑,挖高补低,重塑的底线是尽量与周边地形的弧度完美接合,这样有利于恢复工程区域的水分、养分运动,达到自然承接与输出。同时在低位应保留特殊有毒有害浸出物的沉积、拦截和处理设施。在此基础上,进行土壤结构的恢复。接下来最为关键的是恢复物种选择与演替进程的安排。如对周边区域裸地先锋物种进行调查、统计,进而采种、播种等。这个过程在人为的适度干预下,3~5 年基本可以达成景观的自维持,达到相对稳定的状态。

二、景观完整性的恢复

污染景观完整性的恢复是针对景观的破碎化而言的。景观结构的恢复设计时就决定了景观完整性的恢复程度。景观斑块的异质程度、廊道的分布、基质的选择与分布，决定了景观恢复的完整性。它是一项前置性工作。

城市或城郊污染景观的恢复中，斑块选择与布置大多体现当地社会、经济与文化特色，表现出的特点在于一个“变”字，如花卉的种类与排列方式，乔、灌、草的配置，道路与沟渠的设计与穿插等，其破碎程度是较高的，很难保证其完整性，迎合的是城市与城郊地带人们对“变”的追求。

矿山废弃地的景观恢复在完整性的表现上较为容易，由于矿山废弃以后，人为干扰基本消失，加上矿山废弃地的面积本身大多比较小。在恢复时若按前面的流程进行，溪流、道路等廊道是天然形成的，其对斑块的切割作用少且简单，局部的物种数量确定，景观基质的选择明确。这类恢复景观的斑块数量少，连通性强，稳定性恢复快。

三、景观多样性的恢复

景观多样性的恢复以生态系统多样性的恢复为基础。在城市及城郊污染景观的恢复中甚至以群落多样性的恢复为基础。

城市或城郊污染景观的恢复，很难形成稳定的生态系统，即使群落的稳定也是靠外界物质、能量的输入维持。如果是面积较大的城市污染景观的恢复，也可以形成基本的景观多样性，如城市河流景观，若能充分考虑河流的正常结构和功能发挥，除河流要素外，可以设计平缓弯汊、种植水草以形成湿地景观；可以在河岸带设计草本植物带，形成草地景观，使其成为降雨与河流之间的连接物，起到过滤与净化的作用；当然，城市污染河流景观恢复的设计者都会考虑的小型森林景观、灌木景观、人工建筑景观，都是其景观多样性的体现。

相比城市污染景观多样性的恢复，矿山废弃地的景观多样性恢复在整个恢复过程中考虑得要少一些。一是因为面积小，可供选择的景观类型少，能够设计的廊道不多，除了菁沟和道路外，基本没有其他的类型可供选择；二是若为了增加景观多样性而过多设计景观的类型，每个类型的面积就较小，会降低景观的稳定性。

小　　结

污染景观的生态恢复，包括景观结构、功能和动态变化过程的恢复，总体上应该遵循整体性、生态持续性、资源持续利用、经济合理性和针对性、社会广泛参与等原则。就恢复类型来讲，可以按污染类型分为大气、水和矿山废弃地景观的生态恢复。在具体的工程实践上，又以水污染景观和矿山废弃地景观恢复为主。大气污染景观的恢复主要体现在具体的环保措施上，大多是工程技术型的，属于微观尺度，上升不到宏观尺度。而水污染景观和矿山废弃地景观的生态恢复的案例在逐渐增加，在不同的时期，各个恢复景观承载的恢复理论、文化内涵、技术含量有所差别。但总体上，充分应用污染生态学、恢复生态学和景观生态学的相关理论、研究成果和理念进行污染景观的生态恢复，是今后学科和工程发展与实践的主流。

污染景观结构恢复包括景观要素恢复、景观异质性恢复和景观网络的重新形成与空间格局再生。景观要素恢复是现阶段污染景观恢复工程实践中最为关注的内容，比较容易实现。

由于缺乏理论支撑，景观异质性恢复、景观网络和空间再生目前处于探索阶段，工程实践上也存在一定难度。主要理论依据来自于普通生态学关于群落与生态系统的相关研究成果。

污染景观功能的恢复着重点是景观连接度与连通性的恢复，其本质也在于景观结构的合理布局，使景观中的物质、能量和信息能有适宜的来源，也能顺利地在景观中流动。景观美学功能是污染景观恢复的附带产物，也是景观恢复的目标。对污染景观进行恢复的全过程，均体现了理论研究人员、工程技术人员对于美的追求，但是这种追求会受到一定历史条件的限制。污染景观文化功能的恢复具有历史局限性，与污染景观被污染前的文化底蕴有关。

污染景观的动态过程恢复与污染景观本身的性质有关。人为控制度高的恢复景观其稳定性、完整性和多样性的恢复受人为控制强度影响，当物质、能量输入的方式和途径发生改变后，其动态会迅速发起响应。而人为控制程度低的污染景观，重点是进行土壤结构的重构与恢复，只要对演替进程有科学合理的安排，在气候条件适宜时，一般在3～5年后，景观功能可以达到相对稳定的状态。

复习思考题

1. 简述污染水域景观的生态恢复中，景观结构的安排遵循的思路。
2. 简述矿山废弃地景观的生态恢复对景观多样性恢复的要求及其实现途径。
3. 城市污染景观的生态恢复若失去外界物质、能量的输入将会如何变化？请举例分析。

建议读物

董哲仁. 2013. 河流生态修复. 北京：中国水利水电出版社.
丁爱中，郑蕾，刘钢. 2011. 河流生态修复理论与方法. 北京：中国水利水电出版社.
金相灿. 2014. 入湖河流水环境改善与修复. 北京：科学出版社.
彭少麟. 2007. 恢复生态学. 北京：气象出版社.
杨竹莘，全华. 2009. 城市水域景观分析及其治理研究. 北京：法律出版社.
周连碧. 2010. 矿山废弃地生态修复研究与实践. 北京：中国环境科学出版社.

推荐网络资讯

中华人民共和国国土资源部：http://www.mlr.gov.cn/
中华人民共和国环境保护部：http://www.zhb.gov.cn/
中华人民共和国水利部：http://www.mwr.gov.cn/

第十章　污染与恢复生态学的一般研究方法

第一节　研究课题的确定

一、选题的来源

污染与恢复生态学研究课题的设置一般视国家需要、社会需求、经费来源、项目管理机构等因素决定，其来源主要有指令性课题、指导性课题、委托课题和自选课题四类（张伟刚，2009）。

（一）指令性课题

各级政府主管部门考虑全局或本地区公共事业中迫切需要解决的科研课题，指定有关单位或专家必须在某一时段完成某一针对性强的科研任务。这类课题具有行政命令性质，故称之为指令性课题。如全国土壤环境元素背景值调查、全国水污染状况调查、全国土壤污染状况调查等。

（二）指导性课题

指导性课题又称纵向课题，是指国家有关部门根据科学发展的需要，规划若干科研课题，通过引入竞争机制，采取公开招标方式落实项目。在招标过程中，实行自由申报、同行专家评议、择优资助的原则，如国家自然科学基金（国家杰出青年科学基金、优秀青年科学基金、重点建设项目、面上项目、青年科学基金项目等）、政府管理部门科研基金（科技部“973”、“863”项目、教育部高等学校博士学科点专项科研基金、留学归国人员科研启动基金等）、单位科研基金和国际合作项目等。

（三）委托课题

委托课题又称横向课题，一般针对某一特定的实际问题而提出，通常来源于各级主管部门和某些企事业单位。如某企业污水处理工艺设计、某企业采矿地的植被恢复等。

（四）自选课题

自选课题是指研究者根据个人意愿和目的选定的研究课题，该类课题的经费一般以研究者自筹居多。

二、选题的方法

（一）从文献中提炼科学问题

科研选题的关键是创新，要在认真研读前人文献（尤其是近3～5年）的基础上，捕捉前人尚未回答或回答不够全面的科学问题，集中精力进行深入研究，进而提出新观点、新理论和新方法。

（二）从矛盾中寻找科学问题

外部现象的差异往往是事物内部矛盾的表现，要及时抓住日常工作中偶然出现的现象和问题，经过分析比较，提出新的科学问题。例如，重金属超富集植物能将重金属大量富集在其叶片中，但叶片的重要功能之一是进行光合作用，那么，富集了大量重金属的超富集植物，它的光合作用过程是否受到影响、受到怎样的影响（光反应还是暗反应），便产生了“不同砷富集能力植物光合生理的比较研究”这一科学问题。

（三）从跨学科中发现科学问题

污染生态学本来就是生态学和环境科学交叉、渗透形成的边缘学科，研究污染和恢复生态学需要多学科的交叉和融合。例如，植物抗污染的机理，从微观方面可以从分子、细胞水平去解释，这需要分子生物学和细胞生物学的方法和手段；近几年来，化学生态学发展迅速，研究污染条件下植物根系分泌物的成分和数量有何变化、变化的生物学意义等，需要借助植物化学、有机波谱分析等学科的方法。

三、选题的注意事项

在选题过程中要注意以下几点：

（1）选题要比前人已有的研究有所进步，对科学的贡献是增加了新知识和新信息，在科研工作中要避免与前人的研究工作重复，或者对科学的推动不大。

（2）选题要有很强的针对性和可行性。从针对性上讲，选题要避免过于宽泛，从面上铺得太开而缺乏深度，最好能“小题大做”而不是“大题小做”，也就是科研工作中要做“潜水艇”而不是“巡洋舰”；从可行性上讲，要注意结合课题组已有的工作基础以及选题实施的人力（具有不同学科专长的科研团队）、物力（仪器、设备等）和财力（科研经费）条件。

（3）选题要基于一个假说或假设。科学问题一经提出，应进行小范围的现场调查或实验室研究，进一步寻找支持假说的证据。若实验结果与假说有出入，甚至不符，宜根据实验结果对假说进行修正，使之完善；或推翻原有假说，提出新的假说，最终靠周密的实验设计、获得实验结果来支持或否定已经建立的假说。

第二节　实验的设计

科研课题选定后，要根据研究目标，设计几个相互联系的实验，达到研究的目标。

一、实验设计的基本原则

实验设计中要遵循以下四个基本原则。

（一）对照

在实验设计中，通常要设置对照组（除了自变量外，其余因素都保持不变的实验），通过干预或控制研究对象以消除或减少实验误差，鉴别实验中的处理因素与非处理因素之间的差异。这一原则虽然简单，但往往会被忽视。例如，在污染生态学研究中，需要设置一个不加污染物的处理作为对照，以表明污染的效应；在恢复生态学研究中，也需要设置一个不采用恢复措施

(如不加土壤改良剂或不种植物)的对照来体现恢复的效果。

(二) 随机排列

随机排列是指实验的每一个处理都有同等机会设置在一个重复中的任何一个实验小区上。随机化的目的是为了获得对总体参数的无偏估计,各实验小区的随机排列可以通过抽签法、利用随机数字表法进行。

(三) 重复

重复是指实验中将同一实验处理设置在两个或两个以上的实验单位上。同一实验处理所设置的实验单位数称为重复数,在污染与恢复学研究中,重复数一般应不小于 3,适当增大重复数可以降低实验误差。

(四) 局部控制

田间实验中,当实验小区数目较多、整个实验需要面积较大,往往实验小区间差异较大,实验环境不均匀。此时,实验单位之间的差异就是实验的一个干扰因素。为解决这一问题,可将整个实验环境或实验单位分成若干小环境或小组,在小环境或小组内使非处理因素尽可能一致,实现实验条件的局部一致性,这就是局部控制。

二、实验设计的方法

(一) 单因素实验

单因素实验(single-factor experiment)是指整个实验中只比较一个实验因素的不同水平的实验。单因素实验由实验因素的所有不同水平构成,这是最基本、最简单的实验。如要研究土壤中 As^{5+} 对蜈蚣草吸收砷的影响,将 As^{5+} 配制成 0mg/kg、50mg/kg、100mg/kg 和 200mg/kg 四个浓度水平进行实验,这便是一个有四个水平的单因素实验。

(二) 多因素实验

多因素实验(multi-factor experiment)是指在同一实验中同时研究两个或两个以上实验因素的实验,它由该实验的所有实验因素的水平组合(即处理)而成。多因素实验方案又分为完全方案和不完全方案两种类型。

1. 完全方案

在列出因素水平组合(处理)时,要求每一因素的每个水平都要相遇一次,这时,水平组合(处理)数等于各因素水平数的乘积。例如,要研究土壤中 As^{5+} 对砷超富集植物蜈蚣草和非超富集植物剑叶凤尾蕨吸收砷的影响,分别将 As^{5+} 配制成 0mg/kg、50mg/kg、100mg/kg 和 200mg/kg 四个浓度水平进行实验。此时,两个因素分别是砷浓度(A)和植物种类(B),砷浓度(A)分为 A1、A2、A3 和 A4 四个水平,植物种类分为 B1 和 B2 两个水平,则有 A1B1、A2B1、A3B1、A4B1、A1B2、A2B2、A3B2 和 A4B2 共 8 个组合。

2. 不完全方案

不完全方案是将实验因素的某些水平组合在一起形成少数几个水平组合,目的是探讨实验因素中某些水平组合的综合作用,而不在于考察实验因素对实验指标的影响及因素间的交互作用。在污染与恢复生态学研究中,常使用正交实验。如要考察三种重金属 Pb、Cd、Zn 复合污染对某一植物株高的影响，每一重金属处理浓度设置0、低、中、高四个水平，按$L_{16}(43)$正交表设计，共16个处理组合，具体见表10-1和表10-2。正交实验的设计可以查阅各种因素和水平组合的正交表。

表10-1 盆栽试验正交设计表$L_{16}(4^3)$

处理水平	因素/(mg/kg)		
	A(Pb)	B(Cd)	C(Zn)
1	0	0	0
2	A1(500)	B1(1)	C1(400)
3	A2(100)	B2(3)	C2(800)
4	A3(1500)	B3(5)	C3(1200)

表10-2 盆栽试验16个处理各因素的水平设置

处理号	1	2	3	4	5	6	7	8	9	10	11	12	13	14	15	16
因素A(Pb)	1	1	1	1	2	2	2	2	3	3	3	3	4	4	4	4
因素B(Cd)	1	2	3	4	1	2	3	4	1	2	3	4	1	2	3	4
因素C(Zn)	1	2	3	4	2	1	4	3	3	4	1	2	4	3	2	1

三、实验设计的常见错误

(一) 无对照

设立对照虽然是实验设计的基本原则之一，但有的时候会被忽视。在污染与恢复生态学的实验设计中，如果要研究污染物对植物生理生化的影响，需要有一个不加污染物的对照；如果要研究同一污染物处理浓度下某一生理生化指标变化的时间动态，需要以刚开始时该指标的状况作为对照；如果要说明重金属超富集植物比非超富集植物具有更强的耐性，需要以非超富集植物为对照。

(二) 伪重复

实验设计中的伪重复主要有三种：一是简单伪重复，通常把取样的重复当成处理的重复；二是把反复测量结果当成重复的问题，即对同一个对象的反应变量前后进行多次观测，却把这些观测值视为重复；三是混淆时空效应与处理效应的问题，由于取样方法(破坏性取样)或者研究对象(如流动的水体)性质的特殊性等原因，数据中所体现处理的格局有可能由于时空效应而并非处理效应所造成(牛海山等，2009)。

例如，要研究100mg/kg砷处理下3种植物对砷的吸收差异，需要准备9个盆，每盆装完全相同的土，其砷浓度为100mg/kg，然后随机种上3种大小一致的植物，每种种植3盆(重复3次)，每盆相同的株数。但是，有人只种3盆，每盆种多株植株，那么，收割植物时在一盆中取多个“重复”就是一个“伪重复”；此外，有的人在测定砷含量时，同一个样品多测几次，由于仪器误差，每次测的值不一定相同，这也是“伪重复”。

(三) 不周密

实验设计不周密往往会产生有疑问的实验结果。如要比较两种改良剂(A和B)的不同浓度水平(低和高)及其组合对植物重金属吸收的影响,有人设计了对照(不加任何改良剂)、低A、高 A、低 B、高 B、低 A 低 B、高 A 高 B 等 7 种组合,但是,却忽视了改良剂复合添加的低 A 高 B 和高 A 低 B 两个组合。

第三节　实验的开展

一、野外调查

野外调查是真实获得生物与污染环境相互关系第一手资料的关键步骤。要研究污染物在大气、水、土壤和生物系统中的迁移转化规律,经常要对大气、水、土壤、植物、动物和微生物等进行调查和取样。取样要按照科学、规范、标准的程序进行,所采集的样品要有代表性,并且要根据保存时间的不同及时进行分析,具体可以参考相关的实验指导书籍。例如,在重金属超富集植物筛选过程中,要到野外受重金属污染的地区,采集土壤及对应的植物样品,开始时由于不能确定哪种(些)植物会富集重金属,就要采取尽可能多地采集植物种类的方法,每种植物及对应土壤有 3～5 个重复即可,待实验室分析确定有可能的超富集植物名单后,再对这些植物加密采集。进行超富集植物的筛选,要避开道路的交通车流,同时将点选在污染源的上风向或测风向,避免因大气污染后叶片直接通过气孔吸收重金属造成的"假阳性"。目前也有一些在人为条件下(如通过添加大量金属盐到试验土壤或营养液中),某种植物吸收高含量的金属的报道。但 Reeves 和 Baker(2000)认为,这样筛选出的植物不是真正的超富集植物,因为"被迫的"金属吸收可能导致植物死亡而不能像自然种群一样完成生命周期。Köhl 等(1997)也认为,对于真正的超富集植物,在非抑制生长的环境,其地上部金属含量超过规定的浓度阈值是非常重要的。可见,这些研究者很重视"自然生长地"和"植物健康生长"这两个重要环节。

在开展野外调查前,需要精心做好准备,明确好调查目的,做好必要的准备工作,如采样仪器、工具、记录本、照相机和雨季外出必需的雨具等。若要对植物群落进行调查,事先要准备调查记录表。采样记录最好用铅笔或圆珠笔填写,以防雨季字迹被雨水弄污。采样记录根据调查目的而定,但要完整,所记载的参数要全面。

二、受控实验

受控实验是仿真自然生态系统,严格控制实验条件,研究单项或多项因子相互作用及其对种群或群落影响的方法和技术(章家恩,2007)。由于野外干扰因素多,生物对污染的反应是对综合环境条件的反应,要探索单一污染物或污染物之间对生物的联合作用,在实验室内需要进行添加外源污染物的受控实验。例如,在野外筛选重金属超富集植物,经常会发现土壤中重金属含量太高,尽管有时植物地上部重金属含量达到或超过超富集植物判定标准的临界值,但富集系数小于甚至远小于 1。此时,在适度污染土壤或营养液中进行室内栽培验证也有必要。野外调查数据加上室内栽培验证结果就更有说服力。室内受控实验过程中应注意随机和重复性,每个处理至少重复 3 次,并且要有阴性或阳性对照。

三、多学科交叉

污染生态学研究经常要借助化学、土壤学、物理化学、植物学、动物学、微生物学、分子生物学、细胞生物学、遗传学、生物化学、地理学、水文学、气象学、景观生态学等学科的研究方法和手段。现代生态学研究呈现"宏观更宏,微观更微"的两极分化趋势,因此,研究抗污染基因的表达和调控，需要借助分子生物学的手段；研究重金属在土壤中的时空分异，需要借助地统计学、地理信息系统等研究手段；进行根分泌物的提取和结构鉴定，需要有较好的仪器分析和有机波谱分析基础；进行根-土界面植物-微生物共存体系的研究，需要有较好的植物学和微生物学基础；进行有机污染物在植物体内的降解研究，对中间代谢产物的分析鉴定需要有较好的分析化学和结构化学基础。

四、新技术的运用

仪器设备的改进能更有效地揭示生命系统的运行和变化规律，在污染与恢复生态学研究中，要注意吸收先进的仪器分析手段，以解决更多前人未解决的问题。这方面的例子比比皆是。例如，在重金属元素测定中，目前普遍使用的原子吸收光谱法，是1955年澳大利亚物理学家Walsh发明的，但原子吸收现象是一个古老的现象，早在1802年，伍朗斯顿（Wollaston）在研究太阳连续光谱时，就发现了太阳连续光谱中出现暗线；1860年，本生（Bunson）和克希荷夫（Kirchhoff）证明太阳连续光谱中的暗线正是大气圈中的钠原子对太阳光谱中的钠辐射吸收的结果（吴谋成，2003）。正是Walsh将一个物理现象成功用于化学分析中，开创了火焰原子吸收光谱法。又如，目前已普遍认为，重金属的分析不能仅停留在总量，其赋存形态更为重要，因为不同形态的重金属毒性和生物有效性不同。那么，重金属形态分析就成了研究的热点。但是，如何在分析过程中尽可能保持样本中的重金属形态、不使形态发生变化，就成了学术界关注的问题。目前，在植物砷形态分析中采用的扩展X射线吸收精细结构（synchrotron radiation extended X-ray absorption fine structure，SR EXAFS），是测定分子结构的有力手段，它不需要预分离或化学预处理过程，不会破坏植物中砷的化学形态，可直接对复杂的植物活体样品进行无损分析，得到植物体内微量元素的氧化态、近边原子和配位数等化学信息（卢伢和邓天龙，2006）。

第四节　实验数据的统计分析

严谨科学地对实验数据进行统计分析，揭示数据之间的内在联系，是科学研究过程中的一个重要环节。在撰写科技论文时，在“材料与方法”的最后，一般都应有“数据处理”部分，说明运用了哪种（些）软件、哪些方法对数据进行了何种处理，本节介绍常用的数据统计分析方法和软件，具体方法可参考相关的统计学书籍。

一、常用方法

在污染与恢复生态学研究中，常用的数据统计分析方法有t检验、方差分析、相关分析、回归分析、聚类分析和主成分分析等。

（一）t检验

在统计假设检验中，检验所用的统计量为t，也就是根据t分布计算概率者，称为t检验。t分布是1908年Gosset首先提出的，又称学生氏分布（student’s t distribution）。常用的t检验有单样本t检验、成组数据的t检验和成对数据的t检验等。单样本t检验是将被测样本的平均值与某标准值进行比较，比较其差异的显著程度；成组数据的t检验与单样本t检验的区别在于不是用指定的检验值与被测样本进行差异性检验，而是将两组样本的平均值进行差异性检验；成对数据的 t 检验是比较彼此不独立的两组相关样本所得平均值的差异程度。

需要注意的是，成组数据资料的特点是两个样本的各个变量是从各自总体中抽取的，两个样本之间的变量没有任何关联，即两个抽样样本彼此独立。这样，不论两样本的容量是否相同，所得数据均为成组数据；但是，成对数据资料的特点是两个样本在抽取时存在对应关系，所以两个样本的数量必须相等。

（二）方差分析

如前所述，t 检验能用来进行两个总体平均数的显著性检验，但在污染与恢复生态学研究中经常需要对 3 个或 3 个以上的总体平均数进行比较，如研究 4 个不同浓度铅（0、低、中、高浓度）对玉米生物量的影响，此时要比较 4 组总体平均数。此时，应使用方差分析对多个样本进行平均数的显著性差异检验。方差分析（analysis of variance，ANOVA）是英国统计学家 Fisher 于 1923 年提出的一种统计方法，它是将总变异剖分为各个变异来源的相应部分，从而发现各变异原因在总变异中的相对重要程度。根据因素的个数，可将方差分析分为单因素和多因素方差分析。

方差分析完成后，无论是单因素还是多因素方差分析，一旦发现某因素对效应值有显著影响时，并不等于该因素所有水平的平均数之间均存在显著差异。若要明确不同处理平均数两两间差异的显著性，每个处理的平均数都要与其他的处理进行比较，这种差异显著性的检验就称为多重比较（multiple comparisons）。多重比较有多种方法，如最小显著差数法（least significant deference，LSD）、复极差法（q 法或称 SNK 测验）和 Duncan 氏新复极差法（又称最短显著极差法，shortest significant ranges，SSR）等。

各平均数经多重比较后，应以简洁明了的形式将结果表示出来，在科技论文中最常用的是标记字母法。简言之，首先将全部平均数从大到小依次排列，然后在最大的平均数上标上字母 a，并将该平均数与以下各平均数相比，凡相差不显著的，都标上字母 a，直至某一个与之相差显著的平均数则标以字母 b（向下过程），再以该标有 b 的平均数为标准，与上方各个比它大的平均数比，凡不显著的也一律标以字母 b（向上过程）；再以该标有 b 的最大平均数为标准，与以下各未标记的平均数比，凡不显著的继续标以字母 b，直至某一个与之相差显著的平均数则标以字母 c，如此重复进行，直至最小的一个平均数有了标记字母且与以上平均数进行了比较为止。这样，各平均数间，凡有一个相同标记字母的即为差异不显著，凡没有相同标记字母的即为差异显著（盖钧镒，2000）。

在实际应用时，往往还需区分 $\alpha=0.05$ 水平上显著和 $\alpha=0.01$ 水平上显著。这时可用小写字母表示 $\alpha=0.05$ 显著水平，大写字母表示 $\alpha=0.01$ 显著水平。

（三）相关分析

相关分析是研究数据对象之间联系的密切程度的统计分析，也就是一种统计关系的描述。常用的相关分析有两个变量间的线性相关分析、多个变量间的相关分析和偏相关分析等。

相关分析的主要内容是相关系数的确定和相关关系的显著性检验。

（四）回归分析

回归分析是研究因变量与引起其变化的自变量之间变化的函数关系的符合程度，即找出事物之间的函数关系。回归分析包括一元回归、多元回归、线性回归、非线性回归等。

回归分析的内容一般包括回归方程的确定和回归关系的显著性检验两个方面。

需要注意的是，为了提高回归和相关分析的准确性，两个变数的样本容量 n(观察值对数)要尽可能大一些，至少应有 5 对以上。同时，x 变数的取值范围也应尽可能宽些，这样一方面可降低回归方程的误差，另一方面也能及时发现 x 和 y 间可能存在的曲线关系(盖钧镒，2000)。

(五) 聚类分析

聚类分析(cluster analysis)是数理统计中用于研究分类的一种方法，它依据“物以类聚”的原则，引用分类学与多元统计分析的技术，对纷乱繁杂的事物进行分类，将具有类似属性的事物聚为一类，使同一事物具有高度的相似性。

(六) 主成分分析

在污染与恢复生态学研究过程中，经常遇到多指标或多因素(多变量)测定。例如，测定植物抗氧化系统对污染胁迫的反应，有超氧化物歧化酶、过氧化物酶、过氧化氢酶、黄酮含量、氧自由基产生速率、丙二醛含量等，这些不同指标或因素之间往往存在一定的相关性，为了能够正确整理这些错综复杂的关系，可用更多元统计的方法来处理这类数据，以便简化数据结构。

主成分分析(principal component analysis，PCA)是研究如何用少数几个综合指标或因素来代表众多指标或因素，综合后的新指标称为原来指标的主成分或主分量，这些主成分既彼此不相关，又能综合反映原来多个指标的大部分信息，是原来多个指标的线性组合，这是一种“降维”的思想(张力，2013)。

二、常用软件

常用的数据统计分析软件有 EXCEL、SPSS、SAS 和 Origin 等。

(一) EXCEL

Microsoft Excel 是 Microsoft Office 家族的一个成员，是功能强大、高效而使用灵活的电子表格系统，可以完成表格制作、自动进行复杂运算、利用数据表建立丰富多样的图表、数据库管理、决策支持等功能，也能进行一些简单的统计分析。

(二) SPSS

SPSS 原来的全称是“statistical package for social science”，即“社会科学统计程序”，是由美国斯坦福大学的三位研究生于 20 世纪 60 年代末开发的最早的统计分析软件。SPSS 有着广泛的用途，它在经济、工业、管理、心理、教育等许多领域应用广泛，在自然科学研究中同样发挥了巨大作用。因此，随着应用领域的不断扩大，自 SPSS 11.0 起，SPSS 已由原来的名字改为“statistical product and service solutions”，即“统计产品和服务解决方案”。

(三) SAS

SAS 全称是 statistical analysis system，即统计分析系统，于 1976 年由 SAS 软件研究所(SAS Institute Inc.)研制推出。它作为国际公认的著名数据统计分析软件之一，目前已被许多国家和地区的机构所采用，已广泛用于金融、医疗卫生、生产、运输、通信、政府、科研和教育等领域。

（四）Origin

Origin是美国Origin Lab公司(其前身为Microcal公司)开发的图形可视化和数据分析软件,是科研人员和工程师常用的高级数据分析和制图工具。自1991年问世以来,很快成为国际流行的分析软件之一。与其他科技绘图和数据处理分析软件相比,Origin具有赏心悦目且简洁的界面和强大的科技绘图及数据处理功能,能充分满足使用者的需求;此外,Origin容易掌握,且兼容性好。

第五节　研究论文的撰写与发表

科学研究完成后,一般应将其整理成论文发表,不发表即灭亡(publish or perish)。众所周知,被称为“现代遗传学之父”的奥地利修道士孟德尔(Meadel,1822～1884),进行豌豆杂交实验从1856年持续至1864年,共8年时间。1866年,他将其研究结果整理成论文《植物杂交试验》发表,发现了基因分离规律和自由组合规律,但当时并未引起学术界的重视。1900年,即孟德尔论文发表34年和逝世16年后,荷兰的弗里斯(Vries)、德国的柯灵斯(Correns)和奥地利的契马克(Tschermak)各自独立研究再次发现了这两个规律。经过对过去文献的查阅,最终发现了孟德尔的论文,并且将其命名为“孟德尔定律”。由此可见,学术论文是记录研究和发现的载体,在人类认识自然的过程中发挥了重要作用。如果当时孟德尔的豌豆实验做完便结束了,没有整理成论文,也就不会有“孟德尔定律”。

一、研究论文的一般结构

自20世纪后期以来,几乎所有的研究型期刊均要求研究论文使用IMRAD结构,即Introduction(引言)、Methods(方法)、Results(结果)和Discussion(讨论)。此外,研究论文一般还应有Title(标题)、Authors(作者姓名)、Affiliations(作者机构)、Abstract(摘要)、Keywords(关键词)、Acknowledgement(致谢)和References(参考文献)等,有的还要求有Conclusion(结论)和Supplementary materials(补充材料,不印刷在正文中)等。

IMRAD结构可以用问题的形式来界定:引言——研究的问题是什么;方法——如何进行研究;结果——得到了什么;讨论——研究结果的意义何在。

二、研究论文主要部分撰写注意事项

（一）标题

论文标题是连接研究成果和读者的纽带,是吸引读者和审稿人眼球的首要部分,标题一定要高度概括全文主要内容,同时要具体,切记空洞。另外,在保证有充分信息量的前提下,越简洁明了越好。

（二）摘要和关键词

除标题外,摘要又是决定读者是否会阅读全文的关键。摘要应具有独立性和自明性,读者不需要阅读全文就能知道论文的大体内容。撰写摘要需要对全文高度概括,重点写清研究目的、方法、主要结果和结论。有的刊物限制摘要的字数,因此,字数越简洁越好。

关键词是为了便于文献检索,因此,选好关键词可以提高论文的引用率。

（三）引言

引言和后面的讨论是一篇论文相对难写的部分，引言的目的是在研读别人文献的基础上，找出文献研究的不足，提出开展本研究的必要性和目的。在撰写引言时，要客观评价前人的研究成果，不宜有贬低之词，切记贬低他人抬高自己。成功的引言能引经据典、客观剖析、找准研究的切入点，能让读者和审稿人认为开展本研究确实重要而且必要。

（四）材料与方法

材料与方法部分是全文中相对容易撰写的部分，因为是自己做的实验，将实验按逻辑关系撰写清楚就行。撰写本部分时，要注意详略得当，如果是文献上现成的方法，直接引用文献即可，不需要详述细节。但是，如果是在别人的方法上作了修改，一定要详细写明修改了的步骤，以让感兴趣的读者能够重复实验过程。需要注意的是，本部分虽然是最简单、最容易撰写，但也是最容易出问题的部分，切忌实验设计有差错，这是审稿人最忌讳的地方。一旦审稿人认为实验设计有问题，研究结果再漂亮也无济于事。因此，这部分虽然简单，但一定要认真对待。另外，在“材料与方法”的末尾，要注意不要遗漏“数据处理”，写明实验数据是如何进行统计分析的。

（五）结果

结果部分是仅次于“材料与方法”的容易撰写的部分，但一定要逻辑清晰、图表清楚、特征数据和趋势描述清楚。逻辑清晰，要求由表及里阐述清楚整个实验的结果；图表清楚，要求仔细琢磨什么时候用图、什么时候用表、不能将同样的数据用图表同时呈现；对图表的描述不要面面俱到，要将特征数据和趋势阐述清楚。

对于结果部分的撰写，“就事论事”就行，不需要掺杂对结果的解释（解释可以放到“讨论”中），这部分也不宜引用参考文献。当然，可以将结果和讨论合并的杂志除外。

精美的图表胜过千言万语，在撰写结果部分，一定要在图表上下工夫，使图表具有自明性，不需要读文字就能知道图表的意思。图例一定要十分清楚，容易分辨，统计结果也尽可能标注在图表中。

（六）讨论

与引言类似，讨论是一篇文章中最难写的部分。在讨论部分，需要对研究结果从不同角度作出合理解释，并与别人的研究结果相比较，衬托出本研究的重要意义。讨论部分的撰写需要较宽的知识面，和前人的研究结果比较时，不要出现太多“本研究结果与前人研究结果一致”的话，虽然你证实了别人的结果，但这仅仅是重复别人的东西，读者和审稿人关心的是你的研究结果比别人特别（不一样）的地方，这点“特别”就是对科学研究的新推动和新贡献。

在讨论部分，要坦诚地承认本研究存在的不足和下一步努力的方向，任何研究都是在一定的限制条件下开展的，具有特定性，不宜推得太广。如果由于实验条件所限还未解决，就坦诚地说出来，说明下一步要努力的方向，审稿人可能也就不会再纠缠这些问题。

（七）参考文献

本来参考文献的引用是最简单的，但往往也最容易出错，原因在于作者根本没有阅读原文，如果按二次文献去引用，别人引错了也就会跟着出错。因此，引用的参考文献一定是自己亲自读过原文的文献，并且要引用最新和高影响因子的文献。参考文献的格式要严格按所投刊物的格式编排，可以借助 Endnote 等软件。需要注意的是，文后的参考文献一定要能在文中找到出处。

三、论文投稿的注意事项

论文完成后，几易其稿，就进入了投稿环节。首先，要根据研究内容的创新性和重要性客观评估论文的水平，必要时可请求同行帮助判断，从而选择一个合适的杂志，不要将内容一般的论文投稿一个高影响因子的杂志，影响因子越高，"碰运气"就越难；当然，也不要将内容不错的论文投到一个低影响因子的杂志，这样论文发表后心里也非常后悔，因为引用率低。杂志的选择一般凭文章的实力说话，但也要注意期刊登载的内容范围(scope of the journal)。

投稿前要仔细阅读杂志的"投稿须知"(Guide for authors)，尽量满足它的要求，包括全文字数、摘要字数、图表个数、字体、字号、图形大小、分辨率等。如果无法满足，如图表多了几个，一定要向编辑作出说明。投稿时要附一封投稿信(cover letter)，信中要客观说明研究的创新点和重要性，目的是让编辑认可。高影响因子的杂志初审便拒稿的概率很高，因此，在编辑无暇看完全文的时候，投稿信便显得尤为重要。

投稿前要对文稿仔细校对，尽最大努力避免差错特别是低级错误。虽然论文接受后、正式出版前也有校对，但如果在稿件中常出现拼写错误、图表张冠李戴等，编辑和审稿人会认为作者不认真、不严谨。

编辑返回审稿意见后，直接接受(accept without revision)的可能性几乎为零，小改(minor revision)的情况也是很少的，已经是皆大欢喜了，大改(major revision)也算还有机会，拒稿(reject)是作者最不愿看到的，但是没办法，任何作者都经历过拒稿，它是期刊编辑的常态。对于要求"小改"的论文，按编辑和审稿人的意见修改后返回就行，接受的可能性非常大，一般情况下无需送审稿人再审；对于要求"大改"的论文，一定要在认真领会所提问题的基础上，有理有据地给予答复，态度一定要谦虚、实事求是，实在无法回答的问题(如无法补做的实验等)，就诚恳接受研究的不足，力争取得审稿人的谅解。由于"大改"的论文修回后编辑往往会再次发给审稿人，因此即使审稿意见有误，也要注意言辞，千万不要激怒审稿人；对于被拒的文章，如果确实是论文有缺陷，就认真修改，能补做实验的，就把实验完成后再投。当然，如果审稿意见确实有误，可以和编辑进一步沟通，看有没有可能送第三人再审。因此，投稿后和编辑的沟通也非常重要。如果无法沟通，可以试着选择其他杂志，但切记不做任何修改就将稿件投出，也许新投的杂志可能会选择相同的审稿人。

第六节　主要污染与恢复生态学期刊

污染与恢复生态学期刊种类很多，如 *New Phytologist* ($IF_{2014}=7.672$)、*Plant, Cell and Environment*(6.96)、*Environment International*(5.559)、*Environmental Science & Technology*(5.33)、*Environmental Pollution*(4.143)、*Science of the Total Environment*(4.099)、*Toxicology*(3.745)、*Ecotoxicology*(3.621)、*Chemosphere*(3.499)、*Environmental and Experimental Botany*(3.359)、*Planta*(3.263)、*Plant and Soil*(2.952)、*Ecotoxicology and Environmental Safety*(2.762)、*Journal of Environmental Quality*(2.652)、*Ecological Engineering*(2.58)、*Restoration Ecology*(1.838)以及国内的《生态学报》、《应用生态学报》、《生态学杂志》、《生态毒理学报》、《应用与环境生物学报》、《农业环境科学学报》等。

小　　结

污染与恢复生态学的一般研究方法主要包括：选题、实验设计、实验开展、数据统计分析、论文撰写与发表等。

选题来源主要有指令性课题、指导性课题、委托课题和自选课题四类，要学会从文献中、矛盾中和跨学科中提炼、寻找和发现科学问题。在选题过程中，特别注意选题要比前人已有的研究有所进步，具有针对性和可行性，同时要基于一个假说或假设。

实验设计要遵循对照、随机排列、重复和局部控制四个基本原则，实验设计方法有单因素和多因素实验，实验设计过程中常犯无对照、伪重复和不周密等错误，实验开展方法主要有野外调查、受控实验、多学科交叉和新技术的运用等。

在污染与恢复生态学研究中，常用的数据统计分析方法有 t 检验、方差分析、相关分析、回归分析、聚类分析和主成分分析等，常用的数据统计分析软件有 EXCEL、SPSS、SAS 和 Origin 等。

研究论文写作过程中一般使用 IMRAD 结构，即 Introduction（引言）、Methods（方法）、Results（结果）和 Discussion（讨论）。引言的目的是引出"研究问题是什么"，方法主要阐述清楚"如何进行研究"，结果要重点阐明"得到了什么"，讨论主要解决"研究结果意义何在"的问题。在论文投稿过程中，选择合适的杂志、仔细阅读拟投杂志的"投稿须知"、在投稿信中体现出本研究的特色和创新之处、稿件的仔细校对以及与编辑的沟通等方面都非常重要，决定了论文是否能顺利发表。

复习思考题

1. 你认为该如何选择一个有意义的科学问题？
2. 实验设计过程中经常犯哪些错误？如何避免这些错误？
3. 污染与恢复生态学实验过程中常用的方法有哪些？
4. 在数据处理过程中，常用的统计方法有哪些？每一种（类）方法重点要解决什么问题？
5. 我们在科研论文撰写过程中，都希望能被编辑部接受而顺利发表，但有时候却难以如愿。试分析制约科技论文顺利发表的因素主要有哪些，如何破解这些因素而使论文能顺利接受？

建议读物

张伟刚. 2009. 科研方法导论. 北京：科学出版社.

盖钧镒. 2000. 试验统计方法. 北京：中国农业出版社.

张力. 2013. SPSS 19.0（中文版）在生物统计中的应用. 3 版. 厦门：厦门大学出版社.

Day R A, Gastel B. 2011. How to Write and Publish a Scientific Paper. 7th ed. New York: Greenwood Press.

Ford E D. 2000. Scientific Method for Ecological Research. Cambridge: Cambridge University Press.

郭水良，于晶，陈国奇. 2015. 生态学数据分析——方法、程序与软件. 北京：科学出版社.

推荐网络资讯

科学网：http://www.sciencenet.cn/

小木虫——学术、科研第一站：http://emuch.net/

参考文献

安凤霞，梁艳，曲彦婷，等. 2013. MicroRNA 在调节植物生长发育和逆境胁迫中的作用[J]. 植物生理学报，49(4):317～323.
白景峰，黄窈蕙，周斌，等. 2002. DX 新型高效天然吸油材对海上溢油治理的研究[J]. 交通环保，23(3):8-11.
包维楷. 1999. 长期复合污染胁迫下杉木林分结构变化研究[J]. 武汉植物学研究，17(1):34-40.
卜玉涛，毛昆明，张发明. 2010. 土壤氮素淋失研究进展[J]. 现代农业科技，(6):285-286，291.
蔡蕾，于之的，王捷，等. 2003. 中国防治外来入侵物种的现状与管理评估[J]. 环境保护，(8):27-34.
蔡晓明. 2000. 生态系统生态学[M]. 北京：科学出版社.
曹凑贵. 2002. 生态学概论[M]. 北京：高等教育出版社.
曹西华，俞志明. 2001. 有机絮凝剂在赤潮治理中的应用展望[J]. 海洋科学，25(5):12-14.
曹幼琴，叶定一. 1991. 六种有机污染物对土壤微生物的影响[J]. 土壤学报，28(4):426-433.
常桂秋，潘小川，谢学琴，等. 2003. 北京市大气污染与城区居民死亡率关系的时间序列分析[J]. 卫生研究，32(6):565-568.
常青，李洪远. 2004. 城市生态系统服务功能类型与内涵研究[J]. 上海环境科学(网络版)，(4):29.
常云峰. 2013. 镉致肺纤维化作用机制的初步研究[D]. 长沙：中南大学博士学位论文.
车春霞，滕元成，桂强. 2006. 放射性废物固化处理的研究及应用现状[J]. 材料导报，20(2):94-97.
陈彬. 2012. 海洋生态恢复理论与实践[M]. 北京：海洋出版社.
陈风琴，耿福源，赵莹，等. 2010. 城市河流生态系统修复[J]. 中国人口、资源与环境，20(3):365-367.
陈国华. 2002. 水体油污染治理[M]. 北京：化学工业出版社.
陈怀满. 2005. 环境土壤学[M]. 北京：科学出版社.
陈杰，梁国付，丁圣彦. 2012. 基于景观连接度的森林景观恢复研究[J]. 生态学报，32(12):3773-3781.
陈瑾. 2012. 护士语言修养对癌症患者的重要性[J]. 中外健康文摘，9(44):309.
谌金吾. 2013. 三叶鬼针草(*Bidens pilosa*)对重金属 Cd、Pb 胁迫的响应与修复潜能研究[D]. 重庆：西南大学博士学位论文.
陈立. 2010. 土著微生物原位修复石油污染土壤试验研究[J]. 生态环境学报，19(7):1686-1690.
陈立侨，刘影，杨再福，等. 2003. 太湖生态系统的演变与可持续发展[J]. 华东师范大学学报(自然科学版)，(4):99-106.
陈玲，赵建夫. 2014. 环境监测[M]. 2 版. 北京：化学工业出版社.
陈同斌，范稚莲，雷梅，等. 2002. 磷对超富集植物蜈蚣草吸收砷的影响及其科学意义[J]. 科学通报，47(15):1156-1159.
陈同斌，韦朝阳，黄泽春，等. 2002. 砷超富集植物蜈蚣草及其对砷的富集特征[J]. 科学通报，47(3):207-210.
陈文学，谭水位，王晓松. 2013. 生态袋护坡浪蚀特性研究[J]. 水利学报，44(9):1093-1098.
陈小勇，庞勇鸥，邱琮华. 2000. 大气硫氧化物污染对早熟禾种群遗传结构的影响[J]. 中国环境科学，20(2):124-127.
陈艳，王金秋，王阳，等. 2002. 微囊藻毒素对褶皱臂尾轮虫的毒性效应和种群增长影响[J]. 中国环境科学，22(3):198-201
陈印军，杨俊彦，方琳娜. 2014. 我国耕地土壤环境质量状况分析[J]. 中国农业科技导报，16(2):14-18.
陈珍，朱诚. 2009. 水杨酸在植物抗重金属元素胁迫中的作用[J]. 植物生理学通讯，45(5):497-502.
陈帧雨，孟丹，周思敏，等. 2014. 气体信号分子调控植物发育和响应逆境胁迫的生理与分子机制[J]. 中国农学通报，30(6):260-267.
成小英，李世杰. 2006. 长江中下游典型湖泊富营养化演变过程及其特征分析[J]. 科学通报，51(7):848-855.
程波，刘鹰，杨红生. 2008. Cu^{2+} 在凡纳滨对虾组织中的积累及其对蜕皮率、死亡率的影响[J]. 农业环境科学学报,27(5):2091-2095.
程荣花.2013.草地生态系统氮循环研究进展[J].北京农业,(3):160.
程旺大,姚海根,张国平,等.2005.镉胁迫对水稻生长和营养代谢的影响[J].中国农业科学,38(3):528-537.
池振明.2005.现代微生物生态学[M].北京:科学出版社:243-292.
储昭升.2013.湖滨带生物多样性恢复及缓冲区建设技术及工程示范[J].中国科技成果,(15):18-19.
丛伟,王新红.2005.典型有机污染物对鱼类胚胎发育的影响[C].第三届全国环境化学学术大会论文集.
崔鹏,邓文洪.2007.鸟类群落研究进展[J].动物学杂志,42(4):149-158.
戴汝为,沙飞.1995.复杂性问题研究综述:概念研究方法[J].自然,17(2):73-78.
戴树桂.2006.环境化学[M].2版.北京:高等教育出版社,19-20.
邓金川.2006.东南景天和鸭跖草的遗传多样性研究及镉耐性基因克隆[D].广州:中山大学博士学位论文.
邓熙,林秋奇,顾继光.2004.广州市饮用水源中硝酸盐亚硝酸盐含量与癌症死亡率联系[J].生态科学,23(1):38-41.
邓旭,李清彪,卢英华,等.2003.基因工程菌大肠杆菌JM109富集废水中镍离子的研究[J].生物工程学报,19(3):343-348.
第九届全国人民代表大会常务委员会.2002.中华人民共和国海洋环境保护法[M].大连:大连海事大学出版社.
丁桂英,王兰州,韩加勤.2008.杀虫剂对黄瓜植物电信号的影响[J].科技创新导报,(4):253-253.
丁晖,徐海根,强胜,等.2011.中国生物入侵的现状与趋势[J].生态与农村环境学报,27(3):35-41.
丁平,庄萍,李志安,等.2012.镉在土壤-蔬菜-昆虫食物链的传递特征[J].应用生态学报,23(11):3116-3122.
丁伟,Shaaya E,王进军,等.2002.两种昆虫生长调节剂对嗜虫书虱的致死作用[J].动物学研究,23(2):173-176.
丁艳菲,朱诚,王珊珊,等.2011.植物microRNA对重金属胁迫相应的调控[J].生物化学与生物物理进展,38(12):1106-1110.
董正臻,董振芳,丁德文,等.2004.过氧化氢对两种海洋微藻的毒性效应研究[J].海洋科学,22(3):320-327.
杜建国,赵佳懿,陈彬,等.2013.应用物种敏感性分布评估重金属对海洋生物的生态风险[J].生态毒理学报,8(4):561-570.
段昌群,王焕校,姜汉侨.2004.污染条件下生物多样性丧失的生态遗传学机制//段昌群.生态科学进展(第一卷)[M].北京:高等教育出版社:267-290.
段昌群.2010.环境生物学[M].2版.北京:科学出版社:75-109.
段国庆,江河,胡王,等.2014.洗涤剂对黄鳝幼鱼急性毒性的研究[J].东北农业大学学报,45(8):84-89.
段亮,宋永会,白琳,等.2013.辽河保护区治理与保护技术研究[J].中国工程科学,15(3):107-112.
段歆涔.2014.电子污染"迷惑"知更鸟[J].前沿科学,(2):20.
方海东,段昌群,何璐,等.2009.环境对生态系统多样性和复杂性的研究[J].三峡环境与生态,2(3):1-4.
方战强,刘辉,李伟善.2006.电化学法降解持久性有机污染物(POPs)[C].持久性有机污染物论坛暨第一届持久性有机污染物全国学术研讨会论文集:151-154.
房岩,许振文,孙刚,等.2003.长春南湖富营养化进程中鱼类群落的变化[J].中国环境监测,19(2):9-12.
冯建鹏,史庆华,王秀峰.2009.镉对黄瓜幼苗光合作用、抗氧化酶和氮代谢的影响[J].植物营养与肥料学报,15(4):970-974.
冯人伟.2009.植物对砷、硒、锑的富集及抗性机理研究[D].武汉:华中农业大学博士学位论文.
冯雨峰,孔繁德.2008.生态恢复与生态工程技术[M].北京:中国环境科学出版社.
傅伯杰,陈利顶.1996.景观多样性的类型及其生态意义[J].地理学报,51(5):454-462.
傅伯杰,陈利顶.2011.景观生态学原理及应用[M].北京:科学出版社.
傅伯杰,陈利顶,马克明,等.2001.景观生态学原理及应用[M].北京:科学出版社.
富伟,刘世梁,崔保山,等.2009.基于景观格局与过程的云南省典型地区道路网络生态效应[J].应用生态学报，20(8)：1925-1931.
盖钧镒. 2000. 试验统计方法[M]. 北京：中国农业出版社.
高波，邵爱杰. 2011. 我国近海赤潮灾害发生特征、机理及防治对策研究[J]. 海洋预报，28(2)：68-77.
高永胜，叶碎高，郑加才. 2007. 河流修复技术研究[J]. 水利学报，(S1)：592-596.
高振会，杨建强，崔文林，等. 2005. 海洋溢油对环境与生态损害评估技术及应用[M]. 北京：海洋出版社.
高振会，杨建强，王培刚. 2007. 海洋溢油生态损害评估的理论、方法及案例研究[M]. 北京：海洋出版社.
关瑞华. 2003. 知识社会的城市生态系统复杂性探讨[J]. 地理信息世界，1(4)：45-48.
郭晋平，周志翔. 2007. 景观生态学[M]. 北京：中国林业出版社.
郭巍. 2004. 抚顺西露天采场植物修复的对比研究[D]. 沈阳：东北大学硕士学位论文.
郭雄飞，许炼烽，路光超，等. 2014. 地表臭氧增加对4种植物光合作用的影响[J]. 环境科学与技术，37(12)：6-10.
郭永海，王驹，金远新. 2001. 世界高放废物地质处置库选址研究概况及国内进展[J]. 地学前缘，8(2)：327-332.
国家海洋局. 2015. 2014年中国海洋环境状况公报[R].
国家海洋局《海洋污染及其防治》编译组. 1981. 海洋污染及其防治[M]. 北京：石油工业出版社.
国家海洋局科技司. 2006. 海洋灾害调查技术规程[M]. 北京：海洋出版社.
郝汉舟，陈同斌，靳孟贵，等. 2011. 重金属污染土壤稳定/固化修复技术研究进展[J]. 应用生态学报，22(3)：816-824.
何冰. 2003. 东南景天对铅的耐性和富集特性及其对铅污染土壤修复效应的研究[D]. 杭州：浙江大学博士学位论文.
何龙飞，沈振国，刘友良. 2003. 铝胁迫下钙对小麦根系细胞质膜ATP酶活性和膜脂组成的效应[J]. 中国农业科学，36(10)：1139-1142.
何晏春，郜永祺，王会军，等. 2012. 2011年3月日本福岛核电站核泄漏在海洋中的传输[J]. 海洋学报，34(4)：12-20.
贺迪. 2007. 重金属污染土壤的植物修复及钙离子的调节作用研究[D]. 长沙：湖南大学硕士学位论文.
贺亮，范必威. 2006. 海洋环境中的重金属及其对海洋生物的影响[J]. 广州化学，31(3)：63-69.
黑笑涵，徐顺清，马照氏，等. 2007. 持久性有机污染物的危害及污染现状[J]. 环境科学与管理，32(5)：38-42.
侯丽萍. 2011. 造纸废水致食蚊鱼内分泌干扰及生态毒理效应的研究[D]. 广州：华南师范大学博士学位论文.
侯梅芳，潘栋宇，黄赛花，等. 2014. 微生物修复土壤多环芳烃污染的研究进展[J]. 生态环境学报，23(7)：1233-1238.
侯治平. 1997. 酷暑季节防鱼氨中毒[J]. 畜禽业，(7)：63.
胡洪营，门玉洁，李锋民. 2006. 植物化感作用抑制藻类生长的研究进展[J]. 生态环境，15(1)：153-157.
胡庆武，胡欣琪，段亮，等. 2014. 辽河干流闸坝回水段自然湿地恢复研究[J]. 环境工程技术学报，4(1)：29-34.
胡拥军，王海娟，王宏镔，等. 2015. 砷胁迫下不同砷富集能力植物内源生长素与抗氧化酶的关系[J]. 生态学报，35(10)：3214-3224.
华德尊，李春艳，宋玉珍. 2003. 双城市固体废物处理处置与无害化、资源化研究[J]. 环境科学研究，16(6)：16-18.
华建峰，林先贵，尹睿，等. 2009. 矿区砷污染对土壤线虫群落结构特征的影响[J]. 生态与农村环境学报，25(1)：79-84.
黄顶成，尤民生，侯有明，等. 2005. 化学除草剂对农田生物群落的影响[J]. 生态学报，25(6)：1451-1458.
黄凯，郭怀成，刘永，等. 2007. 河岸带生态系统退化机制及其恢复研究进展[J]. 应用生态学报，18(6)：1373-1382.
黄萌. 2006. 富营养化对水生生态系统的污染生态效应[J]. 科技情报开发与经济，16(20)：137-138.
黄铭洪，束文圣，周海云，等. 2003. 环境污染与生态恢复[M]. 北京：科学出版社.

黄盼盼，周启星. 2012. 石油污染土壤对蚯蚓的致死效应及回避行为的影响[J]. 生态毒理学报，7(3)：312-316.
黄顺红. 2011. 土著微生物原位修复铬渣堆场污染土壤的条件优化[J]. 中国有色金属学报，21(5)：1741-1747.
黄益宗，朱永官. 2004. 森林生态系统镉污染研究进展[J]. 生态学报，24(1)：101-108.
黄玉瑶. 2001. 内陆水域污染生态学-原理与应用[M]. 北京：科学出版社.
黄运湘，廖柏寒，肖浪涛，等. 2006. 镉处理对大豆幼苗生长及激素含量的影响[J]. 环境科学，27(7)：1398-1401.
吉文帅，韩玉刚，管义国. 2007. 基于 RS 和 GIS 的柘皋河流域景观空间格局研究[J]. 中国农学通报，23(1)：140-143.
纪佳渊. 2012. 生物对铅吸收、富集的初步研究及铅污染危害与治理[J]. 绿色科技，(8)：98-101.
贾建丽，于妍，王晨. 2012. 环境土壤学[M]. 北京：化学工业出版社.
简敏菲，徐鹏飞，熊建秋，等. 2013. 鄱阳湖-乐安河段湿地底质重金属污染风险及其水生植物群落多样性的评价[J]. 生态与农村环境学报，28(3)：415-421.
江惠霞，肖继波. 2011. 污染河流生态修复研究现状与进展[J]. 环境科学与技术，34(3)：138-143.
江建军. 2011. 生物化学[M]. 北京：科学出版社.
江天久，佟蒙蒙，齐雨藻. 2006. 赤潮的分类分级标准及预警色设置[J]. 生态学报，26(6)：2035-2040.
江小雷，张卫国，严林，等. 2004. 植物群落物种多样性对生态系统生产力的影响[J]. 草业学报，13(6)：8-13.
姜安玺，刘丽艳，李一凡，等. 2004. 我国持久性有机污染物的污染与控制[J]. 黑龙江大学自然科学学报，21(2)：97-101.
姜洋，宫冰，王奇. 2006. 鞍钢矿区生态恢复与可持续发展[J]. 水土保持研究，13(4)：190-196.
金东艳，赵天宏，付宇，等. 2009. 臭氧浓度升高对大豆光合作用及产量的影响[J]. 大豆科学，28(4)：632-635.
金相灿. 1990. 中国湖泊富营养化[M]. 北京：中国环境科学出版社.
景伟文，杨桂朋，康志强. 2008. 海洋溢油污染对生物群落和种群的影响及生态系统的恢复[J]. 海洋湖沼通报，(1)：80-89.
康清，马晓琳，徐隆华，等. 2014. 氮循环及植物对氮素吸收特点[J]. 青海草业，23(2)：23-25.
考验，施卫星，陈枢青. 2009. 环境污染物质对儿童身高发育迟缓的影响[J]. 国际儿科学杂志，36(5)：491-493.
柯文山，熊治廷，柯世省，等. 2007. 铜毒对海州香薷(*Elsholtzia splendens*)不同种群光合作用和蒸腾作用的影响[J]. 生态学报，27(4)：1368-1375.
寇太记，常会庆，张联合，等. 2009. 近地层 O_3 污染对陆地生态系统的影响[J]. 生态环境学报，18(2)：704-710.
郎铁柱. 钟定胜. 2005. 环境保护与可持续发展[M]. 天津：天津大学出版社.
李传龙，谢宗强，赵常明，等. 2007. 三峡库区磷化工厂点源污染对陆生植物群落组成和物种多样性的影响[J]. 生物多样性，15(5)：523-532.
李春雁，崔毅. 2002. 生物操纵法对养殖水体富营养化防治的探讨[J]. 海洋水产研究，23(1)：71-75.
李大成，吕锡武，纪荣平. 2006. 受污染湖泊的生态修复[J]. 电力环境保护，22(1)：47-49.
李枫，张微微，刘广平. 2007. 扎龙湿地水体中金属沿食物链的生物累积分析[J]. 东北林业大学学报，35(1)：44-46.
李冠国，范振刚. 2011. 海洋生态学[M]. 北京：高等教育出版社.
李洪远，鞠美庭. 2005. 生态恢复的原理与实践[M]. 北京：化学工业出版社.
李慧蓉. 2004. 生物多样性和生态系统功能研究综述[J]. 生态学杂志，23(3)：109-114.
李娇娇. 2006. 城市河流生态恢复研究[D]. 杭州：浙江大学硕士学位论文.
李景侠，赵建民，陈海滨. 2003. 中国生物多样性面临的威胁及保护对策[J]. 西北农林科技大学学报(自然科学版)，31(5)：158-161.
李静. 2013. 水稻水通道蛋白的功能研究[D]. 中国科学院大学硕士学位论文.
李鹏，陶亮亮，张虹，等. 2011. 无磷洗涤剂的研究现状及存在问题分析[J]. 中国洗剂用品工业，(3)：54-56.
李萍，袁河清，张春艳. 2008. 持久性有机污染物的治理与综合控制研究进展[J]. 企业技术开发，27(2)：38-41.

李淑英，马玉琪，苏亚丽，等. 2012. 重金属胁迫培养对微生物生长的影响[J]. 贵州农业科学，40(2)：90-94.
李树志，周锦华，张怀新. 1998. 矿区生态破坏防治技术[M]. 北京：煤炭工业出版社.
李顺鹏，蒋建东. 2004. 农药污染土壤的微生物修复研究进展[J]. 土壤，36(6)：577-583.
李思亮，刘丛强，肖化云. 2002. 地表环境氮循环过程中微生物作用及同位素分馏研究综述[J]. 地质地球化学，30(4)：40-45.
李效宇，李磊. 2008. 微囊藻毒素与人类健康关系研究进展[J]. 中国公共卫生，24(8)：1016-1017.
李兴德，颜宏亮，马静，等. 2011. 污染河流生态修复研究进展[J]. 水利科技与经济，17(8)：4-6.
李兴玉，赵军，王晓华. 2009. 简明分子生物学[M]. 北京：化学工业出版社：33-36.
李亚楠，张燕. 2000. 我国海洋灾害经济损失评估模型研究[J]. 海洋环境科学，19(3)：60-63.
李勇，黄占斌，王文萍，等. 2009. 重金属铅镉对玉米生长及土壤微生物的影响[J]. 农业环境科学学报，28(11)：2241-2245.
李玉双，胡晓钧，孙铁珩，等. 2011. 污染土壤淋洗修复技术研究进展[J]. 生态学杂志，30(3)：596-602.
廖新俤. 2009. 有毒有害物质及污染物在畜牧生态系统的循环与影响[J]. 中国农禽，31(24)：1-4.
林建，朱跃姿. 2001. 海上溢油的回收及处理[J]. 福建能源开发与节约，(1)：6-8.
刘恩生. 2010. 生物操纵与非经典生物操纵的应用分析及对策探讨[J]. 湖泊科学，22(3)：307-314.
刘鸿亮. 1987. 湖泊富营养化调查规范[M]. 北京：中国环境科学出版社.
刘健，宋雪英，孙瑞莲，等. 2014. 胜利油田采油区土壤石油污染状况及其微生物群落结构[J]. 应用生态学报，25(3)：850-856.
刘建康，谢平. 1999. 揭开武汉东湖蓝藻水华消失之谜[J]. 长江流域资源与环境，8(3)：312-319.
刘瑾. 2012. 水质污染中微生物的监测[J]. 甘肃科技，28(11)：49-51.
刘培桐. 1995. 环境学概论[M]. 北京：高等教育出版社.
刘然. 2009. 重金属对星豹蛛生长发育和繁殖的影响[D]. 武汉：湖北大学硕士学位论文.
刘世梁，温敏霞，崔保山，等. 2008. 基于网络特征的道路生态干扰——以澜沧江流域为例[J]. 生态学报，28(4)：1672-1680.
刘威，束文圣，蓝崇钰. 2003. 宝山堇菜(*Viola baoshanensis*)——一种新的镉超富集植物[J]. 科学通报，48(19)：2046-2049.
刘文英，姜冬梅，陈云峰，等. 2005. 自组织理论与复合生态系统可持续发展[J]. 生态环境，14(4)：596-600.
刘晓敏，陈星. 2011. 生态湖岸带基本特性、功能及保护规划研究[EB/OL]. 北京：中国科技论文在线[2011-01-05].
刘雪梅. 2006. 重金属在中华稻蝗体内的累积及对抗氧化系统的影响[D]. 太原：山西大学硕士学位论文.
刘亚光，李洁，唐广顺. 2010. 异恶草酮对土壤微生物和土壤酶活性的影响[J]. 植物保护，36(3)：85-88.
刘增文，李素雅. 1997. 生态系统稳定性研究的历史与现状[J]. 生态学杂志，16(2)：58-61.
刘震炎，张维竞. 2005. 环境与能源科学导论[M]. 北京：科学出版社.
刘治华. 2006. 重污染湖泊沉水植被重建的生理生态研究[D]. 武汉：华中师范大学硕士学位论文.
刘仲健，陈利君，刘可为，等. 2009. 气候变暖致使墨兰(*Cymbidium sinense*)野外种群趋向灭绝[J]. 生态学报，29(7)：3443-3455.
刘祖洞，乔守怡，吴燕华，等. 2013. 遗传学[M]. 3版. 北京：高等教育出版社.
龙笛，潘巍. 2006. 河流保护与生态修复[J]. 水利水电科技进展，26(2)：22-25.
龙健，黄昌勇，滕应，等. 2004. 重金属污染矿区复垦土壤微生物生物量及酶活性的研究[J]. 中国生态农业学报，12(3)：146-148.
卢晓宁，邓伟，张树清. 2007，洪水脉冲理论及其应用[J]. 生态学杂志，26(2)：269-277.
卢伢，邓天龙. 2006. 植物样品中痕量砷的形态分析研究进展[J]. 广东微量元素科学，13(4)：7-13.
吕琴，陈中云，闵航. 2005. 重金属污染对水稻田土壤硫酸盐还原菌种群数量及其活性的影响[J]. 植物营养与肥料学报，11(3)：399-405.
律琳琳，金美玉，李博文，等. 2009. 4种矿物材料改良Cd污染土壤的研究[J]. 河北农业大学学报，32(1)：1-5.

罗民波,段昌群,沈新强,等. 2006. 滇池水环境退化与区域内物种多样性的丧失[J]. 海洋渔业,28(1):71-78.
罗添,林少彬. 2009. 持久性有机污染物的健康危害与治理[J]. 科学咨询,13(1):39-41.
罗莹华,梁凯,龙来寿. 2013. 重金属铊在环境介质中的分布及其迁移行为[J]. 广东微量元素科学,20(1):55-61.
骆世明. 2009. 农业生态学[M]. 北京:中国农业出版社:183.
马成仓. 1998. 汞对油藻叶细胞膜的损伤及细胞的自身保护作用[J]. 应用生态学报,9(3):323-326.
马风云. 2002. 生态系统稳定性若干问题研究评述[J]. 中国沙漠,22(4):401-406.
马莹,骆永明,滕应,等. 2013. 内生细菌强化重金属污染土壤植物修复研究进展[J]. 土壤学报 50(1):196-202.
孟博. 2013. 热污染对水生生态系统的影响. 环球市场信息导报,(4):82.
孟凡生,王业耀. 2006. 铬(Ⅵ)污染土壤电动修复影响因素研究[J]. 农业环境科学学报,25(4):983- 987.
母波,韩善华,张英慧,等. 2007. 汞对植物生理生化的影响[J]. 中国微生态学杂志,19(6):582-583.
倪晋仁,刘元元. 2006. 论河流生态修复[J]. 水利学报,37(9):1029-1037.
聂俊华,刘秀梅,王庆仁. 2004. Pb(铅)富集植物品种的筛选[J]. 农业工程学报,20(4):255-258.
牛海山,崔骁勇,汪诗平,等. 2009. 生态学试验设计与解释中的常见问题[J]. 生态学报,29(7):3901-3910.
牛军峰,余刚,刘希涛. 2005. 水相中 POPs 光化学降解研究进展[J]. 化学进展,17(5):938-948.
牛世全,宁应之,马正学,等. 2002. 重金属复合污染土壤中原生动物的群落特征[J]. 甘肃科学学报,14(3):44-48.
牛文元. 1989. 自然资源开发原理[M]. 郑州:河南大学出版社.
潘晓洁,朱爱民,郑志伟,等. 2014. 汉江中下游春季浮游植物群落结构特征及其影响因素[J]. 生态学杂志,33(1):33-40.
彭金菊,卢国栋,李健,等. 2012. 环丙沙星残留对土壤细菌数量及耐药性的影响. 中国兽药杂志[J],46(5):25-28.
彭少麟. 2007. 恢复生态学[M]. 北京:气象出版社.
彭少麟,方炜,任海,等. 1998. 鼎湖山厚壳桂群落演替过程的组成和结构形态[J]. 植物生态学报,22(3):245-249.
彭涛,柳新伟. 2010. 城市化对河流系统影响的研究进展[J]. 中国农学通报,26(17):370-373.
乔玉辉,李花粉,马祥爱. 2008. 污染生态学[M]. 北京:化学工业出版社.
覃明,陆剑. 2005. 洪湖湿地生态系统面临的问题与治理对策[J]. 中国水利,(7):64-66.
秦天才,吴玉树,王焕校. 1998. 镉、铅及其交互作用对小白菜根系生理生态效应的研究[J]. 生态学报,18(3):320-328.
秦晓光,程祥圣,刘富平. 2011. 东海海洋大气颗粒物中重金属的来源及入海通量[J]. 环境科学,32(8):2193-2196.
邱昌恩,况琪军,毕永红,等. 2007. Cd^{2+} 对绿球藻生长及生理特性的影响研究[J]. 水生生物学报,31(1):142-145.
曲莹,周海龙,董方,等. 2012. 持久性有机污染物对藻类生态毒理研究进展[J]. 海洋科学,36(4):132-136.
曲仲湘,吴玉树,王焕校,等. 1983. 植物生态学[M]. 2 版. 北京:高等教育出版社:59-78.
任安芝,高玉葆. 2000. 铅、镉、铬单一和复合污染对青菜种子萌发的生物学效应[J]. 生态学杂志,19(1):19-22.
桑义敏,李发生,何绪文,等. 2004. 含油废水性质及其处理技术[J]. 化工环保,24(S1):94-97.
沈国英,施并章. 2002. 海洋生态学[M]. 2 版. 北京:科学出版社.
沈霖,林燕萍,王拥军. 2010. 骨伤科实验技术[M]. 北京:北京科学技术出版社:198.
沈清基. 1998. 城市生态与城市环境[M]. 上海:同济大学出版社.
施国新,杜开和,解凯彬,等. 2000. 汞、镉污染对黑藻叶细胞伤害的超微结构研究[J]. 植物学报,42(4):373-378.

施华宏，于秀娟，朱四喜，等. 2004. 性畸变对腹足类生殖和种群的影响[J]. 生态学杂志，23(6)：89-93.
石春海. 2007. 遗传学[M]. 杭州：浙江大学出版社.
宋大涵. 2014. 关于《中华人民共和国海洋环境保护法》等七部法律的修正案(草案)的说明——2013 年 12 月 23 日在第十二届全国人民代表大会常务委员会第六次会议上[J]. 中华人民共和国全国人民代表大会常务委员会公报，(1)：76-79.
宋国君，王亚男. 2003. 荷兰浅水湖的生态恢复实践[J]. 上海环境科学，22(5)：346-348.
宋力，黄民生. 2011. 底泥中持久性有毒物质研究现状与展望[J]. 华东师范大学学报(自然科学版)，(1)：73-86.
宋志文，夏文香，曹军. 2004. 海洋石油污染物的微生物降解与生物修复[J]. 生态学杂志，23(3)：99-102.
苏昕，吴隆杰，徐建明. 2006. 我国海洋生态系的恢复重建与渔业资源可持续利用[J]. 中国渔业经济，(4)：41-44.
孙波，赵其国，张桃林，等. 1997. 土壤质量与持续环境Ⅲ. 土壤质量评价的生物学指标[J]. 土壤，29(5)：225-234.
孙承咏，韩威. 2009. 环境科学概论[M]. 北京：中国人民大学出版社：40-42.
孙娜. 2011. 大气颗粒污染物对胚胎发育影响的初步研究[D]. 厦门：福建医科大学硕士学位论文.
孙琴，王晓蓉，丁士明. 2005. 超积累植物吸收重金属的根际效应研究进展[J]. 生态学杂志，24(1)：30-36.
孙儒泳，李博，诸葛阳，等. 2001. 普通生态学[M]. 北京：高等教育出版社.
孙铁珩，周启星，李培军. 2001. 污染生态学[M]. 北京：科学出版社.
汤保华. 2010. 五溴联苯醚(Penta-BDE)与几种重金属对大型蚤(*Daphnia magna*)和鲫鱼(*Carassius auratus*)的联合毒性及其机理研究[D]. 天津：南开大学博士学位论文.
汤坤贤，游秀萍，林亚森，等. 2005. 龙须菜对富营养化海水的生物修复[J]. 生态学报，25(11)：3044-3051.
汤叶涛，仇荣亮，曾晓雯，等. 2005. 一种新的多金属超富集植物——圆锥南芥(*Arabis paniculata* L.)[J]. 中山大学学报(自然科学版)，44(4)：135-136.
唐海萍，张新时. 1999. 中国东北样带的生态系统多样性梯度研究[J]. 第四纪研究，(5)：479.
唐森铭，侯舒民. 1995. 海洋围隔生态系内污染压力作用于浮游植物种群的方式[J]. 海洋学报，17(5)：112-116.
唐森铭，商照荣. 2005. 中国近海海域环境放射性水平调查[J]. 核安全，(2)：21-30.
陶波，蒋凌雪，沈晓峰，等. 2011. 草甘膦对土壤微生物的影响[J]. 中国油料作物学报，33(2)：162-168.
陶明煊，吴国荣，顾龚平，等. 2002. Cd 对荇菜光合、呼吸速率和 ATPase 活性的毒害影响[J]. 南京师大学报(自然科学版)，25(3)：94-98.
滕应，骆永明，李振高. 2007. 污染土壤的微生物修复原理与技术进展[J]. 土壤，39(4)：497-502
田明，余定学，王欣，等. 2001. 饮用水中 BHC，DDT 的固相微萃取法[J]. 中国给水排水，17(7)：62-64.
万峰. 2002. 食物链动力学分析[J]. 江西科学，20(3)：128-130.
万雪琴，张帆，夏新莉，等. 2008. 镉处理对杨树光合作用及叶绿素荧光参数的影响[J]. 林业科学，44(6)：73-78.
万延建. 2010. PFOS 的肝脏和心脏发育毒性研究[D]. 武汉：华中科技大学博士学位论文.
汪海珍，徐建民，谢正苗. 2003. 甲磺隆污染土壤生物修复的初步探索[J]. 农药学学报，5(4)：53-58.
汪嘉熙. 1984. 大气氟化物对植物的影响[J]. 中国环境科学，4(6)：16-21.
王丙莲，史建国，李雪梅，等. 2009. 铅污染对藻细胞膜电位和膜电阻的影响研究[J]. 山东科学，22(3)：11-15.
王东胜，谭红武. 2004. 人类活动对河流生态系统的影响[J]. 科学技术与工程，4(4)：300-302.
王国祥，成小英，濮培民. 2002. 湖泊藻型富营养化控制——技术、理论及应用[J]. 湖泊科学，14(3)：273-282.
王红旗，刘新会，李国学，等. 2007. 土壤环境学[M]. 北京：高等教育出版社.
王洪桥，吴正方，孟祥君，等. 2012. 长白山高山苔原带植物群落、土壤、游径侵蚀对践踏干扰的响应[J]. 东北林业大学学报，40(11)：111-116.

王焕校. 2012. 污染生态学[M]. 3版. 北京:高等教育出版社.
王加龙,刘坚真,陈杖榴,等. 2005. 恩诺沙星残留对土壤微生物功能的影响[J]. 生态学报,25(2):279-282.
王健. 2006. "EXXON VALDEZ" 轮油污案[J]. 中国海事,(2):39-39.
王洁. 2006. 镉对雌性鹌鹑(*Coturnix coturnix japonica*)生殖影响的初步研究[D]. 上海:华东师范大学硕士学位论文.
王凯荣,张玉烛,胡荣桂. 2007. 不同土壤改良剂对降低重金属污染土壤上水稻糙米铅镉含量的作用[J]. 农业环境科学学报,26(2):476- 481.
王黎明,徐冬梅,陈波,等. 2004. 外来污染物对土壤磷酸酶影响的研究进展[J]. 环境污染治理技术与设备,5(5):11-17.
王丽娜,沈秋,吴祖村,等. 2014. 家用洗涤剂中特征污染物的检测与潜在风险研究[J]. 环境科学与管理,39(7):69-72.
王利平,王金信,孙艾蕊,等. 2006. 4种除草剂对紫花苜蓿-根瘤共生固氮的影响[J]. 农业环境科学学报,25(增刊):114-117.
王林嵩. 2012. 普通分子生物学[M]. 北京:科学出版社:60-69.
王敏,唐景春. 2009. 土壤中的抗生素污染及其生态毒性研究[C]. 第三届全国农业环境科学学术研讨会论文集(天津):450-456.
王佩华,赵大伟,聂春红,等. 2010. 持久性有机污染物的污染现状与控制对策[J]. 应用化工,39(11):1761-1765.
王全九,邵明安,郑纪勇. 2007. 土壤中水分运动与溶质迁移[M]. 北京:中国水利水电出版社.
王生耀,王堃,赵永来,等. 2009. UV-B辐射增加对燕麦产量及其构成因素影响研究[J]. 光谱学与光谱分析,29(8):2236-2239.
王守信,郭亚兵,李自贵,等. 2004. 环境污染控制工程[M]. 北京:冶金工业出版社.
王文华,张晓青,邱金泉,等. 2014. 磷酸铵镁(MAP)沉淀法处理低浓度氨氮污海水[J]. 化工进展,33(1):228-232.
王文雄,潘进芬. 2004. 重金属在海洋食物链中的传递[J]. 生态学报,24(3):599-604.
王晓娜,刘杰,于建生. 2009. 海洋氮循环细菌研究进展[J]. 科学技术与工程,9(17):5057-5064.
王新红,郑金树. 2011. 海洋环境中的POPs污染及其分析监测技术[M]. 北京:海洋出版社.
王秀丽,徐建民,姚槐应,等. 2003. 重金属铜、锌、镉、铅复合污染对土壤环境微生物群落的影响[J]. 环境科学学报,23(1):22-27.
王绪伟,王心源,史杜芳. 2007. 巢湖污染现状与水质恢复措施[J]. 环境保护科学,33(4):13-15.
王勋陵,门晓棠. 1991. 臭氧对几种园艺植物花粉萌发和花粉管生长的影响[J]. 西北植物学报,11(1):50-56.
王亚馥,戴灼华. 1999. 遗传学[M]. 北京:科学出版社.
王玉红,王延凤,陈华,等. 2014. 海水中重金属检测方法研究及治理技术探索[J]. 环境科学与技术,(S1):237-241,362.
王裕玲. 2010. 持久性有机污染物的防治技术[J]. 重庆三峡学院学报,26(3):83-88.
王增焕,林钦,王许诺,等. 2009. 大亚湾经济类海洋生物体的重金属含量分析[J]. 南方水产科学,5(1):23-28.
王振中,张友梅,邓吉福,等. 2006. 重金属在土壤生态系统中的富集及毒性效应[J]. 应用生态学报,17(10):1948-1952.
王正周. 1999. 从长江流域的特大洪灾谈森林植被的防洪功能[J]. 中国减灾,9(1):19-22.
王仲,李修平,刘方明,等. 2012. 洗涤剂处理对翠菊种子萌发及根尖的影响[J]. 北方园艺,(11):67-69.
韦朝阳,陈同斌,黄泽春,等. 2002. 大叶井口边草——一种新发现的富集砷的植物[J]. 生态学报,22(5):777-778.
韦桂秋,王华,蔡伟叙,等. 2012. 近10年珠江口海域赤潮发生特征及原因初探[J]. 海洋通报,31(4):466-474.
韦江玲,潘良浩,陈元松,等. 2014. 重金属 Cr^{6+} 胁迫对茳芏生理生态特征的影响. 广西植物,34(1):89-94.

魏树和,杨传杰,周启星.2008.三叶鬼针草等7种常见菊科杂草植物对重金属的超富集特征[J].环境科学,29(10):2912-2918.

魏树和,周启星,王新.2004.一种新发现的镉超积累植物龙葵(*Solanum nigrum* L.)[J].科学通报,49(24):2568-2573.

魏志恒,金兰淑,曹卫星.2007.初探不同环境条件对沸石吸附重金属离子性能的影响[J].环境污染与防治,6(12):48-51.

温永升.1994.氧垂曲线在处理水污染事故中的应用[J].江苏环境科技,(1):25-27.

翁永根,邢勇,张长新,等.2006.3种重金属离子对海水中亚硝化、硝化作用的影响[J].大连水产学院学报,21(1):51-54.

邬建国.2000.景观生态学——格局、过程、尺度与等级[M].北京:高等教育出版社.

吴次芳,陈美球.2002.土地生态系统的复杂性研究[J].应用生态学报,13(6):753-756.

吴军,陈克亮.2013.海岸带环境污染控制实践技术[M].北京:科学出版社.

吴谋成.2003.仪器分析[M].北京:科学出版社:44.

吴青峰,洪汉烈.2010.环境中抗生素污染物的研究进展[J].安全与环境工程,17(2):68-72.

吴双桃,吴晓芙,胡曰利,等.2004.铅锌冶炼厂土壤污染及重金属富集植物的研究[J].生态环境,13(2):156-157,160.

吴天一.2013.浅谈生态系统中的食物链与食物网[J].现代农业,(5):102-103.

吴婷,韩秀荣,赵倩,等.2013.赤潮爆发对东海赤潮高发区典型断面氮的影响[J].海洋环境科学,32(2):196-200.

奚旦立,孙裕生.2010.环境监测[M].4版.北京:高等教育出版社:320.

肖笃宁,李秀珍,高峻,等.2010.景观生态学[M].2版.北京:科学出版社.

肖笃宁,李秀珍.1997.当代景观生态学的进展和展望[J].地理科学,17(4):356-363.

肖青青,王宏镔,王海娟,等.2009.滇白前(*Silene viscidula*)对铅、锌、镉的共超富集特征[J].生态环境学报,18(4):1299-1306.

肖祥希,刘星辉,杨宗武,等.2005.铝胁迫对龙眼幼苗光合作用的影响[J].热带作物学报,26(1):63-69.

肖艳琴.2006.钩虾种群遗传结构对环境污染物的响应研究[D].太原:山西大学硕士学位论文.

肖宜安,李晓红,李蕴,等.2010.铝胁迫对车前光合生理特性的影响[J].井冈山大学学报(自然科学版),31(1):48-52.

谢明吉.2008.多年生黑麦草(*Lolium perenne* L.)对菲的吸收和生理响应[D].厦门:厦门大学博士学位论文.

谢贻发.2008.沉水植物与富营养湖泊水体、沉积物营养盐的相互作用研究[D].广州:暨南大学博士学位论文.

熊飞,李文朝,潘继征.2006.外界干扰对我国湖泊生态系统的影响[J].水利渔业,26:58-61.

熊金林.2005.不同营养水平湖泊浮游生物和底栖动物群落多样性的研究[D].武汉:华中科技大学博士学位论文:77-82.

熊治廷.2000.环境生物学[M].武汉:武汉大学出版社.

徐德兰,刘正文,雷泽湘,等.2005.大型水生植物对湖泊生态修复的作用机制研究进展[J].长江大学学报(自然科学版),2(1):14-18.

徐冬梅,文岳中,李立,等.2011.PFOS对蚯蚓急性毒性和回避行为的影响[J].应用生态学报,22(1):215-220.

徐国庆.2013.对我国高放废物处置研发工作的几点建议[J].世界核地质科学,29(4):227-231.

徐继荣,王友绍,孙松.2004.海岸带地区的固氮、氨化、硝化与反硝化特征[J].生态学报,24(12):2907-2912.

徐建民,黄昌勇,安曼.2000.磺酸尿素除草剂对土壤质量生物学指标的影响[J].中国环境科学,20(6):491-494.

徐卫红,黄河,王爱华,等.2006.根系分泌物对土壤重金属活化及其机理研究进展[J].生态环境,15(1):184-189.

徐选旺.2001.氮循环浅析[J].生物学通报,36(5):20.
徐珍,郭正元,黄帆,等.2006.霸螨灵对土壤呼吸作用和过氧化氢酶活性的影响[C].首届全国农业环境科学学术研讨会论文集:97-100.
许健民,闻大中,罗良国,等.1997.我国主要类型农业地区农田生态系统多样性的研究[J].应用生态学报,8(1):37-42.
许玲.2011.任重道远——我国核电站放射性废物处理和处置综述[J].国防科技工业,(5):35-37.
许木启,黄玉瑶.1998.受损水域生态系统恢复与重建研究[J].生态学报,18(5):547-558.
许妍,董双林,金秋.2005.几种大型海藻对赤潮异弯藻生长抑制效应的初步研究[J].中国海洋大学学报(自然科学版),35(3):475-477.
薛皎亮,谢映平,李艳芳.2001.城市污染对国槐树体VB2含量及瘤坚大球蚧种群影响的研究[J].林业科学,37(2):69-73.
薛生国,陈英旭,林琦,等.2003.中国首次发现的锰超积累植物——商陆[J].生态学报,23(5):935-937.
薛生国,叶晟,周菲,等.2008.锰超富集植物垂序商陆(*Phytolacca americana* L.)的认定[J].生态学报,28(12):6344-6347.
薛蔚雯,任自敬,焦春红,等.2013.合成致死作用中DNA损伤修复机制的研究[J].分子诊断与治疗杂志,5(2):117-122.
闫研,李建平,赵志国,等.2008.超富集植物对重金属耐受和富集机制的研究进展[J].广西植物,28(4):505-510.
严建华,马增益,彭雯,等.2004.沥青固化城市生活垃圾焚烧飞灰的实验研究[J].环境科学学报,24(4):730-733.
杨济龙,祖艳群,洪常青,等.2003.蔬菜土壤微生物种群数量与土壤重金属含量的关系[J].生态环境,12(3):281-284.
杨龙元,秦伯强,吴瑞金.2001.酸雨对太湖水环境潜在影响的初步研究[J].湖泊科学,13(2):135-142.
杨若明,金军.2009.环境监测[M]:北京:化学工业出版社:241.
杨世勇,王方,谢建春.2004.重金属对植物的毒害及植物的耐性机制[J].安徽师范大学学报(自然科学版),27(1):71-74.
杨小茹,郑天凌,苏建强,等.2005.海洋病毒——一种新的、潜力巨大的赤潮防治工具[J].应用与环境生物学报,11(5):651-656.
杨肖娥,龙新宪,倪吾钟.2002.东南景天(*Sedum alfredii* H.)——一种新的锌超积累植物[J].科学通报,47(13):1003-1006.
杨永华,姚健,华晓梅.2000.农药污染对土壤微生物群落功能多样性的影响[J].微生物学杂志,20(2):23-25.
杨振姣,罗玲云.2011.日本核泄漏对海洋生态安全的影响分析[J].太平洋学报,19(11):92-101.
杨志新,刘树庆.2001.重金属Cd、Zn、Pb复合污染对土壤酶活性的影响[J].环境科学学报,21(1):60-63.
姚胜,席贻龙,赵兰兰,等.2008.三氯杀螨醇浓度和食物密度对萼花臂尾轮虫种群增长的影响[J].生态学杂志,27(4):578-582.
易秀,杨胜科,胡安炎.2008.土壤化学与环境[M].北京:化学工业出版社:9.
殷俊.2013.污水处理厂生物脱氮除磷的可行性探讨[J].绿色视野,(7):43-44.
尹平河,赵玲,李坤平,等.2000.缓释铜离子法去除海洋原甲藻赤潮生物的研究[J].环境科学,21(5):12-16.
于沉鱼,李玉琴.2000.消油剂乳化率影响因素研究[J].交通环保,21(1):18-23.
余刚,黄俊.2001.持久性有机污染物:备受关注的全球性环境问题[J].环境保护,(4):37-39.
余辉.2013.日本琵琶湖的治理历程、效果与经验[J].环境科学研究,26(9):956-965.
袁红艳.2010.Cu^{2+}、Pb^{2+}、Zn^{2+}胁迫对费菜耐性及积累特性的研究[J].苏州:苏州大学硕士学位论文.
袁建立,王刚.2003.生物多样性与生态系统功能:内涵与外延[J].兰州大学学报(自然科学版),39(2):85-89.
袁雯,杨凯,吴建平.2007.城市化进程中平原河网地区河流结构特征及其分类方法探讨[J].地理科学,27(3):

401-407.
袁熙,周青. 2006. 环境污染对城镇生态系统服务功能的影响[J]. 中国生态农业学报,14(3):148-150.
曾丽璇. 2004. 河蚬对水环境中重金属污染的监测研究[D]. 广州:中山大学博士学位论文.
曾炜,黄光明,黄丹莲,等. 2007. 铅污染对垃圾堆肥中微生物群落演替规律的影响[J]. 中国环境科学,27(6):727-732.
张爱云. 1982. 除草剂对土壤微生物活性的影响[J]. 土壤,12(3):43-45.
张宝龙,陈美静,辛士刚,等. 2014. 铅胁迫对植物光合作用影响的研究进展[J]. 安徽农业科学,42(1):3468-3470.
张长滨,范欣. 2013. 国内外近自然河道生态修复初探[J]. 森林工程,29(6):40-43.
张崇良,徐宾译,任一平,等. 2011. 胶州湾潮间带大型底栖动物次级生产力的时空变化[J]. 生态学报,31(17):5071-5080.
张凤琴,王友绍,殷建平,等. 2005. 红树植物抗重金属污染研究进展[J]. 云南植物研究,27(3):225-231.
张广胜,郝李霞,陆应诚. 2005. 水污染对土壤动物群落结构的影响[J]. 国土与自然资源研究,3:81-82.
张国胜,顾晓晓,邢彬彬,等. 2012. 海洋环境噪声的分类及其对海洋动物的影响[J]. 大连海洋大学学报,27(1):89-94.
张海林,刘甜甜,李东洋. 2014. 异位土壤淋洗修复技术应用进展分析[J]. 环境保护科学,40(4):75-80.
张红,吕永龙,辛晓云. 2005. 杀虫剂类 POPs 对土壤中微生物群落多样性的影响[J]. 生态学报,25(4):937-942.
张红. 2009. 孕早期暴露低浓度家装污染联合高温环境对仔鼠中枢神经系统的影响[D]. 重庆:第三军医大学硕士学位论文.
张建春,彭补拙. 2003. 河岸带研究及其退化生态系统的恢复与重建[J]. 生态学报,23(1):56-63.
张金彪,黄维南. 2000. 镉对植物的生理生态效应的研究进展[J]. 生态学报,20(3):514-523.
张可炜,李坤朋,刘治刚. 2007. 磷水平对不同基因型玉米苗期磷吸收利用的影响[J]. 植物营养与肥料学报,13(5):795-801.
张兰生,方修琦,任国玉. 2000. 全球变化[M]. 北京:高等教育出版社:191.
张力. 2013. SPSS 19.0(中文版)在生物统计中的应用[M]. 3 版. 厦门:厦门大学出版社.
张丽旭,赵敏,蒋晓山. 2010. 中国赤潮发生频率的变化趋势及其多发年份的 R/S 预测[J]. 海洋通报,29(1):72-77.
张利红,李培军,李雪梅,等. 2005. 镉胁迫对小麦幼苗生长及生理特性的影响[J]. 生态学杂志,24(4):458-460.
张利民. 2012. 水域营养生态学[M]. 北京:海洋出版社.
张亮,张栋梁,王尽文,等. 2014. 利用海洋微生物防治赤潮的初探[J]. 海洋开发与管理,(11):77-80.
张玲,王焕校. 2002. 镉胁迫下小麦根系分泌物的变化[J]. 生态学报,22(4):496-502.
张勤,张惠文,苏振成,等. 2007. 长期石油和重金属污染对农田土壤假单胞菌种群多样性及结构的影响[J]. 应用生态学报,18(6):1327-1332.
张韶季. 1999. 环境污染与生态平衡[J]. 海河水利,1(14):37-40.
张卫东,李爱民,任钟旗,等. 2006. 中空纤维更新液膜传质性能的研究[J]. 高校化学工程学报,20(5):843-846.
张伟刚. 2009. 科研方法导论[M]. 北京:科学出版社.
张星梓,段昌群,吴学灿. 2004. 生态系统污染及其恢复原则[J]. 云南环境科学,23(3):39-41.
张学洪,罗亚平,黄海涛,等. 2006. 一种新发现的湿生铬超积累植物——李氏禾(*Leersia hexandra* Swartz)[J]. 生态学报,26(3):950-953.
张有份. 2000. 海洋赤潮知识 100 问[M]. 北京:海洋出版社.
张玉敏,李红,朱春来. 2010. 海洋核污染与放射性监测技术[J]. 舰船科学技术,(12):76-79.

张玉秀,柴团耀. 2006. 植物重金属调节基因的分离和功能[M]. 北京:中国农业出版社.
张云,叶万辉,李跃林. 2002. 大气污染对植食昆虫的影响及作用机制[J]. 农村生态环境,18(3):49-55.
张正斌,陈镇东,刘莲生,等. 1999. 海洋化学原理和应用——中国近海的海洋化学[M]. 北京:海洋出版社.
张知彬,王祖望,李典谟. 1998. 生态复杂性研究——综述与展望[J]. 生态学报,18(4):433-441.
张仲胜,王起超,郑冬梅,等. 2008. 葫芦岛地区汞在土壤—植物—昆虫系统中的生物地球化学迁移[J]. 环境科学学报,28(10):2118-2124.
张祖麟,洪华生,余刚. 2002. 闽江口持久性有机污染物——多氯联苯的研究[J]. 环境科学学报,22(6):788-791.
章家恩. 2007. 生态学常用实验研究方法与技术[M]. 北京:化学工业出版社.
赵果元,李文杰,李默然,等. 2008. 洱海湖滨带的生态现状与修复措施[J]. 安徽农学通报,14(17):89-92.
赵俊权,杜国祯,陈家宽. 2005. 滇池湿地现状及保护对策[J]. 生态经济,(4):77-79.
赵兰,黎华寿. 2008. 四种除草剂对稻田土壤微生物类群的影响[J]. 农业环境科学学报,27(2):508-514.
赵鹏,夏更寿,李莉萍. 2008. 外源 ABA 预处理对 Pb 胁迫下水稻种子萌发的影响[J]. 上海交通大学学报(农业科学版),26(2):153-156.
赵琼,曾德慧. 2005. 陆地生态系统磷素循环及其影响因素[J]. 植物生态学报,29(1):153-163.
赵寿元,乔守怡. 2001. 现代遗传学[M]. 北京:高等教育出版社.
赵小洁. 2008. 沙棘属种群和物种对增强 UV-B 辐射的光合生理生态响应[D]. 兰州:兰州大学硕士学位论文.
赵晓秀,赵慧敏,全燮,等. 2009. 石油污染土壤中菲、蒽和正十六烷的微生物降解[J]. 生态学杂志,28(3):456-460.
郑冬梅,王起超,张仲胜,等. 2007. 节肢动物体内的总汞和甲基汞含量研究[J]. 环境科学,28(11):2586-2590.
郑天凌,苏建强. 2004. 海洋微生物在赤潮生消过程中的作用[J]. 水生生物学报,27(3):291-295.
郑天凌. 2011. 赤潮控制微生物学[M]. 厦门:厦门大学出版社.
郑伟,何继亮,金力奋,等. 2004. 彗星试验检测紫外线暴露后人淋巴细胞 DNA 修复能力[J]. 中华劳动卫生职业病杂志,22(2):93-95.
中华人民共和国环境保护部. 2015. 2014 中国环境状况公报[R].
周春娟,贾夏,董岁明. 2012. 低质量分数 Pb 对东小麦幼苗根微域土壤酶活性、微生物量 C 及土壤呼吸作用的影响[J]. 西北农业学报,21(2):178-183.
周东美,邓昌芬. 2003. 重金属污染土壤的电动修复修复技术研究进展[J]. 农业环境科学学报,22(4):505-508.
周红卫,施国新,杜开和,等. 2003. Cd^{2+} 污染对水花生生理生化及超微结构的影响[J]. 应用生态学报,14(9):1581-1584.
周健. 2000. 组织、生态和开放系统的复杂性研究[J]. 中国管理科学,8(S1):318-325.
周进,晋慧,蔡中华. 2014. 微生物在珊瑚礁生态系统中的作用与功能[J]. 应用生态学报,25(3):850-856.
周礼恺,郑巧英,宋妹. 1990. 石油烃和酚类物质在土中的生物降解与土壤酶活性[J]. 应用生态学报,1(2):149-155.
周明华,吴祖成. 2001. 电化学高级氧化工艺降解有毒难生化有机废水[J]. 化学反应工程与工艺,17(3):263-271.
周楠. 2010. 铝胁迫下油菜(*Brassica napus* L.)根系分泌物的分泌特性及其对根际环境的影响[D]. 金华:浙江师范大学硕士学位论文.
周启新,宋玉芳. 2004. 污染土壤修复原理及方法[M]. 北京:科学出版社.
周启星,孙铁珩. 2000. 污染生态化学:现状与展望[J]. 应用生态学报,11(5):795-798.
周启星,孙铁珩. 2002 污染生态学研究与展望[C]. //李文华,王如松. 生态安全与生态建设. 北京:气象出版社,188-193.
周勤,刘晋,朱云. 2008. 水体中的持久性有机污染物及其控制技术[J]. 化学与生物工程,25(1):12-14.

周为群，杨文. 2014. 现代生活与化学[M]. 苏州：苏州大学出版社.
周卫，汪洪，林葆. 1999. 镉胁迫下钙对镉在玉米细胞中分布及对叶绿体结构与酶活性的影响[J]. 植物营养与肥料学报，5(4)：335-340.
周霞，汤枋德，谢映平. 2001. 空气污染对银杏和白蜡树上康氏粉蚧种群的影响[J]. 林业科学，37(4)：66-70.
周晓. 2006. 青岛近岸海水中多环芳烃的测定[D]. 青岛：中国海洋大学硕士学位论文.
周晓见，白敏冬，邓淑芳，等. 2004. 羟基杀灭赤潮裸甲藻研究[J]. 海洋环境科学，23(1)：64-66.
周艳，金丹东，袁晓倩. 2003. 铅对小鼠精子形态影响的观察[J]. 生物学通报，38(3)：54-55.
周永胜，王立立，李取生，等. 2011. 南沙河口湿地沉积物对磷的吸附特性研究[J]. 华南师范大学学报(自然科学版)，(1)：74-79.
周永欣，周仁珍，尹伊伟. 1992. 在不同水硬度下铜对草鱼，鲢和大鳞泥鳅的急性毒性[J]. 暨南大学学报(自然科学)，13(3)：62-67.
周圆，张青年. 2014. 道路网络对物种迁移及景观连通性的影响[J]. 生态学杂志，33(2)：440-446.
朱红梅，李国华，崔静，等. 2011. 重金属铅对土壤微生物活性的影响[J]. 南京农业大学学报，34(6)：125-128.
朱红霞. 2004. 重金属及其复合污染对小麦生长发育影响机理研究[D]. 扬州：扬州大学硕士学位论文.
朱鸣鹤，丁永生，殷佩海，等. 2005. BP神经网络在船舶油污事故损害赔偿评估中的应用[J]. 航海技术，(1)：65-69.
祝宁，李敏，柴一新. 2002. 哈尔滨市绿地系统生态功能分析[J]. 应用生态学报，13(9)：1117-1120.
宗浩. 2011. 应用生态学[M]. 北京：科学出版社：78，330.
左玉辉. 2002. 环境学[M]. 北京：高等教育出版社.
Abedin M J，Feldmann J，Meharg A A. 2002. Uptake kinetics of arsenic species in rice plants[J]. Plant Physiology，128：1120-1128.
Adams J A，Galloway T S，Mondal D，et al. 2014. Effect of mobile telephones on sperm quality：a systematic review and meta-analysis[J]. Environment International，70：106-112.
Alia，Prasad K V S K，Saradhi P P. 1995. Effect of zinc on free radicals and proline in *Brassica* and *Cajanus*[J]. Phytochemistry，39(1)：45-47.
Anderson G L，Boyd W A，Williams P L. 2001. Assessment of sublethal endpoints for toxicity testing with the nematode *Caenorhabditis elegans*[J]. Environmental Toxicology and Chemistry，20(4)：833-838.
Andriguetto-Filho J M，Ostrensky A，Pie M R，et al. 2005. Evaluating the impact of seismic prospecting on artisanal shrimp fisheries[J]. Continental Shelf Research，25(14)：1720-1727.
Bai S J，Huang L P，Su J Q，et al. 2011. Algicidal effects of a novel marine actinomycete on the toxic dinoflagellate *Alexandrium tamarense*[J]. Current Microbiology，62(6)：1774-1781.
Bandala E R，Gelover S，Leal M T，et al. 2002. Solar photocatalytic degradation of Aldrin[J]. Catalysis Today，76(2～4)：189-199.
Banuelos G S，Ajwa H A，Mackey B，et al. 1997. Evaluation of different plant species used for phytoremediation of high soil selenium[J]. Journal of Environmental Quality，26(3)：639-646.
Bapu C，Purohit R C，Sood P P. 1994. Fluctuation of trace elements during methyl mercury[J]. Toxication and Chelation Therapy，13(12)：112-113.
Barton D N. 2002. The transferability of benefit transfer：Contingent valuation of water quality improvements in Costa Rica[J] . Ecological Economics，42(1～2)：147-164.
Bayley P B. 1995. Understanding large river—Floodplain ecosystems[J]. BioScience，45(3)：153-158.
Beebee T J C，Rowe G. 2009. 分子生态学[M]. 张军丽，廖斌，王胜龙，译. 广州：中山大学出版社.
Behki R，Topp E，Dick W，et al. 1993. Metabolism of the herbicide atrazine by *Rhodococcus* strains[J]. Applied and Environmental Microbiology，59(6)：1955-1959.
Bentires-Alj M，Paez J G，David F S，et al. 2004. Activating mutations of the noonan syndrome-associated SHP-2/

PTPN11 gene in human solid tumors and adult acute myelogenous leukemia[J]. Cancer Research, 64(24): 8816-8820.

Benton M J, Diamond S A, Guttman S I. 1994. A genetic and morphometric comparison of *Helisoma trivolvis* and *Gambusia holbrooki* from clean and contaminated habitats[J]. Ecotoxicology and Environmental Safety, 29(1): 20-37.

Berry W D, Moriarty C M, Lau Y S. 2002. Lead attenuation of episodic growth hormone secretion in male rats [J]. International Journal of Toxicology, 21(2): 93-98.

Bezalel L, Hadar Y, Cerniglia C E. 1997. Enzymatic mechanisms involved in phenanthrene degradation by the white rot fungus *Pleurotus ostreatus*[J]. Applied and Environmental Microbiology, 63(7): 2495-2501.

Bolund P, Hunhammar S. 1999. Ecosystem services in urban areas[J]. Ecological Economics, 29(2): 293-301.

Boon P J, Raven P J. 2012. River conservation and management[M]. Wiley-Blackwell Press.

Brooks J L, Dodson S I. 1965. Predation, body size, and composition of plankton[J]. Science, 150(3692): 28-35.

Brouwer R. 2000. Environmental value transfer: State of the art and future prospects[J]. Ecological Economics, 32(1): 137-152.

Carpenter S R, Kitchell J F, Hodgson J R. 1985. Cascading trophic interactions and lake productivity[J]. Bioscience, 35(10): 634-639.

Carroll R L. 1997. Patterns and Processes of Vertebrate Evolution, Cambridge Paleobiology Series[M]. Cambridge: Cambridge University Press.

Chaney R L, Malik M, Li Y M, et al. 1997. Phytoremediation of soil metals[J]. Current Opinion in Biotechnology, 8(3): 279-284.

Chee Y E. 2004. An ecological perspective on the valuation of ecosystem services[J]. Biological Conservation, 120(4): 549-565.

Chen B, Yu W, Liu W, et al. 2012. An assessment on restoration of typical marine ecosystems in china-Achievements and lessons[J]. Ocean & Coastal Management, 57: 53-61.

Chen X Y, Li N, Shen L, et al. 2003. Genetic structure along a gaseous organic pollution gradient: a case study with *Poa annua* L. [J]. Environmental Pollution, 124(3): 449-455.

Codarin A, Wysocki L E, Ladich F, et al. 2009. Effects of ambient and boat noise on hearing and communication in three fish species living in a marine protected area (Miramare, Italy) [J]. Marine Pollution Bulletin, 58(12): 1880-1887.

Commendatore M G, Esteves J L. 2007. An assessment of oil pollution in the coastal zone of Patagonia, Argentina[J]. Environmental Management, 40(5): 814-821.

Costanza R, d'Arge R, Groot R, et al. 1997. The value of the world's ecosystem services and natural capital [J]. Nature, 387: 253-260

Cui Z L, Fu G P, Li S P. 2001. Isolation of methyl parathion-degrading strain M6 and cloning of the methyl parathion hydrolase gene[J]. Applied and Environmental Microbiology, 67(10): 4922-4925.

Dazy M, Béraud E, Cotelle S, et al. 2009. Changes in plant communities along soil pollution gradients: responses of leaf antioxidant enzyme activities and phytochelatin contents[J]. Chemosphere, 77(3): 376-383.

Deliyanni E A, Peleka E N, Matis K A. 2007. Removal of zinc ion from water by sorption onto iron-based nanoadsorbent[J]. Journal of Hazardous Materials, 141(1): 176-184.

Durrant C J, Stevens J R, Hogstrand C, et al. 2011. The effect of metal pollution on the population genetic structure of brown trout (*Salmo trutta* L.) residing in the River Hayle, Cornwall, UK[J]. Environmental Pollution, 159(12): 3595-3603.

D'Amico A, Verboom W. 1998. Summary record and report of the saclantcen bioacoustics panel[R]. Predecessor: Saclant Undersea Research Centre: 128.

Ehsan S, Prasher S O, Marshall W D. 2007. Simultaneous mobilization of heavy metals and polychlorinated biphenyl(PCB) compounds from soil with cyclodextrin and EDTA in admixture[J]. Chemosphere, 68(1): 150-158.

Evans D L, England G R. 2001. Joint Interim Report Bahamas Marine Mammal Stranding Event of 15-16 March 2000[R]. Washington DC: US Department of Commerce & Secretary of the Navy, 1-61.

Feigl V, Anton A, Uzigner N, et al. 2012. Red mud as a chemical stabilizer for soil contaminated with toxic metals[J]. Water, Air and Soil Pollution, 223(3): 1237-1247.

Feng D, Aldrich C. 2004. Adsorption of heavy metals by biomaterials derived from the marine alga *Ecklonia maxima*[J]. Hydrometallurgy, 73(1): 1-10.

Forman R T T. 1995. Landscape Mosaic: the Ecology of Landscape and Region[M]. New York: Cambridge University Press.

Forman R T T, Godron M. 1986. Landscape Ecology[M]. New York: Jonh Wiley & Sons.

Forman R, Godron M. 1990. 景观生态学[M]. 肖笃宁，张启德，赵羿，等，译. 北京：科学出版社.

Fountain M T, Hopkin S P. 2004. A comparative study of the effects of metal contamination on Collembola in the field and in the laboratory[J]. Ecotoxicology, 13(6): 573-587.

Fujioka Y, Matozaki T, Noguchi T, et al. 1996. A novel membrane glycoprotein, SHPS-1, that binds the SH2-domain-containing protein tyrosine phosphatase SHP-2 in response to mitogens and cell adhesion[J]. Molecular Cell Biology, 16(12): 6887-6899.

Gelang J, Pleijel H, Sild E, et al. 2000. Rate and duration of grain filling in relation to flag leaf senescence and grain yield in spring wheat(*Triticum aestivum*) exposed to different concentrations of ozone[J]. Physiologia Plantarum, 110(3): 366-375.

Glibert P M, Burkholder J M. 2011. Harmful algal blooms and eutrophication: "Strategies" for nutrient uptake and growth outside the Redfield comfort zone[J]. Chinese Journal of Oceanology and Limnology, 29(4): 724-738.

Haapea P, Tuhkanen T. 2006. Integrated treatment of PAH contaminated soil by soil washing, ozonation and biological treatment[J]. Journal of Hazardous Materials, 136(2): 244-250.

Hammill T B, Crawford R L. 1996. Degradation of 2-*sec*-butyl-4, 6-dinitrophenol(dinoseb) by *Clostridium bifermentas* KMR-1[J]. Applied and Environmental Microbiology, 62(5): 1842-1846.

Hao Q, Sun Y X, Xu X R, et al. 2014. Occurrence of persistent organic pollutants in marine fish from the Natuna Island, South China Sea[J]. Marine Pollution Bulletin, 85(1): 274-279.

Hazama A, Kozono D, Guggino W B, et al. 2002. Ion premeation of AQP6 water channel protein. Single recordings after Hg^{2+} activation[J]. Journal of Biological Chemistry, 227(32): 29224-29230.

Heath R L. 1987. The biochemistry of ozone attack on the plasma membrane of plant cells//Saunders J A, Dosak-Channing L, Conn E E. Phytochemical Effects of Environmental Compounds[M]. New York: Springer US: 29-54.

Helliwell D R. 1969. Valuation of wildlife resources[J]. Regional Studies, 3(1): 41-47.

Hrbacek J, Dvorakova M, Korinek V, et al. 1961. Demonstration of the effect of the fish stock on the species composition of zooplankton and the intensity ofmetabolism ofthe whole plankton assemblage[J]. Verh Int Ver Theoret, Angew Limnol, 14: 192-195.

Humboldt A. 1807. Essai sur la Géographie des Plantes[M]. Paris: Schoell.

Hunsom M, Pruksathorn K, Damronglerd S, et al. 2005. Electrochemical treatment of heavy metals (Cu^{2+}, Cr^{6+}, Ni^{2+}) from industrial effluent and modeling of copper reduction[J]. Water Research, 39(4): 610-616.

Hurlbert S H, Zedler J, Fairbanks D. 1972. Ecosystem alteration by mosquitofish(*Gambusia affinis*) predation [J]. Science, 175(4022): 639-641.

Iturbe R, Flores C, Chavez C, et al. 2004. Remediation of contaminated soil using soil washing and biopile methodologies at a field level[J]. Journal of Soils and Sediments, 4(2): 115-122.

Jaeger J A G, Bowman J, Brennan J, et al. 2005. Predicting when animal populations are at risk from roads: an interactive model of road avoidance behavior[J]. Ecological Modelling, 185: 329-348.

Jensen J, Adare K, Shearer R. 1997. Canadian Arctic Contaminants Assessment Report[M]. Department of Indian and Northern Affairs, Ottawa, Canada.

Johnstone I M. 1986. Plant invasion windows: a time-based classification of invasion potential[J]. Biological Reviews, 61(4): 369-394.

Jones J, Francis C M. 2003. The effects of light characteristics on avian mortality at lighthouses[J]. Journal of Avian Biology, 34: 328-333.

Jonsson S, Lind H, Lundstedt S, et al. 2010. Dioxin removal from contaminated soils by ethanol washing[J]. Journal of Hazardous Materials, 179(1-3): 393-399.

Junk W J, Bayley P B, Sparks R E. 1989. The flood pulse concept in river-floodplain systems[J]. Canadian Special Publication of Fisheries and Aquatic Sciences, 106(1): 110-127.

Kapoor D, Jones T H. 2005. Smoking and hormones in health and endocrine disorders[J]. European Journal of Endocrinology, 152(4): 491-499.

Kastak D, Schusterman R J, Southall B L, et al. 1999. Underwater temporary threshold shift induced by octave-band noise in three species of pinniped[J]. The Journal of the Acoustical Society of America, 106(2): 1142-1148.

Kauffman S A. 1993. The Origins of Order[M]. New York: Oxford University Press.

Kim K, Cheong J, Kang W, et al. 2012. Field study on application of soil washing system to arsenic-contaminated site adjacent to J Refinery in Korea[J]. 2012. International Conference on Environmental Science and Technology, Singapore, 30: 1-5

King R T. 1966. Wildlife and man[J]. New York Conservationist, 20(6): 8-11.

Kingston P F. 2002. Long-term environmental impact of oil spills[J]. Spill Science & Technology Bulletin, 7(1): 53-61.

Kivimäenpää M, Selldén G, Sutinen S. 2005. Ozone-induced changes in the chloroplast structure of conifer needles and their use in ozone diagnostics[J]. Environmental Pollution, 137(3): 466-475

Knigge T, Kohler H R. 2000. Lead impact on nutrition, energy reserves, respiration and stress protein(hsp70) level in *Porcellio scaber*(Isopoda) populations differently preconditioned in their habitats[J]. Environmental Pollution, 108(2): 209-217.

Kotliar N B, Wiens J A. 1990. Multiple scales of patchiness and patch structure: a hierarchical framework for the study of heterogeneity[J]. Oikos, 59: 253-260.

Köhl K I, Harper F A, Baker A J M. 1997. Defining a metal-hyperaccumulator plants: the relationship between metal uptake, allocation and tolerance[J]. Plant Physiology, 114: 124.

Larno V, Laroche J, Launey S, et al. 2001. Responses of chub(*Leuciscus cephalus*) populations to chemical stress assessed by genetic markers, DNA damage and cytochrome P4501A induction[J]. Ecotoxicology, 10(3): 145-158.

Laub B G, Palmer M A. 2009. Restoration Ecology of Rivers[J]. //Likens G E. Encyclopedia of Inland Waters, Academic Press: 332-341.

Levin S A. 1974. Dispersion and population interactions[J]. American Naturalist, 108: 207-228.

Lewis R R. 2005. Ecological engineering for successful management and restoration of mangrove forests[J]. Ecological Engineering, 24(4): 403-418.

Li F, Xu M, Wang Z, et al. 2014. Ecological restoration zoning for a marine protected area: a case study of

Haizhouwan National Marine Park, China[J]. Ocean & Coastal Management, 98: 158-166.

Li J T, Duan H N, Li S P, et al. 2010. Cadmium pollution triggers a positive biodiversity-productivity relationship: Evidence from a laboratory microcosm experiment[J]. Journal of Applied Ecology, 47: 890-898.

Liu D, Keesing J K, He P, et al. 2013. The world's largest macroalgal bloom in the Yellow Sea, China: Formation and implications[J]. Estuarine, Coastal and Shelf Science, 129: 2-10.

Liu Z L, He X Y, Chen W, et al. 2009. Accumulation and tolerance characteristics of cadmium in a potential hyperaccumulator—*Lonicera japonica* Thunb[J]. Journal of Hazardous Materials, 169: 170-175.

Lu D, Wang L, Yan B, et al. 2014. Speciation of Cu and Zn during composting of pig manure amended with rock phosphate[J]. Waste Management, 34(8): 1529-1536.

Luna C M, Gonzalez C A, Tripp V S. 1994. Oxidative damage caused by on excel of copper in oat leaves[J]. Plant Cell Physiology, 35(1): 11-15.

Ma L Q, Komar K M, Tu C, et al. 2001. A fern that hyperaccumulates arsenic-A hardy, versatile, fast-growing plant helps to remove arsenic from contaminated soils[J]. Nature, 409: 579.

Maclean D C, Schneier R E. 1981. Effects of gaseous hydrogen fluoride on the yield of field-grown wheat[J]. Environmental Pollution, 24(1): 39-44.

Maksymiec W, Baszynski T. 1999. The role of Ca^{2+} in modulating changes induced in bean plants by an excess of Cu^{2+} ions. Chlorophyll fluorescence measurements[J]. Physiologia Plantarum, 105: 562-568.

Mason M. 2003. Civil liability for oil pollution damage: examining the evolving scope for environmental compensation in the international regime[J]. Marine Policy, 27(1): 1-12.

McKee JE, Wolf HW. 1963. Water Quality Criteria. 2nd ed. California State Water Resources Control Board. Publ. No. 3-A. Sacramento, CA.

McNeely J A, Miller K R, Reid W V, et al. 1990. Conserving the World's Biological Diversity[M]. Gland: International Union for conservation of nature and natural resources.

McQueen D J, Post J R, Mill E L. 1986. Trophic relationships in freshwater pelagic ecosystem[J]. Canadian Journal of Fisheries and Aquatic Sciences, 43(8): 1571-1581.

Meharg A A, Macnair M R. 1990. An altered phosphate uptake system in arsenate-tolerant *Holcus lanatus* L. [J]. New Phytologist, 116(1): 29-35.

Meharg A A, Macnair M R. 1991. The mechanisms of arsenate tolerance in *Deschampsia cespitosa* (L.) Beauv and *Agrostis capillaris* L. Adaptation of the arsenate uptake system[J]. New Phytologist, 119(2): 291-297.

Mehta S K, Gaur J P. 2002. Heavy-metal-induced proline accumulation and its role in ameliorating metal toxicity in *Chlorella vulgaris*[J]. New Phytologist, 143(2): 253-259.

Mehta S K, Gaur J P. 2005. Use of algae for removing heavy metal ions from wastewater: progress and prospects[J]. Critical Reviews in Biotechnology, 25(3): 113-152.

Midgley J J. 2003. Is bigger better in plants? The hydraulic costs of increasing size in trees[J]. Trends in Ecology & Evolution, 18(1): 5-6.

Mitsch W J, Jorgensen S. 2004. Ecological Engineering and Ecosystem Restoration[M]. New Jersey: John Wiley&Son, Inc: 134-137.

Moody J D, Freeman J P, Doerge D R, et al. 2001. Degradation of phenanthrene and anthracene by cell suspensions of *Mycobacterium* sp. strain PYR-1[J]. Applied and Environment Microbiology, 67(4): 1476-1483.

Moorman T B. 1989. A review of pesticide effects on microorganisms and microbial processes related to soil fertility[J]. Journal of Production Agriculture(USA), 2(1): 14-23

Mullin J V, Champ M A. 2003. Introduction/overview to in situ burning of oil spills[J]. Spill Science & Technology Bulletin, 8(4): 323-330.

Munzuroglu O, Gur N. 2000. The effects of heavy metals on the pollen germination and pollen tube growth of

apples(*Malus sylvestris* Miller cv. Gloden)[J]. Turkish Journal of Biology,24(3):677-684.
NATO/CCMS. 1998. Evaluation of Demonstrated and Emerging Technologies for the Treatment and Clean Up of Contaminated Land and Groundwater[R]. NATO/CCMS Pilot Study,EPA 542-R-98-001a.
Naveh Z,Lieberman A S. 1994. Landscape Ecology:Theory and Application[M]. 2nd ed. New York:Springer Verlag.
Naveh Z. 2010. 景观与恢复生态学[M]. 李秀珍,冷文芳,解伏菊,等,译. 北京:高等教育出版社.
NOAA/NOAA. 1997. Natural resource damage assessment guidance document:scaling compensatory restoration actions(Oil Pollution Act of 1990).
Nordell S E. 1998. The response of female guppies,*Poecilia reticulata*,to chemical stimuli from injured conspecifics[J]. Environmental Biology of Fishes,51(3):331-338.
Nordvik A B. 1999. Summary of development and field testing of the Transrec oil recovery system[J]. Spill Science & Technology Bulletin,5(5):309-322.
Northcote T G. 1998. Fish in the structure and function of freshwater ecosystems:a" top-down"view[J]. Canadian Journal of Fisheries and Aquatic Sciences,45(2):361-379.
Ostendorp W,Schmieder K,Junk K. 2004. Assessment of human pressures and their hydromorphological impacts on lakeshores in Europe[J]. International Journal of Ecohydrology and Hydrobiology,4:379-395.
O'Reilly A M,Pluskey S,Shoelson S E,et al. 2002. Activated mutants of SHP-2 preferentially induce elongation of Xenopus animal caps[J]. Molecular and Cellular Biology,20(1):299-311.
Pandey J,Joshi T. 2007. Effect of SO_2 on seedling growth of two woody perennials as influenced by soil moisture in the root environment[J]. Plant Archive,7(1):71-75.
Pen-Mouratov S,Shukurov N,Steinberger Y. 2008. Influence of industrial heavy metal pollution on soil free-living nematode population[J]. Environmental Pollution,152(1):172-183.
Peterjohn W T,Correl D L. 1984. Nutrient dynamics in an agricultural watershed:observations on the role of a riparian forest[J]. Ecology,65:1466-1475.
Petts G E,Amoros C. 1996. The Fluvial Hydrosystems//Fluvial Hydrosystems:a Management Perspective [M]. Berlin:Springer Netherlands:263-278.
Pickett S T A,White P S. 1985. The Ecology Disturbance and Patch Dynamics[M]. Orland:Academic Press INC.
Pikitch E K,Santora C,Babcock E A,et al. 2004. Ecosystem-based fishery management[J]. Science(Washington),305(5682):346-347.
Pociecha M,Lestan D. 2012. Novel EDTA and process water recycling method after soil washing of multi-metal contaminated soil[J]. Journal of Hazardous Materials,201-202:273-279.
Prince R C. 1997. Bioremediation of marine oil spills[J]. Trends in Biotechnology,15(5):158-160.
Qiu R,Zou Z,Zhao Z,et al. 2010. Removal of trace and major metals by soil washing with Na_2EDTA and oxalate[J]. Soil Sediments,10(1):45-53.
Reeves R D,Baker A J M. 2000. Metal-accumulating plants//Raskin I,Ensley B D. Phytoremediation of Toxic metals:Using Plant to Clean Up the Environment[M]. New York:John Wiley & Sons:193-229.
Reichenauer T G,Goodman B A. 2001. Stable free radicals in ozone-damaged wheat leaves[J]. Free Radical Research,35(2):93-101.
Roughgarden J. 1978. Influence of competition on patchiness in a random environment[J]. Theoretical Population Biology,14(2):185-203.
Roush W. 1997. Putting a price tag on nature's bounty[J]. Science,276(5315):1029-1029.
Rout G R,Samantaray S,Das P. 2001. Aluminum toxicity in plants:a review[J] . Agronomic,21:3-21.
Santulli A,Modica A,Messina C,et al. 1999. Biochemical responses of European sea bass(*Dicentrarchus labrax*

L.) to the stress induced by off shore experimental seismic prospecting[J]. Marine Pollution Bulletin, 38(12):1105-1114.

Sarma S S S, Ramiez-Perez T, Nandini S, et al. 2001. Combined effects of food concentration and the herbicide 2, 4-dichlorophenoxyacetic acid on the population dynamics of *Brachionus patulus* (Rotifera)[J]. Ecotoxicology, 10(2):91-99.

Sarà G, Dean J M, D'Amato D, et al. 2007. Effect of boat noise on the behaviour of bluefin tuna *Thunnus thynnus* in the Mediterranean Sea[J]. Marine Ecology Progress Series, 331(16):243-253.

Sawidis T. 1997. Accumulation and efects of heavy metals in *Lilium pollen*[J]. Acta Horticuhurae, 43(7):153-158.

Scholik A R, Yan H Y. 2001. Effects of underwater noise on auditory sensitivity of a cyprinid fish[J]. Hearing Research, 152(1):17-24.

Schulze E D, Mooney H A. 1994. Ecosystem Function of Diodiversity: a Summary[M]. New York: Springer, Berlin Heidelberg.

Shapiro J, Lamarra V, Lynch M. 1975. Biomanipulation: an ecosystem approach to lake restoration//Brezornik P L, Fox J L. Proceedings of a symposium on water quality management through biological control[D]. Gainesville: University of Florida: 85-89.

Shu W S, Ye Z H, Zhang Z Q, et al. 2005. Natural colonization of plants on five lead/zinc mine tailings in southern China[J]. Restoration Ecology, 13:49-60.

Singh G, Wright D. 2002. *In vitro* studies on the effects of herbicides on the growth of rhizobia[J]. Letters in Applied Microbiology, 35(1):12-16.

Singh S B, Kulshreyha G. 1991. Microbial degradation of pendimethalin[J]. Journal of Environmental Science and Health, Part B, 26(3):309-321.

Singh S, Kaur D, Agrawal S B, et al. 2010. Responses of two cultivars of *Trifolium repens* L. to ethylene diurea in relation to ambient ozone[J]. Journal of Environmental Sciences, 22(7):1096-1103.

Smith M E, Kane A S, Popper A N. 2004. Noise-induced stress response and hearing loss in goldfish(*Carassius auratus*)[J]. Journal of Experimental Biology, 207(3):427-435.

Somashekaraiah B V, Padmaja K, Prasad R K. 1992. Phytotoxicity of cadmium ions on germination seedling of mung bean(*Phaseolus vulgarize*): involvemennt of lipid peroxides in chlorophyll degradation[J]. Physiologia Plantarum, 85(1):85-89.

Son Y, Cha J, Lim M, et al. 2011. Comparison of ultrasonic and conventional mechanical soil-washing processes for diesel-contaminated sand[J]. Industrial & Engineering Chemistry Research, 50(4):2400-2407.

Stanford J A, Ward J V. 1988. The hyporheic habitat of river ecosystems[J]. Nature, 1988, 335(6185):64-66.

Sterenborg I, Roelofs D. 2003. field-selected cadmium tolerance in the springtail orchesella cincta is correlated with increased metallothionein mRNA expression[J]. Insect Biochemistry and Molecular Biology, 33(7):741-747.

Straalen N M V, Timmermans M J T N. 2002. Genetic variation in toxicant-stressed populations: An evaluation of the "genetic erosion" hypothesis[J]. Human Ecological Risk Assessment, 8:983-1002.

Svab M, Kubal M, Mullerova M, et al. 2009. Soil flushing by surfactant solution: Pilot-scale demonstration of complete technology[J]. Journal of Hazardous Materials, 163(1):410-417.

Tian W J, Zhao Y G, Sun H M, et al. 2014. The effect of irrigation with oil-polluted water on microbial communities in estuarine reed rhizosphere soils[J]. Ecological Engineering, 70:275-281.

Tieten-berg T. 1992. Environmental and Natural Resource Economics[M]. New York: Harper-Collins Publishers.

Tokunaga S, Hakuta T. 2002. Acid washing and stabilization of an artificial arsenic-contaminated soil[J].

Chemosphere, 46(1): 31-38.

Tu S, Ma L Q. 2003. Interactive effects of pH, arsenic and phosphorus on uptake of As and P and growth of the arsenic hyper-accumulator *Pteris vittata* L. under hydroponic conditions[J]. Environmental and Experimental Botany, 50(3): 243-251.

Tudorache C, Blust R, Boeck G D. 2008. Social interactions, predation behaviour and fast start performance are affected by ammonia exposure in brown trout(*Salmo trutta* L.)[J]. Aquatic Toxicology, 90(2): 145-153.

Turuspekov Y, Adams R P, Kearney C M. 2002. Genetic diversity in three perennial grasses from the Semipalatinsk nuclear testing region of Kazakhstan after long-term radiation exposure[J]. Biochemical Systematics and Ecology, 30(9): 809-817.

U. S. EPA. 2002. Arsenic Treatment Technologies for Soil, Waste, and Water[R]. EPA, Solid Waste and Emergency Response, EPA-542-R-02-004.

U. S. EPA. 2007. Treatment Technologies for Mercury in Soil, Waste, and Water[R]. EPA, Office of Superfund Remediation and Technology Innovation, EPA 68-W-02-034.

Vamerali T, Bandiera M, Hartley W, et al. 2011. Assisted phytoremediaiton of mixed metal(loid)-polluted pyrite waste: Effects of foliar and substrate IBA application on fodder radish[J]. Chemosphere, 84(2): 213-219.

Vannote R L, Minshall G W, Cummins K W, et al. 1980. The river continuum concept[J]. Canadian Journal of Fisheries and Aquatic Sciences, 37(1): 130-137.

Veuger S J, Durkacz B W. 2011. Persistence of unrepaired DNA double strand breaks caused by inhibition of ATM does not lead to radio-sensitisation in the absence of NF-κ bactivation[J]. Discover Refdoc, 10(2): 235-244.

Wang H B, Wong M H, Lan C Y, et al. 2007. Uptake and accumulation of arsenic by eleven *Pteris* taxa from southern China[J]. Environmental Pollution, 145: 225-233.

Wang H B, Xie F, Yao Y Z, et al. 2012. The effects of arsenic and induced-phytoextraction methods on photosynthesis in *Pteris* species with different arsenic-accumulating abilities[J]. Environmental and Experimental Botany, 75(1): 298-306.

Wang H B, Ye Z H, Shu W S, et al. 2006. Arsenic uptake and accumulation in fern species growing at arsenic-contaminated sites of Southern China: field surveys[J]. International Journal of Phytoremediation, 8: 1-11.

Wang L N, Yang L M, Yang F J, et al. 2010. Involvements of H_2O_2 and metallothionein in NO-mediated tomato tolerance to copper toxicity[J]. Journal of Plant Physiology, 167(15): 1298-1306.

Ward J V. 1989. The four-dimensional nature of lotic ecosystems[J]. Journal of the North American Benthological Society, 8(1): 2-8.

Wardle D A, Parkinson D. 1991. Relative importance of the effecet of 2,4-D, glyphosate, and environmental variables on the soil microbial biomass[J]. Plant and Soil, 134(2): 209-219.

Wassen M J, Peeters W H M, Venterink H O. 2002. Patterns in vegetation, hydrology, and nutrient availability in an undisturbed river floodplain in Poland[J]. Plant Ecology, 165(1): 27-43.

Whigham D F. 1999. Ecological issues related to wetland preservation, restoration, creation and assessment[J]. Science of the Total Environment, 240(1-3): 31-40.

Wiens J A. 1976. Population responses to patchy environments[J]. Annual Review of Ecology and Systematics, 7: 81-120.

Wysocki L E, Dittami J P, Ladich F. 2006. Ship noise and cortisol secretion in European freshwater fishes[J]. Biological Conservation, 128(4): 501-508.

Xiong Z T, Peng Y H. 2001. Response of pollen germination and tube growth to cadmium with special reference to low concentration exposure[J]. Ecotoxicology & Environmental Safety, 48(1): 51-55.

Yang C Y, Tsai S S, Cheng B H, et al. 2000. Sex ratio at birth associated with petro-chemical air pollution in

Taiwan[J]. Bulletin of Environmental Contamination and Toxicology, 65(1): 126-131.

Yang L, Tian D, Todd C D, et al. 2013. Comparative proteome analysises reveal that nitric oxide is an important signal molecular in the response of rice to aluminum toxicity[J]. Journal of Proteome Research, 12(3): 1316-1330.

Yazbeck C, Kloppmann W, Cottier R, et al. 2005. Health impact evaluation of boron in drinking water: a geographical risk assessment in Northern France[J]. Environmental Geochemistry and Health, 27(5-6): 419-427.

Ye H, Haack R A, Petrice T R. 2002. *Tomicus piniperda* (Coleoptera: Scolytidae) within and between tree movement when migrating to overwinterring sites[J]. The Great Lakes Entomologist, 35(2): 183-192.

Zaret T M, Paine R T. 1973. Species introduction in a tropical lake[J]. Science, 182(2): 449-455.

Zengel S A, Michel J, Dahlin J A. 2003. Environmental effects of in situ burning of oil spills in inland and upland habitats[J]. Spill Science & Technology Bulletin, 8(4): 373-377.

Zhang J J, Jorgensen S E, Beklioglu M, et al. 2003. Hysteresis in vegetation shift-Lake Mogan prognoses[J]. Ecological Modelling, 164: 227-238.

Zhang W H, Stephen D T. 1999. Inhibition of water channels by $HgCl_2$ in intact wheat root cells[J]. Plant Physiology, 120(3): 849-857.

Zhao Z Q, Bai Z K, Zhang Z, et al. 2012. Population structure and spatial distributions patterns of 17 years old plantation in a reclaimed spoil of Pingshuo opencast mine, China[J]. Ecological Engineering, 44: 147-151.

Zheng T, Su J, Maskaoui K, et al. 2005. Microbial modulation in the biomass and toxin production of a red-tide causing alga[J]. Marine Pollution Bulletin, 51(8): 1018-1025.

Zou T J, Li T X, Zhang X Z, et al. 2012. Lead accumulation and phytostabilization potential of dominant plant species growing in a lead-zinc mine tailing[J]. Environmental Earth Sciences, 65(3): 621-630.

Zu Y Q, Li Y, Chen J J, et al. 2005. Hyperaccumulation of Pb, Zn and Cd in herbaceous grown on lead-zinc mining area in Yunnan, China[J]. Environment International, 31: 755-762.